前言

《机械设计基础》(第五版)是"十三五"职业教育国家规划教材。

本教材按照高等职业教育培养技能型技术人才的目标,结合作者多年教学经验和教改实践成果编写而成,以"必需、够用"为度,密切结合工程实际,突出教学内容的应用性。本教材共有五个项目:项目一为单缸四冲程内燃机的机构表达,旨在使学生掌握机构运动简图的绘制和自由度的计算;项目二为牛头刨床常用机构的运动设计,旨在使学生掌握平面连杆机构和凸轮机构的设计方法,了解间歇机构的工作原理;项目三、四、五为带式输送机的设计,旨在使学生掌握传动件、支承件和连接件的设计方法。

本教材在编写过程中力求突出以下特点:

1. 将企业岗位(群)任职要求、职业标准、工作过程或产品作为教材主体内容,贯彻"立德树人"的育人要求,将课程思政要求的内容以恰当的方式融入教材。

2. 引入工程实例作为教学研究项目,将每个项目提出的工程实例分解为具体任务,形成以设计任务为主线,以来源于生产和生活中的设备、机构、零件为载体的教学体系,每个任务下设"知识目标""能力目标""任务分析""夯实理论""知识导图""任务实施""培养技能""能力检测"等教学环节,有利于学生把学习、模仿设计与借鉴创新结合起来,并将专业知识与专业技术融于一体,提高学生应用知识解决实际问题的能力。

3. 穿插大量仿真动画视频和图表,简化繁杂的理论与公式的推导,降低了学习难度,加强对实用图表、手册应用能力的训练。

4. 配备大量与教学内容同步的形式多样的习题,突出学生应学必会的知识点,加强学生对整个知识结构的掌握,供学生进行分析问题和解决问题的能力训练。

5. 采用现行国家标准和技术规范,使用国家标准规定的计量单位、名词术语和符号,结合工程实际确定图例、符号,以便学生更好地学习和贯彻。

6. 将实训任务融于前期课程教学中,解决了课程设计时间短、任务重等问题,保证课程设计的教学质量。

7. 本教材配有《机械设计基础实训指导》(第三版)。为了方便教师教学和学生自学,本教材还配有 AR、微课、教案、课件、习题参考答案等形式多样的辅助教学资源。

本教材由辽宁机电职业技术学院韩玉成任主编,酒泉职业技术学院王军、唐山科技职业技术学院董丽丽、辽宁黄海汽车(集团)有限责任公司王玉林任副主编。具体编写分工如下:韩玉成编写项目二、三;王军编写项目四;董丽丽编写项目一、五;王玉林编写每个任务的"培养技能"部分并提供了工程实例素材。全书由韩玉成负责统稿和定稿。

在编写本教材的过程中,我们参考、引用和改编了国内外出版物中的相关资料以及网络资源,在此对这些资料的作者表示深深的谢意!请相关著作权人看到本教材后与出版社联系,出版社将按照相关法律的规定支付稿酬。

尽管我们在探索教材特色的建设方面做出了许多努力,但由于时间仓促,教材中仍可能存在一些错误和不足,恳请各教学单位和读者在使用本教材时多提宝贵意见,以便下次修订时改进。

编 者
2021 年 12 月

所有意见和建议请发往:dutpgz@163.com
欢迎访问职教数字化服务平台:https://www.dutp.cn/sve/
联系电话:0411-84707424 84708979

目　　录

项目一　单缸四冲程内燃机的机构表达 ·· 1

　　任务一　分析单缸四冲程内燃机的组成 ·· 2

　　任务二　绘制单缸四冲程内燃机的机构运动简图 ···································· 5

　　任务三　计算单缸四冲程内燃机的自由度 ·· 12

项目二　牛头刨床常用机构的运动设计 ·· 20

　　任务一　平面连杆机构的设计 ·· 21

　　任务二　凸轮机构的设计 ·· 37

　　任务三　分析间歇运动机构 ·· 51

项目三　带式输送机传动件的设计 ·· 60

　　任务一　带传动的设计计算 ·· 61

　　任务二　齿轮传动的设计计算 ·· 82

　　任务三　蜗杆传动的设计计算 ·· 122

　　任务四　齿轮系传动比的计算 ·· 142

　　任务五　认识链传动和螺旋传动 ··· 157

项目四　带式输送机支承件的设计 …………………………………………………… 174

任务一　轴的设计计算和校核 …………………………………………………… 174

任务二　轴承的选择和计算 ……………………………………………………… 193

项目五　带式输送机连接件的设计 …………………………………………………… 227

任务一　螺纹连接的选择和校核 ………………………………………………… 227

任务二　轴间连接的选择 ………………………………………………………… 248

任务三　轴毂连接的选择和校核 ………………………………………………… 256

参考文献 ………………………………………………………………………………… 267

本书配套 AR 资源使用说明

针对本书配套 AR 资源的使用方法，特做如下说明：用移动设备在小米、360、百度、腾讯、华为、苹果等应用商店中下载"大工职教教师版"或"大工职教学生版"App，安装后点击"教材 AR 扫描入口"按钮，扫描书中带有 AR 标识的图片，即可体验缩放、旋转、拆装等交互功能。

具体 AR 资源位置和资源名称见表 A。

表 A　　　　　　　　　　　　　AR 资源

资源位置	资源名称	资源位置	资源名称
第 1 页	单杠四冲程内燃机的结构	第 31 页	钻床夹具机构
第 16 页	行星齿轮系	第 91 页	正确啮合条件
第 23 页	雷达天线俯仰角调整机构	第 93 页	齿条插刀加工齿轮
第 23 页	车门启闭机构	第 143 页	空间定轴轮系
第 24 页	港口起重机机构	第 143 页	简单行星轮系
第 25 页	牛头刨床导杆机构	第 241 页	钢制凸缘联轴器
第 25 页	吊车摆动油缸式液压机构	第 252 页	牙嵌离合器
第 30 页	错列的机车车轮联动机构	第 253 页	摩擦离合器

本书配套微课资源使用说明

本书配套的微课资源以二维码形式呈现在书中。用移动设备扫描书中的二维码,即可观看微课视频,进行相应知识点的学习。

具体微课资源位置和资源名称见表 B。

表 B　　　　　　　　　　　　　微课资源

资源位置	资源名称	资源位置	资源名称
第 2 页	带你走进机械设计基础	第 92 页	渐开线齿轮的加工方法
第 7 页	认识运动副	第 101 页	分析渐开线斜齿圆柱齿轮的传动特点
第 9 页	如何绘制平面机构的运动简图	第 106 页	分析圆锥齿轮的传动特点
第 12 页	轻松计算平面机构的自由度	第 123 页	认识蜗杆传动
第 22 页	初识平面四杆机构	第 126 页	蜗杆传动的基本参数和尺寸计算
第 26 页	铰链四杆机构存在曲柄的条件	第 129 页	蜗杆传动的左、右手法则
第 27 页	平面四杆机构急回特性的应用	第 142 页	定轴轮系传动比的计算
第 38 页	凸轮机构的应用	第 147 页	行星轮系传动比的计算
第 41 页	凸轮机构的命名方法	第 149 页	轮系的应用
第 53 页	认识棘轮机构	第 159 页	认识键传动
第 55 页	认识槽轮机构	第 166 页	螺旋机构的应用和类型
第 62 页	认识带传动	第 175 页	认识轴
第 69 页	带传动的受力与应力分析	第 178 页	轴上零件是如何固定的
第 79 页	带传动的张紧、安装与维护	第 208 页	滚动轴承的组合设计
第 83 页	认识齿轮机构	第 210 页	滑动轴承的结构
第 86 页	渐开线的形成和性质	第 229 页	螺纹连接的应用
第 87 页	分析渐开线直齿圆柱齿轮的啮合传动	第 249 页	联轴器、离合器、制动器的结构及应用
第 88 页	渐开线标准直齿圆柱齿轮的基本参数及几何尺寸计算	第 258 页	认识链传动

项目一 单缸四冲程内燃机的机构表达 >>>

素养提升

(1)了解国内外传统机械的典型案例,激发奋发学习的使命感,让科技强国的理念根植于心中。

(2)了解大国工匠甘于奉献、爱国敬业的事迹,树立诚实守信、严谨负责的职业道德观,激发职业责任感。

工程实例

单缸四冲程内燃机是将燃料燃烧时产生的热能转化成机械能的动力装置,如图 1-0-1 所示,它由机架、曲轴、连杆、活塞、进气阀、排气阀、推杆、凸轮轴、大齿轮、小齿轮等组成。燃料燃烧后膨胀,推动活塞往复运动,通过连杆使曲轴连续转动。单缸四冲程内燃机的活塞在气缸内往复移动四次,即吸气、压缩、膨胀、排气四个工作过程,完成一个工作循环。

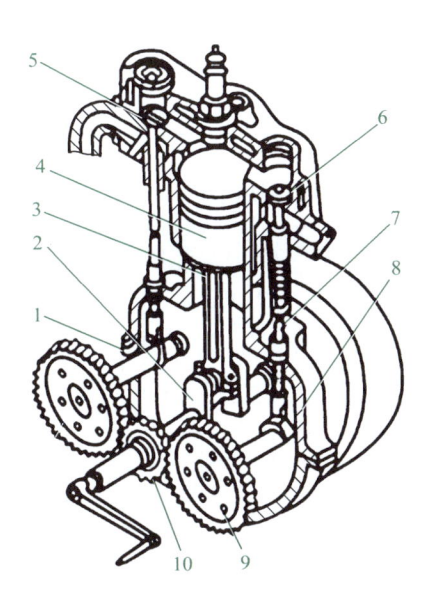

图 1-0-1 单缸四冲程内燃机的结构

1—机架(气缸体);2—曲轴;3—连杆;4—活塞;5—进气阀;6—排气阀;
7—推杆;8—凸轮轴;9—大齿轮;10—小齿轮

任务一 分析单缸四冲程内燃机的组成

知识目标

(1) 掌握机器和机构的特征。
(2) 掌握构件和零件、通用零件和专用零件等概念。

能力目标

(1) 正确判断机器和机构、机器的各组成部分。
(2) 正确判断构件和零件、通用零件和专用零件。

带你走进机械设计基础

任务分析

单缸四冲程内燃机主要包括三个机构,主体机构为曲柄滑块机构,借气缸内的燃气压力推动活塞通过连杆而使曲轴作旋转运动。齿轮机构、凸轮机构的作用是按一定的运动规律按时开/闭阀门以吸入燃气和排出废气。三个机构配合共同完成热能转化成机械能的能量转换。

夯实理论

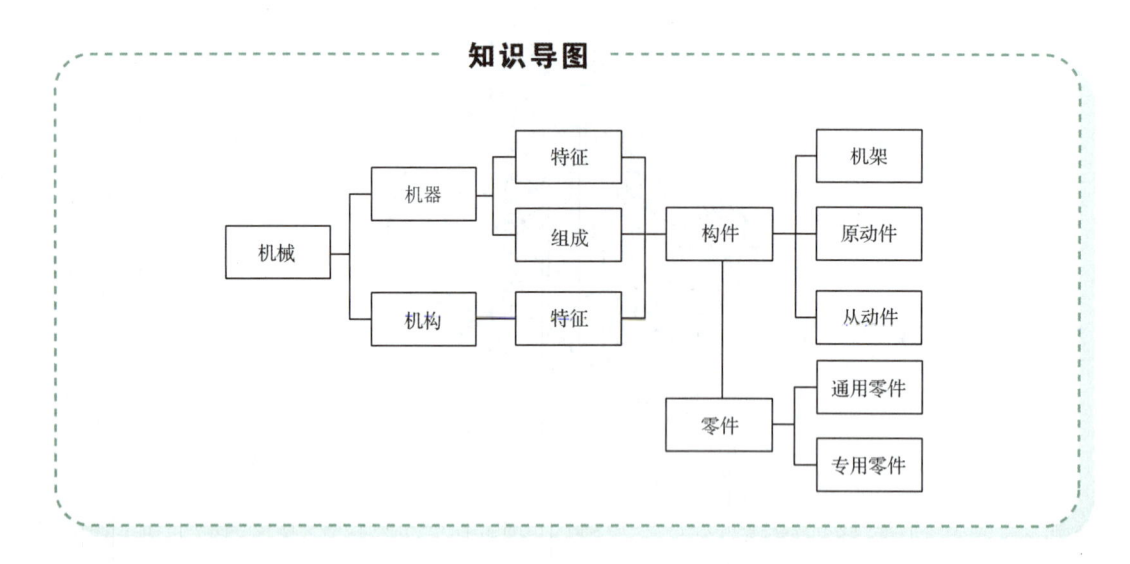

知识导图

```
              ┌─ 机器 ─┬─ 特征
              │        └─ 组成 ──┬─ 构件 ─┬─ 机架
机械 ─────────┤                  │        ├─ 原动件
              │                  │        └─ 从动件
              │                  │
              │                  └─ 零件 ─┬─ 通用零件
              │                           └─ 专用零件
              └─ 机构 ── 特征
```

由单缸四冲程内燃机分析可知,各种机械的结构形式、功用和性能不同,但都具有以下三个特征:

(1) 它们都是人为实体(构件)的组合。
(2) 各个运动实体(构件)之间具有确定的相对运动。
(3) 能够代替或减轻人类劳动,完成有用功或实现能量转换,能进行信息处理、影像处理等。

同时具有以上三个特征的实体组合称为机器,仅具备前两个特征的则称为机构。由此可见,机器是由机构组成的。但从结构和运动的观点来看,机器和机构二者之间没有区别,通常用"机械"一词作为它们的总称。

一部完整的机器主要包括原动机部分、执行部分、传动部分、操纵和控制部分、辅助装置部分。

(1)原动机部分:驱动机器完成预定功能的动力来源,把其他形式的能量转换成可以利用的机械能,常用电动机、内燃机和液压马达等,现代机器多采用电动机。

(2)执行部分:处于整个机械传动路线终端,是完成机器预定功能的组成部分,如车床的刀架、汽车的车轮、工业机器人的手臂等,运动形式可能是直线运动、回转运动或间歇运动等。

(3)传动部分:介于原动机部分与执行部分之间,把原动机部分的运动或动力传递给执行部分的中间环节,可减速、增速、改变运动形式等,如传动齿轮、V带等。

(4)操纵和控制部分:实现或终止各自预定的功能,启动、停车、正/反转,如各种控制机构(如内燃机中的凸轮机构)、控制离合器、制动器、电动机开关等。

(5)辅助装置部分:保证机器正常工作所必需的补偿、润滑、冷却、操纵及控制,如液压、电力传动系统等。

组成机构的具有相对运动的单元体称为构件,构件具有独立的运动特性,它是组成机构的最小运动单元。机械制造中不可拆的最小制造单元体称为零件。一个构件可以只由一个零件组成,如内燃机的曲轴,如图 1-1-1 所示;也可由多个零件组成,如内燃机的连杆,它由连杆体、连杆盖、螺栓、螺母等零件组成,如图 1-1-2 所示。部件是由一组协同工作的零件组成的独立制造装配的组合体,它是机械中的装配单元,如减速器、离合器等。

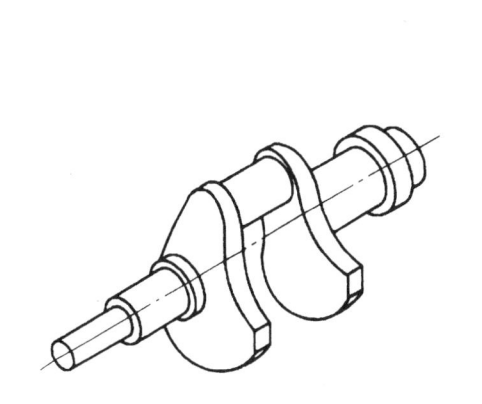

图 1-1-1 单一零件组成构件

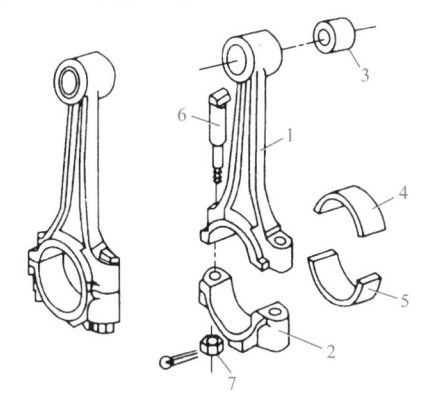

图 1-1-2 多个零件组成构件
1—连杆体;2—连杆盖;3—连杆套;4、5—轴瓦;6—螺栓;7—螺母

零件按作用分为通用零件和专用零件。在各种机器中经常使用的零件称为通用零件,如螺栓、轴、齿轮等;只在一些特定类型机器中使用的零件称为专用零件,如内燃机中的活塞、机架等。

单缸四冲程内燃机组成机构的构件按运动性质分为机架、原动件和从动件。

(1)机架:用来支承运动构件,相对于地面固定不动的构件。一个机构只能有一个构件为机架,如单缸四冲程内燃机中的机架。

(2)原动件:按给定的运动规律独立运动的构件,常在其上画转向箭头。一个机构可以有一个或几个原动件,如单缸四冲程内燃机中的活塞。

(3)从动件:随原动件的运动而运动的其他活动构件。从动件的运动规律取决于原动件的运动规律及运动副的结构和构件尺寸,如单缸四冲程内燃机中的除活塞以外的所有活动构件。

任务实施

单缸四冲程内燃机是将燃气燃烧时的热能转化成机械能的机器,包含曲柄滑块机构、齿轮机构和凸轮机构,各机构的作用见表1-1-1。

表1-1-1　　　　　　　　　　单缸四冲程内燃机各机构的作用

名　称	组　成	作　用
曲柄滑块机构	活塞、连杆、曲轴和机架	将活塞的往复移动转换为曲轴的连续转动
齿轮机构	小齿轮、大齿轮和机架	将曲轴的连续转动传递给凸轮轴
凸轮机构	凸轮轴、推杆和机架	将凸轮轴的连续转动转换为推杆的往复直线运动,保证进、排气阀有规律的启闭

培养技能

识别机器与机构

从20世纪中期开始,随着电子、计算机、原子能、通信等技术的飞速发展,大量的新机器也从传统的纯机械系统发展成为光机电一体化的机械设备。

以往,机械钟表、打字机、发报机不能做机械功或转换机械能,只能视为机构,不能称为机器,而按照现代机器的概念,用于传递信息的机械钟表、打字机、发报机都属于机器。

球磨机的铁球、摇奖机的号球需要实现随机运动,不强调构件间具有确定的相对运动,它们也属于机器。

日常生活中的收音机、电视机,虽然名称中带有"机"字,但并不能算作机器,只是电器装置,因为它们不是"执行机械运动的装置"。

能力检测

一、选择题

1.＿＿＿＿＿＿＿是用来减轻人的劳动,完成做功或者转换能量的装置。
A.机器　　　　　　B.机构　　　　　　C.构件　　　　　　D.零件

2.＿＿＿＿＿＿＿是主要用来传递和变换运动的装置。
A.机器　　　　　　B.机构　　　　　　C.构件　　　　　　D.零件

3.有下列实物:①车床;②游标卡尺;③洗衣机;④齿轮减速箱;⑤台钳。其中＿＿＿＿＿＿＿是机器。
A.①和②　　　　　B.②和③　　　　　C.①和③　　　　　D.②、④和⑤

4.有下列实物:①百分表;②水泵;③台钻;④牛头刨床工作台升降装置。其中＿＿＿＿＿＿＿是机构。
A.①和②　　　　　B.②和③　　　　　C.③和④　　　　　D.①和④

5.汽车的中桥齿轮差速器是机器的＿＿＿＿＿＿＿零件。
A.原动机部分　　　　　　　　　　　B.执行部分

C. 传动部分　　　　　　　　　　　　D. 操纵和控制部分
6. 下列实物中不属于机器的执行部分的是_____。
   A. 汽车的车轮　　　　　　　　　　B. 工业机器人的手臂
   C. 车床的刀架　　　　　　　　　　D. 带式输送机的传送带
7. 组成机构的最小运动单元是_____。
   A. 机器　　　　B. 机构　　　　C. 构件　　　　D. 零件
8. 组成机构的不可拆的最小制造单元体是_____。
   A. 机器　　　　B. 机构　　　　C. 构件　　　　D. 零件
9. 电风扇叶片、起重机上的起重吊钩、洗衣机上的传动带、柴油发动机上的曲轴和减速器中的齿轮,以上零件中有_____种是通用零件。
   A. 2　　　　　B. 3　　　　　C. 4　　　　　D. 5
10. 有下列实物:①螺钉;②起重机吊钩;③螺母;④键;⑤缝纫机脚踏板。其中_____属于通用零件。
    A. ①和②　　　B. ②和③　　　C. ④和⑤　　　D. ①、③和④

二、判断题

1. 机构能完成有用的机械功或实现能量转换。（　　）
2. 组成机器的各实体构件之间应具有确定的相对运动。（　　）
3. 由两个以上零件连接在一起构成的刚性结构称为构件。（　　）
4. 构件可以是单一的零件,也可以是多个零件组成的刚性结构。（　　）
5. 一部机器可以只含有一个机构,也可以由数个机构组成。（　　）
6. 组成机械的各个相对运动的实物称为零件。（　　）
7. 整体式连杆是最小的制造单元,它是零件而不是构件。（　　）
8. 螺栓、齿轮、轴承都是通用零件。（　　）
9. 机构中的原动件又称为主动件,原动件只能有一个。（　　）
10. 任何机构中都可以有多个构件固定不动,构成多个机架。（　　）

任务二　绘制单缸四冲程内燃机的机构运动简图

知识目标

(1) 掌握运动副、高副、低副的概念。
(2) 掌握低副和高副,以及转动副和移动副的实例及表示方法。
(3) 掌握用简单线条或符号表达机构的运动关系,绘制机械运动简图的方法。

能力目标

(1) 正确判断运动副的类型。
(2) 正确绘制机械运动简图。

任务分析

如图 1-0-1 所示,通过对单缸四冲程内燃机工作过程分析,发现组成单缸四冲程内燃机的曲柄滑块机构、齿轮机构和凸轮机构的真实外形和各构件外形很复杂,这给快速绘制及与其他人员交流带来了困难。因此,可以选择不考虑与运动特性无关的因素(如构件的复杂外形等),而用规定的线条和符号绘制机构运动简图方法表明单缸四冲程内燃机将燃气燃烧时的热能转化为机械能的工作原理。

夯实理论

一、运动副

知识导图

```
                    ┌── 概念
                    │           ┌── 低副 ──┬── 转动副
         运动副 ────┤                      └── 移动副
                    │
                    └── 分类
                                ┌── 高副 ──┬── 齿轮副
                                          └── 凸轮副
```

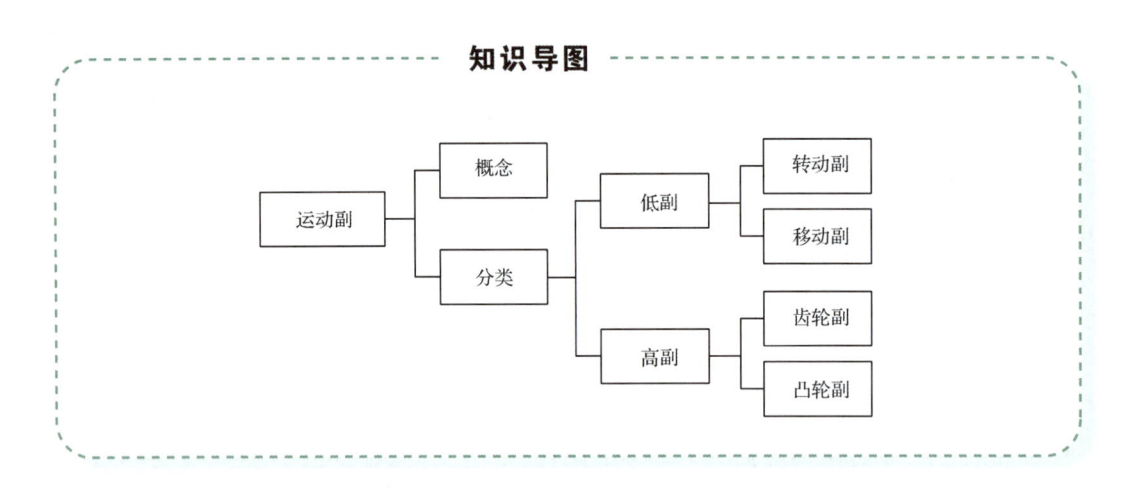

如图 1-0-1 所示,机架与活塞既互相接触又允许活塞相对于机架作往复直线运动,活塞与连杆、连杆与曲轴、曲轴与机架既互相接触又允许相对转动,所有的运动构件都在同一平面或互相平行的平面内运动。平面机构中两构件之间直接接触并能产生一定相对运动的连接称为运动副,运动副按两构件的接触性质不同分类,见表 1-2-1。

表 1-2-1　　　　　运动副的分类

名　称		两构件间接触性质	结构简图	工程实例	特　点
低副	转动副（铰链）	两构件以面的形式相接触,只能作相对转动		单缸四冲程内燃机中活塞与连杆、连杆与曲轴、曲轴与机架之间的运动副	低副是以面形式相接触,其接触部分的压强较小,便于润滑,磨损较轻
	移动副	两构件以面的形式相接触,只能沿某一轴线作相对移动		单缸四冲程内燃机中机架与活塞之间的运动副	

续表

名　称	两构件间接触性质	结构简图	工程实例	特　点
高副 齿轮副	两齿轮以线的形式相接触,可沿接触点 A 处的切线 $t-t$ 方向移动,又可绕接触点 A 转动		单缸四冲程内燃机中小齿轮、大齿轮之间的运动副	高副是以点或线形式相接触,其接触部分的压强较大,故易磨损
高副 凸轮副	凸轮和从动件以点的形式相接触,可沿接触点 A 处的切线 $t-t$ 方向移动,又可绕接触点 A 转动		单缸四冲程内燃机中凸轮轴与推杆之间的运动副	

单缸四冲程内燃机组成机构的构件按运动性质分为机架、原动件和从动件。

1. 机架

用来支承运动构件,相对于地面固定不动的构件,一个机构只能有一个构件为机架,如单缸四冲程内燃机中的机架。

2. 原动件

按给定的运动规律独立运动的构件,常在其上画转向箭头,一个机构可以有一个或几个原动件,如单缸四冲程内燃机中的活塞。

3. 从动件

除原动件以外的所有活动构件,从动件的运动规律取决于原动件的运动规律及运动副的结构和构件尺寸,如单缸四冲程内燃机中除活塞以外的所有活动构件。

认识运动副

二、平面机构的运动简图

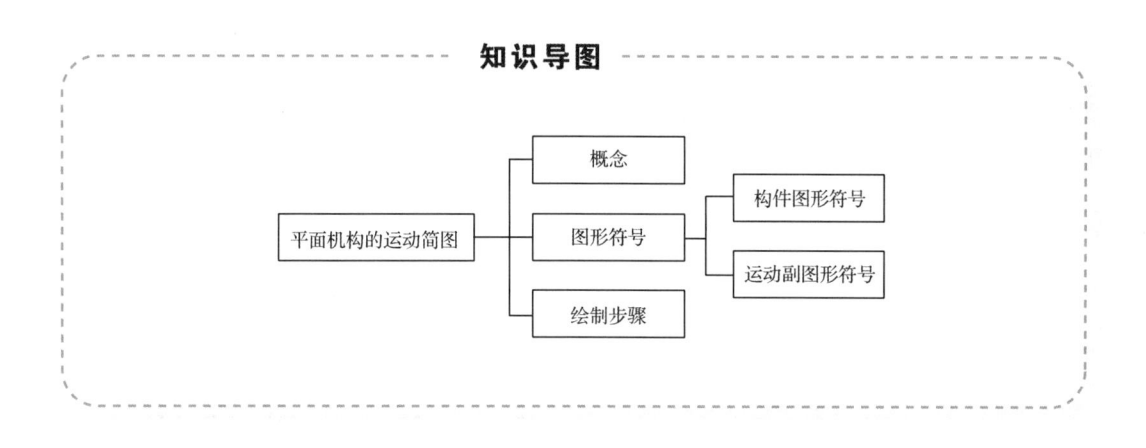

知识导图

平面机构的运动简图
- 概念
- 图形符号
  - 构件图形符号
  - 运动副图形符号
- 绘制步骤

(一) 机构运动简图的概念和图形符号

用规定的线条和符号表示构件和运动副,并按一定的比例确定运动副的相对位置及与运动有关的尺寸的简图称为机构运动简图。常用构件和运动副的简图图形符号见表 1-2-2。

表 1-2-2　　　　　　　　常用构件和运动副的简图图形符号

名 称		基本符号	名 称	基本符号
构件	轴、杆		机架	
	双副元素构件		机架是转动副的一部分	
	三副元素构件		机架是移动副的一部分	
平面低副	转动副		平面高副	齿轮副
	移动副			凸轮副

(二)平面机构运动简图的绘制步骤

(1)分析机构的组成,确定机架、原动件和从动件。

(2)由原动件开始,依次分析构件间的相对运动形式,确定运动副的类型和数目。

(3)选择适当的视图平面和原动件位置,以便清楚地表达各构件间的运动关系。通常选择与构件运动平面平行的平面作为投影面。

(4)选择适当的比例尺,即 $\mu_l = \dfrac{构件实际长度}{构件图样长度}$(单位:m/mm 或 mm/mm),按照各运动副间的距离和相对位置,以规定的线条和符号绘图。

任务实施

绘制步骤如下:

(1)由图 1-0-1 可知,单缸四冲程内燃机的活塞是原动件,其他活动构件是从动件。

(2)活塞与机架相对移动构成移动副;活塞与连杆相对转动构成转动副;运动通过连杆传给曲轴,连杆与曲轴构成转动副;曲轴将运动通过与之相连的小齿轮传给大齿轮,大齿轮、小齿轮与机架构成转动副;大齿轮与凸轮轴同轴,凸轮通过滚子将运动传给推杆,大齿轮、小齿轮之间及凸轮与滚子之间都构成高副;滚子与推杆构成转动副;推杆与机架构成移动副。

(3)选择构件的运动平面为视图平面,图 1-0-1 所示机构运动瞬时位置为原动件位置。

(4)根据实际机构尺寸及图样大小选定比例尺 μ_l。用数字标注构件号,并在活塞上标注表示原动件运动方向的箭头。

绘制后单缸四冲程内燃机的运动简图如图 1-2-1 所示(图中编号的含义见图 1-0-1)。

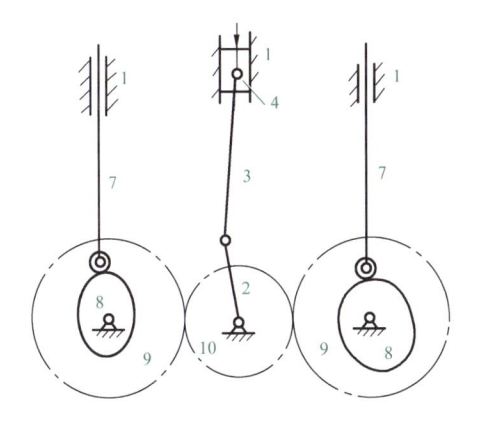

图 1-2-1 单缸四冲程内燃机的运动简图

如何绘制平面机构的运动简图

培养技能

识读机构运动简图

在机械设备维护及检修过程中,通过识读机构运动简图能分析机械传动系统的组成、设备的动力源传递到执行部分的传动路线与方式、各机构工作原理及结构特点,记录相关参数,测绘处于动力源及执行部分间的传动机构运动简图,并能根据机构运动简图了解机械设备的运行情况。

能力检测

一、选择题

1. 在机构中,构件与构件之间的连接方式称为_____。
   A. 运动链　　　　B. 部件　　　　C. 运动副　　　　D. 铰链

2. 两构件组成运动副的必备条件是_____。
   A. 直接接触且具有相对运动　　　　B. 不直接接触但具有相对运动
   C. 直接接触但无相对运动　　　　　D. 不接触也无相对运动

3. 由于组成运动副中两构件之间的_____形式不同,故运动副为高副和低副。
   A. 连接　　　　B. 几何形状　　　　C. 物理特性　　　　D. 接触

4. 图 1-2-2 中,_____图运动副 K 是高副。

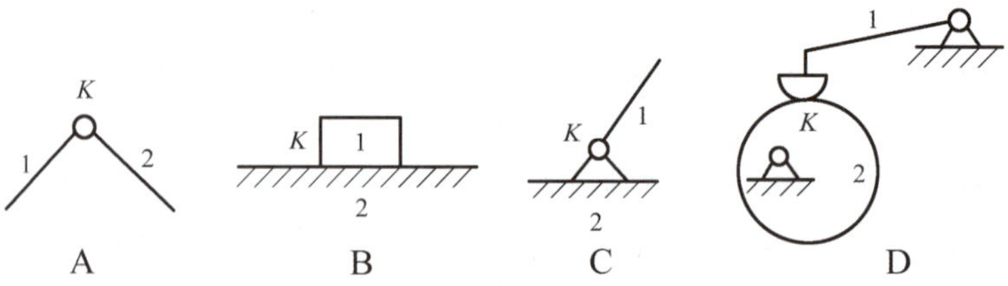

图 1-2-2　选择题 3 图

5. 齿轮传动中轮齿的啮合属于_____。
   A. 移动副　　　　B. 低副　　　　C. 高副　　　　D. 转动副

6. 机构运动简图与_____无关。
   A. 构件和运动副的结构　　　　B. 运动副的数目、类型
   C. 构件数目　　　　　　　　　D. 运动副的相对位置

7. 在比例尺为 $\mu_l = 5 \text{ m/mm}$ 的机构运动简图中,量得一构件的图样长度是 10 mm,则该构件的实际长度为_____m。
   A. 2　　　　B. 15　　　　C. 50　　　　D. 500

8. 如图 1-2-3 所示,正确的机构运动简图是_____。

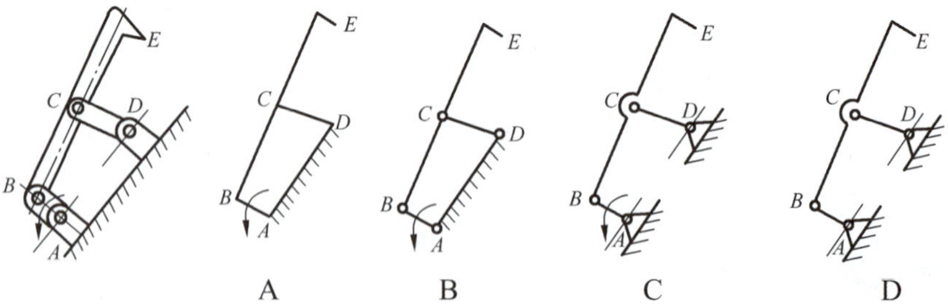

图 1-2-3　选择题 8 图

9. 如图 1-2-4 所示,正确的机构运动简图是_____。

10. 如图 1-2-5 所示,正确的机构运动简图是_____。

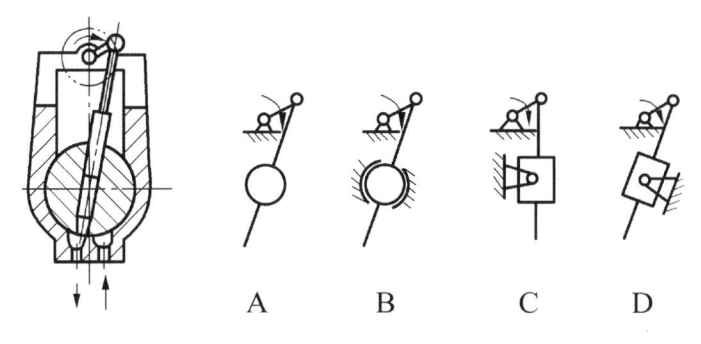

图 1-2-4　选择题 9 图

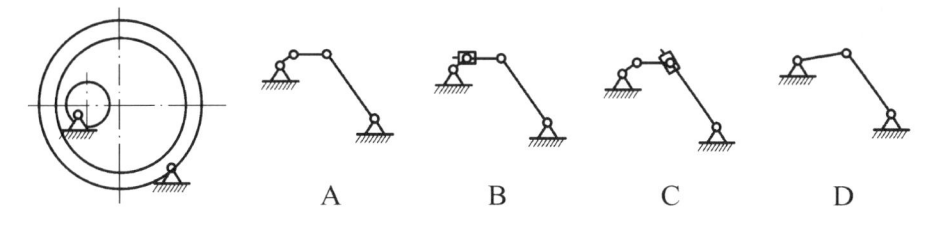

图 1-2-5　选择题 10 图

11. 如图 1-2-6 所示为旋转式油泵,构件 1 绕定轴 A 回转,构件 2 绕定轴 B 转动。则该机构运动简图是_____。

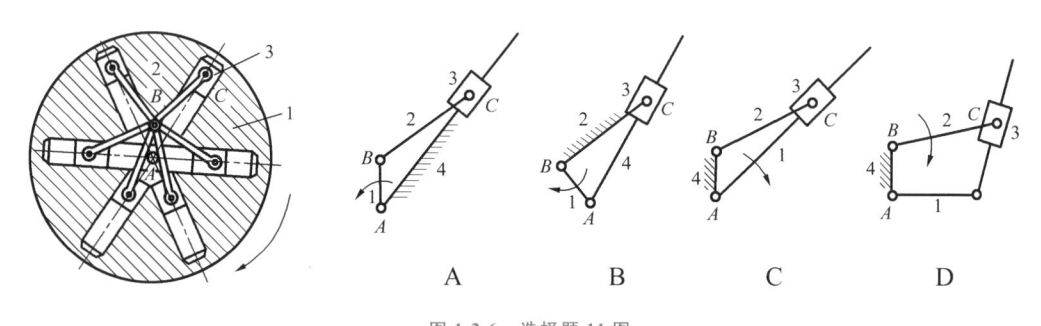

图 1-2-6　选择题 11 图

二、判断题

1. 两构件间凡直接接触而又相互连接的都叫运动副。　　　　　　　　　　　　(　)
2. 运动副的作用是限制或约束构件的自由运动的。　　　　　　　　　　　　　(　)
3. 运动副的主要特征是两个构件以点、线、面的形式相接触。　　　　　　　　(　)
4. 运动副按运动形式不同分为高副和低副两类。　　　　　　　　　　　　　　(　)
5. 运动副根据两构件间的接触形式不同,分为移动副和转动副。　　　　　　　(　)
6. 两个齿轮作相对转动,故齿轮副为转动副。　　　　　　　　　　　　　　　(　)
7. 门与门框之间的连接属于低副。　　　　　　　　　　　　　　　　　　　　(　)
8. 机构中的原动件又称为主动件,原动件的数目只能有一个。　　　　　　　　(　)
9. 任何机构中都可以有多个构件固定不动,构成多个机架。　　　　　　　　　(　)
10. 机构运动简图应准确反映机构有哪些构件、运动副及类型,以及各运动副间的位置。
　　　　　　　　　　　　　　　　　　　　　　　　　　　　　　　　　　　(　)

三、设计计算题

绘制如图 1-2-7 所示机构的运动简图。

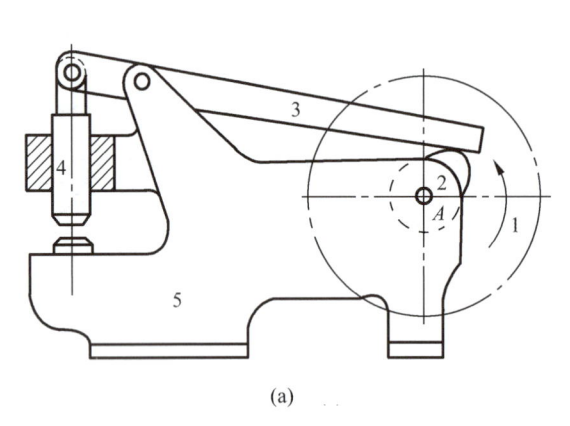

(a)　　　　　　　　　　　　(b)

图 1-2-7　设计计算题图

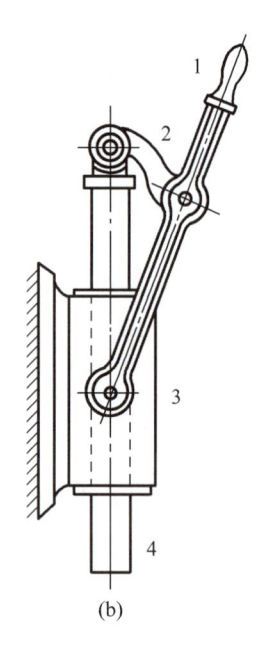

任务三　计算单缸四冲程内燃机的自由度

知识目标

(1) 掌握平面机构自由度的计算方法。
(2) 掌握平面机构具有确定运动的条件。

能力目标

(1) 正确计算平面机构的自由度。
(2) 准确识别机构中的复合铰链、局部自由度和虚约束。

任务分析

如图 1-0-1 所示,单缸四冲程内燃机包括曲柄滑块机构、齿轮机构和凸轮机构,主要功用是传递运动和动力,或改变运动的形式和运动轨迹。当原动件活塞按给定的运动规律上下运动时,其余构件的运动是否是完全确定的?通过对单缸四冲程内燃机自由度的计算来判定通过运动副相连的构件系统是否为机构,以及机构是否具有确定的相对运动。

轻松计算平面机构的自由度

夯实理论

一、力学的基本概念

知识导图

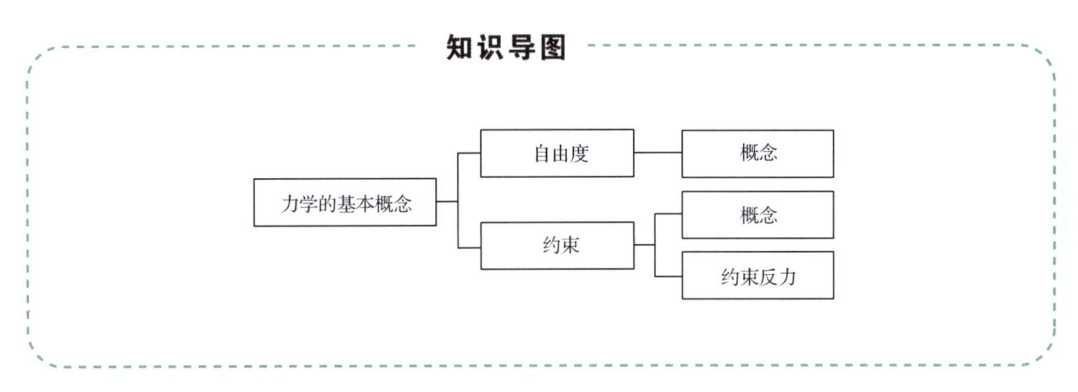

```
                    ┌── 自由度 ──── 概念
力学的基本概念 ──┤
                    │              ┌── 概念
                    └── 约束 ──────┤
                                   └── 约束反力
```

(一) 自由度

作平面运动的构件相对于定参考系所具有的独立运动参数的数目称为机构的自由度。xOy 坐标系中的构件可沿 x 轴和 y 轴移动,可绕垂直于 xOy 平面的轴线 A 转动,因此,作平面运动的自由构件有三个自由度,如图 1-3-1 所示。

(二) 约束

构件是机构中具有相对运动的基本单元,当组成机构时每个构件都以一定的方式与其他构件相连接,使构件某些方向的运动受到了限制。对构件的运动起限制作用的物体称为约束。

约束限制物体的运动,这种限制是通过力的作用来实现的,约束受到被约束物体的作用力,反过来,约束也必然会给被约束物体一反作用力,即约束反力。约束与约束反力的作用点相同,应在约束与被约束物体的接触点,约束反力的方向与约束所限制的运动方向相反。

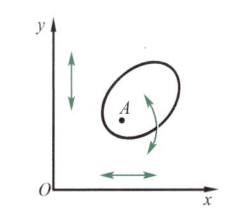

图 1-3-1 自由构件的自由度

二、自由度的计算和机构具有确定运动的条件

知识导图

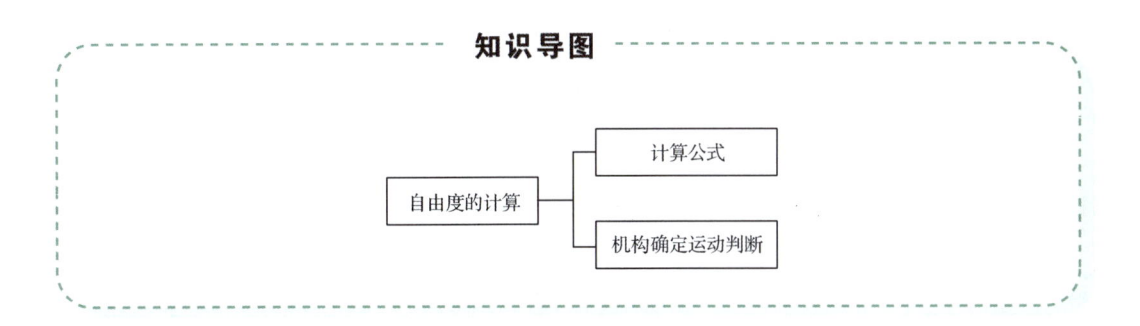

```
                ┌── 计算公式
自由度的计算 ──┤
                └── 机构确定运动判断
```

当两构件组成运动副后,它们之间的某些相对运动受到限制,每加上一个约束,自由构件

便失去一个自由度。一个低副产生两个约束,减少两个自由度,一个高副产生一个约束,减少一个自由度。设一个平面机构由 n 个活动构件组成,它们在未组成运动副之前,共有 $3n$ 个自由度。若机构中共有 P_L 个低副、P_H 个高副,则平面机构的自由度的计算公式为

$$F=3n-2P_L-P_H$$

机构是否具有确定运动的判断方法见表 1-3-1。

表 1-3-1　　　　　　　　　　　机构是否具有确定运动的判断方法

结构简图	自由度	原动件	结　论
	0		如果构件组合在一起形成刚性结构,各构件之间没有相对运动,则不能构成机构
	1	2	如果机构中原动件数大于机构的自由度,则可能导致机构中最薄弱的构件或运动副被损坏
	2	1	如果机构中原动件数小于机构的自由度,则机构的运动不确定,首先沿阻力最小的方向运动
	1	1	如果原动件数和机构的自由度相等,则机构具有确定的运动

三、平面机构中的特殊结构

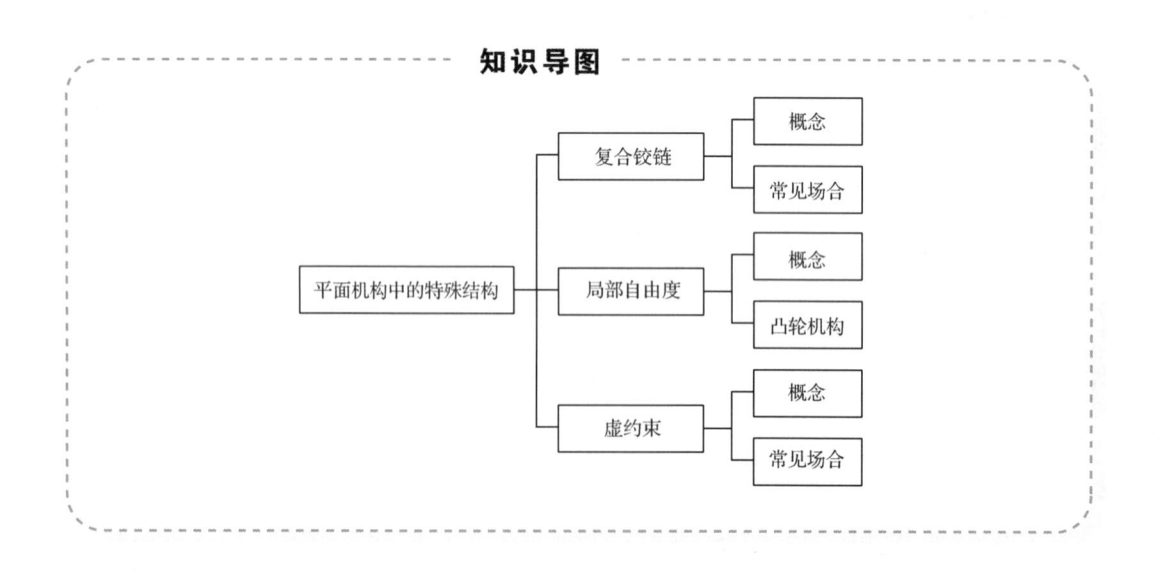

知识导图

平面机构中的特殊结构
- 复合铰链
  - 概念
  - 常见场合
- 局部自由度
  - 概念
  - 凸轮机构
- 虚约束
  - 概念
  - 常见场合

(一)复合铰链

两个以上的构件在同一处以同轴线的转动副相连,称为复合铰链。

如图 1-3-2 所示为三个构件在 A 点形成复合铰链。从左视图可见,这三个构件组成了轴线重合的两个转动副。一般,k 个构件形成复合铰链应具有 $(k-1)$ 个转动副。复合铰链常见场合见表 1-3-2。

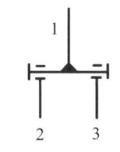

图 1-3-2 复合铰链

表 1-3-2 复合铰链常见场合

结构简图	运动副类型	结构简图	运动副类型
	杆 1、2 与机架 3 形成两个转动副		杆 1 与滑块 2、3 形成两个转动副
	杆 1、2 与滑块 3 形成两个转动副		杆 1、滑块 3 与齿轮 2 形成两个转动副
	杆 1、滑块 2 与机架 3 形成两个转动副		齿轮 1、滑块 2 与机架 3 形成两个转动副

(二)局部自由度

如图 1-3-3(a)所示为凸轮机构,当滚子绕自身轴的转动不影响从动件的运动时,可转化为如图 1-3-3(b)所示机构。这种与机构原动件和从动件的运动传递无关的构件的独立自由度称为局部自由度。在计算机构自由度时,局部自由度应除去不计。因此,该机构的自由度为

$$F = 3n - 2P_L - P_H = 3 \times 2 - 2 \times 2 - 1 = 1$$

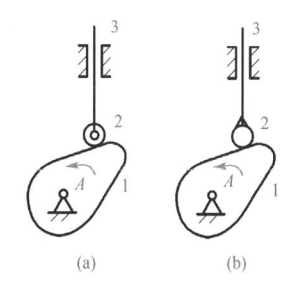

图 1-3-3 凸轮机构
1—凸轮;2—滚子;3—从动件

(三)虚约束

机构中与其他约束重复而对机构运动不起新的限制作用的约束称为虚约束。计算机构自由度时,虚约束应除去不计。虚约束常见场合见表 1-3-3。

虚约束虽对机构运动没有影响,但可以改善机构的受力情况,增大构件的刚度。虚约束是在一定的几何条件下形成的,对机构的制造、安装精度要求较高,当不能满足几何条件时,虚约束就会成为实际约束,并将阻碍机构的正常运动。

表 1-3-3　　　　　　　　　　　　　虚约束常见场合

常见场合	结构简图	计算说明
两构件在同一轴线上组成多个转动副		轮轴 1 与机架 2 在 A、B 两处组成了两个转动副，计算机构自由度时应按一个转动副计算，其余为虚约束
两构件组成多个导路平行或重合的移动副		构件 1 与机架 2 组成了 A、B、C 三个导路平行的移动副，计算机构自由度时应按一个移动副计算，其余为虚约束
两构件组成多处接触点公法线重合的高副		构件 1 与构件 2 在 A、B 点组成两个公法线重合的高副，计算机构自由度时应按一个高副计算，其余为虚约束
构件上连接点的运动轨迹互相重合		构件 5 与构件 1、3 相互平行且长度相等，转动副 E 连接前后构件 2 上 E 点的运动轨迹未发生变化，即构件 5 和转动副 E、F 引入的是虚约束，在计算机构自由度时将构件 5 和两个转动副 E、F 全都除去不计
机构中具有对运动不起作用的对称部分		从运动关系看，只需要一个行星轮 2 就能满足运动要求，其余行星轮及其所引入的高副均为虚约束，应去除不计

任务实施

一、机构运动副分析

如图 1-2-1 所示，活塞与连杆、连杆与曲轴、小齿轮、大齿轮与机架共构成 5 个转动副；活塞与机架、推杆与机架共构成 3 个移动副；小齿轮与大齿轮、凸轮轴与推杆上的滚子共构成 4 个高副。

推杆上的滚子自转为局部自由度，应去除。

二、机构自由度计算

机构中,$n=7$,$P_L=8$,$P_H=4$,则自由度为
$$F=3n-2P_L-P_H=3\times 7-2\times 8-4=1$$
机构中原动件数等于机构的自由度,机构具有确定的运动。

培养技能

改进设计不合理的机构

通过机构自由度的计算可以判定机构是否具有确定的运动,若机构设计不合理,可采取如下的改进方法。

一、增加一个构件和一个低副

如图 1-3-4(a)所示,机构的自由度 $F=3n-2P_L-P_H=0$,机构设计不合理。可采取在 D 点加入一个滑块增加一个移动副的方法,如图 1-3-4(b)所示。

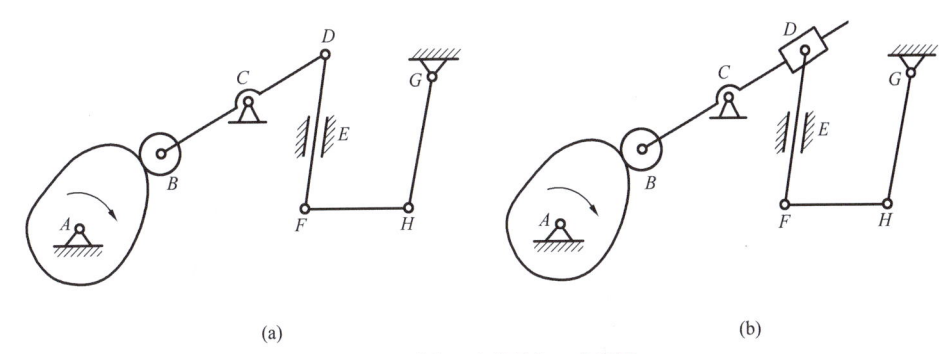

图 1-3-4　增加一个构件和一个低副

改进后机构的自由度 $F'=3(n+1)-2(P_L+1)-P_H=1$,与原动件数相等,机构具有确定的运动。

二、把一个低副改为高副

如图 1-3-5(a)所示,机构的自由度 $F=3n-2P_L-P_H=0$,机构设计不合理。可采取将 D 点转动副改为高副的方法,如图 1-3-5(b)所示。

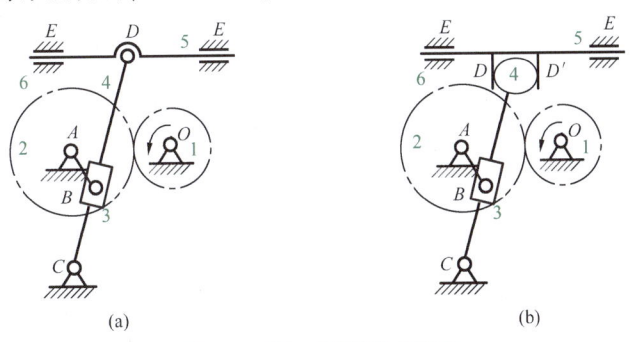

图 1-3-5　把一个低副改为高副

改进后,机构的自由度 $F'=3n-2(P_L-1)-(P_H+1)=1$,与原动件数相等,机构具有确定的运动。

能力检测

一、选择题

1. 平面机构中,如果引入1个低副,将带入_____个约束,保留_____个自由度。
   A. 2,1　　　　　　B. 1,2　　　　　　C. 1,1　　　　　　D. 2,2

2. 平面机构中,如果引入1个高副,将带入_____个约束,保留_____个自由度。
   A. 1,1　　　　　　B. 1,2　　　　　　C. 2,1　　　　　　D. 2,2

3. 当 k 个构件在一处组成转动副时,其转动副数目为_____个。
   A. k　　　　　　B. $k-1$　　　　　C. $k+1$　　　　　D. 与 k 无关

4. 当机构的自由度数大于0且等于原动件数时,机构将会_____。
   A. 具有确定运动　　B. 运动不确定　　　C. 构件被破坏　　　D. 无影响

5. 当机构的自由度数小于原动件数时,机构将会_____。
   A. 具有确定运动　　B. 运动不确定　　　C. 构件被破坏　　　D. 无影响

6. 有两个平面机构的自由度都等于1,现用一个带有两铰链的运动构件将它们串成一个平面机构,则其自由度等于_____。
   A. 0　　　　　　　B. 1　　　　　　　C. 2　　　　　　　D. 3

7. 计算机构自由度时,对于局部自由度应_____。
   A. 除去不计　　　　B. 考虑　　　　　　C. 部分考虑　　　　D. 转化成复合铰链

8. 两个构件在多处接触构成移动副,各接触处两构件相对移动的方向_____时,将引入虚约束。
   A. 相同、相平行　　B. 不重叠　　　　　C. 相反　　　　　　D. 交叉

9. 两个构件在多处接触构成转动副,各配合处两构件相对转动的轴线_____时,将引入虚约束。
   A. 交叉　　　　　　B. 重合　　　　　　C. 相平行　　　　　D. 成直角

10. 计算机构自由度时,若计入虚约束,则机构自由度就会_____。
    A. 增多　　　　　　B. 减少　　　　　　C. 不变　　　　　　D. 不确定

二、判断题

1. 平面低副机构中,每个转动副和移动副所引入的约束数目是相同的。　　　　　　（　）
2. 一个平面机构引入一个转动副后,将限制两个自由度。　　　　　　　　　　　　（　）
3. 若机构的自由度数为2,那么该机构共需要2个原动件。　　　　　　　　　　　　（　）
4. 一个齿轮副会限制一个自由度。　　　　　　　　　　　　　　　　　　　　　　（　）
5. 一个机构若有 n 个构件,则活动构件数目为 $(n+1)$ 个。　　　　　　　　　　　（　）
6. 机构自由度为0,说明各构件间没有相对运动,不具备运动性。　　　　　　　　　（　）
7. 机构的自由度数应等于原动件数,否则机构不能成立。　　　　　　　　　　　　（　）
8. 当机构自由度大于0时,机构就具有确定的运动。　　　　　　　　　　　　　　 （　）
9. 复合铰链转动副的数目应是在该处汇交构件(包括固定件)的数目。　　　　　　（　）
10. 虚约束是重复约束,因此在实际机构中完全可以不要。　　　　　　　　　　　　（　）

三、设计计算题

计算如图1-3-6所示各机构的自由度。

项目一　单缸四冲程内燃机的机构表达

(a)

(b)

(c)

(d)

(e)

(f)

(g) (ED//FG)

(h)

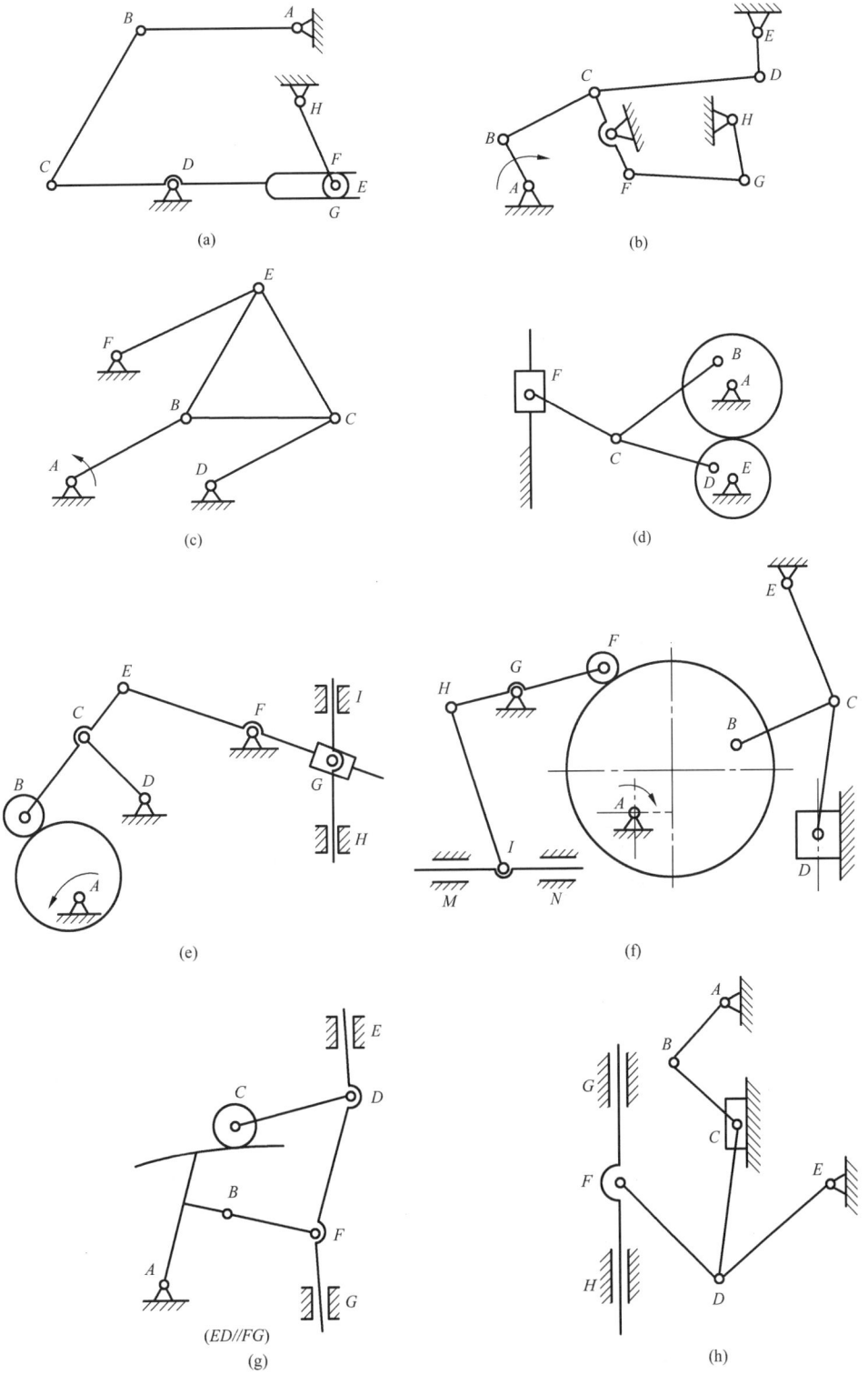

图 1-3-6　设计计算题图

项目二　牛头刨床常用机构的运动设计

素养提升

（1）培养探究实际工程问题的能力和创新精神。
（2）了解矛盾的对立统一原理，能够正确看待事物的利和弊。
（3）培养严谨的工作态度和精益求精的意识。

工程实例

　　牛头刨床利用滑枕带着刨刀作往复直线运动切割固定在机床工作平台上的工件，主要用于刨削中小型工件上的平面、成形面和沟槽，适用于单件、小批量生产。牛头刨床的结构如图 2-0-1 所示。牛头刨床传动系统由带传动系统、齿轮传动系统、摆动导杆机构、凸轮机构和棘轮机构组成，如图 2-0-2 所示。

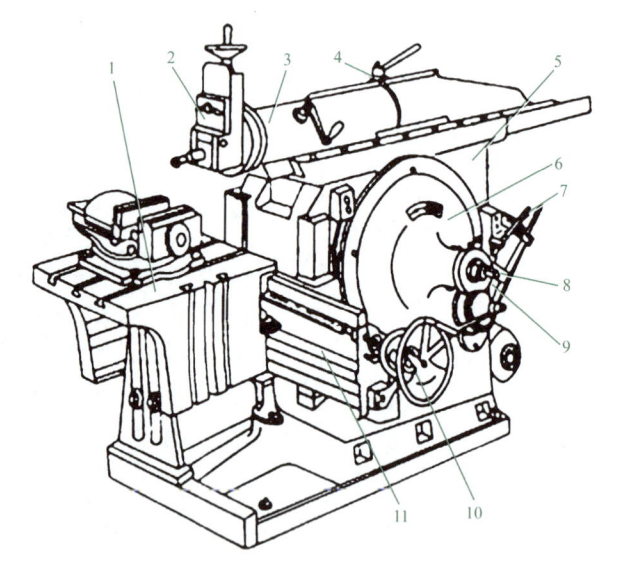

图 2-0-1　牛头刨床的结构
1—工作台；2—刀架；3—滑枕；4—行程位置调整手柄；5—床身；6—摆动导杆机构；7—变速手柄；
8—行程长度调整手柄；9—调整方榫；10—进给机构；11—横梁

工程实例

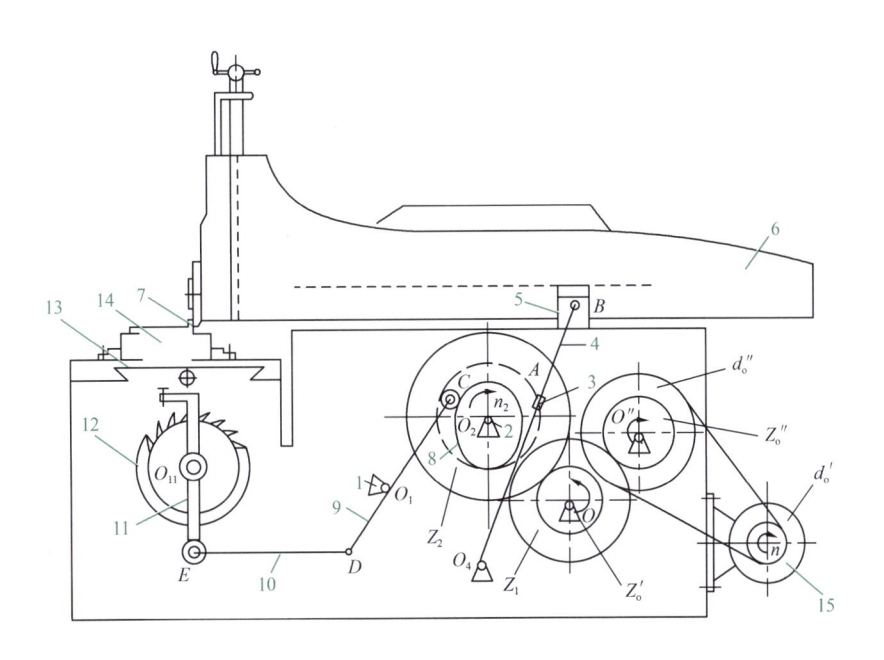

图 2-0-2　牛头刨床传动系统
1—机架；2—曲柄；3—导杆滑块；4—导杆；5—滑枕滑块；6—滑枕；7—刨刀；8—凸轮；
9—摆杆；10—连杆；11—摇杆；12—棘轮；13—工作台；14—工件；15—电动机

任务一　平面连杆机构的设计

知识目标

(1) 掌握平面四杆机构的基本形式，了解其演化方法。
(2) 掌握铰链四杆机构的尺寸关系。
(3) 掌握铰链四杆机构的基本特性。
(4) 掌握图解法设计平面四杆机构。

能力目标

(1) 根据已知条件正确判断铰链四杆机构的类型。
(2) 根据铰链四杆机构的基本特性熟练校核压力角的大小。
(3) 根据已知条件用图解法设计平面四杆机构。

任务分析

电动机起驱动作用,将电能转换成机械能为机器提供动力。经带传动和齿轮传动,带动曲柄和固定在其上的凸轮转动。

机架、曲柄、导杆滑块、导杆组成摆动导杆机构。曲柄通过转动副与导杆滑块相连接,带动导杆在某一角度内摆动,实现滑枕和刨刀往复运动刨削工件。

夯实理论

一、平面连杆机构的基本形式及其演化

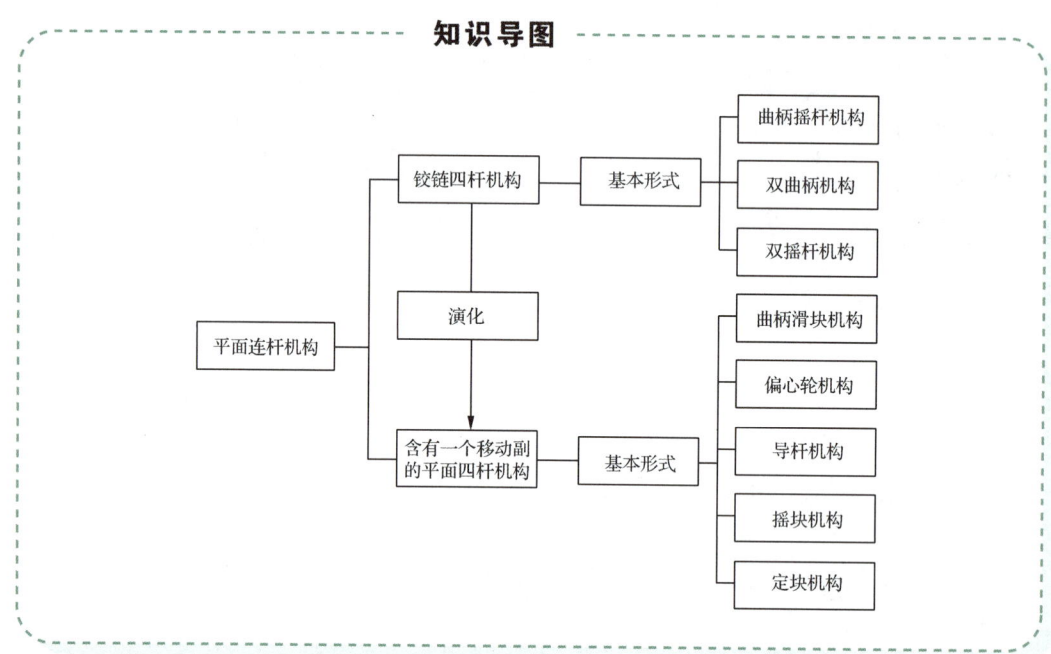

知识导图

```
                          ┌─── 曲柄摇杆机构
              ┌─ 铰链四杆机构 ─ 基本形式 ─┼─── 双曲柄机构
              │                          └─── 双摇杆机构
平面连杆机构 ─┤
              │   演化
              │    ↓
              │                                      ┌─── 曲柄滑块机构
              └─ 含有一个移动副 ─ 基本形式 ─┼─── 偏心轮机构
                 的平面四杆机构                       ├─── 导杆机构
                                                      ├─── 摇块机构
                                                      └─── 定块机构
```

平面连杆机构是由若干个构件通过低副相连接而成的,如果所有低副均为转动副,则称为铰链四杆机构。铰链四杆机构是平面四杆机构的基本形式,可演化为含有一个移动副的平面四杆机构。

(一)铰链四杆机构的基本形式

如图 2-1-1 所示,在铰链四杆机构中,固定不动的构件 4 是机架,与机架相连的构件 1 和 3 称为连架杆,与机架相对的构件 2 称为连杆。连架杆相对于机架能作整周转动的称为曲柄,只能在一定角度范围内往复摆动的称为摇杆。

初识平面四杆机构

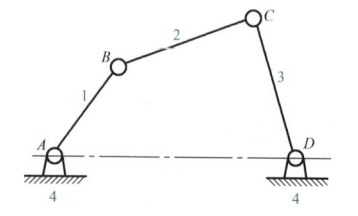

图 2-1-1 铰链四杆机构
1,3—连架杆;2—连杆;4—机架

项目二 牛头刨床常用机构的运动设计

根据连架杆运动的形式不同,铰链四杆机构分为三种基本形式,见表 2-1-1。

表 2-1-1　　　　　　　　　　　铰链四杆机构的基本形式

机构名称	组成	运动特点	工程实例	结构简图
曲柄摇杆机构	曲柄1、连杆2、摇杆3、机架4	曲柄为主动件时,将主动曲柄的等速连续转动转化为从动摇杆的往复摆动	雷达天线俯仰角调整机构	
		摇杆为主动件时,将主动摇杆的往复摆动转化为从动曲柄的连续转动	脚踏砂轮机机构	
双曲柄机构	曲柄1、连杆2、曲柄3、机架4	主动曲柄作等速转动,从动曲柄作变速转动	惯性筛机构（普通双曲柄机构）	
		连杆与机架的长度相等,两个曲柄长度相等且转向相同,连杆平动	播种机料斗机构（正平行四边形机构）	
		连杆与机架的长度相等,两个曲柄长度相等且转向相反,从动曲柄作变速转动	车门启闭机构（反平行四边形机构）	

续表

机构名称	组成	运动特点	工程实例	结构简图
双摇杆机构	摇杆1、连杆2、摇杆3、机架4	主动摇杆往复摆动,经连杆转变为从动摇杆往复摆动,重物G在近似水平直线上移动	港口起重机机构	

(二) 含有一个移动副的平面四杆机构

曲柄摇杆机构演化为曲柄滑块机构的过程如图 2-1-2 所示。

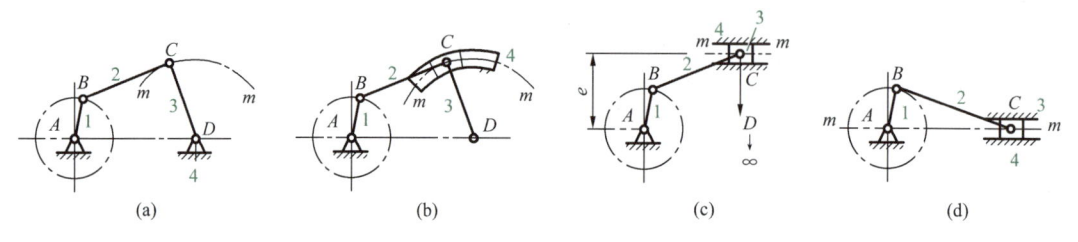

图 2-1-2 曲柄摇杆机构演化为曲柄滑块机构的过程

含有一个移动副的平面四杆机构的基本形式见表 2-1-2。

表 2-1-2 含有一个移动副的平面四杆机构的基本形式

机构名称	组成		运动特点	工程实例	结构简图
曲柄滑块机构	对心曲柄滑块机构($e>0$)	曲柄1、连杆2、滑块3、机架4 H—行程; e—偏心距	滑块为主动件时,将主动滑块的往复直线运动转化为从动曲柄的连续转动	内燃机	
	偏置曲柄滑块机构($e \neq 0$)		曲柄为主动件时,将主动曲柄的连续转动转化为从动滑块的往复直线运动	往复式气体压缩机	
偏心轮机构(增大转动副 B 的半径超过曲柄长度)		偏心轮1、连杆2、滑块3、机架4	偏心轮为主动件时,将主动偏心轮的连续转动转化为从动滑块的往复直线运动	冲床偏心轮机构	

续表

机构名称		组　成	运动特点	工程实例	结构简图
导杆机构（以曲柄滑块机构中曲柄为机架）	转动导杆机构	曲柄1、滑块2、导杆3、机架4	导杆能作整周转动（机架长度小于曲柄长度）	简易刨床导杆机构	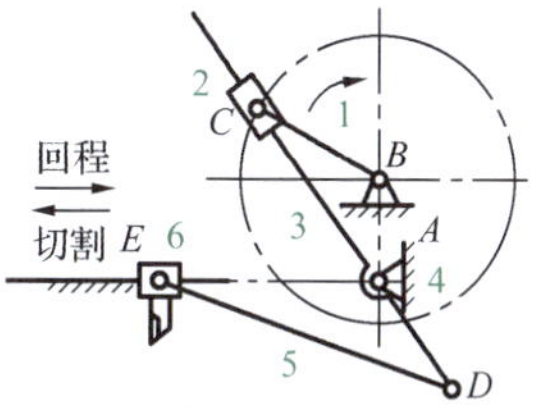
	摆动导杆机构		导杆能作往复摆动（机架长度大于曲柄长度）	牛头刨床导杆机构	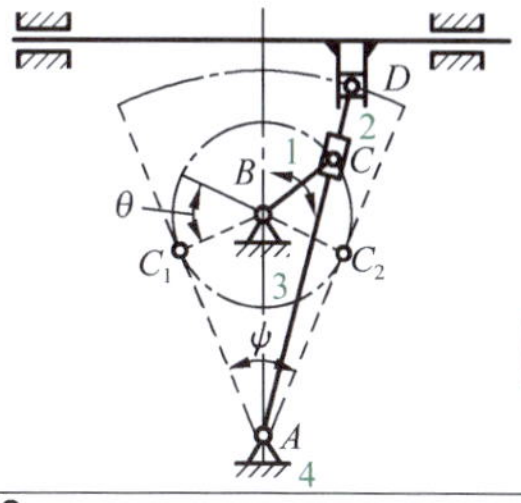
摇块机构（以曲柄滑块机构中连杆为机架）		曲柄1、导杆2、摇块3、机架4	滑块只能摆动	吊车摆动油缸式液压机构	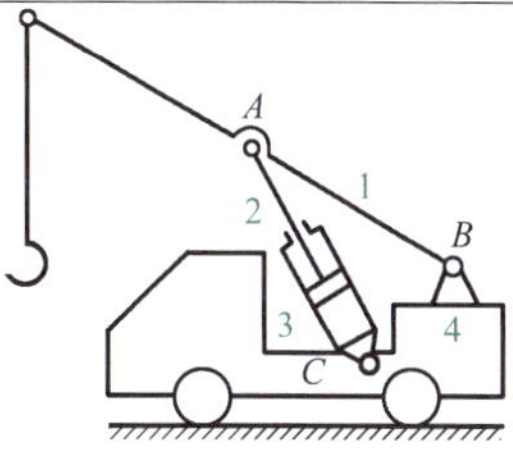
定块机构（以曲柄滑块机构中滑块为机架）		曲柄1、摇杆2、导杆3、机架4	摇杆只能摆动	手动压水机	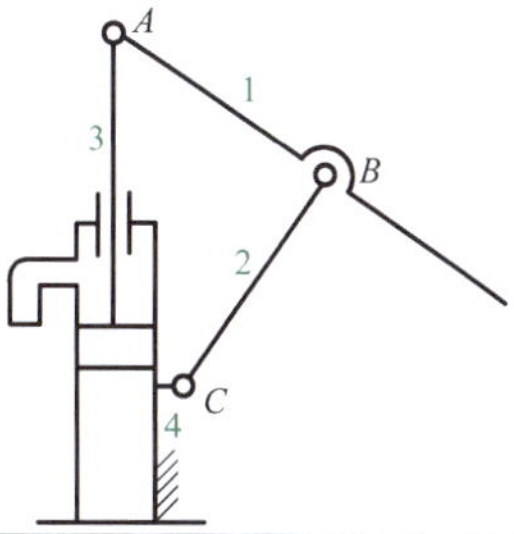

二、平面四杆机构存在曲柄的条件及基本特性

知识导图

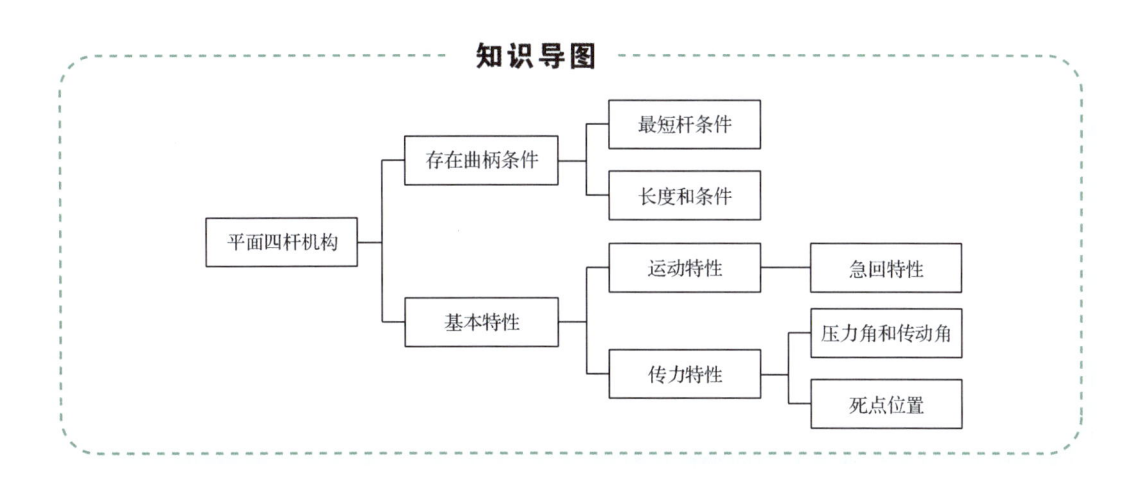

平面四杆机构
- 存在曲柄条件
  - 最短杆条件
  - 长度和条件
- 基本特性
  - 运动特性
    - 急回特性
  - 传力特性
    - 压力角和传动角
    - 死点位置

(一) 铰链四杆机构存在曲柄的条件

铰链四杆机构中存在曲柄要满足以下条件：

1. 最短杆条件

连架杆和机架中必有一杆为最短杆。

2. 长度和条件

最短杆与最长杆长度之和小于或等于其余两杆之和，即

$$L_{\min}+L_{\max}\leqslant L'+L''$$

(1) 铰链四杆机构中，当满足长度和条件时，可能有以下三种类型：

① 以与最短杆相邻的杆为机架，则最短杆为曲柄，另一连架杆为摇杆，组成曲柄摇杆机构，如图 2-1-3(a)、图 2-1-3(b) 所示。

② 以最短杆为机架，则两连架杆均为曲柄，组成双曲柄机构，如图 2-1-3(c) 所示。

③ 以最短杆对面的杆为机架，则两连架杆均为摇杆，组成双摇杆机构，如图 2-1-3(d) 所示。

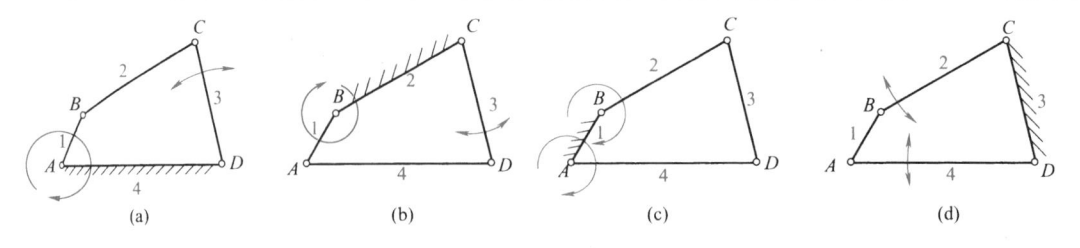

图 2-1-3 铰链四杆机构的类型

(2) 不满足长度和条件的铰链四杆机构，不论取哪一杆为机架，均为双摇杆机构。

判别铰链四杆机构类型的方法如图 2-1-4 所示。

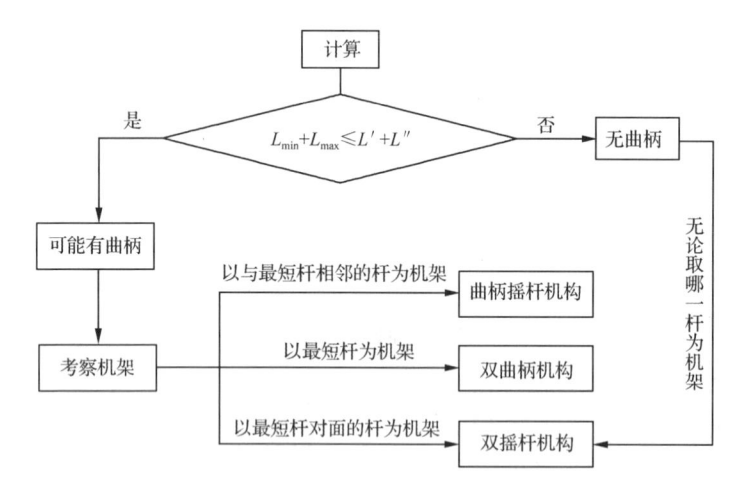

图 2-1-4 判别铰链四杆机构类型的方法

(二) 平面四杆机构的运动特性

在如图 2-1-5 所示曲柄摇杆机构中，当主动件曲柄 AB 以等角速度 ω 顺时针等速转动时，从动件摇杆 CD 在摆角为 ψ 的两个极限位置间作往复变速摆动。设从 C_1D 到 C_2D 的行程为工作行程，从 C_2D 到 C_1D 的行程为空回行程，C 点在空回行程中的平均速度 v_2 大于工作行程的平均速度 v_1 的特性称为急回特性。

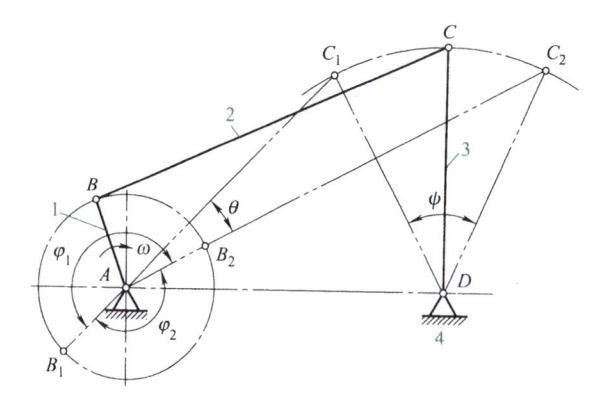

图 2-1-5 曲柄摇杆机构的急回特性分析

急回特性的程度用行程速比系数 K 表示,即

$$K=\frac{v_2}{v_1}=\frac{\overparen{C_2C_1}/t_2}{\overparen{C_1C_2}/t_1}=\frac{t_1}{t_2}=\frac{(180°+\theta)/\omega}{(180°-\theta)/\omega}=\frac{180°+\theta}{180°-\theta}$$

式中 θ——极位夹角,曲柄与连杆两次共线时,曲柄在两位置之间所夹的锐角。

机构的急回特性取决于 θ 的大小。θ 越大,K 越大,机构的急回特性越显著,但机构的传动平稳性下降。$\theta=0$,$K=1$,机构无急回特性。在一般机械设计时,通常取 $K=1.1\sim1.3$。

如果已知 K,则 θ 的计算公式为

$$\theta=180°\frac{K-1}{K+1}$$

平面四杆机构急回特性分析见表 2-1-3。

表 2-1-3 平面四杆机构急回特性分析

机构名称	确定主动件和从动件	具有急回特性的条件	结构简图
曲柄摇杆机构	曲柄为主动件,摇杆为从动件	曲柄与连杆两次共线 ($\theta\neq0°$)	
偏置曲柄滑块机构	曲柄为主动件,滑块为从动件	曲柄与连杆两次共线 ($\theta\neq0°$)	

续表

机构名称	确定主动件和从动件	具有急回特性的条件	结构简图
摆动导杆机构	曲柄为主动件，导杆为从动件	在导杆两极限位置 ($\theta=\psi\neq0°$)	

（三）平面四杆机构的传力特性

1. 压力角和传动角

在如图 2-1-5 所示曲柄摇杆机构中，若不计各杆质量和运动副中的摩擦，则连杆 BC 可视为二力杆，它作用于从动件摇杆 CD 上的力 F 是沿 BC 方向的。作用在从动件上的力 F 与其受力点 C 运动线速度 v_C 之间所夹的锐角 α 称为机构在该位置的压力角。压力角的余角 γ 称为传动角，$\gamma=90°-\alpha$。

将力 F 分解为沿从动件受力点速度方向的有效分力 F_t 和垂直于速度方向的有害分力 F_n，则

$$F_t = F\cos\alpha$$
$$F_n = F\sin\alpha$$

压力角越小或传动角越大，使从动件转动的有效分力 F_t 越大，对机构的传动越有利；而压力角越大或传动角越小，会使转动副 C 产生附加径向压力的有害分力 F_n 增大，磨损加剧，降低机构传动效率。由此可见，压力角和传动角是反映机构传力性能的重要指标。为了保证机构的传力性能良好，规定工作行程中的最小传动角 $\gamma_{min}\geq 40°\sim 50°$。

平面四杆机构最小传动角 γ_{min} 位置见表 2-1-4。

表 2-1-4　　平面四杆机构最小传动角 γ_{min} 位置

机构名称	构件类型	最小传动角 γ_{min} 位置	结构简图
曲柄摇杆机构	曲柄为主动件，摇杆为从动件	曲柄与机架共线的两位置之一，取较小值	

续表

机构名称	构件类型	最小传动角 γ_{min} 位置	结构简图
偏置曲柄滑块机构	曲柄为主动件,滑块为从动件	曲柄垂直于滑块导路,且与偏距方向相反一侧的位置	
摆动导杆机构	曲柄为主动件,导杆为从动件	滑块对导杆的作用力始终垂直于导杆 压力角 $\alpha = 0°$,传动角 $\gamma = 90°$	

2. 死点位置

在如图 2-1-5 所示曲柄摇杆机构中,若摇杆为主动件,当摇杆处于两极限位置时,从动曲柄与连杆共线,主动摇杆通过连杆传给从动曲柄的作用力通过曲柄的转动中心,此时曲柄的压力角 $\alpha = 90°$,传动角 $\gamma = 0°$,传动有效分力 $F_t = F\sin\gamma = 0$,此时,无论连杆 BC 传给曲柄 AB 的作用力多大,都无法推动曲柄转动。机构的这个位置称为死点位置。

平面四杆机构死点位置见表 2-1-5。

表 2-1-5　　　　　　　　　　平面四杆机构死点位置

机构名称	构件类型	死点位置	结构简图
曲柄摇杆机构	摇杆为主动件,曲柄为从动件	曲柄与连杆两次共线,压力角 $\alpha = 90°$,传动角 $\gamma = 0°$	

续表

机构名称	构件类型	死点位置	结构简图
偏置曲柄滑块机构	滑块为主动件,曲柄为从动件	曲柄与连杆两次共线,压力角 $\alpha=90°$,传动角 $\gamma=0°$	
摆动导杆机构	导杆为主动件,曲柄为从动件	曲柄与导杆垂直的两个位置压力角 $\alpha=90°$,传动角 $\gamma=0°$	

死点位置常使机构从动件无法运动或出现运动不确定现象。例如,脚踏式缝纫机有时出现踩不动或倒转现象,就是踏板机构处于死点位置的缘故。

工程上常利用飞轮的惯性通过死点位置,例如脚踏式缝纫机踏板机构曲柄与大带轮为同一构件,利用机头主轴上的飞轮和大带轮的惯性使机构渡过死点位置,如图 2-1-6 所示。还可利用相同机构错位排列的方法通过死点位置,例如错列的机车车轮联动机构,其两侧的曲柄滑块机构的曲柄位置相互错开 90°,当一个机构处于死点位置时,可借助另一个机构来越过死点,如图 2-1-7 所示。

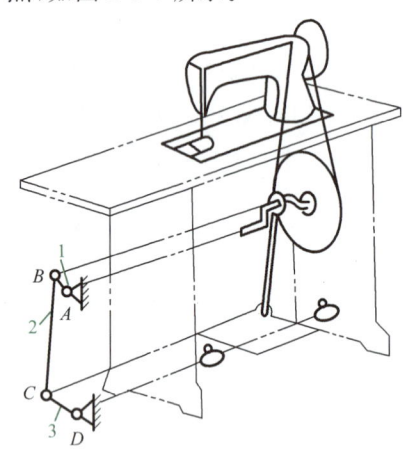

图 2-1-6 脚踏式缝纫机的大带轮
1—曲柄;2—连杆;3—摇杆

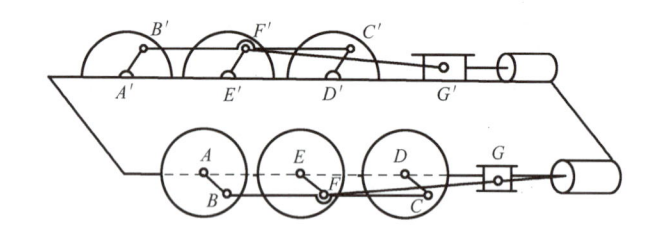

图 2-1-7 错列的机车车轮联动机构

在工程上应用死点位置可以实现一定的工作要求。例如飞机起落架机构,如图 2-1-8 所示,当机轮放下时,BC 杆与 CD 杆共线,机构处在死点位置,地面对机轮的力不会使 CD 杆转动,使飞机降落可靠。又如钻床夹具机构,如图 2-1-9 所示,工件夹紧后,B、C、D 点在一条直线上,即使工件反力很大也不能使机构反转,因此使夹紧牢固可靠,并保证在钻削加工时工件不会松脱。

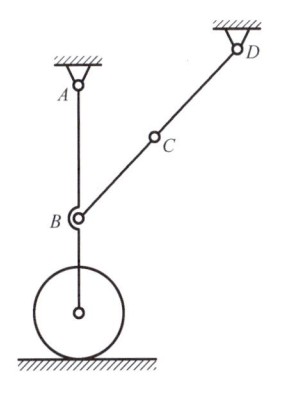

图 2-1-8　飞机起落架机构

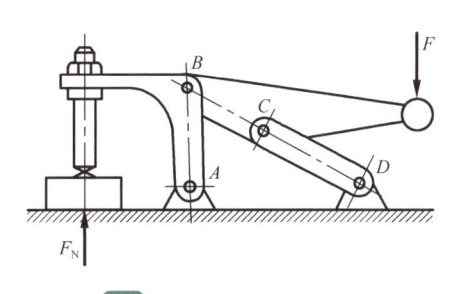

图 2-1-9　钻床夹具机构

三、图解法设计平面四杆机构

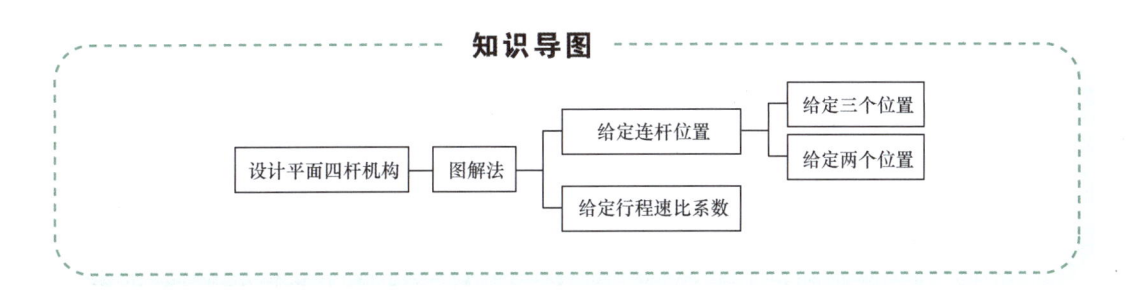

知识导图

设计平面四杆机构 → 图解法 → 给定连杆位置 → 给定三个位置 / 给定两个位置
　　　　　　　　　　　　→ 给定行程速比系数

平面四杆机构的设计是根据给定的条件，确定各构件的长度尺寸及运动副之间相对位置，检验是否满足其他附加条件。

（一）按给定的连杆位置设计平面四杆机构

已知铰链四杆机构中连杆的长度及三个预定位置，要求确定铰链四杆机构的其余构件尺寸。

由于连杆在依次通过预定位置的过程中，B、C 点轨迹为圆弧，此圆弧的圆心即连架杆与机架组成转动副的中心 A、D 的位置，如图 2-1-10 所示。

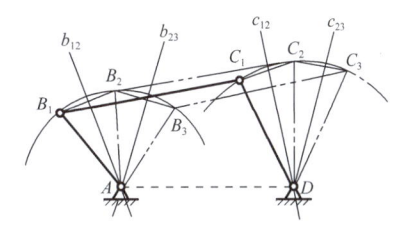

图 2-1-10　按给定的连杆三个位置设计四杆机构

设计步骤如下：

(1) 选择适当的比例尺 μ_1，绘出连杆三个预定位置 B_1C_1、B_2C_2、B_3C_3。

(2) 求转动副中心 A、D。分别连接 B_1B_2 点和 B_2B_3 点，作 B_1B_2、B_2B_3 的中垂线，交点即 A 点。同理可得 D 点。

(3) 分别连接 A、B_1 点，C_1、D 点和 A、D 点，则 AB_1C_1D 即所求的铰链四杆机构。各构件实际长度分别为

$$l_{AB} = \mu_1 AB_1$$
$$l_{CD} = \mu_1 C_1 D$$
$$l_{AD} = \mu_1 AD$$

如果只给定连杆的长度及两个预定位置，A、D 点可分别在 B_1B_2 和 C_1C_2 的中垂线上任

意选取，得到无穷多个解。所以必须结合附加限定条件才能确定 A、D 点的位置。

（二）按给定的行程速比系数设计平面四杆机构

已知曲柄摇杆机构的行程速比系数 K、摇杆的长度 l_{CD} 及摆角 ψ，用图解法设计此曲柄摇杆机构。

如图 2-1-11 所示，设计步骤如下：

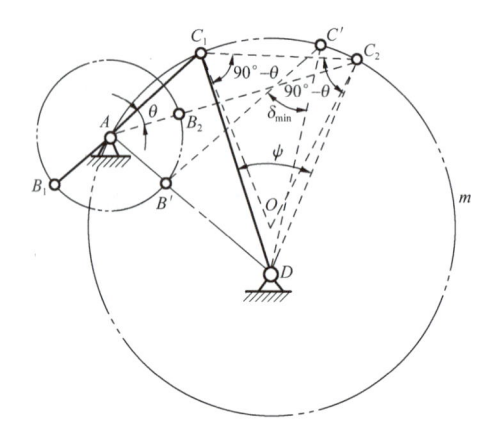

图 2-1-11 按给定的急回特性系数设计平面四杆机构

（1）计算极位夹角 θ。

$$\theta = 180°\frac{K-1}{K+1}$$

（2）选择适当的比例尺 μ_1，任选转动副 D 的位置，绘出摇杆的两个极限位置 C_1D、C_2D。

（3）连接 C_1、C_2 两点，并作 $\angle C_1C_2O = \angle C_2C_1O = 90° - \theta$，得交点 O。以点 O 为圆心、OC_1 为半径作辅助圆 m，该圆周上任一点所对应的弦 C_1C_2 的圆周角均为 θ。在该圆周上允许范围内任选一点 A，连接 AC_1、AC_2，则 $\angle C_1AC_2 = \theta$，A 点即曲柄与机架组成转动副的中心位置。

（4）因极限位置处于曲柄与连杆共线，故有 $AC_1 = BC - AB$，$AC_2 = BC + AB$，由此可求得

$$AB = \frac{(AC_2 - AC_1)}{2}$$

$$BC = \frac{(AC_2 + AC_1)}{2}$$

因此，曲柄、连杆、机架的实际长度分别为

$$l_{AB} = \mu_1 AB$$
$$l_{BC} = \mu_1 BC$$
$$l_{AD} = \mu_1 AD$$

因为 A 点在一定范围位置内任选，所以可得无穷多解。当附加某些辅助条件，如给定机架长度 l_{AD} 或最小传动角 γ_{min} 等，即可确定 A 点位置，使其具有确定解。

任务实施

一、设计要求与数据

如图 2-1-12(a)所示为牛头刨床摆动导杆机构。给定机架的长度 $l_{AB} = 500$ mm，行程速比系数 $K = 2$。

(a)　　　　　　　　　　　　　　(b)

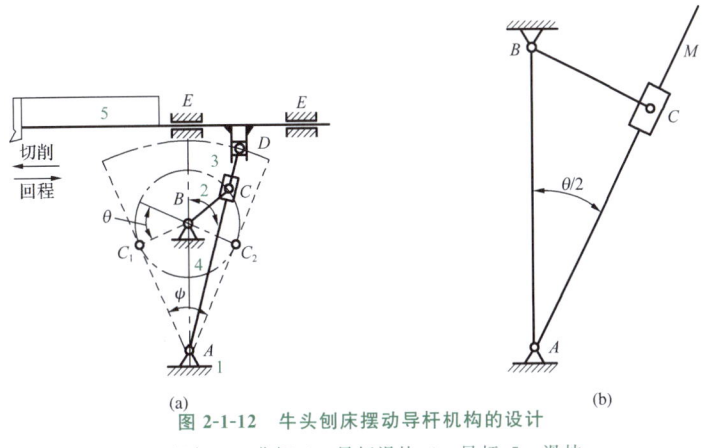

图 2-1-12　牛头刨床摆动导杆机构的设计

1—机架；2—曲柄；3—导杆滑块；4—导杆；5—滑枕

二、设计内容

确定该机构中曲柄的长度 l_{BC}。

三、设计步骤、结果及说明

(1) 计算极位夹角 θ。

$$\theta = 180° \frac{K-1}{K+1} = 180° \times \frac{2-1}{2+1} = 60°$$

(2) 选择适当的比例尺 μ_1，绘出导杆的一个极限位置。

选取长度比例尺 $\mu_1 = 10$ mm/mm，按机架的长度 $l_{AB} = 500$ mm 确定 A、B 两点位置，以 A 点为顶点、与 AB 夹角为 30°即 $\theta/2$，作出导杆的一个极限位置 AM，如图 2-1-12(b)所示。

$$AB = l_{AB}/\mu_1 = 500/10 = 50 \text{ mm}$$

(3) 求出曲柄的实际长度。

在图 2-1-12(b)中，过 B 点作 AM 的垂线 BC，得曲柄长度

$$l_{BC} = BC \times \mu_1 = 25 \times 10 = 250 \text{ mm}$$

培养技能

平面连杆机构的维护

平面连杆机构的运动副之间采用低副连接，单位面积所受的压力较小，但在载荷的长期作用下仍会有较大的磨损，所以要定期地检查运动副的润滑和磨损情况，以避免运动副严重磨损后间隙增大，降低运动精度和承载能力。

一、移动副磨损后间隙的调节

导轨式移动副磨损后，可用镶条或压板调整间隙。利用螺钉调整镶条的位置，如图 2-1-13(a)所示。改变压板与移动导轨之间垫片的厚度，调整移动导轨与静止导轨之间的间隙，如图 2-1-13(b)所示。当导轨出现不均匀磨损时，应重新进行刮研。

二、平面连杆机构杆长的调节

平面连杆机构一般调节曲柄或连杆长度,以满足从动件行程、工作摆角等运动参数变化的要求。杆上预加工几个销孔以调节曲柄长度;连杆制成左、右两段,每一段制有旋向相反的螺纹,并与螺纹套构成螺旋副以调节连杆的长度,如图 2-1-14 所示。

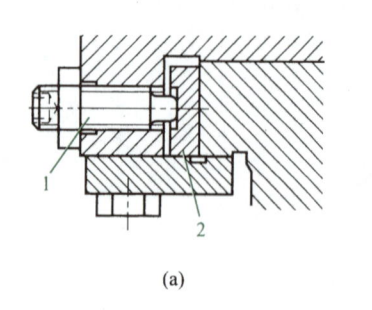

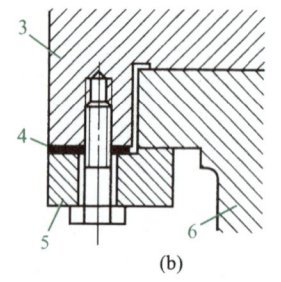

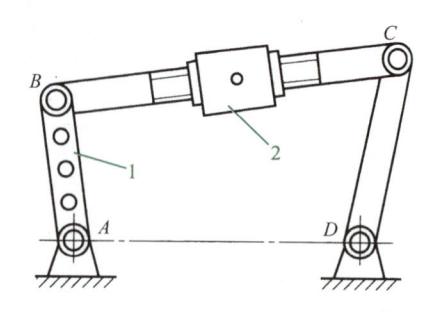

图 2-1-13　移动副磨损后间隙的调整
1—螺钉;2—镶条;3—移动导轨;4—垫片;5—压板;6—静止导轨

图 2-1-14　平面连杆机构杆长的调节
1—曲柄;2—螺纹套

能力检测

一、选择题

1. 铰链四杆机构中,如果最短杆与最长杆的长度之和小于或等于其余两杆的长度之和,最短杆为连杆,这个机构称为_____。
   A. 曲柄摇杆机构　　B. 双曲柄机构　　C. 双摇杆机构　　D. 曲柄滑块机构

2. 对于杆长不等的铰链四杆机构,若以最短杆为机架,则该机构是_____。
   A. 曲柄摇杆机构　　　　　　　　　　B. 双曲柄机构
   C. 双摇杆机构　　　　　　　　　　　D. 双曲柄机构或双摇杆机构

3. 如图 2-1-15 所示机构中,各杆长度为 $l_{AB} = l_{BC} = l_{AD} < l_{CD}$,则该机构是_____。
   A. 曲柄摇杆机构　　B. 双曲柄机构　　C. 双摇杆机构　　D. 转动导杆机构

4. 如图 2-1-16 所示曲柄摇杆机构中,C_1D 与 C_2D 是摇杆 CD 的极限位置,C_1、C_2 点连线通过曲柄转动中心 A,该机构的行程速比系数 K 满足_____。
   A. $K = 1$　　B. $K < 1$　　C. $K > 1$　　D. $K = 0$

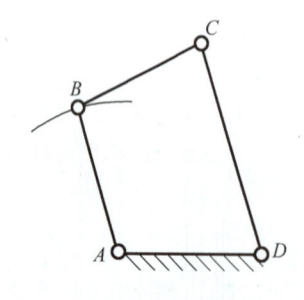

图 2-1-15　选择题 3 图

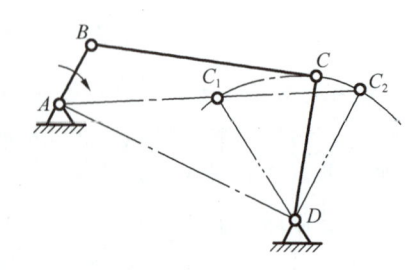

图 2-1-16　选择题 4 图

5. 如图 2-1-17 所示,_____图所注的 θ 角是曲柄摇杆机构的极位夹角。

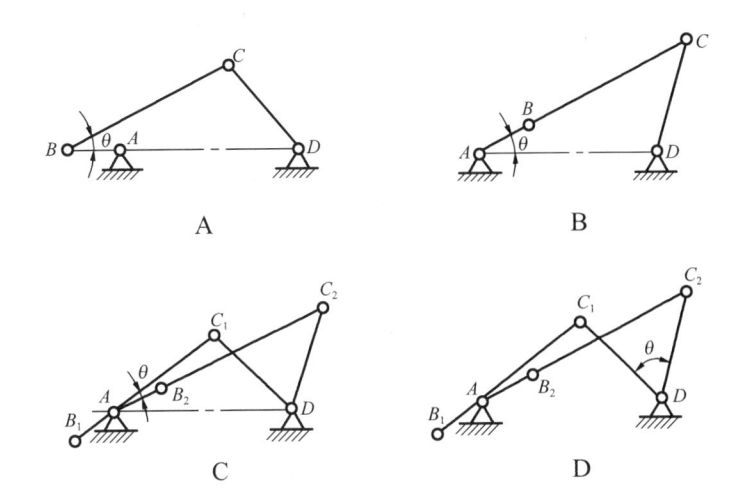

图 2-1-17　选择题 5 图

6. 摆动导杆机构中,当曲柄为主动件时,其导杆的传动角始终为_____。
A. 0°　　　　　　B. 45°　　　　　　C. 90°　　　　　　D. 120°

7. 如图 2-1-18 所示,_____图所注的压力角 α 是错误的。

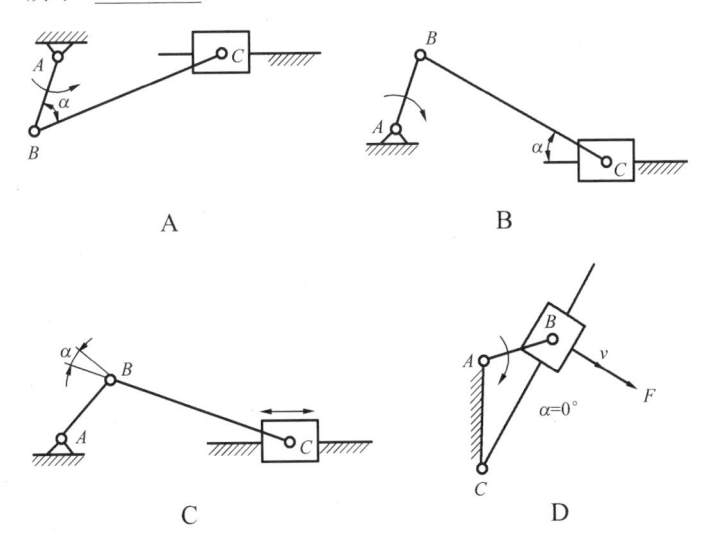

图 2-1-18　选择题 7 图

8. 曲柄摇杆机构在如图 2-1-19 所示位置时,机构的压力角指_____。
A. $α_1$　　　　　B. $α_2$
C. $α_3$　　　　　D. $α_4$

9. 以摇杆为主动件的曲柄摇杆机构,在_____时,会出现死点位置。
A. 曲柄与连杆共线　B. 摇杆与连杆共线
C. 摇杆与曲柄共线　D. 曲柄与机架垂直

图 2-1-19　选择题 8 图

10. 对心曲柄滑块机构,以曲柄为原动件时,机构_____。
A. 有急回运动特性,有死点　　　　B. 有急回运动特性,无死点
C. 无急回运动特性,无死点　　　　D. 无急回运动特性,有死点

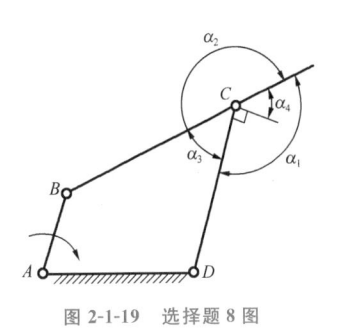

二、判断题

1. 在铰链四杆机构中,只要以最短杆作机架,就能得到双曲柄机构。( )
2. 在存在曲柄的铰链四杆机构中,机架一定是最短杆。( )
3. 在双摇杆机构中,其最短杆与最长杆的长度之和肯定大于其余两杆长度之和。( )
4. 极位夹角越大,机构的急回特性越显著。( )
5. 曲柄滑块机构中,滑块在作往复直线运动时,不会出现急回特性。( )
6. 各种导杆机构中,导杆的往复运动有急回特性。( )
7. 压力角 α 越大,传动角 γ 越小,机构的传动性能越好。( )
8. 在曲柄滑块机构中,最小传动角 γ_{min} 出现在曲柄与导路平行位置。( )
9. 四杆机构中是否存在死点位置,取决于从动件与连杆是否共线。( )
10. 在曲柄摇杆机构中,曲柄和连杆共线时,就是死点位置。( )

三、设计计算题

1. 已知铰链四杆机构各构件的长度分别为 $l_{AB}=240$ mm, $l_{BC}=600$ mm, $l_{CD}=400$ mm, $l_{AD}=500$ mm,当分别取 AB、BC、CD、AD 为机架时,将得到何种机构?

2. 已知铰链四杆机构机架长度 $l_{AD}=30$ mm,其余两个连架的长度分别为 $l_{AB}=20$ mm, $l_{CD}=40$ mm,求:

(1) 其连杆 BC 的长度须满足什么条件才能使该机构为曲柄摇杆机构?

(2) 按上述各杆长度并选 $l_{BC}=35$ mm,用适当比例尺画出该机构可能出现最小传动角的位置,并在图上标出。

3. 如图 2-1-20 所示四杆机构,当构件 3 为原动件,构件 1 为从动件时,试作各机构的死点位置。

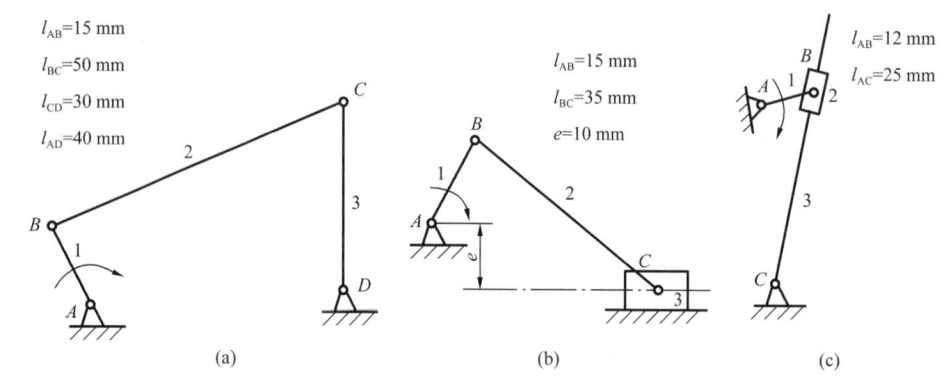

图 2-1-20 设计计算题 3 图

4. 如图 2-1-21 所示为铰链四杆机构 $ABCD$ 工作时连杆 BC 的三个位置 B_1C_1、B_2C_2、B_3C_3,试用作图法确定该铰链四杆机构其余三杆的长度。

图 2-1-21 设计计算题 4 图

5. 设计一振实造型机的反转机构,如图 2-1-22 所示。要求反转台位于位置Ⅰ(实线位置)时,在砂箱内填砂造型振实,翻台转至位置Ⅱ(虚线线位置)时起模,翻台固定在铰链四杆机构的连杆 BC 上,要求机架上铰链中心 A、D 在 x 轴上。试确定杆 AB、CD 和 AD 的长度 l_{AB}、l_{CD} 和 l_{AD}。

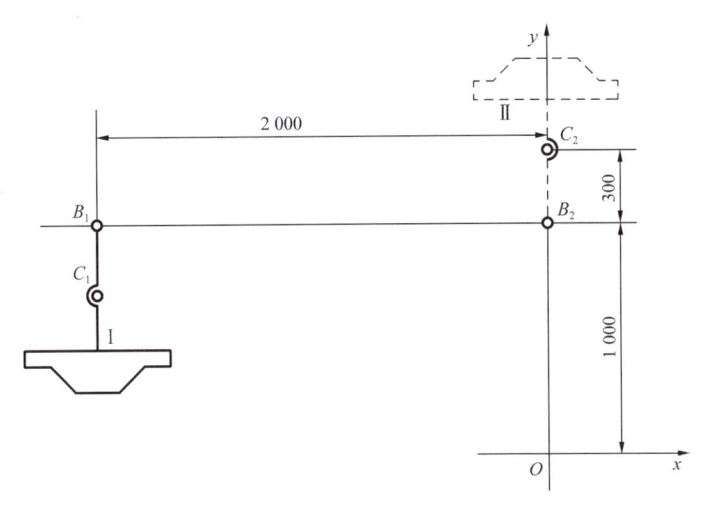

图 2-1-22　设计计算题 5 图

6. 如图 2-1-23 所示,偏置曲柄滑块机构偏距 $e=10$ cm,曲柄长 $r=15$ cm,连杆长 $l=40$ cm。试用图解法求:

(1)滑块的行程 s;
(2)行程速比系数 K;
(3)校验最小传动角 $\gamma_{\min}$(要求 $\gamma_{\min}>40°$)。

7. 如图 2-1-24 所示颚式破碎机,已知行程速比系数 $K=1.25$,颚板(摇杆)CD 的长度 $l_{CD}=250$ mm,颚板摆角 $\psi=30°$。若机架 AD 的长度 $l_{AD}=225$ mm,试确定曲柄 AB 和连杆 BC 的长度 l_{AB} 和 l_{BC},并对此设计结果,校验它们的最小传动角 $\gamma_{\min}$(要求 $\gamma_{\min} \geqslant 40°$)。

图 2-1-23　设计计算题 6 图　　　　图 2-1-24　设计计算题 7 图

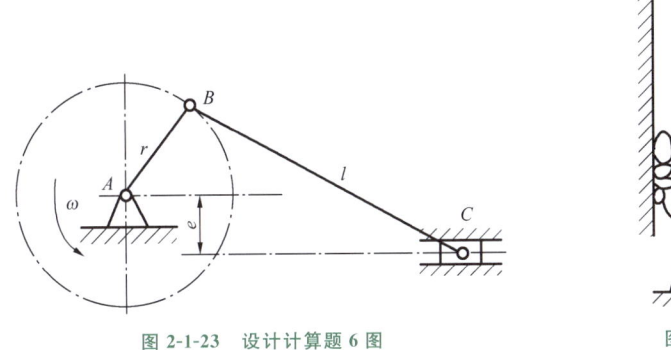

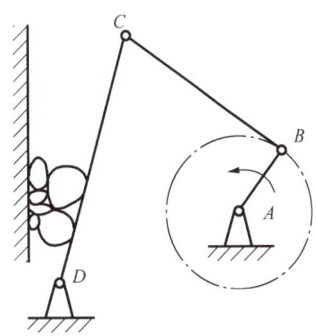

任务二　凸轮机构的设计

知识目标

(1)了解凸轮机构的组成、分类、特点及应用。
(2)掌握从动件常用的运动规律及特点。
(3)掌握反转法绘制盘形凸轮轮廓曲线。
(4)理解选择滚子半径的原则、压力角和自锁的关系以及基圆半径对压力角的影响。

能力目标

(1)正确分析凸轮机构从动件的常用运动规律并掌握位移线图的画法。
(2)按给定运动规律设计盘形凸轮轮廓曲线。

凸轮机构的应用

任务分析

如图 2-0-2 所示牛头刨床中,机架、凸轮、摆杆组成凸轮机构。凸轮随着齿轮转动,摆杆在凸轮轮廓曲线驱动下往复摆动,通过连杆带动摇杆在一定角度内摆动,实现工作台和工件的进给运动。

夯实理论

一、凸轮机构的类型及应用

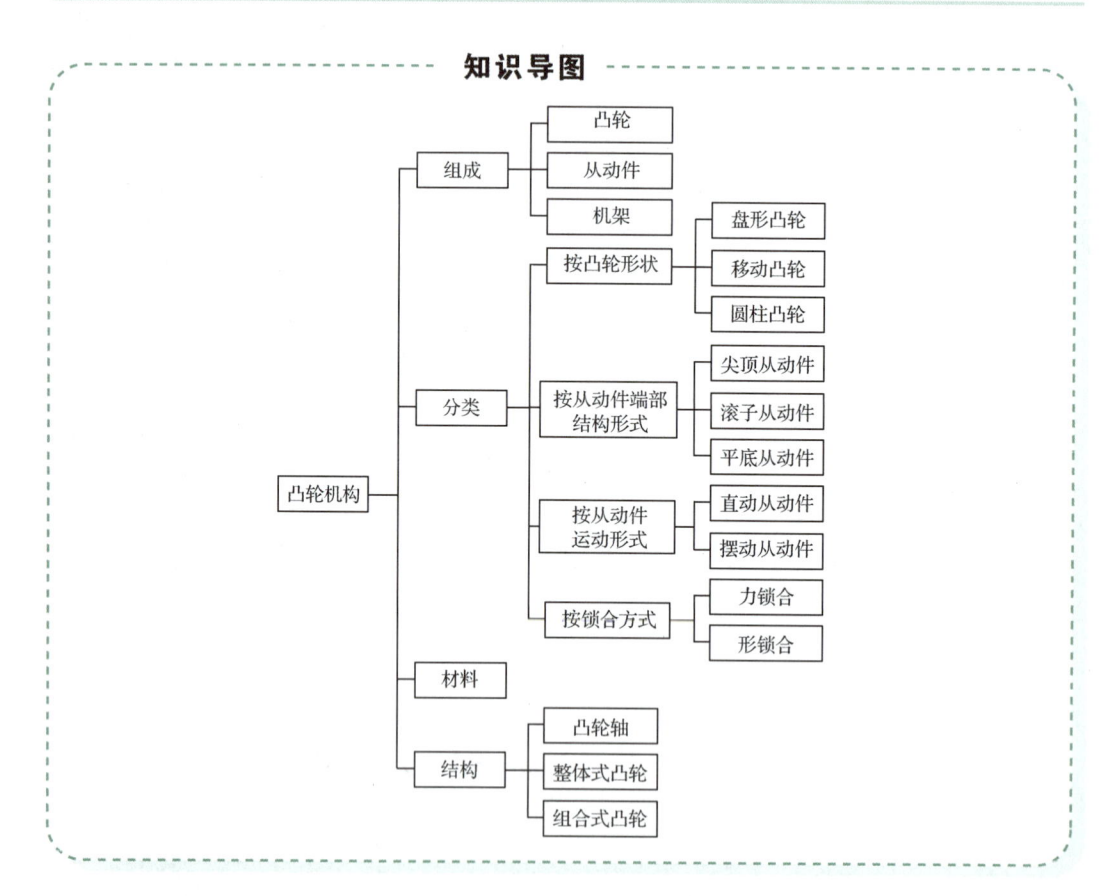

知识导图

凸轮机构
- 组成
  - 凸轮
  - 从动件
  - 机架
- 分类
  - 按凸轮形状
    - 盘形凸轮
    - 移动凸轮
    - 圆柱凸轮
  - 按从动件端部结构形式
    - 尖顶从动件
    - 滚子从动件
    - 平底从动件
  - 按从动件运动形式
    - 直动从动件
    - 摆动从动件
  - 按锁合方式
    - 力锁合
    - 形锁合
- 材料
- 结构
  - 凸轮轴
  - 整体式凸轮
  - 组合式凸轮

(一)凸轮机构的组成及分类

凸轮机构是由凸轮、从动件和机架组成的。其中凸轮是一个具有控制从动件运动规律的曲线轮廓或凹槽的主动件,通常作连续等速转动(也有作往复移动的);从动件则在凸轮轮廓驱动下按预定运动规律作往复直线运动或摆动,但凸轮机构是高副机构,易磨损,因此只适用于传递动力不大的场合。凸轮机构的分类见表 2-2-1。

表 2-2-1　　　　　　　　　　　　凸轮机构的分类

类型		结构简图	特点与应用
按凸轮形状分类	盘形凸轮		凸轮为径向尺寸变化的盘形构件，绕固定轴作旋转运动，从动件在垂直于回转轴的平面内作直线或摆动的往复运动，应用广泛
	移动凸轮		凸轮为一有曲面的直线运动构件，在凸轮往返移动作用下，从动件可作直线或摆动的往复运动，在机床上应用较多
	圆柱凸轮		凸轮为一有沟槽的圆柱体，绕中心轴作回转运动。从动件在与凸轮轴线平行的平面内作直线移动或摆动，常用于自动机床
按从动件端部结构形式分类	尖顶从动件		尖顶能与任意复杂的凸轮轮廓保持接触，从而使从动件实现任意运动，但尖顶极易磨损，故只适用于传力不大的低速凸轮机构
	滚子从动件		因为滚子与凸轮之间为滚动摩擦，所以磨损较轻，可用于传递较大的动力，应用最普遍
	平底从动件		凸轮对推杆的作用力始终垂直于推杆的底边，故受力比较平稳，而且凸轮与平底的接触面间易形成油膜，润滑良好，常用于高速传动中

续表

类型		结构简图	特点与应用
按从动件运动形式分类	直动从动件		从动件在垂直于回转轴的平面内作往复直线运动
	摆动从动件		从动件在垂直于回转轴的平面内作往复摆动
按锁合方式分类	力锁合		利用从动件的重力、弹簧力或其他外力使从动件与凸轮保持接触
	形锁合		凹槽两侧面的距离等于滚子的直径,故能保证滚子与凸轮始终接触,因此,这种凸轮只能采用滚子从动件

(二)凸轮机构的材料

凸轮机构的主要失效形式是磨损和疲劳点蚀。凸轮和滚子表面的硬度高,耐磨性好,并且有足够的表面接触强度,经常受到冲击的凸轮芯部要有较强的韧性。

凸轮材料常用 40Cr,表面淬火后硬度达到 40HRC～45HRC;也可用 20Cr,表面渗碳淬火后硬度达到 56HRC～62HRC。

滚子材料常用 20Cr,表面渗碳淬火后硬度达到 56HRC～62HRC。有时也用滚动轴承作滚子用。

(三)凸轮机构的结构

对基圆半径较小的凸轮,与轴做成一体,称为凸轮轴,如图 2-2-1(a)所示;基圆半径较大的凸轮,则做成套装结构。用键将凸轮与轴连接的整体式凸轮结构,结构简单但不可调,如图 2-2-1(b)所示;采用初调时,用螺钉定位,调好后用圆锥销固定的结构如图 2-2-1(c)所示;方便地调整凸轮与从动件起始的相对位置,用开槽的锥形套筒与双螺母锁紧凸轮位置的结构如图 2-2-1(d)所示,这种结构传递转矩不能太大;用螺栓将凸轮与轮毂连接的结构为组合式,如图 2-2-1(e)所示。

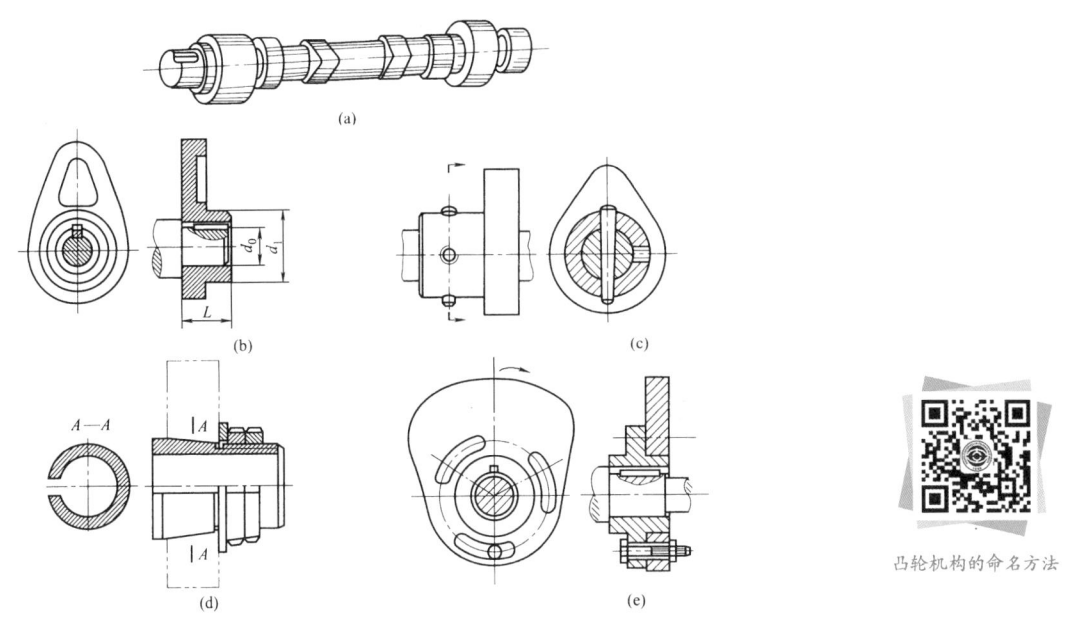

项目二 牛头刨床常用机构的运动设计

图 2-2-1 凸轮的结构

从动件端部结构形式很多，常用的滚子结构如图 2-2-2 所示，要求滚子能灵活、自由地转动。

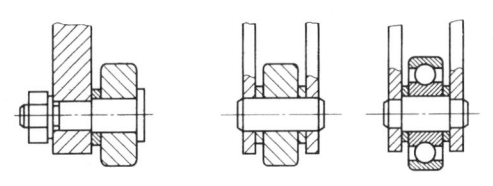

图 2-2-2 常用的滚子结构

二、凸轮机构的运动规律

知识导图

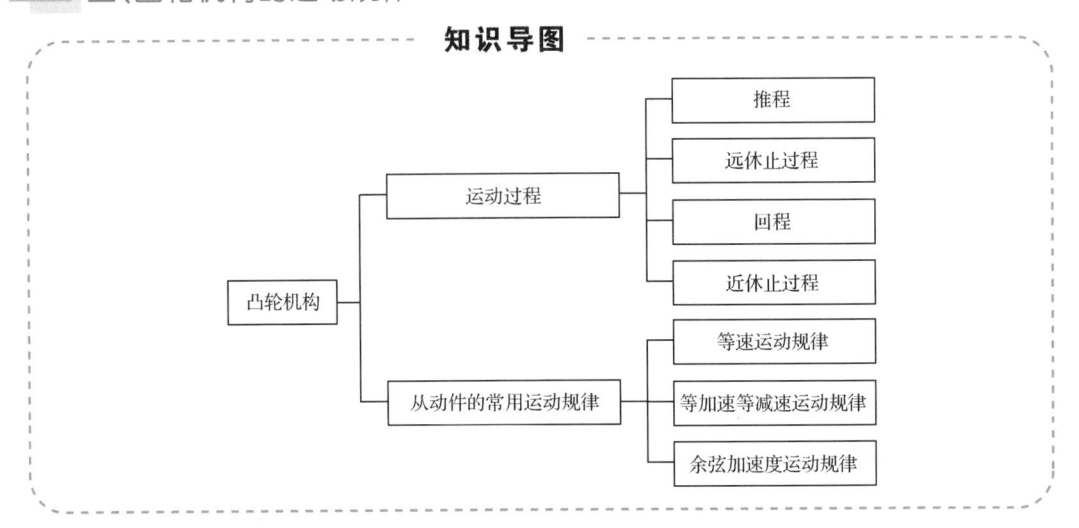

凸轮机构
- 运动过程
  - 推程
  - 远休止过程
  - 回程
  - 近休止过程
- 从动件的常用运动规律
  - 等速运动规律
  - 等加速等减速运动规律
  - 余弦加速度运动规律

（一）凸轮机构的运动过程

在直动从动件中，若其轴线通过凸轮的回转轴心，则称为对心直动从动件，否则称为偏置直动从动件。对心尖顶直动从动件盘形凸轮机构如图 2-2-3 所示。以凸轮轮廓上最小向径 r_0

为半径所作的圆称为凸轮的基圆，r_o 称为基圆半径。点 A 为凸轮轮廓曲线的起始点，也是从动件所处的最低位置点。当凸轮以等角速度 ω 逆时针转动时，从动件由最低位置点上升到最高位置点的位移称为行程，用 h 表示。凸轮连续转动，从动件重复上述上升→静止→下降→静止的运动过程。凸轮机构从动件的运动过程见表 2-2-2。

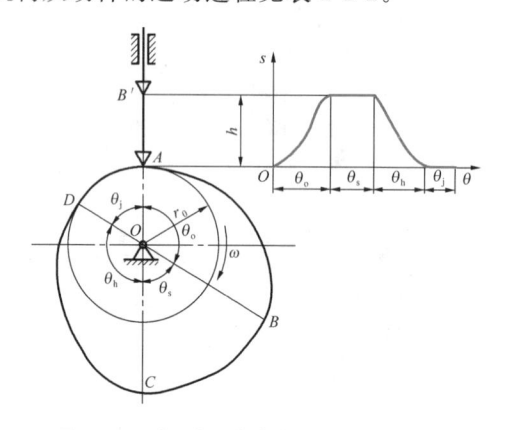

图 2-2-3　对心尖顶直动从动件盘形凸轮机构

表 2-2-2　　　　　　　　　　凸轮机构从动件的运动过程

运动过程	运动角	运动轨迹	从动件运动方式
推程	推程运动角 θ_o	$\overset{\frown}{AB}$ 段	上升
远休止过程	远休止角 θ_s	$\overset{\frown}{BC}$ 段	静止
回程	回程运动角 θ_h	$\overset{\frown}{CD}$ 段	下降
近休止过程	近休止角 θ_j	$\overset{\frown}{DA}$ 段	静止

凸轮轮廓曲线的形状决定了从动件的运动规律。因此，设计凸轮轮廓曲线时，首先根据工作要求选定从动件的运动规律，然后再按从动件的位移曲线设计出相应的凸轮轮廓曲线。

（二）从动件的常用运动规律

从动件的常用运动规律见表 2-2-3。

表 2-2-3　　　　　　　　　　从动件的常用运动规律

从动件的常用运动规律	运动方程 推程	运动方程 回程	运动线图 推程	运动线图 回程
等速运动规律	$s=\dfrac{h}{\theta_o}\theta$ $v=\dfrac{h}{\theta_o}\omega$ $a=0$	$s=h\left(1-\dfrac{\theta}{\theta_h}\right)$ $v=-\dfrac{h}{\theta_h}\omega$ $a=0$		

从动件的常用运动规律	运动方程 推程	运动方程 回程	运动线图 推程	运动线图 回程
等加速等减速运动规律	等加速段 $s=\dfrac{2h}{\theta_o^2}\theta^2$ $v=\dfrac{4h\omega}{\theta_o^2}\theta$ $a=\dfrac{4h\omega^2}{\theta_o^2}$ 等减速段 $s=h-\dfrac{2h}{\theta_o^2}\cdot(\theta_o-\theta)^2$ $v=\dfrac{4h\omega}{\theta_o^2}(\theta_o-\theta)$ $a=-\dfrac{4h\omega^2}{\theta_o^2}$	等减速段 $s=h-\dfrac{2h}{\theta_h^2}\theta^2$ $v=-\dfrac{4h\omega}{\theta_h^2}\theta$ $a=-\dfrac{4h\omega^2}{\theta_h^2}$ 等加速段 $s=\dfrac{2h}{\theta_h^2}\cdot(\theta_h-\theta)^2$ $v=-\dfrac{4h\omega}{\theta_h^2}\cdot(\theta_h-\theta)$ $a=\dfrac{4h\omega^2}{\theta_h^2}$		
余弦加速度运动规律	$s=\dfrac{h}{2}\cdot\left[1-\cos\left(\dfrac{\pi}{\theta_o}\theta\right)\right]$ $v=\dfrac{\pi h\omega}{2\theta_o}\cdot\sin\left(\dfrac{\pi}{\theta_o}\theta\right)$ $a=\dfrac{\pi^2 h\omega^2}{2\theta_o^2}\cdot\cos\left(\dfrac{\pi}{\theta_o}\theta\right)$	$s=\dfrac{h}{2}\cdot\left[1+\cos\left(\dfrac{\pi}{\theta_h}\theta\right)\right]$ $v=-\dfrac{\pi h\omega}{2\theta_h}\cdot\sin\left(\dfrac{\pi}{\theta_h}\theta\right)$ $a=-\dfrac{\pi^2 h\omega^2}{2\theta_h^2}\cdot\cos\left(\dfrac{\pi}{\theta_h}\theta\right)$		

1. 等速运动规律

在运动的起点和终点，从动件的速度突变，理论上加速度和惯性力可以达到无穷大，导致机构产生强烈的冲击、噪声和磨损，称为刚性冲击。因此等速运动规律只适用于低速轻载的凸轮机构。

2. 等加速等减速运动规律

在运动的开始点、中间点和终止点，从动件的加速度和惯性力将产生有限的突变，从而引起有限的冲击，称为柔性冲击。因此等加速等减速运动规律适用于中速、中载的场合。

3. 余弦加速度运动规律

在运动起始和终止位置，加速度曲线不连续，存在柔性冲击，适用于中速场合。但若从动件仅作升→降→升连续运动（无休止），加速度曲线变为连续曲线，则无柔性冲击，可用于高速场合。

三、反转法设计盘形凸轮轮廓曲线

知识导图

设计凸轮轮廓曲线 —— 反转法 —— 概念
　　　　　　　　　　　　 —— 设计原理
　　　　　　　　—— 机构类型 —— 对心尖顶直动从动件盘形凸轮
　　　　　　　　　　　　　　 —— 对心滚子直动从动件盘形凸轮 —— 理论轮廓曲线
　　　　　　　　　　　　　　　　　　　　　　　　　　　　　 —— 实际轮廓曲线

凸轮机构工作时，主动凸轮以等角速度 ω 转动。设计盘形凸轮轮廓曲线时，给整个凸轮机构加上一个公共的角速度（$-\omega$）。根据相对运动原理，凸轮静止不动；从动件一方面随导路（机架）以角速度（$-\omega$）绕轴 O 转动，另一方面又在导路中按预期的运动规律作往复移动。此时，凸轮机构中各构件间的相对运动并没有改变。由于从动件尖顶始终与凸轮轮廓相接触，从动件在这种复合运动中，其尖顶的运动轨迹即凸轮轮廓曲线。这种利用与凸轮转向相反的方向逐点按位移曲线绘制出凸轮轮廓曲线的方法称为反转法，如图 2-2-4 所示。

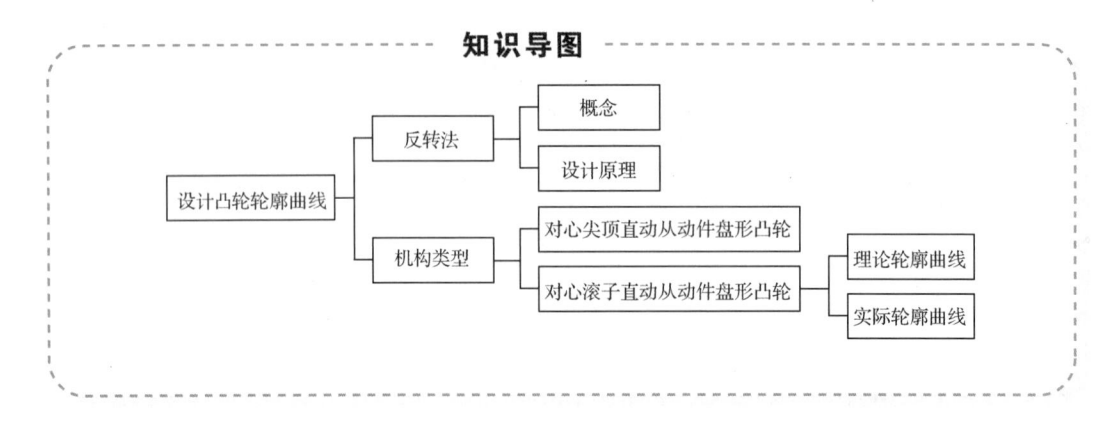

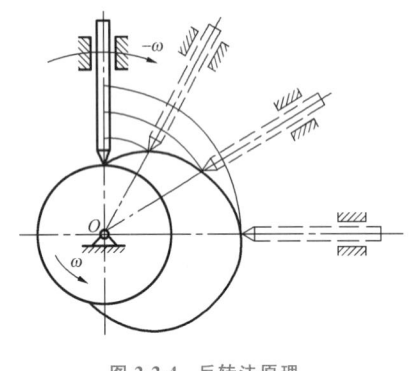

图 2-2-4　反转法原理

（一）设计对心尖顶直动从动件盘形凸轮轮廓曲线

如图 2-2-5 所示为对心尖顶直动从动件盘形凸轮轮廓曲线的设计。已知条件为从动件的运动规律、凸轮的基圆半径 r_0 及转动方向 ω。

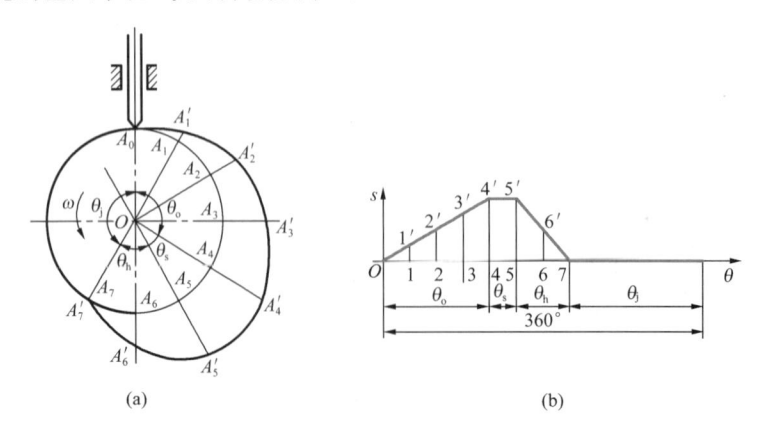

图 2-2-5　对心尖顶直动从动件盘形凸轮轮廓曲线的设计

凸轮轮廓曲线的设计步骤如下：

(1)选取适当的比例尺 μ_1，作出从动件的位移线图，如图 2-2-5(b)所示。

(2)取与位移线图相同的比例，以 r_0 为半径作基圆。基圆与导路的交点 A_0 即从动件尖顶的起始位置。

(3)在基圆上自 OA_0 开始，沿 $-\omega$ 方向依次取推程运动角 θ_0、远休止角 θ_s、回程运动角 θ_h、近休止角 θ_j，并将 θ_0、θ_h 分成与位移线图对应的若干等份，得 A_1、A_2、A_3……各点，连接 OA_1、OA_2、OA_3……各径向线并延长，便得到从动件导路在反转过程中的一系列位置线。

(4)沿各位置线自基圆向外量取 $A_1A_1'=11'$，$A_2A_2'=22'$，$A_3A_3'=33'$……由此得对心尖顶直动从动件反转过程中的一系列位置 A_1'、A_2'、A_3'……

(5)将 A_1'、A_2'、A_3'……连接成光滑的曲线，即得到所求的轮廓曲线。

(二)设计对心滚子直动从动件盘形凸轮轮廓曲线

如图 2-2-6 所示为对心滚子直动从动件盘形凸轮轮廓曲线的设计，滚子中心是从动件上的一个固定点，该点的运动就是从动件的运动，而滚子始终与凸轮轮廓保持接触，沿法线方向的接触点到滚子中心的距离恒等于滚子半径 r_T。

凸轮轮廓曲线的设计步骤如下：

(1)把滚子中心看作从动件的尖顶，按设计对心尖顶直动从动件凸轮轮廓曲线的方法作出一条轮廓曲线 η_0，η_0 称为理论轮廓曲线，是滚子中心相对于凸轮的运动轨迹。

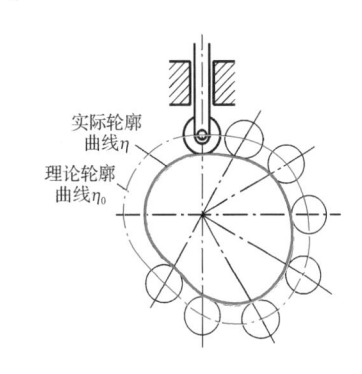

图 2-2-6　对心滚子直动从动件盘形凸轮轮廓曲线的设计

(2)以理论轮廓曲线 η_0 上的点为圆心、以滚子半径 r_T 为半径作一系列滚子圆(取与基圆相同的长度比例尺)，再作这些圆的内包络线 η，η 称为实际轮廓曲线，是凸轮与滚子从动件直接接触的轮廓(工作轮廓)。

凸轮的实际轮廓曲线与理论轮廓曲线间的法线距离始终等于滚子半径，它们互为等距曲线。此外，凸轮的基圆指的是理论轮廓曲线上的基圆。

四、凸轮机构基本尺寸的确定

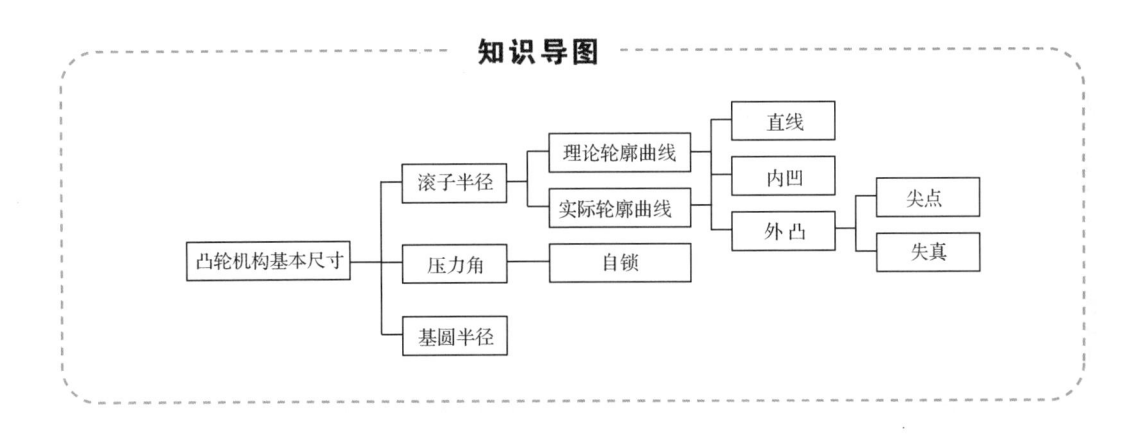

知识导图

凸轮机构基本尺寸
- 滚子半径
  - 理论轮廓曲线
    - 直线
    - 内凹
  - 实际轮廓曲线
    - 外凸
      - 尖点
      - 失真
- 压力角 — 自锁
- 基圆半径

(一) 滚子半径的确定

凸轮轮廓曲线由直线、内凹曲线和外凸曲线所组成。如图 2-2-7 所示，细实线表示理论轮廓曲线，粗实线表示实际轮廓曲线。设理论轮廓曲线的最小曲率半径为 ρ_{min}，滚子半径为 r_T，对应的实际轮廓曲线的曲率半径为 ρ_a，它们之间的关系见表 2-2-4。

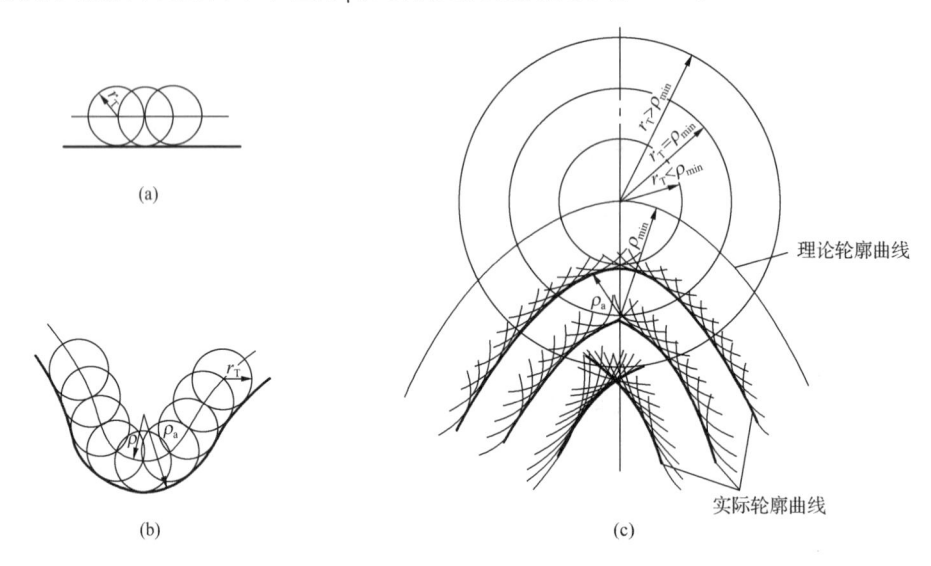

图 2-2-7 滚子半径的确定

表 2-2-4　　　　　　　　　滚子半径的确定

理论轮廓曲线	实际轮廓曲线	两者关系	滚子半径 r_T	特　点
直线	直线	$\rho_a = \rho_{min} + r_T$	任意值	正常
内凹曲线	内凹曲线	$\rho_a = \rho_{min} + r_T$	任意值	正常
外凸曲线	外凸曲线	$\rho_a = \rho_{min} - r_T$	$\rho_{min} > r_T, \rho_a > 0$	正常
			$\rho_{min} = r_T, \rho_a = 0$	出现尖点
			$\rho_{min} < r_T, \rho_a < 0$	出现叠交，产生运动失真

因此，滚子半径 r_T 不宜过大，否则产生运动失真；但滚子半径 r_T 也不宜过小，否则凸轮与滚子接触应力过大且难以装在销轴上。可按照经验公式 $r_T = (0.1 \sim 0.5) r_0$ 初步确定滚子半径。

(二) 压力角的确定

如图 2-2-8 所示，当不考虑摩擦时，凸轮对从动件的作用力 F 沿接触点的法线方向。从动件上受到的力 F 的方向与该力作用点的线速度 v_2 的方向之间所夹锐角 α 称为凸轮机构在该位置的压力角。将力 F 分解为沿从动件运动方向和垂直运动方向两个分力 F_1 和 F_2，其大小为

$$F_1 = F\cos\alpha$$
$$F_2 = F\sin\alpha$$

F_1 是能推动从动件运动的有效分力，随着 α 的增大而减小；F_2 是压紧导路引起摩擦阻力的有害分力，随着 α 的增大而增大。当 α 增大到

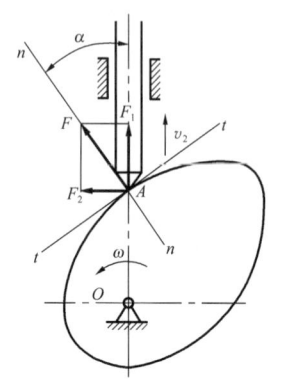

图 2-2-8 压力角的确定

一定值时,有害分力 F_2 引起的摩擦阻力超过有效分力 F_1,则会发生凸轮无法推动从动件运动的现象,称为机构的自锁。

因此,为保证凸轮机构正常工作并具有良好的传力性能,必须对压力角的大小加以限制。在工作过程中,压力角 α 是变化的,设计时规定最大压力角 α_{max} 不超过许用压力角 $[\alpha]$,即 $\alpha_{max} \leqslant [\alpha]$。一般规定许用压力角 $[\alpha]$ 如下:对于移动从动件,在推程时 $[\alpha] \leqslant 30°$;对于摆动从动件,在推程时 $[\alpha] \leqslant 45°$。机构在回程时,从动件实际上不是由凸轮推动的,而是在锁合力作用下返回的,发生自锁的可能性很小,为减小冲击和提高锁合的可靠性,回程压力角推荐许用值 $[\alpha] \leqslant 80°$。

(三)压力角与凸轮尺寸的关系

如图 2-2-9 所示,两个凸轮基圆半径分别为 r_{01}、r_{02},且 $r_{01} < r_{02}$,若从动件运动规律相同,即当凸轮转过相同角度 θ 时,从动件上升相同的高度(凸轮的两小段轮廓用直线近似表示),由图中可以看出 $\alpha_1 > \alpha_2$。所以当运动规律一定时,压力角越大,则凸轮基圆半径越小,从而使机构尺寸越小。因此,从使机构尺寸紧凑的角度考虑,希望压力角越大越好。

在凸轮机构中,最大压力角 α_{max} 一般存在于运动过程的起始点、终止点或速度最大的点,若最大压力角 α_{max} 测量结果超过许用压力角 $[\alpha]$,通常可用加大凸轮基圆半径 r_0 的方法使最大压力角 α_{max} 减小。

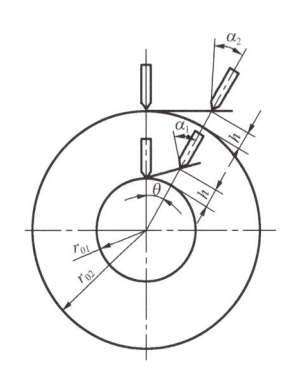

图 2-2-9 压力角与凸轮尺寸关系

任务实施

一、设计要求与数据

已知凸轮基圆半径 $r_0 = 150$ mm,滚子半径 $r_T = 10$ mm,凸轮轴心 O 与从动件轴心 A 的中心距 $a = 300$ mm,从动件的长度(从动件轴心 A 与滚子中心 B 间的距离)$l = 250$ mm,从动件的角位移线图如图 2-2-10(b)所示。

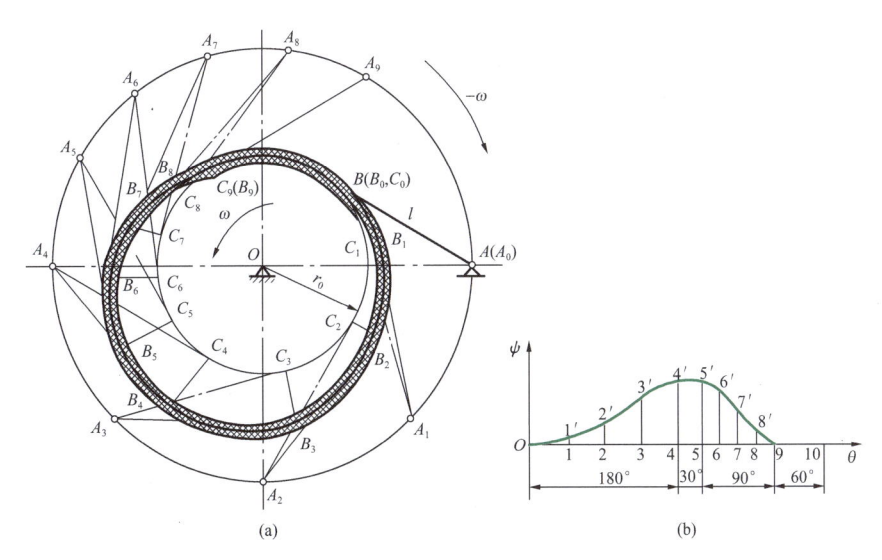

图 2-2-10 滚子摆动从动件盘形凸轮轮廓曲线设计

二、设计内容

绘制滚子摆动从动件盘形凸轮轮廓曲线。

三、设计步骤、结果及说明

如图 2-2-10 所示,滚子摆动从动件盘形凸轮机构在工作过程中,从动件绕其轴心 A 作往复摆动。利用反转法原理,将凸轮视为不动,则从动件轴心 A 绕凸轮轴心 O 反方向回转,同时从动件绕其轴心 A 在反转过程中的各个位置 A_1、A_2、A_3……A_9 按一定运动规律摆动。从动件尖端的运动轨迹即所求轮廓曲线。

凸轮轮廓曲线的设计步骤如下:

(1)将 ψ-θ 线图横坐标上对应于推程运动角 θ_0 和回程运动角 θ_h 的线段各分为四等份,并按 ψ-θ 线图的角度比例尺求出各等分点所对应的从动件角位移值。

(2)选取长度比例尺 $\mu_l=10$ mm/mm,以 r_0 为半径作基圆。再以凸轮轴心 O 为圆心、中心距 a 为半径作从动件轴心 A 在反转过程中的运动轨迹圆,并在其上选取轴心 A 的起始位置 A_0。自 OA_0 开始,沿 $-\omega$ 方向量取凸轮各运动角,并将推程和回程分成与 ψ-θ 线图相同的等份,得 A_1、A_2、A_3……A_9 各点,即从动件轴心 A 在反转过程中的各位置点。

(3)分别以 A_0、A_1、A_2……A_9 为圆心,l 为半径画弧交基圆于 C_0、C_1、C_2……C_9 点。其中 $C_0(B_0)$ 点为从动件尖端的初始位置。注意,若要求从动件在推程中顺时针摆动,则 B_0 点应在连心线 OA_0 的上侧。

(4)根据 ψ-θ 线图中各对应点的角位移值 $11'$、$22'$、$33'$……$88'$,分别量取$\angle C_1A_1B_1=11'$,$\angle C_2A_2B_2=22'$,$\angle C_3A_3B_3=33'$……$\angle C_8A_8B_8=88'$,使 $C_1A_1=A_1B_1$,$C_2A_2=A_2B_2$,$C_3A_3=A_3B_3$……$C_8A_8=A_8B_8$,得 B_1、B_2、B_3……B_8 各点,分别为从动件尖端在反转过程中的各位置点,将 $B_0(C_0)$、B_1、B_2……$B_9(C_9)$ 点用光滑曲线连接,即理论轮廓曲线。

(5)以理论轮廓曲线上各点为圆心、滚子半径 r_T 为半径,作一系列的滚子圆及滚子圆的内包络线,即所求的滚子摆动从动件盘形凸轮实际轮廓曲线,如图 2-2-10(a)所示。

培养技能

凸轮轴的维修

在工作过程中,因为凸轮轴的受力不大,所以凸轮轴的磨损比较缓慢。凸轮轴的主要失效形式是凸轮高度和凸轮表面的磨损、凸轮轴的弯曲和凸轮轴轴颈磨损等。

(1)为了保证维修后凸轮工作表面有足够的耐磨性,经磨削后的凸轮表面应保留一定的淬火层(厚度为 0.2~0.5 mm)或渗碳层(厚度为 1~2 mm),且应在保证恢复凸轮几何形状的前提下,尽量减小磨削量,以延长凸轮轴的使用寿命。

(2)如果凸轮轴磨损到已经不能保证有足够厚度的渗碳层,可采用堆焊的方法修复,堆焊后进行机械加工,最后磨削到标准尺寸。

(3)凸轮轴支承轴颈磨损后,可在外圆磨床上光磨,再根据轴颈的实际尺寸选配轴套。轴颈经多次修磨后,如果直径尺寸小于允许值,可采用镀铬、金属喷镀和堆焊等方法进行修复。

能力检测

一、选择题

1. 如图 2-2-11 所示,在一定条件下易形成油膜,利于润滑,传动效率高,且传力性能好,常用于高速凸轮机构的是_____。

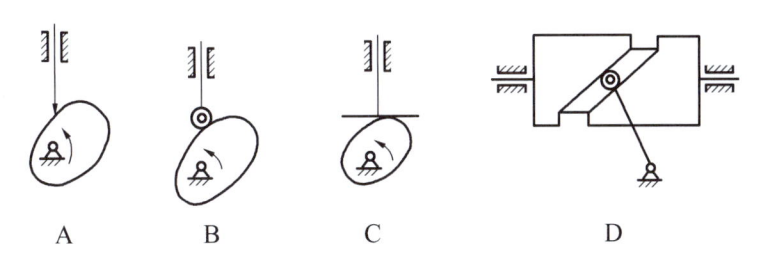

图 2-2-11 选择题 1 图

2. 实际运行中,凸轮机构从动件的运动规律是由_____确定的。

A. 凸轮转速　　　　　　　　　　B. 从动件与凸轮的锁合方式

C. 从动件的结构　　　　　　　　D. 凸轮的轮廓曲线形状

3. 如图 2-2-12 所示凸轮机构中,凸轮轮廓由以 O 及 O_1 点为圆心的圆弧和直线组成,该凸轮机构的从动件运动类型是_____。

A. 上升—静止—下降　　　　　　B. 上升—下降—静止

C. 上升—静止—下降—静止　　　D. 上升—下降—上升

4. 如图 2-2-13 所示为凸轮机构从动件位移曲线,则凸轮机构_____。

A. 在 O、B 处产生柔性冲击,在 C 处产生刚性冲击

B. 在 O、A、B 处产生柔性冲击,无刚性冲击

C. 在 O、A、B 处产生刚性冲击,在 C、D 处产生柔性冲击

D. 在 O、A、B 处产生柔性冲击,在 C、D 处产生刚性冲击

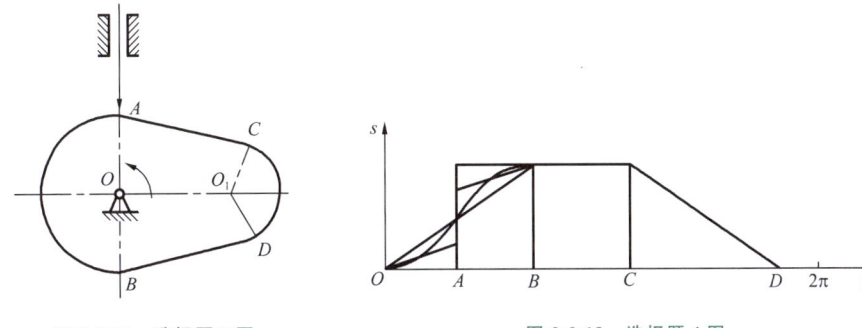

图 2-2-12 选择题 3 图　　　图 2-2-13 选择题 4 图

5. 如图 2-2-14 所示为偏置滚子直动从动件盘形凸轮机构,从动件处于最低位置。图中的 4 个圆中,_____是凸轮的基圆。

A. ①　　　　B. ②

C. ③　　　　D. ④

6. 某滚子从动件盘形凸轮机构,凸轮理论轮廓曲线的最小曲率半径为 ρ_{min},若要从动件运动不致失真,滚子半径 r_T 应_____。

   A. $r_T = \rho_{min}$ B. $r_T > \rho_{min}$
   C. $r_T < \rho_{min}$ D. $r_T \leqslant \rho_{min}$

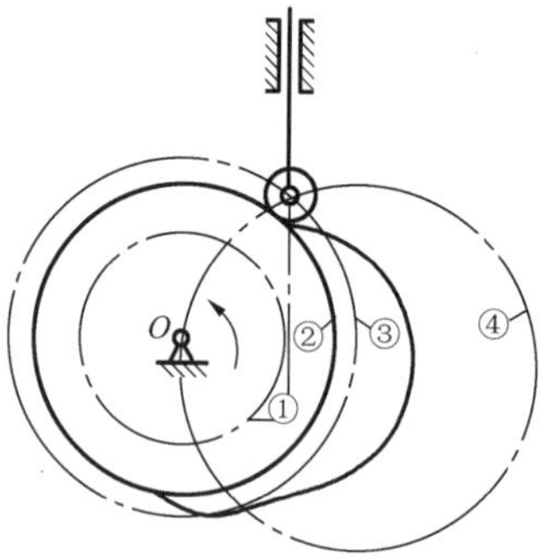

7. 压力角是指凸轮轮廓曲线上某点的_____之间所夹的锐角。

   A. 切线与从动件速度方向
   B. 速度方向与从动件速度方向
   C. 受力方向与从动件速度方向
   D. 以上都有可能

图 2-2-14 选择题 5 图

8. 凸轮机构在从动件运动规律不变情况下,若缩小凸轮基圆半径,则压力角_____。

   A. 减小 B. 不变 C. 增大 D. 不确定

9. 如图 2-2-15 所示凸轮机构压力角中,_____是不正确的。

10. 凸轮从如图 2-2-16 所示位置转过 θ 角时,机构的压力角是_____。

    A. α_1 B. α_2 C. α_3 D. α_4

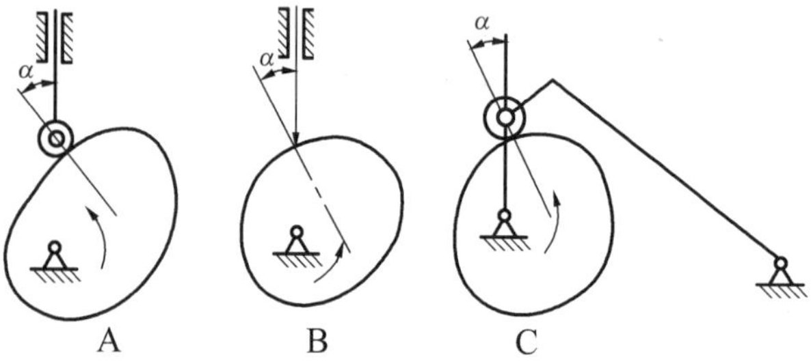

图 2-2-15 选择题 9 图

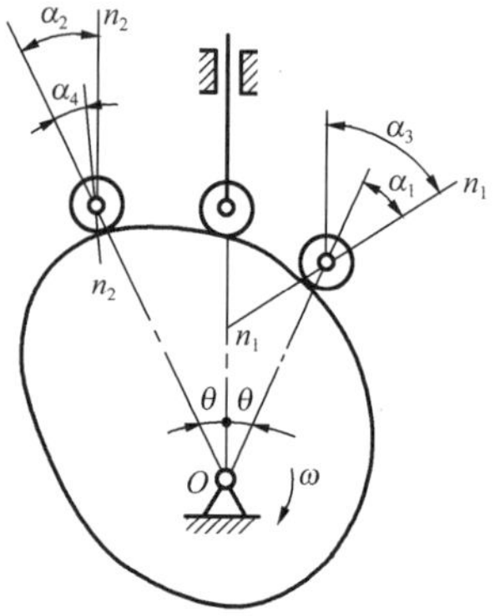

图 2-2-16 选择题 10 图

二、判断题

1. 凸轮机构是高副接触,易磨损,一般用于传力不大的场合。(　　)
2. 凸轮转速的大小影响从动件的运动规律。(　　)
3. 等速运动规律在开始和终止时,速度要产生突变,从而产生刚性冲击。(　　)
4. 等加速等减速运动规律是指从动件在推程时作等加速运动,回程时作等减速运动。(　　)
5. 凸轮机构中当从动件位移规律为等加速等减速运动时,易出现刚性冲击。(　　)
6. 盘形凸轮的结构尺寸与基圆半径成反比。(　　)
7. 凸轮轮廓曲线上各点的压力角是不变的。(　　)
8. 凸轮的基圆越大,推动从动件的有效分力也越大。(　　)
9. 当凸轮机构的压力角增大到一定值时,就会产生自锁现象。(　　)

10. 滚子半径的大小对滚子从动件的凸轮机构的预定运动规律是有影响的。（　）

三、设计计算题

1. 如图 2-2-17 所示，凸轮的实际轮廓线为一圆，其圆心为 A 点，半径 $R=40$ mm，滚子半径 $r_T=10$ mm，$l_{OA}=25$ mm。用作图法确定凸轮的基圆半径及从动件的行程。

2. 某对心尖顶直动从动件盘形凸轮机构，凸轮按逆时针方向转动，其基圆半径 $r_0=40$ mm。从动件的行程 $h=40$ mm，运动规律见表 2-2-5。求：
（1）作从动件的位移曲线；
（2）利用反转法，画出凸轮的轮廓曲线。

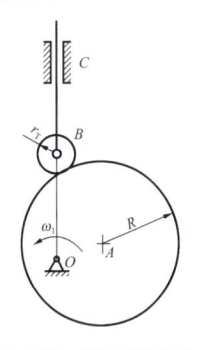

图 2-2-17　设计计算题 1 图

表 2-2-5　　设计计算题 2 运动规律

凸轮转角 θ	0°～120°	120°～180°	180°～270°	270°～360°
从动件运动规律	等加速等减速上升 40 mm	停止不动	等加速等减速下降至原来位置	停止不动

3. 某滚子对心直动从动件盘形凸轮机构，凸轮按顺时针方向转动，其基圆半径 $r_0=20$ mm。滚子半径 $r_T=10$ mm。从动件的行程 $h=30$ mm，运动规律见表 2-2-6。求：
（1）作从动件的位移曲线；
（2）利用反转法，画出凸轮的轮廓曲线。

表 2-2-6　　设计计算题 3 运动规律

凸轮转角 θ	0°～150°	150°～180°	180°～300°	300°～360°
从动件运动规律	等加速等减速上升 30 mm	停止不动	等加速等减速下降至原来位置	停止不动

任务三　分析间歇运动机构

知识目标

（1）了解棘轮机构的组成，掌握其工作原理、运动特点和应用场合。
（2）了解槽轮机构的组成，掌握其工作原理、运动特点和应用场合。
（3）了解不完全齿轮机构的工作原理、运动特点和应用场合。

能力目标

正确选择棘轮转角的调整方法。

任务分析

牛头刨床工作台横向进给机构如图 2-3-1 所示。刨床工作时，曲柄摇杆机构摆杆通过连杆带动摇杆摆动，棘爪推动棘轮作单向间歇运动，从而使与棘轮固连的丝杠带动工作台作横向进给运动，以便刨刀继续切削。

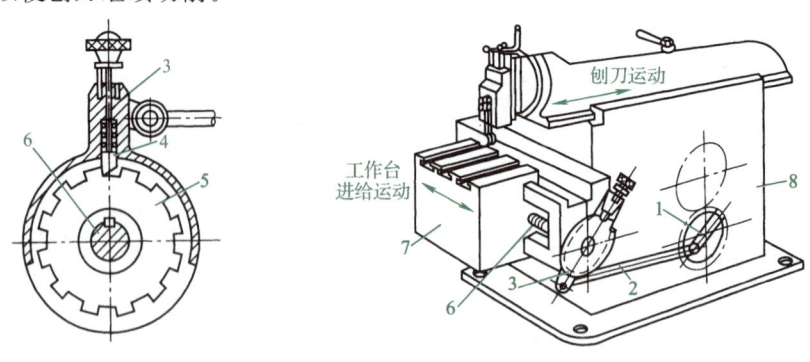

图 2-3-1　牛头刨床工作台横向进给机构
1—摆杆；2—连杆；3—摇杆；4—丝杠；5—棘轮；6—螺杆；7—工作台；8—机架

夯实理论

间歇运动机构是指机器在工作时，主动件在作连续运动，而从动件产生周期性的运动和停歇的机构。常见的间歇运动机构有棘轮机构、槽轮机构和不完全齿轮机构等，广泛应用于自动机床的进给机构、送料机构、刀架的转位机构等自动机械设备中。

一、棘轮机构

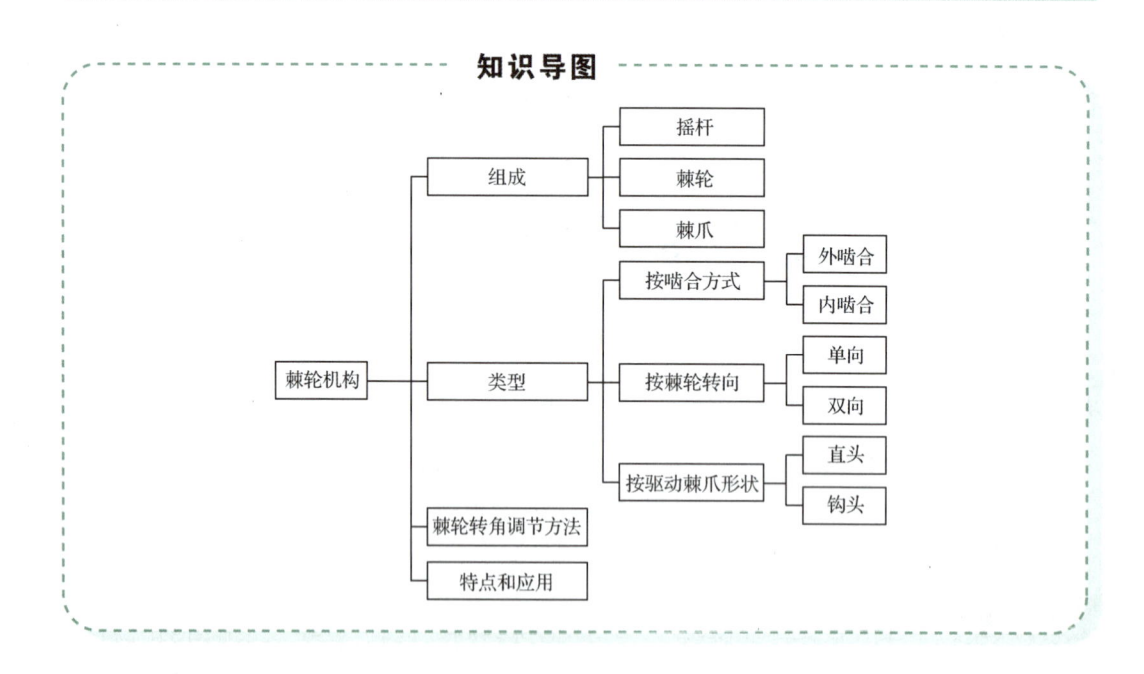

知识导图

棘轮机构
- 组成
  - 摇杆
  - 棘轮
  - 棘爪
- 类型
  - 按啮合方式
    - 外啮合
    - 内啮合
  - 按棘轮转向
    - 单向
    - 双向
  - 按驱动棘爪形状
    - 直头
    - 钩头
- 棘轮转角调节方法
- 特点和应用

（一）棘轮机构的组成和类型

棘轮机构主要由摇杆、驱动棘爪、棘轮、止动棘爪和弹簧等组成，如图 2-3-2 所示。当摇杆逆时针摆动时，驱动棘爪插入棘轮的齿槽中，推动棘轮转过一定角度，而止动棘爪则在棘轮的齿背上滑过。当摇杆顺时针摆动时，驱动棘爪在棘轮的齿背上滑过，而止动棘爪则阻止棘轮作顺时针转动,使棘轮静止不动。因此,当摇杆作连续的往复摆动时,棘轮将作单向间歇转动。

棘轮的齿大多做在棘轮的外缘上,构成外接棘轮机构,如图 2-3-2 所示。若做在内缘上,则构成内接棘轮机构,如图 2-3-3 所示。

如果工作需要棘轮作不同转向的间歇运动,可采用棘轮的齿为矩形的双向棘轮机构,如图 2-3-4 所示。

若要使摇杆来回摆动时都能使棘轮向同一方向转动,则可采用双动式棘轮机构,这种机构的棘爪可制成钩头的或直头的,如图 2-3-5 所示。

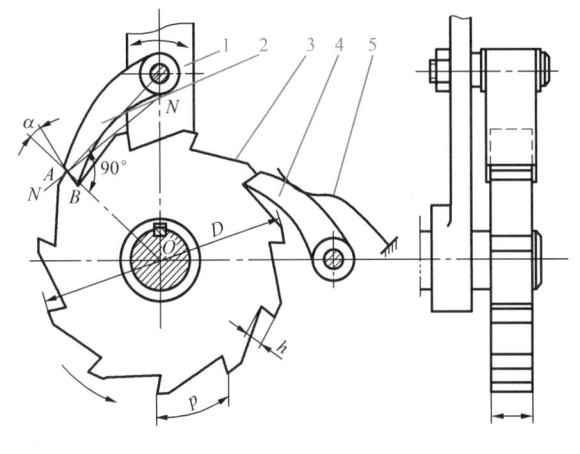

图 2-3-2 外接棘轮机构

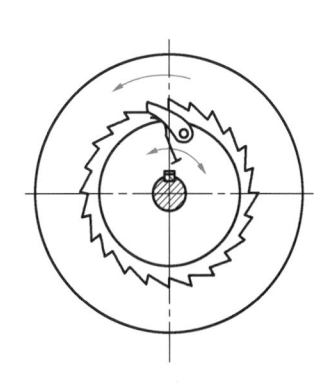

1—摇杆;2—驱动棘爪;3—棘轮;4—止动棘爪;5—弹簧

图 2-3-3 内接棘轮机构

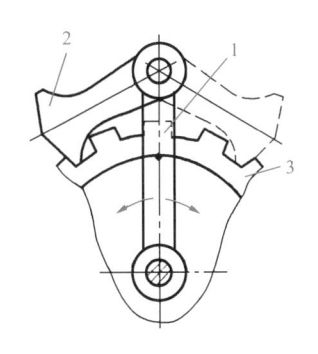

图 2-3-4 双向棘轮机构

1—摇杆;2—棘爪;3—棘轮

(a) 钩头双动式棘轮机构　(b) 直头双动式棘轮机构

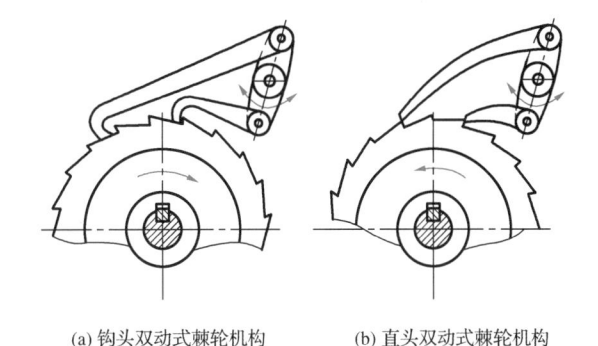

图 2-3-5 双动式棘轮机构

(二)棘轮转角调节方法

1. 改变摇杆摆角调节棘轮转角

通过调节丝杠来改变曲柄摇杆机构 $ABCD$ 中曲柄 AB 的长度,以改变摇杆和棘爪的摆角,从而调节棘轮转角,如图 2-3-6 所示。

认识棘轮机构

2. 用遮盖罩调节棘轮转角

利用遮盖罩遮住棘爪行程内的部分棘齿,使棘爪只能在遮盖罩上滑过,而不能与这部分棘齿接触,从而减小棘轮的转角。调整遮盖罩的位置,即可实现棘轮转角的调节,如图 2-3-7 所示。

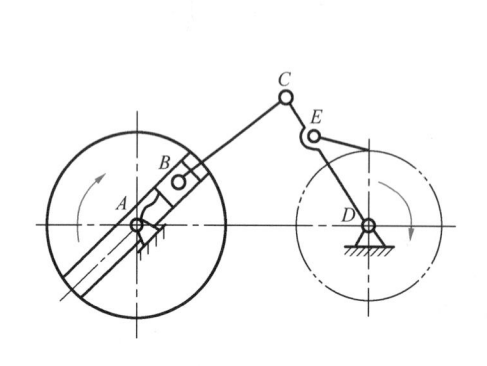

图 2-3-6 改变摇杆摆角调节棘轮转角

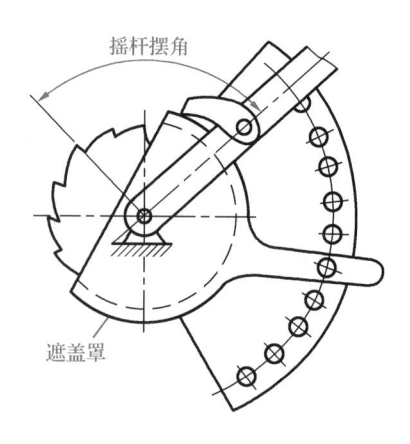

图 2-3-7 用覆盖罩调节棘轮转角

(三)棘轮机构的特点和应用

棘轮机构结构简单,制造方便,工作可靠,棘轮每次转动的转角等于棘轮齿距角的整数倍;但其工作时冲击较大,棘爪在齿背上滑过时会发出"嗒嗒"的噪声,运动精度不高,所以常用于低速轻载的场合。

棘轮机构还常用作防止机构逆转的停止器。这类停止器广泛用于卷扬机、提升机以及运输机中,如图 2-3-8 所示。

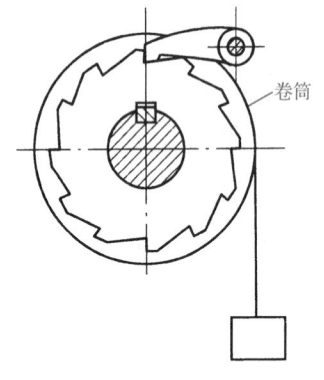

图 2-3-8 提升机的棘轮停止器

二、槽轮机构

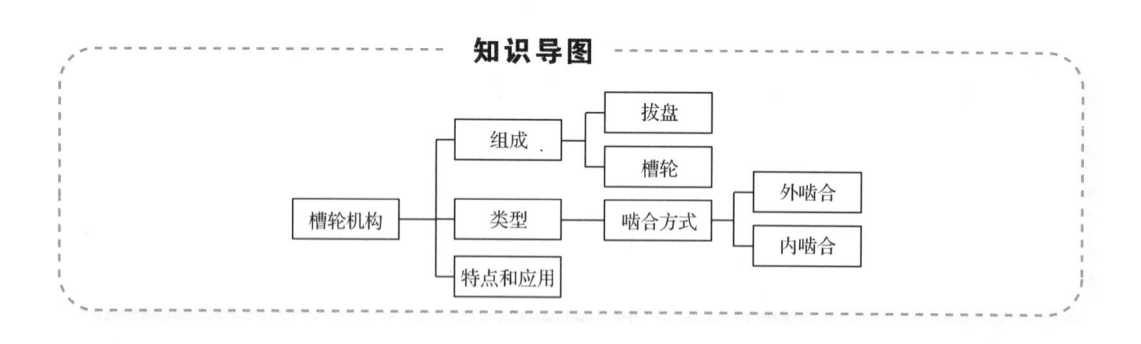

知识导图

槽轮机构 —— 组成 —— 拨盘
　　　　　　　　　　 槽轮
　　　　　　 类型 —— 啮合方式 —— 外啮合
　　　　　　　　　　　　　　　　　 内啮合
　　　　　　 特点和应用

(一)槽轮机构的组成和类型

槽轮机构由带圆销的主动件拨盘、具有径向槽的从动件槽轮和机架组成,如图 2-3-9 所示。

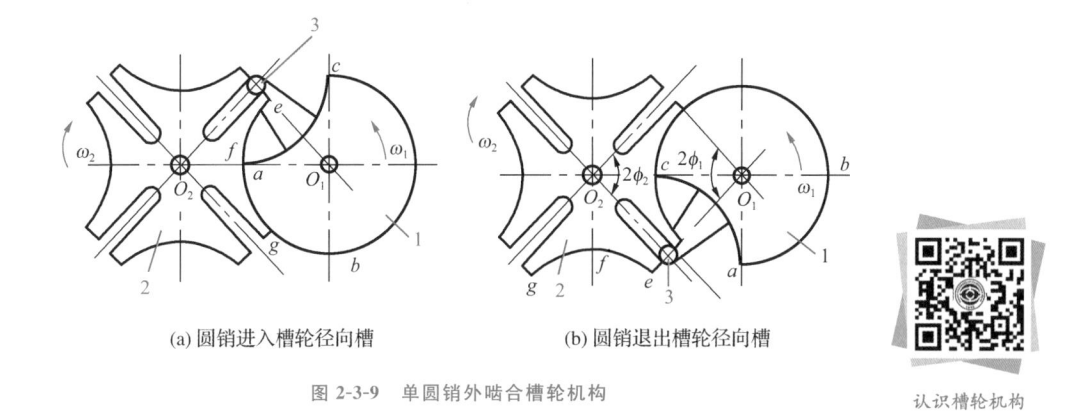

(a) 圆销进入槽轮径向槽　　　　(b) 圆销退出槽轮径向槽

图 2-3-9　单圆销外啮合槽轮机构

1—拨盘；2—槽轮；3—圆销

拨盘以 ω_1 作等角速度转动时，驱动槽轮作时动时停的单向间歇运动。

当拨盘上圆销未进入槽轮径向槽时，由于槽轮的内凹锁止弧 $\overset{\frown}{efg}$ 被拨盘的外凸锁止弧 $\overset{\frown}{abc}$ 卡住，槽轮静止。如图 2-3-9(a)所示位置是圆销刚开始进入槽轮径向槽时的情况，这时内凹锁止弧 $\overset{\frown}{efg}$ 刚被松开，因此槽轮受圆销的驱动开始沿顺时针方向转动；当圆销退出槽轮径向槽时，如图 2-3-9(b)所示，槽轮的下一个内凹锁止弧又被拨盘的外凸锁止弧卡住，致使槽轮静止。由此将主动件拨盘的连续转动转换为从动件槽轮的间歇转动。

槽轮机构有外啮合槽轮机构和内啮合槽轮机构两种类型，如图 2-3-10 所示。外啮合槽轮机构的拨盘和槽轮转向相反，而内啮合槽轮机构的拨盘和槽轮转向相同。

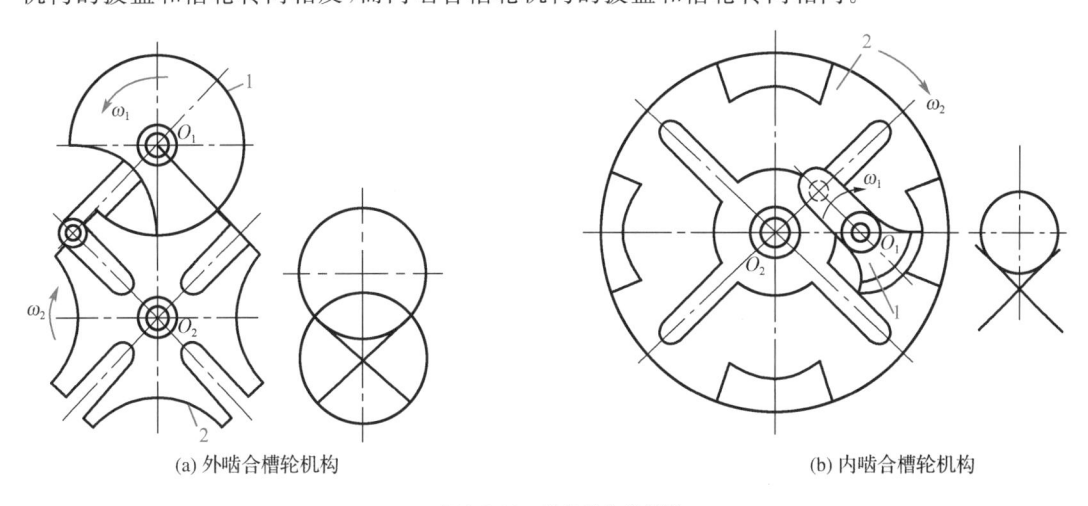

(a) 外啮合槽轮机构　　　　(b) 内啮合槽轮机构

图 2-3-10　槽轮机构的类型

1—拨盘；2—槽轮

（二）槽轮机构的特点和应用

槽轮机构结构简单，工作可靠，传动平稳性较好，能准确控制槽轮转动的角度。但槽轮的转角大小不能调整，且在槽轮转动的始、末位置存在柔性冲击。因此，槽轮机构一般应用于转速较低且要求间歇转动一定角度的分度装置中。

槽轮机构在转速不太高的自动机械中应用广泛。如图2-3-11所示为转塔车床刀架转位机构。如图2-3-12所示为电影放映机卷片机构。

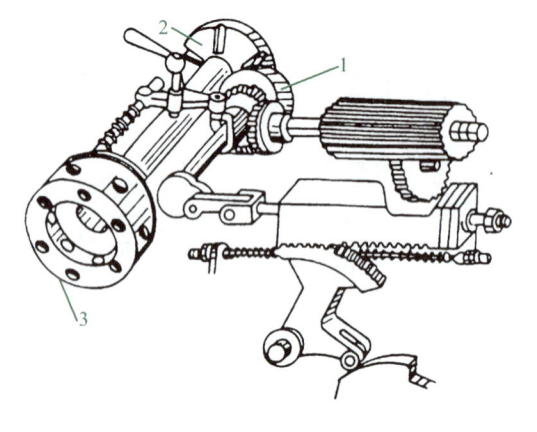

图2-3-11 转塔车床刀架转位机构

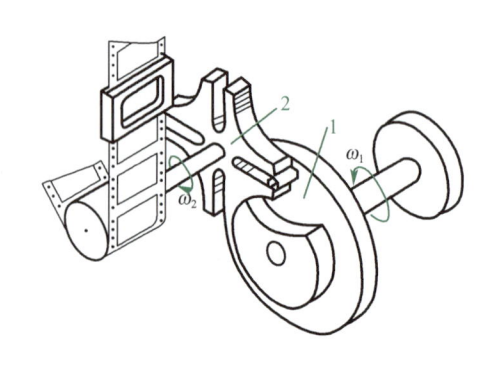

图2-3-12 电影放映机卷片机构

三、不完全齿轮机构

知识导图

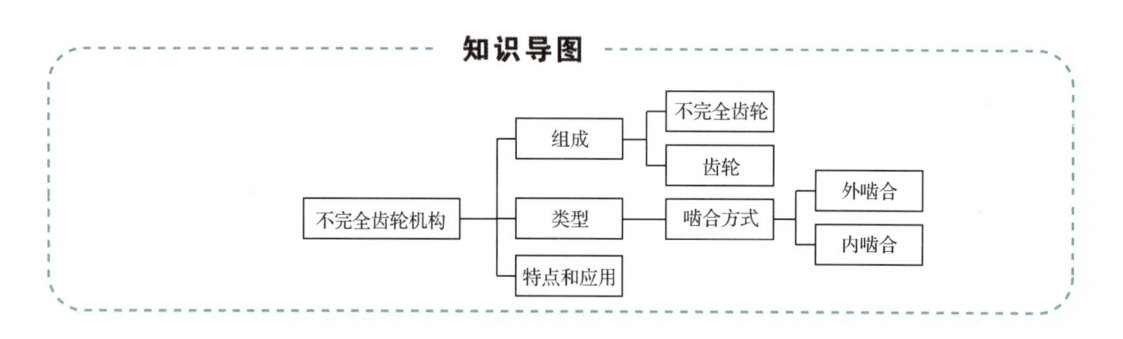

不完全齿轮机构 —— 组成 —— 不完全齿轮 / 齿轮
　　　　　　 —— 类型 —— 啮合方式 —— 外啮合 / 内啮合
　　　　　　 —— 特点和应用

(一)不完全齿轮机构的组成和类型

不完全齿轮机构由一个或几个轮齿的不完全齿轮(主动轮)、具有正常轮齿和带锁止弧的齿轮(从动轮)及机架组成,如图2-3-13所示。在主动轮等速连续转动中,当主动轮上的齿与从动轮的正常齿相啮合时,主动轮驱动从动轮转动;当主动轮的锁止弧与从动轮的锁止弧接触时,从动轮停歇不动并停止在确定的位置上,从而实现周期性的单向间歇运动。

不完全齿轮机构按基本结构形式分为外啮合与内啮合两种,如图2-3-13所示。

(二)不完全齿轮机构的特点和应用

不完全齿轮机构具有结构简单、制造方便、从动轮的运动时间与静止时间的比例不受机构结构限制的特点,但是从动轮在转动开始和终止时,角速度有突变,冲击较大,故一般只用于低速或轻载场合。

任务实施

一、设计要求与数据

牛头刨床在工作时,采用棘轮机构带动丝杠转动,实现工作台的单向间歇横向进给运动。

已知棘轮齿数 $z=40$,丝杠的导程 $l=5$ mm。

二、设计内容

(1) 求牛头刨床工作台的最小横向进给量。
(2) 若要求此牛头刨床工作台的横向进给量为 0.25 mm,求棘轮每次的转角。

三、设计步骤、结果及说明

(1) 牛头刨床工作台的最小横向进给量为
$$\frac{1}{z} \times l = \frac{1}{40} \times 5 = 0.125 \text{ mm}$$

(2) 棘轮每次的转角为
$$\frac{360°}{z} \times \frac{0.25}{0.125} = \frac{360°}{40} \times \frac{0.25}{0.125} = 18°$$

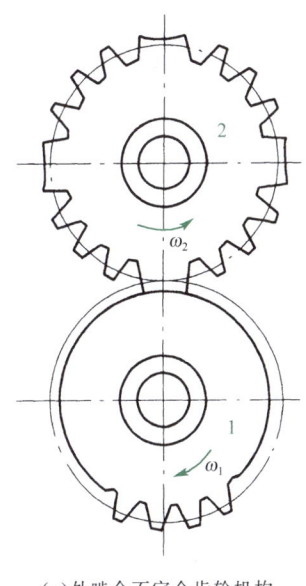

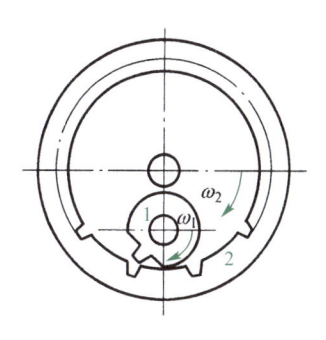

(a) 外啮合不完全齿轮机构　　(b) 内啮合不完全齿轮机构

图 2-3-13　不完全齿轮机构
1—主动轮；2—从动轮

培养技能

维修自行车飞轮空转现象

一、自行车飞轮结构

如图 2-3-14 所示为自行车飞轮超越机构。链条带动内圈具有棘背的从动链轮顺时针转动,再通过棘爪使后轮轴转动,驱动自行车。在自行车前进时,如果不踏脚蹬,后轮轴便会超越从动链轮而转动,让棘爪在从动链轮齿背上滑过,使自行车自由滑行。

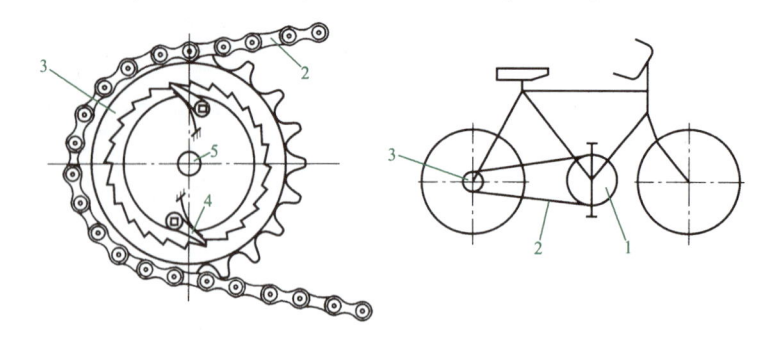

图 2-3-14 自行车飞轮超越机构
1—主动链轮;2—链条;3—从动链轮;4—棘爪;5—后轮轴

二、自行车飞轮超越机构空转带不动后轮的原因和解决方法

自行车飞轮超越机构空转带不动后轮的原因和解决方法见表 2-3-1。

表 2-3-1　　　　　自行车飞轮超越机构空转带不动后轮的原因和解决方法

序号	原因	解决方法
1	棘爪被黏度很大的润滑油黏住无法复位	将棘爪上黏度大的润滑油擦净,换成黏度小的润滑油
2	弹簧脱落或者断裂,造成棘爪无法复位	重新安装或者更换弹簧
3	棘爪脱落或者损坏	重新安装或者更换驱动棘爪

能力检测

一、选择题

1. 棘轮机构的主动件作_____。
   A. 往复摆动运动　　B. 往复直线运动　　C. 等速旋转运动　　D. 以上都不正确
2. 最常见的棘轮齿形是_____。
   A. 锯齿形　　　　　B. 对称梯形　　　　C. 三角形　　　　　D. 矩形
3. 双向驱动的棘轮机构,棘轮的齿形为_____。
   A. 锯齿形　　　　　B. 矩形　　　　　　C. 三角形　　　　　D. 梯形
4. 齿式棘轮机构可能实现的间歇运动为_____。
   A. 单向,不可调整棘轮转角　　　　　　B. 单向或双向,不可调整棘轮转角
   C. 单向,无级调整棘轮转角　　　　　　D. 单向或双向,有级调整棘轮转角
5. 由曲柄摇杆机构带动棘轮机构时,调整棘轮转角大小的方法:①调整曲柄长度;②调整连杆长度;③调整摇杆长度;④棘轮上装覆盖罩,调整覆盖罩位置。其中_____方法有效。
   A. 1 种　　　　　　B. 2 种　　　　　　C. 3 种　　　　　　D. 4 种
6. 棘轮机构常应用的场合是_____。
   A. 高速轻载　　　　B. 高速重载　　　　C. 低速轻载　　　　D. 低速重载
7. 自行车后轴上俗称的"飞轮"实际上是_____。
   A. 凸轮式间歇机构　B. 不完全齿轮机构　C. 内啮合棘轮机构　D. 槽轮机构

8. 槽轮机构的槽轮转角_____。
A. 可以无级调节　　　　　　　　B. 可以有级调节
C. 可以小范围内调节　　　　　　D. 不能调节
9. 槽轮机构所实现的运动变换是_____。
A. 变等速连续转动为不等速连续转动　　B. 变等速连续转动为移动
C. 变等速连续转动为间歇转动　　　　　D. 变等速连续转动为摆动
10. 与棘轮机构相比较,槽轮机构适用于_____场合。
A. 转速较高、转角较小　　　　　B. 转速较低、转角较小
C. 转速较低、转角较大　　　　　D. 转速较高、转角较大

二、判断题

1. 棘轮机构能将主动件的往复直线运动转换成从动件的间歇运动。　　（　　）
2. 棘轮机构可实现换向传动。　　（　　）
3. 棘轮机构的主动件是棘轮,从动件是棘爪。　　（　　）
4. 可换向棘轮机构中的棘轮齿形一般为锯齿形。　　（　　）
5. 双向式棘轮机构,棘轮的齿形是锯齿形的,而棘爪必须是对称的。　　（　　）
6. 双动式棘轮机构在摇杆往复摆动过程中都能驱使棘轮沿同一方向转动。　　（　　）
7. 棘轮机构中棘轮每次转动的转角可以进行无级调节。　　（　　）
8. 棘轮机构既能实现间隙运动,又能实现超越运动。　　（　　）
9. 槽轮转角的大小是能够改变的。　　（　　）
10. 槽轮机构主动件具有内凹锁止弧。　　（　　）

项目三　带式输送机传动件的设计

素养提升

（1）了解中国高铁齿轮传动系统设计的成就，对国家智能制造政策形成认同，同时也要看到我国与外国在先进制造技术上存在的差距，意识到自己肩负的责任，激发爱国情怀。

（2）如同复杂的机器需要多对齿轮传动，一个人的工作和生活需要和其他人友好合作才能更好地完成任务，学会处理好个人与集体的关系，培养团队合作意识。

（3）设计准则是设计过程中遵循的规则和方法，设计人生规划时也要科学地分析自己的强势和弱势，对自身的不足及时调整和矫正。

工程实例

带式输送机主要由电动机、传动带、一级圆柱齿轮减速器、输送带、传动滚筒、机架等部分组成，如图3-0-1所示。工作中通过传动滚筒与输送带之间的摩擦力驱动输送带运行，物料在输送带上与输送带一起运动，主要用来输送松散物料或成件物品。

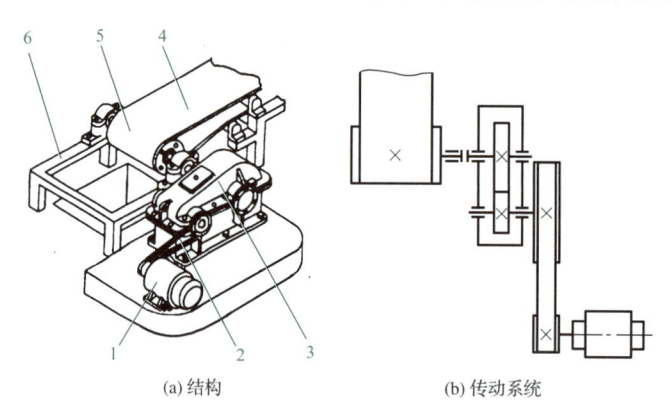

(a) 结构　　(b) 传动系统

图 3-0-1　带式输送机的结构和传动系统

1—电动机；2—传动带；3——级圆柱齿轮减速器；4—输送带；5—传动滚筒；6—机架

通过对带式输送机的结构分析可知，各种机械设备都是由若干基本零件按照一定运动规律组成的。零件根据其作用不同可分为如下几种。

（1）传动零件：带传动、链传动、齿轮传动、蜗杆传动和螺旋传动等零件。

（2）连接零件：螺纹连接、键连接和联轴器连接等零件。

（3）支承零件：轴、轴承等。

任务一 带传动的设计计算

知识目标

(1)掌握带传动的组成、工作原理、特点、应用场合。
(2)掌握普通 V 带与 V 带轮的结构和标准。
(3)理解带传动中的初拉力 F_0、紧边拉力 F_1、松边拉力 F_2、有效圆周力 F 的含义及其相互之间的关系。
(4)理解传动带中三种应力产生的原因及应力分布。
(5)掌握带传动中弹性滑动和打滑产生的原因及其对传动的影响。
(6)掌握带传动的失效形式、设计准则,以及普通 V 带传动的设计计算方法和参数选择的原则。
(7)掌握带传动常用的张紧方法和装置。

能力目标

(1)完成带传动的受力分析、应力分析。
(2)正确分析带传动中弹性滑动和打滑现象产生的原因。
(3)完成普通 V 带传动的设计计算。
(4)正确选择带传动常用的张紧方法和装置。

任务分析

带式输送机的电动机转速高,冲击性载荷比较大,V 带传动有减振、吸收冲击性载荷的作用,同时还有过载保护,因此在多级传动系统中,带传动常被放在高速级,带动齿轮减速箱的齿轮进行减速运行,满足工作要求。

夯实理论

一、带传动

(一)带传动的组成、类型及特点

1. 带传动的组成和类型

如图 3-1-1 所示,带传动由主动带轮、从动带轮和传动带组成。主动带轮转动时,利用带轮和传动带之间的摩擦或啮合作用,传递运动和动力到从动带轮。

带传动按工作原理分为摩擦带传动和啮合带传动两类,如图 3-1-2 所示。摩擦带传动靠传动带与带轮之间的摩擦力来传递运动和动力。啮合带传动靠传动带内侧齿与带轮轮缘上的齿相啮合来传递运动和动力。

知识导图

```
                          ┌── 主动轮
                ┌── 组成 ──┼── 从动轮
                │         └── 传动带
                │
                │                      ┌── 摩擦带
                │         ┌── 按工作原理 ┤
                │         │            └── 啮合带
带传动 ──────────┼── 摩擦带的分类 ┤
                │         │            ┌── 平带
                │         │            ├── V带
                │         └── 按截面形状 ┤
                │                      ├── 多楔带
                │                      └── 圆带
                │
                └── 特点和应用
```

认识带传动

图 3-1-1　带传动的组成
1—主动带轮；2—从动带轮；3—传动带

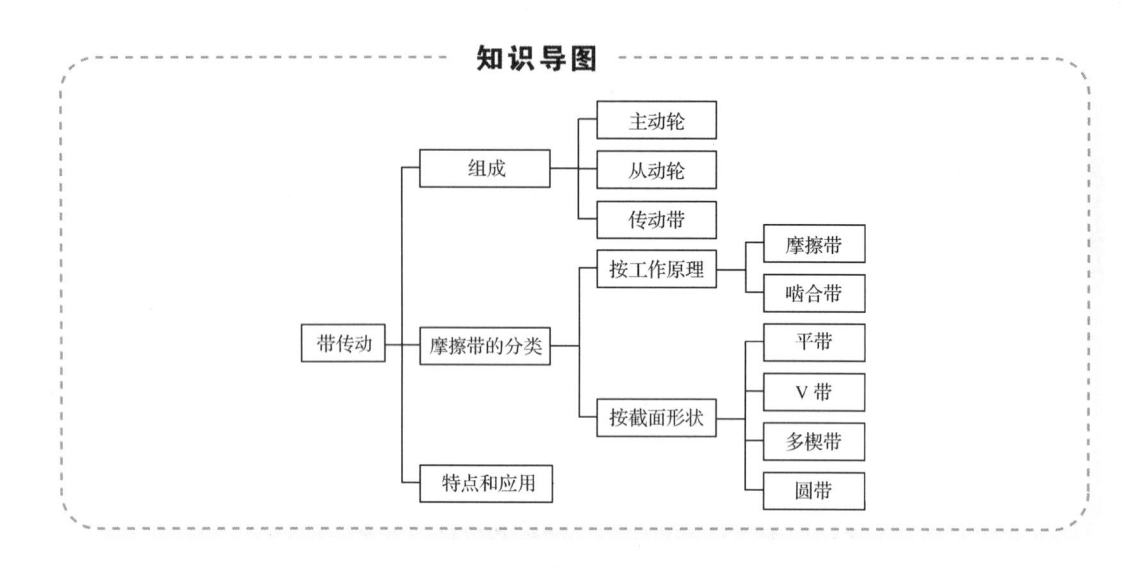

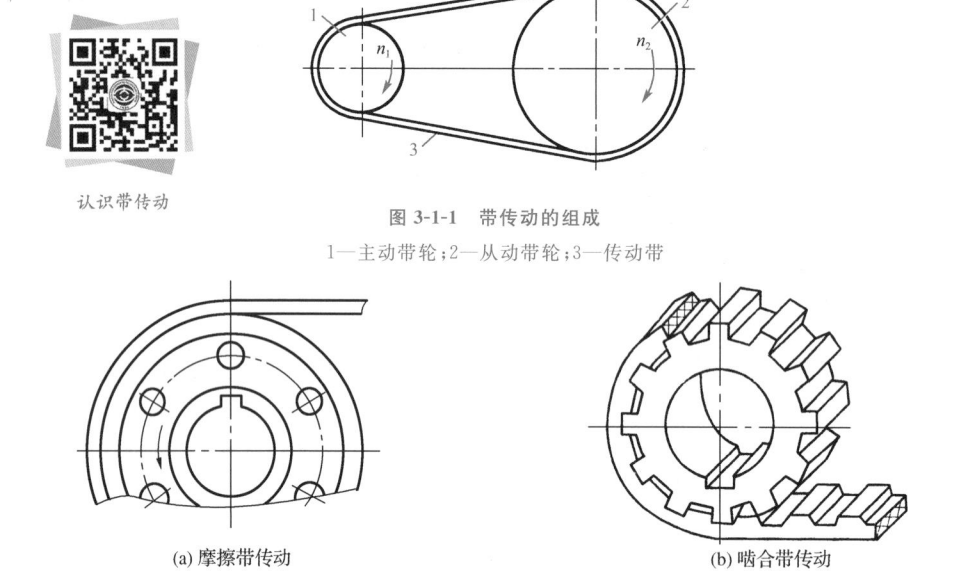

(a) 摩擦带传动　　(b) 啮合带传动

图 3-1-2　带传动的类型

2. 摩擦带传动的特点

(1)结构简单,有良好的弹性,能缓冲吸振,传动平稳,噪声小。

(2)过载时,传动带在带轮上打滑,具有过载保护作用。

(3)能在大的轴间距和多轴间传递动力,制造、安装和维护较方便,且成本低廉。

(4)传动比 i 不准确,传动效率较低,传动带的寿命较短,外廓尺寸大。

(5)对轴和轴承的压力较大,不适用于高温、易燃及有腐蚀介质的场合。

摩擦带传动的一般传动功率 $P \leqslant 100$ kW,带速 $v=5 \sim 25$ m/s,平均传动比 $i \leqslant 5$,传动效率 $\eta = 0.94 \sim 0.97$。

3. 啮合带传动的特点

(1) 无相对滑动,传动带长不变,传动比 i 准确。

(2) 传动带薄而轻,强力层强度高,适用于高速传动,速度可达 40 m/s。

(3) 传动带的柔性好,可用直径较小的带轮,传动结构紧凑,能获得较大的传动比。

(4) 传动效率高,传动效率 η 可达 0.98~0.99,因而应用日益广泛。

(5) 初拉力较小,故轴和轴承上所受的载荷小。

(6) 制造、安装精度要求较高,成本高。

(7) 恶劣环境条件下仍能正常工作。

(二) 常用摩擦带的类型、特点及应用

常用摩擦带的类型、特点及应用见表 3-1-1。

表 3-1-1　　　　　　　　　　常用摩擦带的类型、特点及应用

类 型	截面形状	工作面	特点及应用
平带	矩形截面	宽平面的内表面	结构简单,绕曲性好,传动效率较高,主要用于较远距离的传动
V带	等腰梯形截面	传动带与带轮的两侧面(传动带不与槽底接触)	传动能力较大,结构紧凑,主要用于各种机械设备中
多楔带	多个等腰梯形和矩形的组合截面	内表面的等距纵向楔的侧面	结构复杂,主要用于传递较大的功率、结构要求紧凑的场合
圆形带	圆形截面	传动带与带轮接触的外表面	主要用于传动比准确的中小功率传动,如计算机、纺织机械等

二、V带和V带轮

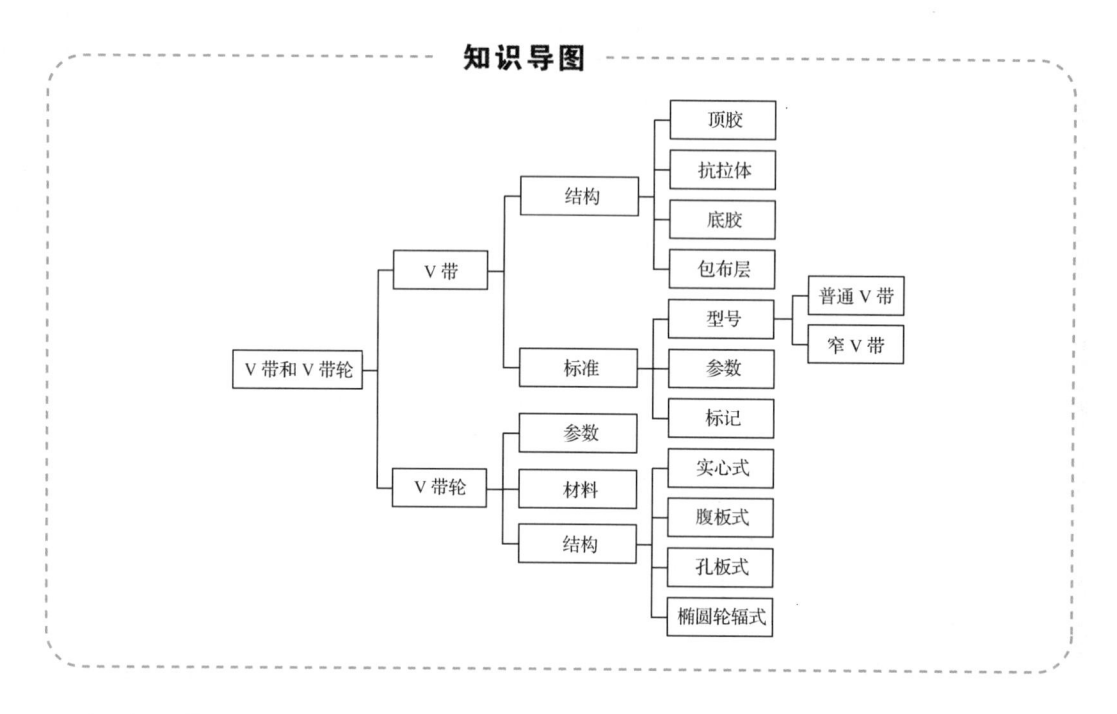

知识导图

```
                            ┌── 顶胶
                    ┌─ 结构 ─┼── 抗拉体
                    │        ├── 底胶
              ┌─ V带┤        └── 包布层
              │     │        ┌── 型号 ──┬── 普通V带
              │     └─ 标准 ─┼── 参数    └── 窄V带
V带和V带轮 ──┤              └── 标记
              │        ┌── 参数
              └─ V带轮─┼── 材料        ┌── 实心式
                       └── 结构 ──────┼── 腹板式
                                       ├── 孔板式
                                       └── 椭圆轮辐式
```

(一) V带

1. V带的结构

普通V带为无接头的环形结构,由顶胶(拉伸层)、抗拉体(强力层)、底胶(压缩层)和包布层组成,如图3-1-3所示。抗拉体又分为帘布芯结构和绳芯结构,其中帘布芯结构的V带制造方便,抗拉强度好;而绳芯结构的V带柔韧性好,抗弯强度高,适用于带轮直径小、转速较高的场合。

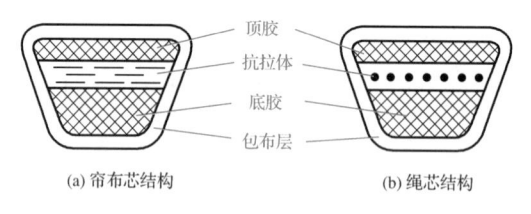

(a) 帘布芯结构   (b) 绳芯结构

图3-1-3 普通V带的结构

2. V带的标准

(1) V带的规格

普通V带的规格、尺寸、性能、使用要求都已标准化(GB/T 13575.1—2008),按截面尺寸分为七种型号Y、Z、A、B、C、D、E,其中Y型截面面积最小,E型截面面积最大。窄V带有SPZ、SPA、SPB、SPC四种型号。V带截面基本尺寸见表3-1-2。

表 3-1-2　　　　　　　　　V 带截面基本尺寸(摘自 GB/T 13575.1—2008)

型号	节宽 b_p/mm	顶宽 b/mm	高度 h/mm	楔角 α/(°)	单位长度质量 q/(kg·m^{-1})
Y	5.3	6.0	4.0		0.023
Z	8.5	10.0	6.0		0.060
A	11	13.0	8.0		0.105
B	14	17.0	11.0		0.170
C	19	22.0	14.0		0.300
D	27	32.0	19.0	40	0.630
E	32	38.0	23.0		0.970
SPZ	8.5	10.0	8.0		0.072
SPA	11	13.0	10.0		0.112
SPB	14	17.0	14.0		0.192
SPC	19	22.0	18.0		0.370

(2) V 带参数

V 带弯绕在带轮上产生弯曲,外层受拉伸变长,内层受压缩变短,两层之间存在一层长度不变的中性层面称为节面,如图 3-1-4 所示。节面的周长称为带的基准长度 L_d(普通 V 带基准长度见表 3-1-3),节面的宽度称为节宽 b_p。在 V 带轮上,与配用 V 带节面处于同一位置的槽形轮廓宽度称为基准宽度 b_d。基准宽度处的带轮直径称为带的基准直径 d_d。

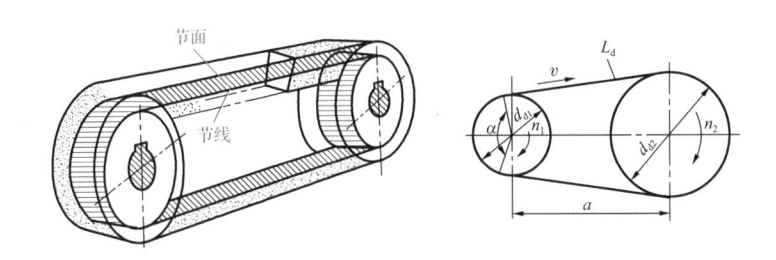

图 3-1-4　普通 V 带的节面和节线

表 3-1-3　　　　　　　　　普通 V 带基准长度(摘自 GB/T 13575.1—2008)　　　　　　　　　mm

\multicolumn{7}{c	}{型 号}
Y	Z	A	B	C	D	E
200	405	630	930	1 565	2 740	4 660
224	475	700	1 000	1 760	3 100	5 040
250	530	790	1 100	1 950	3 330	5 420

型 号						
Y	Z	A	B	C	D	E
280	625	890	1 210	2 195	3 730	6 100
315	700	990	1 370	2 420	4 080	6 850
355	780	1 100	1 560	2 715	4 620	7 650
400	920	1 250	1 760	2 880	5 400	9 150
450	1 080	1 430	1 950	3 080	6 100	12 230
500	1 330	1 550	2 180	3 520	6 840	13 750
	1 420	1 640	2 300	4 060	7 620	15 280
	1 540	1 750	2 500	4 600	9 140	16 800

(3) V 带标记

类型—基准长度 国标编号

例如,A—1400 GB/T 13575.1—2008,表示 A 型普通 V 带,基准长度为 1 400 mm。V 带标记通常压印在 V 带的外表面上,以便使用时识别。

(二) V 带轮

1. V 带轮参数

V 带轮的槽型应与所用的 V 带型号相一致。普通 V 带轮槽截面尺寸见表 3-1-4。

表 3-1-4　　　　　普通 V 带轮槽截面尺寸(摘自 GB/T 13575.1—2008)

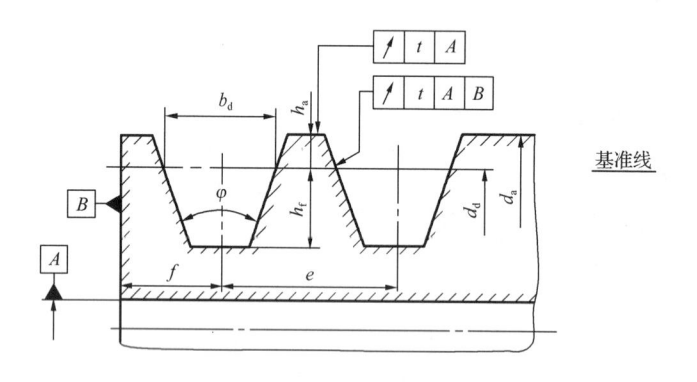

尺寸参数	V 带型号						
	Y	Z	A	B	C	D	E
基准宽度 b_d/mm	5.3	8.5	11	14	19	27	32
基准线至槽顶的高度 h_{amin}/mm	1.6	2	2.75	3.5	4.8	8.1	9.6
基准线至槽底的深度 h_{fmin}/mm	4.7	7	8.7	10.8	14.3	19.9	23.4
第一槽的对称线至端面的距离 f_{min}/mm	6	7	9	11.5	16	23	28

续表

尺寸参数			V带型号						
			Y	Z	A	B	C	D	E
槽间距 e/mm			8±0.3	12±0.3	15±0.3	19±0.4	25.5±0.5	37±0.6	44.5±0.7
轮缘宽度 B/mm			$B=(z-1)e+2f$（z 为轮槽数）						
轮缘外径 d_a/mm			$d_a=d_d+2h_a$						
轮槽数 z			1～3	1～4	1～5	1～6	3～10	3～10	3～10
d_d	槽角 φ（极限偏差为 ±0.5°）	32°	≤60	—	—	—	—	—	—
		34°	—	≤80	≤118	≤190	≤315	—	—
		36°	>60	—	—	—	—	≤475	≤600
		38°	—	>80	>118	>190	>315	>475	>600

2. V带轮的材料

V带轮材料常采用灰铸铁、钢、铝合金或工程塑料，其中灰铸铁应用最广。当 V 带轮的圆周速度在 25 m/s 以下时，用 HT150 或 HT200；当转速较高时，可采用铸钢或钢板冲压焊接结构；传递小功率时，可用铸铝或塑料，以减轻 V 带轮质量。

3. V带轮的结构

V 带轮由轮缘、轮辐、轮毂三部分组成。V 带轮可分为实心式、腹板式、孔板式和椭圆轮辐式。V 带轮基准直径小于 150 mm 时，常采用如图 3-1-5(a)所示实心式；V 带轮基准直径为 150～450 mm 时，常采用如图 3-1-5(b)所示腹板式或如图 3-1-5(c)所示孔板式；V 带轮基准直径大于 450 mm 时，常采用如图 3-1-5(d)所示椭圆轮辐式。

V 带绕到 V 带轮上以后发生弯曲变形，使 V 带工作面的夹角发生变化。为了保证 V 带两侧工作面和 V 带轮槽工作面充分接触，V 带轮槽工作面间的夹角 φ 均小于 40°。

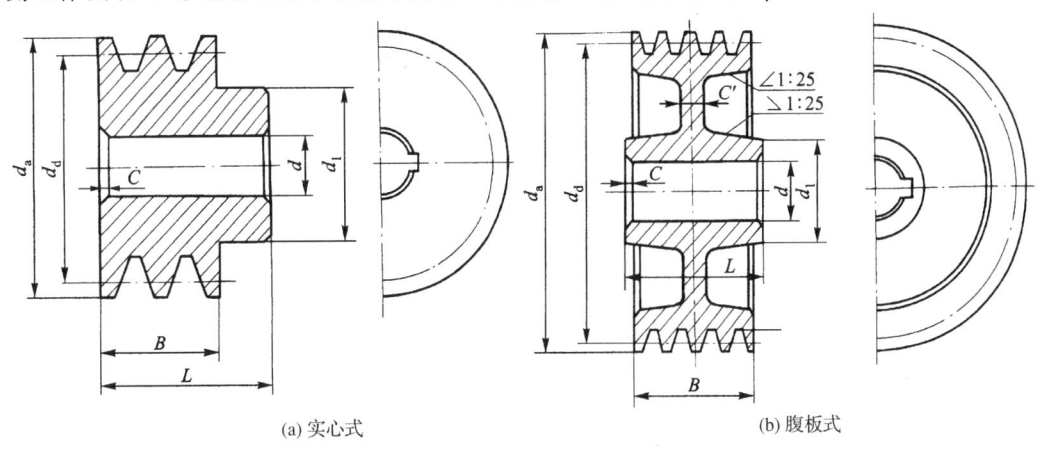

(a) 实心式　　(b) 腹板式

图 3-1-5　V 带轮的结构

(c) 孔板式 (d) 椭圆轮辐式

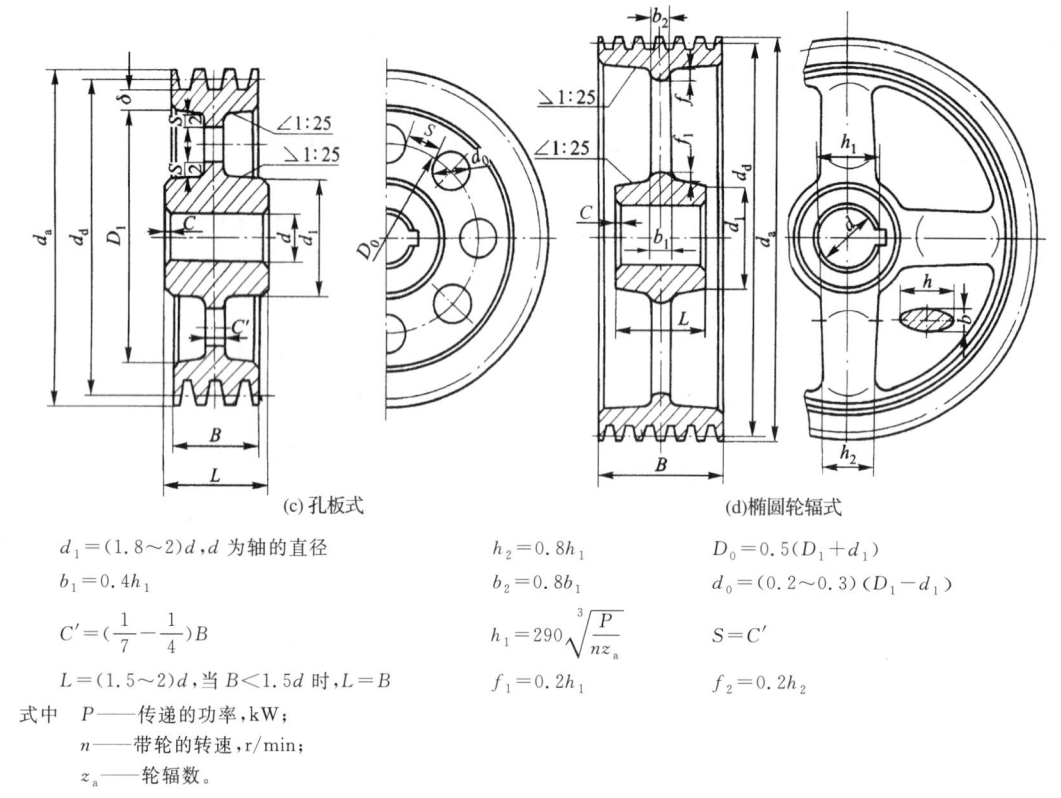

$d_1 = (1.8\sim2)d$，d 为轴的直径

$b_1 = 0.4h_1$

$C' = (\frac{1}{7} - \frac{1}{4})B$

$L = (1.5\sim2)d$，当 $B < 1.5d$ 时，$L = B$

$h_2 = 0.8h_1$

$b_2 = 0.8b_1$

$h_1 = 290\sqrt[3]{\dfrac{P}{nz_a}}$

$f_1 = 0.2h_1$

$D_0 = 0.5(D_1 + d_1)$

$d_0 = (0.2\sim0.3)(D_1 - d_1)$

$S = C'$

$f_2 = 0.2h_2$

式中　P——传递的功率，kW；

　　　n——带轮的转速，r/min；

　　　z_a——轮辐数。

图 3-1-5　V 带轮的结构(续)

三、带传动的受力分析和应力分析

知识导图

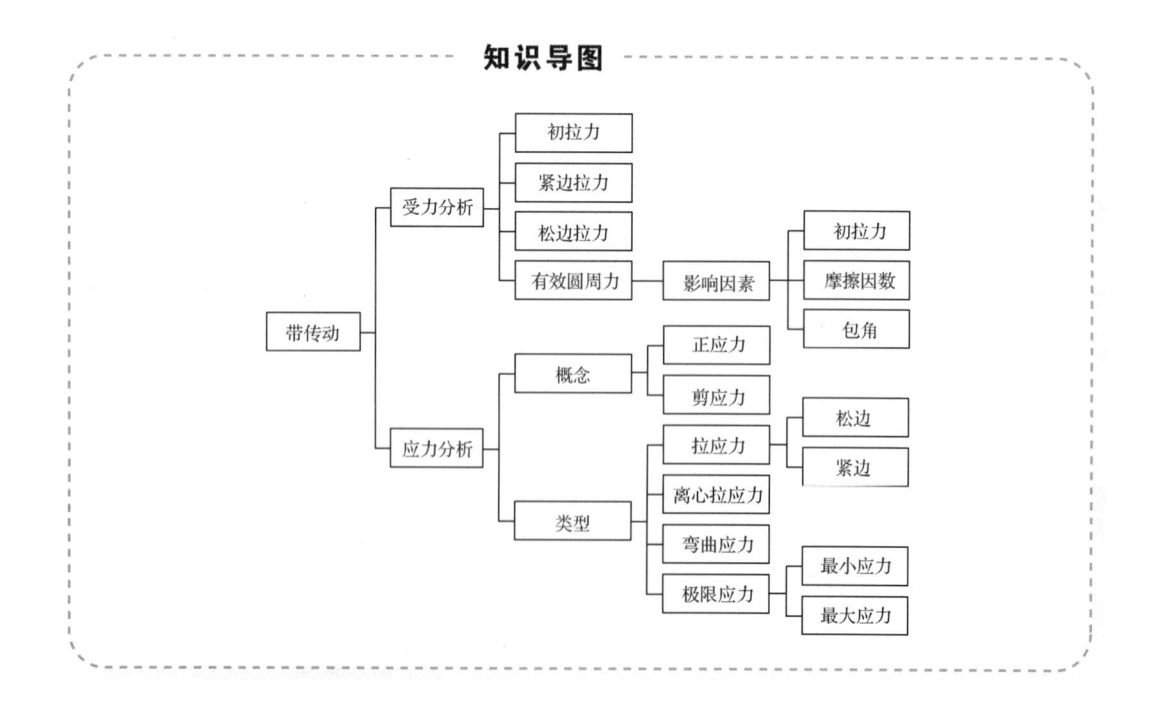

带传动
- 受力分析
  - 初拉力
  - 紧边拉力
  - 松边拉力
  - 有效圆周力 — 影响因素
    - 初拉力
    - 摩擦因数
    - 包角
- 应力分析
  - 概念
    - 正应力
    - 剪应力
  - 类型
    - 拉应力
      - 松边
      - 紧边
    - 离心拉应力
    - 弯曲应力
    - 极限应力
      - 最小应力
      - 最大应力

（一）带传动的受力分析

1. 带传动的有效拉力

带传动安装时,带被一定的张紧力紧套在带轮上。当带静止时,带两边承受着相等的拉力,称为初拉力 F_0,如图 3-1-6(a)所示。

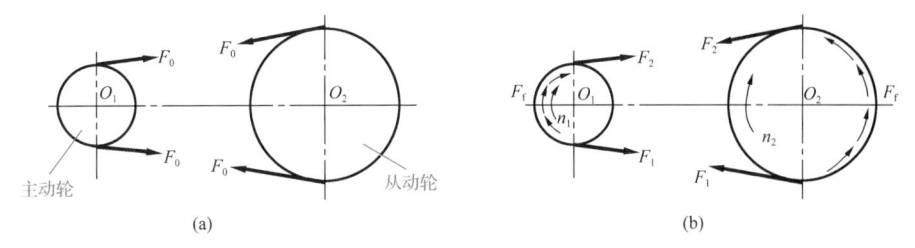

图 3-1-6 带传动的受力分析

带传动工作时,由于带与带轮接触面间的摩擦力作用,绕入主动轮一边的带被拉紧,称为紧边,拉力由 F_0 增大到 F_1（紧边拉力）；绕出主动轮一边的带被放松,称为松边,拉力由 F_0 减至 F_2（松边拉力）,如图 3-1-6(b)所示。假设带工作时的总长度不变,则紧边拉力的增大量应等于松边拉力的减小量,即

$$F_1 - F_0 = F_0 - F_2$$

$$F_0 = \frac{1}{2}(F_1 + F_2)$$

带两边的拉力差 $F = F_1 - F_2$ 称为带传动所传递的有效圆周力。此力是带与带轮接触面上各点摩擦力之和,在最大静摩擦力范围内,带传动的有效拉力与总摩擦力相等,即

$$F = F_1 - F_2 = F_f$$

实际工作中,带传动传递的功率 $P(\text{kW})$ 与有效圆周力 F 和带的速度 v 的关系是

$$P = \frac{Fv}{1\,000}$$

式中　F——有效圆周力,N；
　　　v——带的速度,m/s。

2. 带传动的最大有效圆周力

当带与带轮表面即将打滑时,摩擦力达到最大值,即有效圆周力达到最大值。如果忽略离心力的影响,紧边拉力 F_1 与松边拉力 F_2 的关系可用欧拉公式表示为

$$\frac{F_1}{F_2} = e^{f\alpha}$$

式中　F_1——紧边拉力,N；
　　　F_2——松边拉力,N；
　　　e——自然对数的底,$e \approx 2.718$；
　　　f——带与带轮接触面间的摩擦因数,V 带用当量摩擦因数 f_v 表示；
　　　α——包角,即带与带轮接触弧所对的圆心角,rad。

带传动所能传递的最大有效圆周力为

$$F_{\max} = 2F_0 \left(\frac{e^{f\alpha} - 1}{e^{f\alpha} + 1} \right)$$

影响有效圆周力 F 的因素包括：

(1)初拉力 F_0：F_0 与 $F_{\max}$ 成正比,增大 F_0,带与带轮间正压力增大,则传动时产生的摩擦力就越大。F_0过大会加剧传动带的磨损,还会使传动带过快松弛,缩短其工作寿命。

(2) 当量摩擦因数:当量摩擦因数越大,摩擦力就越大,F 也越大。当量摩擦因数与带和带轮的材料、表面状况、工作环境等有关。

(3) 包角 α:α越大,接触面积越大,整个接触弧上摩擦力的总和增加,所以能提高传动能力。因为 $\alpha_1 < \alpha_2$,打滑首先发生在小带轮上,所以只需要考虑小带轮的包角 α_1。

(二) 带传动的应力分析

1. 应力的概念

在工程中,构件所承受作用线与杆件的轴线重合的载荷及约束反力统称为外力,用字母 F_P 表示。构件在外力作用下产生变形,其内部各部分之间将产生相互作用力,称为内力,用字母 F_N 表示。

单位面积上的内力称为应力,作为判断杆是否被破坏的强度指标之一。应力是矢量,通常把垂直于截面的分量 σ 称为正应力,沿截面的分量 τ 称为剪应力,二者所产生的变形及对杆件的破坏方式是不同的,所以在强度问题中分开处理。

零件在失效前,允许零件材料承受的最大应力称为许用应力,常用 $[\sigma]$ 表示。为了保证零件能安全地工作,将其工作应力限制在比极限应力更小的范围内,为此用极限应力除以一个安全系数 n,作为零件材料的许用应力 $[\sigma]$。

2. 摩擦带传动的应力分析

摩擦带传动的应力分析及计算见表 3-1-5。

表 3-1-5　　　　　摩擦带传动的应力分析及计算

应力名称		符号	计算公式	说 明
拉应力	紧边拉应力	σ_1	$\sigma_1 = \dfrac{F_1}{A}$ 式中　F_1——紧边拉力,N; 　　　A——带的横截面面积,mm^2	由紧边拉力和松边拉力产生的,作用于带的全长 $\sigma_1 > \sigma_2$
	松边拉应力	σ_2	$\sigma_2 = \dfrac{F_2}{A}$ 式中　F_2——松边拉力,N; 　　　A——带的横截面面积,mm^2	
离心拉应力		σ_c	$\sigma_c = \dfrac{qv^2}{A}$ 式中　q——带单位长度的质量,kg/m; 　　　v——带速,m/s; 　　　A——带的横截面面积,mm^2	由带随带轮作圆周运动产生的,作用于带的全长 σ_c 处处相等
弯曲应力		σ_b	$\sigma_b = \dfrac{Eh}{d_d}$ 式中　h——带的高度,mm; 　　　E——材料的弹性模量,N/mm^2; 　　　d_d——V 带的基准直径,mm	由带绕过带轮时发生弯曲变形产生的,作用于弯曲段上 $\sigma_{b1} > \sigma_{b2}$
最小应力		σ_{min}	$\sigma_{min} = \sigma_2 + \sigma_c$	最小应力发生在整个松边
最大应力		σ_{max}	$\sigma_{max} = \sigma_1 + \sigma_c + \sigma_{b1}$	最大应力发生在紧边刚绕入小带轮处

摩擦带传动的应力分布情况如图 3-1-7 所示。带在交变应力的作用下,将会发生疲劳破坏。

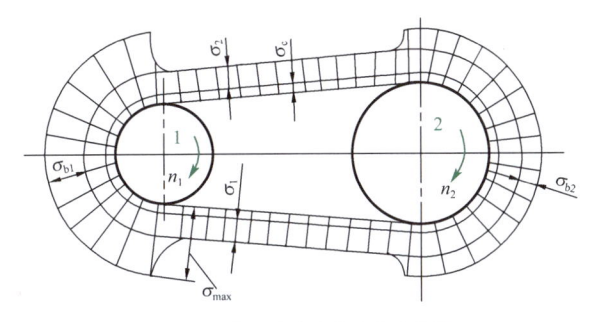

图 3-1-7 摩擦带传动的应力分布情况

四、带传动的弹性滑动、打滑和设计准则

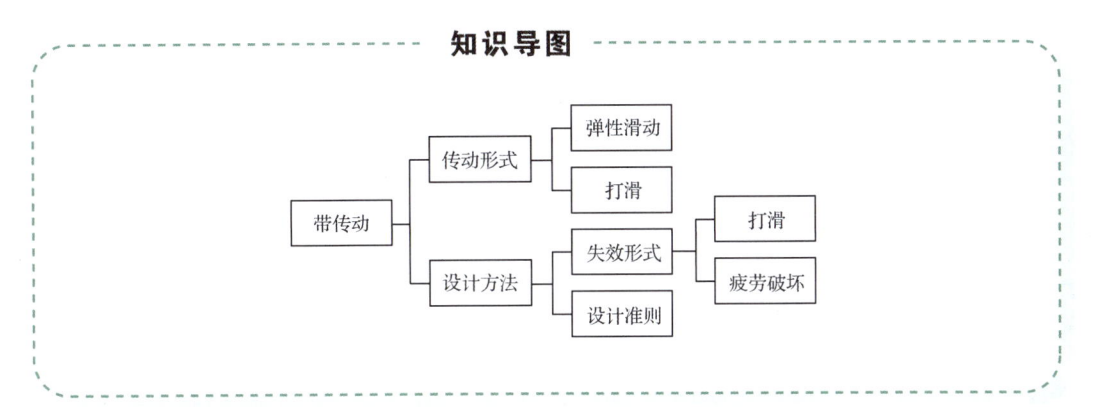

知识导图

带传动 ── 传动形式 ── 弹性滑动／打滑
　　　　└ 设计方法 ── 失效形式 ── 打滑／疲劳破坏
　　　　　　　　　　└ 设计准则

(一) 带传动的弹性滑动和打滑

带传动的弹性滑动和打滑如图 3-1-8 所示,其具体分析见表 3-1-6。

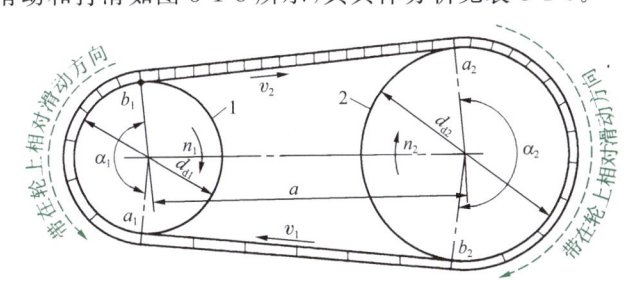

图 3-1-8 带传动的弹性滑动和打滑

表 3-1-6　带传动的弹性滑动和打滑

传动形式	弹性滑动	打滑
现象	带的弹性变形引起的带与带轮间的局部相对滑动	带与带轮间明显相对滑动
产生原因	带轮两边的拉力差导致带的变形量变化。主动轮上,F_1 增大到 F_2,伸长量收缩,使 $v<v_1$;从动轮上,F_1 减小到 F_2,伸长量增大,使 $v_2<v$。其中,v 为传动带的带速,v_1 为主动轮的圆周速度,v_2 为从动轮的圆周速度	当带传动过载时,传递的圆周力过大,超过极限摩擦力
性质	不可避免	可以且应当避免

续表

传动形式	弹性滑动	打滑
后果	$v_2 < v_1$,传动比不准确,出现丢转现象 用滑差率 ε(从动轮圆周速度的相对减小量)表示为 $$\varepsilon = \frac{v_1 - v_2}{v_1} = 1 - \frac{n_2 d_{d2}}{n_1 d_{d1}}$$ 通常 ε 为 1‰~2%,在一般传动中可以不予考虑 弹性滑动影响的传动比为 $$i = \frac{n_1}{n_2} = \frac{d_{d2}}{d_{d1}(1-\varepsilon)}$$ 式中 n_1——小带轮的转速,r/min; n_2——大带轮的转速,r/min; d_{d1}——小带轮基准直径,mm; d_{d2}——大带轮基准直径,mm	引起带的严重磨损并使从动轮转速急剧减小;传动失效

(二)带传动的主要失效形式与设计准则

带传动的主要失效形式是过载打滑和疲劳破坏。因此,带传动的设计准则是在保证带传动不打滑的前提下,具有一定的疲劳强度和寿命。

保证带不打滑,则带的最大有效圆周力 $F_{\max}$ 必须满足条件:

$$F_{\max} = F_1 \left(1 - \frac{1}{e^{f\alpha_1}}\right)$$

保证带具有一定的疲劳强度,必须满足强度条件:

$$\sigma_{\max} = \sigma_1 + \sigma_c + \sigma_{b1} \leqslant [\sigma]$$

任务实施

一、设计要求与数据

带式输送机普通 V 带传动如图 3-1-9 所示,传动时载荷变动较小。已知电动机额定功率 $P = 3$ kW,转速 $n_1 = 960$ r/min,传动比 $i = 3$,每天工作两班制。

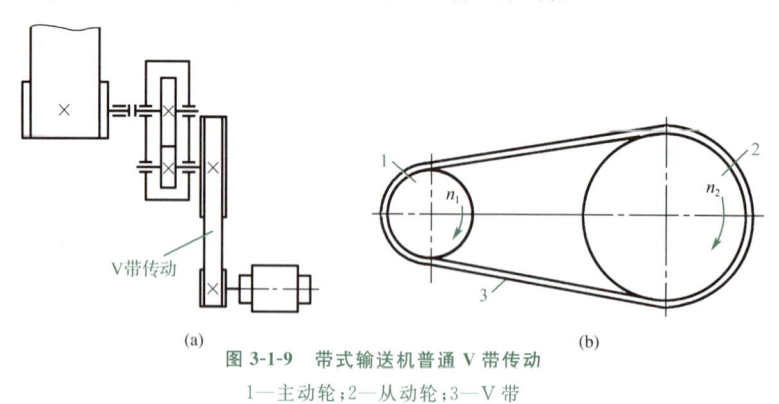

图 3-1-9 带式输送机普通 V 带传动
1—主动轮;2—从动轮;3—V 带

二、设计内容

(1)确定 V 带的型号,V 带轮的基准直径 d_{d1}、d_{d2} 及结构尺寸。
(2)确定 V 带基准长度 L_d、根数 z、传动中心距 a。

(3) 验算带速 v、小带轮的包角 α_1。

(4) 计算单根 V 带的初拉力 F_0 和作用在轴上的压力 F_Q。

三、设计步骤、结果及说明

1. 确定计算功率 P_C

$$P_C = K_A P$$

式中 K_A——工况系数。

根据"载荷变动较小""每天工作两班制"的要求,由表 3-1-7 查得 $K_A = 1.2$,则

$$P_C = K_A P = 1.2 \times 3 = 3.6 \text{ kW}$$

表 3-1-7　　　　　　　工况系数 K_A(摘自 GB/T 13575.1—2008)

工况		空、轻载启动			重载启动		
		每天工作小时数/h					
		<10	10~16	>16	<10	10~16	>16
载荷变动微小	液体搅拌机、通风机和鼓风机(≤7.5 kW)、离心式水泵和压缩机、轻负荷输送机	1.0	1.1	1.2	1.1	1.2	1.3
载荷变动较小	带式输送机(不均匀载荷)、通风机(>7.5 kW)、旋转式水泵和压缩机、发电机、金属切削机床、印刷机、旋转筛、锯木机和木工机械	1.1	1.2	1.3	1.2	1.3	1.4
载荷变动较大	制砖机、斗式提升机、往复式水泵和压缩机、起重机、磨粉机、冲剪机床、橡胶机械、振动筛、纺织机械、重载输送机	1.2	1.3	1.4	1.4	1.5	1.6
载荷变动很大	破碎机(旋转式、颚式等)、磨碎机(球磨、棒磨、管磨)	1.3	1.4	1.5	1.5	1.6	1.8

注:1. 空、轻载启动——电动机(交流启动、三角启动、直流并励)、四缸以上的内燃机,装有离心式离合器、液力联轴器的动力机。

2. 重载启动——电动机(联机交流启动、直流复励或串励)、四缸以下的内燃机。

3. 在反复启动、正反转频繁、工作条件恶劣等场合,普通 V 带 K_A 应取表值的 1.2 倍。

2. 确定 V 带的型号

根据 $P_C = 3.6$ kW,$n_1 = 960$ r/min,由图 3-1-10 选用 A 型普通 V 带。

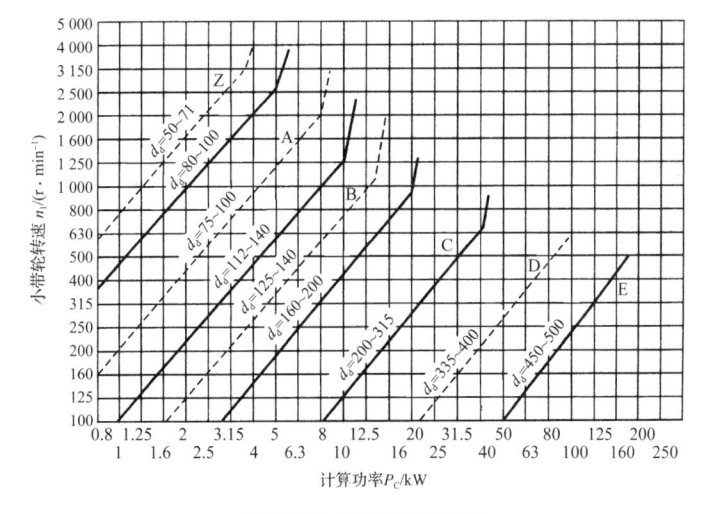

图 3-1-10　普通 V 带的选型

3. 确定两带轮的基准直径 d_{d1}、d_{d2}

设计时应使 $d_{d1} \geqslant d_{dmin}$，$d_{dmin}$ 的值见表 3-1-8。选取 $d_{dmin} = 75$ mm，小带轮基准直径 $d_{d1} = 100$ mm。

表 3-1-8　　普通 V 带轮的最小基准直径及基准直径系列（摘自 GB/T 13575.1—2008）　　mm

V 带轮型号	Y	Z	A	B	C	D	E
d_{dmin}	20	50	75	125	200	355	500
基准直径系列	20 22.4 25 28 31.5 35.5 40 45 50 56 63 71 75 80 85 90 95 100 106 112 118 125 132 140 150 160 170 180 200 212 224 236 250 265 280 300 315 355 375 400 425 450 475 500 530 560 600 …						

大带轮基准直径

$$d_{d2} = i d_{d1} = 3 \times 100 = 300 \text{ mm}$$

选取标准值 $d_{d2} = 315$ mm。

4. 验算带速 v

$$v = \frac{\pi d_{d1} n_1}{60 \times 1\,000} = \frac{3.14 \times 100 \times 960}{60 \times 1\,000} = 5.02 \text{ m/s}$$

选取小带轮直径后，必须验算带速。普通 V 带带速为 5～25 m/s。若带速过小，则传递相同的功率时，所需带的拉力过大，带容易低速打滑；若带速过大，则离心力过大且单位时间内的应力循环次数增多，带易产生振动和疲劳断裂，而且离心力会减小带与带轮间的压紧力，产生高速打滑现象。如带速超过上述范围，应重选小带轮直径 d_{d1}。

5. 确定中心距 a 和带的基准长度 L_d

中心距大，可以增大带轮的包角，减少单位时间内带的循环次数，有利于提高带的寿命。但是中心距过大，则会加剧带的波动，降低带传动的平稳性，同时增大带传动的整体尺寸。中心距小，则有相反的利弊。

初步选定带传动的中心距 a_0 为

$$0.7(d_{d1} + d_{d2}) \leqslant a_0 \leqslant 2(d_{d1} + d_{d2})$$

即

$$290.5 \leqslant a_0 \leqslant 830$$

取 $a_0 = 500$ mm。

带的基准长度为

$$L_0 = 2a_0 + \frac{\pi}{2}(d_{d1} + d_{d2}) + \frac{(d_{d2} - d_{d1})^2}{4a_0}$$

$$= 2 \times 500 + \frac{3.14}{2} \times (100 + 315) + \frac{(315 - 100)^2}{4 \times 500}$$

$$= 1\,674.66 \text{ mm}$$

由于 V 带是标准件，长度受标准规定，不能取任意值，应在计算值附近选标准值。由表 3-1-3 选取 $L_d = 1\,640$ mm。

实际中心距 a 为

$$a \approx a_0 + \frac{L_d - L_0}{2} = 500 + \frac{1\,640 - 1\,674.66}{2} = 483 \text{ mm}$$

考虑安装、调整和补偿张紧力的需要，中心距应有一定的调节范围，取

$$a_{min} = a - 0.015 L_d = 483 - 0.015 \times 1\,640 = 458 \text{ mm}$$

$$a_{max} = a + 0.03 L_d = 483 + 0.03 \times 1\,640 = 532 \text{ mm}$$

中心距 a 的调节范围为 458～532 mm。

6. 验算小带轮包角 α_1

$$\alpha_1 = 180° - \frac{d_{d2} - d_{d1}}{a} \times 57.3° = 180° - \frac{315 - 100}{483} \times 57.3° = 154.5°$$

$\alpha_1 \geqslant 120°$，合适。

若 $\alpha_1 < 120°$，可适当增大中心距或减小两带轮的直径差，也可以在带的外侧加张紧轮，但这样会降低带的寿命。

7. 计算 V 带根数 z

$$z \geqslant \frac{P_C}{[P_0]} = \frac{P_C}{(P_0 + \Delta P_0) K_\alpha K_L}$$

单根 V 带实际工作所能传递的许用功率 $[P_0]$ 为

$$[P_0] = (P_0 + \Delta P_0) K_\alpha K_L$$

式中　P_0——特定条件下(载荷平稳，特定带基准长度，传动比 $i=1$，包角 $\alpha_1 = 180°$)由试验得到的单根普通 V 带的基本额定功率，本任务由表 3-1-9 用内插法查得 $P_0 = 0.958$ kW；

ΔP_0——额定功率增量，考虑实际传动比 $i \neq 1$ 时，V 带经过大带轮所受的弯曲应力比特定条件下的小，本任务由表 3-1-10 用内插法查得 $\Delta P_0 = 0.11$ kW；

K_α——包角修正系数，考虑 $\alpha \neq 180°$ 时包角对传递功率的影响，本任务由表 3-1-11 用内插法查得 $K_\alpha = 0.929$；

K_L——带长修正系数，考虑带为非特定长度时带长对传递功率的影响，本任务由表 3-1-12 查得 $K_L = 0.99$。

表 3-1-9　　　　单根普通 V 带的基本额定功率 P_0 (摘自 GB/T 13575.1—2008)　　　　kW

带　型	小带轮基准直径/mm	小带轮转速 $n_1/(\text{r} \cdot \text{min}^{-1})$						
		400	700	800	950(960)	1 200	1 450	2 800
Z	50	0.06	0.09	0.10	(0.12)	0.14	0.16	0.26
	63	0.08	0.13	0.15	(0.18)	0.22	0.25	0.41
	71	0.09	0.17	0.20	(0.23)	0.27	0.30	0.50
	80	0.14	0.20	0.22	(0.26)	0.30	0.35	0.56
A	75	0.26	0.40	0.45	0.51	0.60	0.68	1.00
	90	0.39	0.61	0.68	0.77	0.93	1.07	1.64
	100	0.47	0.74	0.83	0.95	1.14	1.32	2.05
	112	0.56	0.90	1.00	1.15	1.39	1.61	2.51
	125	0.67	1.07	1.19	1.37	1.66	1.92	2.98
B	125	0.84	1.30	1.44	1.64	1.93	2.19	2.96
	140	1.05	1.64	1.82	2.08	2.47	2.82	3.85
	160	1.32	2.09	2.32	2.66	3.17	3.62	4.89
	180	1.59	2.53	2.81	3.22	3.85	4.39	5.76
	200	1.85	2.96	3.30	3.77	4.50	5.13	6.43
C	200	2.41	3.69	4.07	4.58	5.29	5.84	5.01
	224	2.99	4.64	5.12	5.78	6.71	7.45	6.08
	250	3.62	5.64	6.23	7.04	8.21	9.04	6.56
	280	4.32	6.76	7.52	8.49	9.81	10.72	6.13
	315	5.14	8.09	8.92	10.05	11.53	12.46	4.16
	400	7.06	11.02	12.10	13.48	15.04	15.53	—

表 3-1-10　　　　　额定功率增量 ΔP_0（摘自 GB/T 13575.1—2008）　　　　　kW

带型	小带轮转速 $n_1/(\text{r}\cdot\text{min}^{-1})$	传动比 i 1.00~1.01	1.02~1.04	1.05~1.08	1.09~1.12	1.13~1.18	1.19~1.24	1.25~1.34	1.35~1.51	1.52~1.99	≥2.00
A	400	0.00	0.01	0.01	0.02	0.02	0.03	0.03	0.04	0.04	0.05
A	700	0.00	0.01	0.02	0.03	0.04	0.05	0.06	0.07	0.08	0.09
A	800	0.00	0.01	0.02	0.03	0.04	0.05	0.06	0.08	0.09	0.10
A	950	0.00	0.01	0.03	0.04	0.05	0.06	0.07	0.08	0.10	0.11
A	1 200	0.00	0.02	0.03	0.05	0.07	0.08	0.10	0.11	0.13	0.15
A	1 450	0.00	0.02	0.04	0.06	0.08	0.09	0.11	0.13	0.15	0.17
A	2 800	0.00	0.04	0.08	0.11	0.15	0.19	0.23	0.26	0.30	0.34
B	400	0.00	0.01	0.03	0.04	0.06	0.07	0.08	0.10	0.11	0.13
B	700	0.00	0.02	0.05	0.07	0.10	0.12	0.15	0.17	0.20	0.22
B	800	0.00	0.03	0.06	0.08	0.11	0.14	0.17	0.20	0.23	0.25
B	950	0.00	0.03	0.07	0.10	0.13	0.17	0.20	0.23	0.26	0.30
B	1 200	0.00	0.04	0.08	0.13	0.17	0.21	0.25	0.30	0.34	0.38
B	1 450	0.00	0.05	0.10	0.15	0.20	0.25	0.31	0.36	0.40	0.46
B	2 800	0.00	0.10	0.20	0.29	0.39	0.49	0.59	0.69	0.79	0.89
C	400	0.00	0.04	0.08	0.12	0.16	0.20	0.23	0.27	0.31	0.35
C	700	0.00	0.07	0.14	0.21	0.27	0.34	0.41	0.48	0.55	0.62
C	800	0.00	0.08	0.16	0.23	0.31	0.39	0.47	0.55	0.63	0.71
C	950	0.00	0.09	0.19	0.27	0.37	0.47	0.56	0.65	0.74	0.83
C	1 200	0.00	0.12	0.24	0.35	0.47	0.59	0.70	0.82	0.94	1.06
C	1 450	0.00	0.14	0.28	0.42	0.58	0.71	0.85	0.99	1.14	1.27
C	2 800	0.00	0.27	0.55	0.82	1.10	1.37	1.64	1.92	2.19	2.47

表 3-1-11　　　　　包角修正系数 K_α（摘自 GB/T 13575.1—2008）

小带轮包角 $\alpha_1/(°)$	180	175	170	165	160	155	150	145	140	135	130	125	120
K_α	1.00	0.99	0.98	0.96	0.95	0.93	0.92	0.91	0.89	0.88	0.86	0.84	0.82

表 3-1-12　　　　　带长修正系数 K_L（摘自 GB/T 13575.1—2008）

Y L_d	K_L	Z L_d	K_L	A L_d	K_L	B L_d	K_L	C L_d	K_L	D L_d	K_L	E L_d	K_L
200	0.81	405	0.87	630	0.81	930	0.83	1 565	0.82	2 740	0.82	4 660	0.91
224	0.82	475	0.90	700	0.83	1 000	0.84	1 760	0.85	3 100	0.86	5 040	0.92
250	0.84	530	0.93	790	0.85	1 100	0.86	1 950	0.87	3 330	0.87	5 420	0.94
280	0.87	625	0.96	890	0.87	1 210	0.87	2 195	0.90	3 730	0.90	6 100	0.96
315	0.89	700	0.99	990	0.89	1 370	0.90	2 420	0.92	4 080	0.91	6 850	0.99
355	0.92	780	1.00	1 100	0.91	1 560	0.92	2 715	0.94	4 620	0.94	7 650	1.01
400	0.96	920	1.04	1 250	0.93	1 760	0.94	2 880	0.95	5 400	0.97	9 150	1.05
450	1.00	1 080	1.07	1 430	0.96	1 950	0.97	3 080	0.97	6 100	0.99	12 230	1.11
500	1.02	1 330	1.13	1 550	0.98	2 180	0.99	3 520	0.99	6 840	1.02	13 750	1.15
		1 420	1.14	1 640	0.99	2 300	1.01	4 060	1.02	7 620	1.05	15 280	1.17
		1 540	1.54	1 750	1.00	2 500	1.03	4 600	1.05	9 140	1.08	16 800	1.19

续表

Y L_d	K_L	Z L_d	K_L	A L_d	K_L	B L_d	K_L	C L_d	K_L	D L_d	K_L	E L_d	K_L
				1 940	1.02	2 700	1.04	5 380	1.08	10 700	1.13		
				2 050	1.04	2 870	1.05	6 100	1.11	12 200	1.16		
				2 200	1.06	3 200	1.07	6 815	1.14	13 700	1.19		
				2 300	1.07	3 600	1.09	7 600	1.17	15 200	1.21		
				2 480	1.09	4 060	1.13	9 100	1.21				
				2 700	1.10	4 430	1.15	10 700	1.24				
						4 820	1.17						
						5 370	1.20						
						6 070	1.24						

$$z \geqslant \frac{P_C}{[P_0]} = \frac{P_C}{(P_0 + \Delta P_0)K_a K_L} = \frac{3.6}{(0.958 + 0.11) \times 0.929 \times 0.99} = 3.67$$

圆整得 $z=4$。

为了使各根带间受力均匀,z 值不能太大。若 z 值过大,应加大带轮直径或选较大截面的带型,重新计算。

8. 计算单根 V 带的初拉力 F_0

由表 3-1-2 查得 A 型普通 V 带的单位长度质量 $q=0.105$ kg/m,单根 V 带的初拉力为

$$F_0 = \frac{500 P_C}{zv}\left(\frac{2.5}{K_a} - 1\right) + qv^2 = \frac{500 \times 3.6}{4 \times 5.02} \times \left(\frac{2.5}{0.929} - 1\right) + 0.105 \times 5.02^2$$
$$= 154.24 \text{ N}$$

9. 计算作用在轴的上压力 F_Q

作用在带轮轴上的压力 F_Q 一般按静止状态下带轮两边均作用初拉力 F_0 进行计算,如图 3-1-11 所示,得

$$F_Q = 2F_0 z \sin\frac{\alpha_1}{2} = 2 \times 154.24 \times 4 \times \sin\frac{154.5°}{2} = 1\ 203.49 \text{ N}$$

10. 带轮结构设计

$e=15$, $f=9$。

如图 3-1-12 所示,带轮宽度为

$$B = (z-1)e + 2f = (4-1) \times 15 + 2 \times 9 = 63 \text{ mm}$$

带轮零件图略。

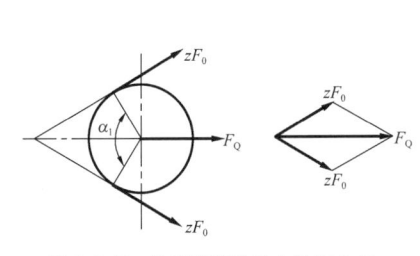

图 3-1-11 作用在带轮轴上的压力 F_Q

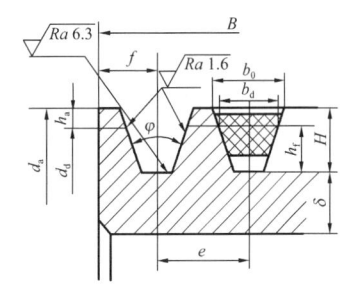

图 3-1-12 带轮结构设计

> 培养技能

带传动的张紧、安装与维护

一、带传动的张紧

普通 V 带长期在张紧状态下工作,会由于塑性变形而松弛,使初拉力 F_0 减小,导致传动能力降低,甚至失效。为了保证带传动正常工作,必须适时张紧。

常见的带传动张紧方法见表 3-1-13。

表 3-1-13　　　　　　　　　　常见的带传动张紧方法

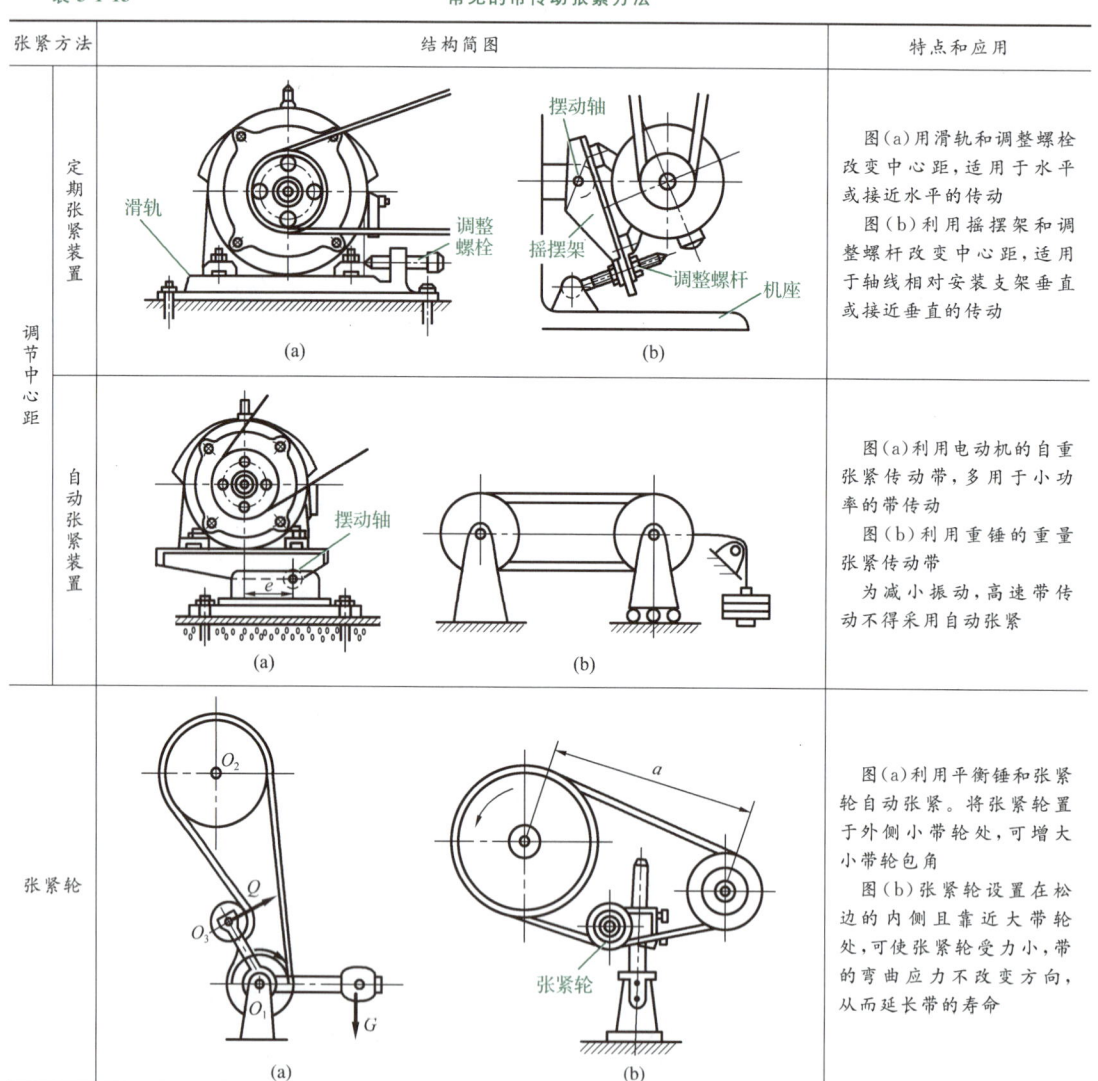

张紧方法		结构简图	特点和应用
调节中心距	定期张紧装置	(a)　(b)	图(a)用滑轨和调整螺栓改变中心距,适用于水平或接近水平的传动 图(b)利用摇摆架和调整螺杆改变中心距,适用于轴线相对安装支架垂直或接近垂直的传动
	自动张紧装置	(a)　(b)	图(a)利用电动机的自重张紧传动带,多用于小功率的带传动 图(b)利用重锤的重量张紧传动带 为减小振动,高速带传动不得采用自动张紧
张紧轮		(a)　(b)	图(a)利用平衡锤和张紧轮自动张紧。将张紧轮置于外侧小带轮处,可增大小带轮包角 图(b)张紧轮设置在松边的内侧且靠近大带轮处,可使张紧轮受力小,带的弯曲应力不改变方向,从而延长带的寿命

二、带传动的安装与维护

当传动带有异常磨损、裂纹或磨损过量,必须更换传动带。带传动的安装与维护方法:

(1)带传动机械停止工作,卸下防护罩,旋松中心距调整装置的装配螺栓,移动调整装置使传动带足够松弛,取下传动带。

(2)选择与旧传动带型号和长度相同的传动带进行更换。不同厂家生产的传动带或新、旧传动带不能同组使用,也不能随意减少传动带根数。只要一根传动带损坏,所有的传动带都要换新的。

(3)调整中心距使传动带达到合适的张紧程度,用大拇指能将传动带按下15 mm左右,则张紧程度合适,如图3-1-13所示。

(4)安装时两带轮轴线必须平行,且两带轮相应的V形槽的对称平面应重合,误差不得超过±20′,如图3-1-14所示。否则将加剧传动带的磨损,甚至使传动带从带轮上脱落。

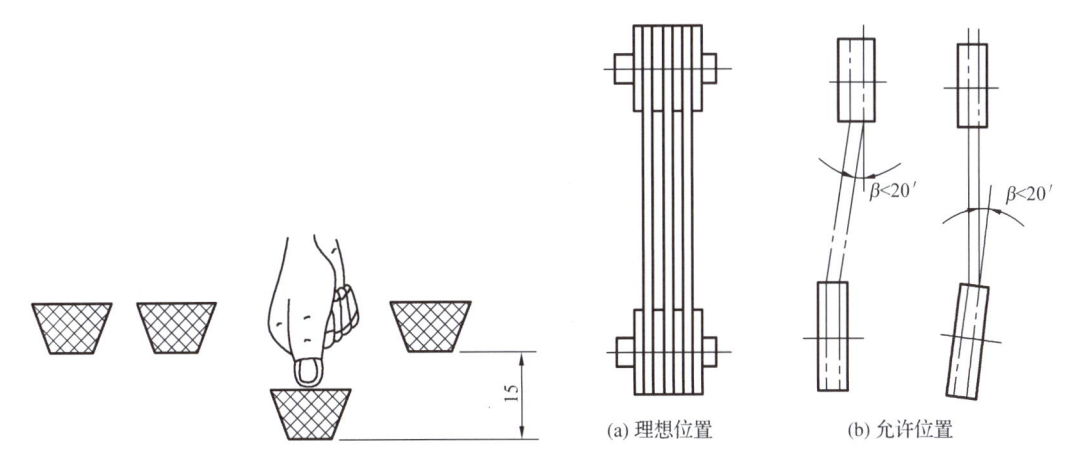

图 3-1-13　传动带的张紧程度

图 3-1-14　带轮安装位置

(5)传动带在轮槽中的顶面应与带轮外缘表面平齐或略高出一些,底面与轮槽底应有一定的间隙,以保证传动带和轮槽的工作面之间充分接触,如图3-1-15所示。

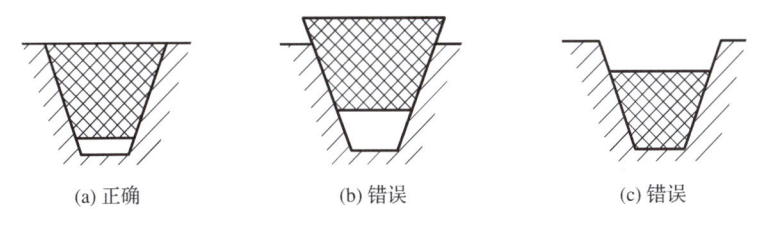

图 3-1-15　传动带在轮槽中的安装位置

(6)安装防护罩,保证人身安全,防止酸、碱或油与传动带接触发生腐蚀。传动带不宜在阳光下暴晒,以免变质,其工作温度不宜超过60 ℃。

能力检测

一、选择题

1.为使V带两侧工作面与V带轮槽工作面能紧密贴合,V带轮槽工作面间的夹角φ必须比40°_____。

A.略大一些　　　　B.略小一点　　　　C.一样大　　　　D.可以随便

2. 下列普通 V 带型号中，_____型号的截面尺寸最小。

A. A　　　　　　B. B　　　　　　C. C　　　　　　D. D

3. 普通带轮采用实心式、腹板式、孔板式和椭圆轮辐式，主要取决于_____。

A. 带轮的基准直径　　　　　　B. 带的横截面尺寸

C. 带的线速度　　　　　　　　D. 传递的功率

4. 当摩擦因数与初拉力一定时，带传动在打滑前所能传递的最大有效圆周力随_____的增大而增大。

A. 带轮的宽度　　　　　　　　B. 小带轮上的包角

C. 大带轮上的包角　　　　　　D. 带的线速度

5. V 带传动中，带内_____对 V 带的疲劳强度影响最大。

A. 紧边的拉应力 σ_1　　　　　　B. 绕经大带轮的弯曲应力 σ_b

C. 绕经小带轮的弯曲应力 σ_{b1}　　D. 离心力引起的应力 σ_c

6. V 带传动在实现减速传动工作时，带内最大应力 σ_{max} 发生在_____。

A. 带进入大带轮处　　B. 带离开大带轮处　　C. 带进入小带轮处　　D. 带离开小带轮处

7. 带在工作时产生弹性滑动的原因是_____。

A. 带绕过带轮时产生弯曲

B. 带与带轮间的摩擦因数偏小

C. 带是弹性体，带的松边与紧边的拉力不等

D. 带绕经带轮时产生离心力

8. V 带传动中，若主动带轮的圆周速度为 v_1，从动带轮的圆周速度为 v_2，带的线速度为 v，则三者之间的关系为_____。

A. $v_1=v=v_2$　　　B. $v_1>v=v_2$　　　C. $v_1=v>v_2$　　　D. $v_1>v>v_2$

9. 带传动的主要失效形式是_____。

A. 带的静载拉断　　　　　　B. 带的磨损

C. 带在带轮上打滑　　　　　　D. 打滑和带的疲劳损坏

10. 带传动的设计准则是_____。

A. 带不发生磨损　　　　　　　B. 带与带轮间不发生打滑

C. 带既不发生磨损，又不发生打滑　　D. 带既不发生打滑，又不发生疲劳损坏

11. 普通 V 带型号的选择与_____有关。

A. 计算功率 P_c　　　　　　　　B. 小带轮转速 n_1

C. 大带轮转速 n_2　　　　　　　D. 计算功率 P_c 和小带轮转速 n_1

12. 为合理利用带的承载能力，带速一般应在_____范围内选取。

A. 5～25 m/s　　　B. 25～35 m/s　　　C. 35～45 m/s　　　D. 45～50 m/s

13. 两带轮直径一定时,减小中心距将引起_____。
A. 带的弹性滑动加剧　　　　　B. 带传动效率降低
C. 带工作噪声增大　　　　　　D. 小带轮上的包角减小

14. 如图 3-1-16 所示为 V 带在轮槽内的安装情况,其中_____图是正确的。

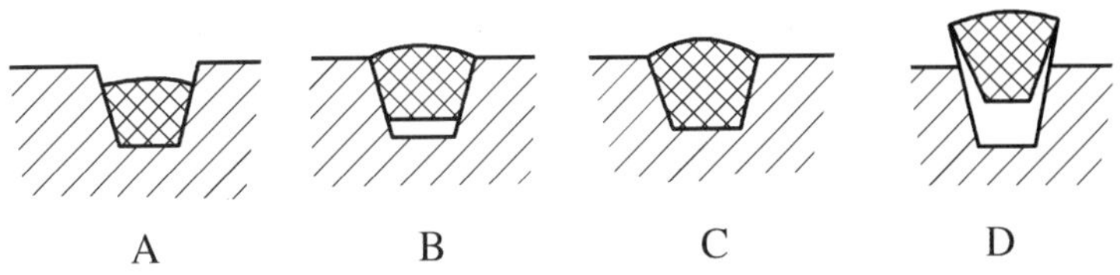

图 3-1-16　选择题 14 图

15. 如图 3-1-17 所示为其他条件相同情况下的四种张紧方式,则_____图的 V 带寿命最短。

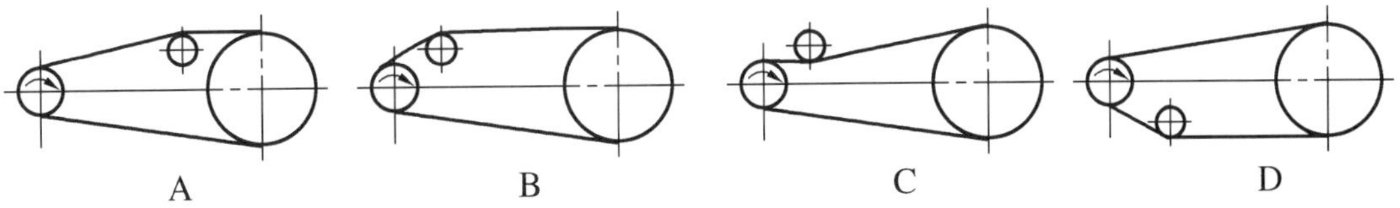

图 3-1-17　选择题 15 图

二、判断题

1. 在多级传动中,常将带传动放在低速级。　　　　　　　　　　　　　　（　）
2. V 带型号共有七种,其中 Y 型的截面面积最大,E 型的截面面积最小。（　）
3. 为了保证 V 带的工作面与 V 带轮槽工作面之间的紧密贴合,V 带轮的槽角应略小于 V 带的楔角。
4. 带传动所能传递的最大有效圆周力随着初拉力增大而增大,因此初拉力越大越好。
　　　　　　　　　　　　　　　　　　　　　　　　　　　　　　　　　　（　）
5. 带传动中紧边与小轮相切处,带中应力最大。　　　　　　　　　　　　（　）
6. 带速越高,带的离心力越大,越不利于传动。　　　　　　　　　　　　（　）
7. V 带传动中出现弹性滑动将导致传动失效。　　　　　　　　　　　　　（　）
8. 带传动的从动带轮圆周速度小于主动带轮圆周速度的原因是带的弹性滑动。（　）
9. 当带传动在正常载荷下工作不打滑时,其主动轮的圆周速度一定等于从动轮的圆周速度。　　　　　　　　　　　　　　　　　　　　　　　　　　　　　　　　（　）
10. 带传动中由于存在弹性滑动,实际传动比小于理论传动比。　　　　　（　）
11. 带传动中的弹性滑动使胶带发生磨损,承载能力下降,这是带传动主要失效形式。（　）
12. 在 V 带传动中,适当地增大初拉力和包角,可以避免发生弹性滑动。（　）
13. 带传动张紧的目的主要是提高带的寿命。　　　　　　　　　　　　　（　）
14. 在带传动中,水平或接近水平的传动,常把松边放在下边。　　　　　（　）
15. 在成组的 V 带中,如发现有一根不能使用时,只更新那根不能使用的 V 带。（　）

三、设计计算题

1. V带传动传递的功率 $P=7.5$ kW,带速 $v=10$ m/s,紧边拉力是松边拉力的 2 倍,即 $F_1=2F_2$,求紧边拉力 F_1、有效圆周力 F 和初拉力 F_0。

2. B型V带传动中,已知主动带轮的基准直径 $d_{d1}=180$ mm,从动带轮的基准直径 $d_{d2}=180$ mm,两带轮的中心距 $a=630$ mm,主动带轮转速 $n_1=1\,450$ r/min,其传递的最大功率 $P=10$ kW。求V带中各应力,并画出各应力 σ_1、σ_2、σ_{b1}、σ_{b2} 及 σ_c 的分布图(注:V带的弹性模量 $E=170$ MPa,V带单位长度的质量 $q=0.18$ kg/m,带与带轮间的当量摩擦因数 $f_V=0.51$,B型V带截面积 $A=138$ mm^2,高度 $h=10.5$ mm)。

3. 在设计带传动时,若出现 $v<5$ m/s,$\alpha_1<120°$,z 太大等问题,应如何解决?

4. 试设计某车床上电动机和床头箱间的普通V带传动。已知电动机的功率 $P=4$ kW,转速 $n_1=1\,440$ r/min,从动轴的转速 $n_2=680$ r/min,两班制工作,根据机床结构,要求两带轮的中心距约为 950 mm。

任务二 齿轮传动的设计计算

知识目标

(1) 了解齿轮传动的特点和基本类型。

(2) 掌握渐开线的性质、渐开线齿廓的啮合特点和重合度的概念。

(3) 掌握齿轮正确啮合条件及连续传动条件。

(4) 掌握渐开线标准直齿圆柱齿轮、斜齿圆柱齿轮、直齿圆锥齿轮的主要参数及几何尺寸计算。

(5) 了解渐开线齿轮的齿形加工原理、根切现象及产生的原因,掌握不发生根切现象的条件及不发生根切现象的最少齿数。

(6) 了解变位齿轮传动的特点。

(7) 了解常用齿轮材料及其热处理方法。

(8) 了解齿轮传动的精度等级及其选择方法。

(9) 掌握不同条件下齿轮传动的失效形式、设计准则及强度计算方法。

(10) 掌握齿轮传动的受力分析方法。

能力目标

(1) 正确应用渐开线的性质、渐开线齿廓的啮合特点和重合度的概念。

(2) 正确分析齿轮正确啮合条件及连续传动条件。

(3)正确计算渐开线标准直齿圆柱齿轮、斜齿圆柱齿轮、直齿圆锥齿轮的几何尺寸。
(4)正确分析不同条件下齿轮传动的失效形式及防止措施。
(5)正确分析齿轮传动的受力情况。
(6)完成渐开线齿轮传动的设计计算。

任务分析

带式输送机滚筒速度低,转矩较大。在低速级布置一级直齿圆柱齿轮减速器,传递功率大,传递效率高,精度易于保证,可满足工作要求。

夯实理论

一、齿轮传动的特点及类型

知识导图

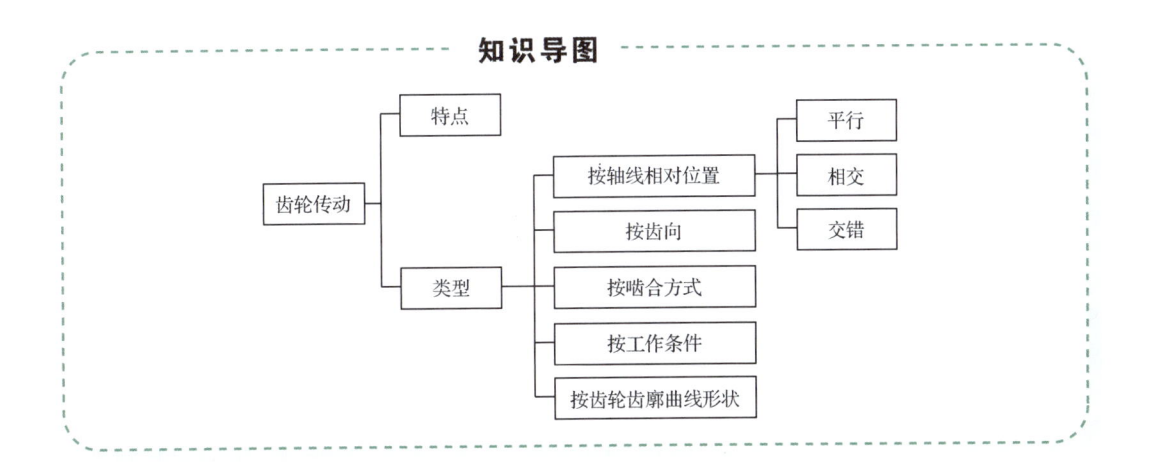

齿轮传动
- 特点
- 类型
  - 按轴线相对位置
    - 平行
    - 相交
    - 交错
  - 按齿向
  - 按啮合方式
  - 按工作条件
  - 按齿轮齿廓曲线形状

(一)齿轮传动的特点

(1)两齿轮瞬时传动比恒定,传递运动准确可靠。
(2)适用的功率、速度和尺寸范围大。
(3)传动效率高,使用寿命长。
(4)结构紧凑,体积小。
(5)不适用于远距离传动,没有过载保护作用。
(6)制造和安装要求较高,成本也较高。

认识齿轮机构

(二)齿轮传动的类型

齿轮传动的类型见表3-2-1。

表 3-2-1　　　　　　　　　　　　　　齿轮传动的类型

分类方法		名称	图示
按两齿轮轴线的相对位置分类	平行	圆柱齿轮传动	
	相交	圆锥齿轮传动	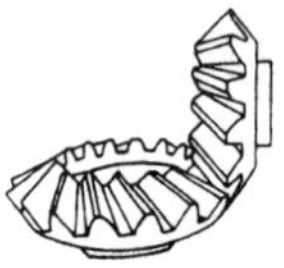
	交错	交错轴斜齿轮传动	
		蜗杆传动	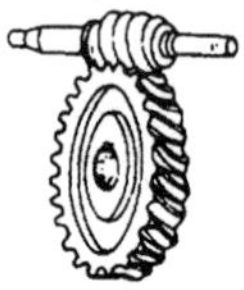
按齿向分类		直齿轮传动	
		斜齿轮传动	
		人字齿齿轮传动	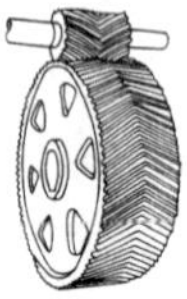

续表

分类方法	名　称	图　示
按啮合方式分类	外啮合齿轮传动	
	内啮合齿轮传动	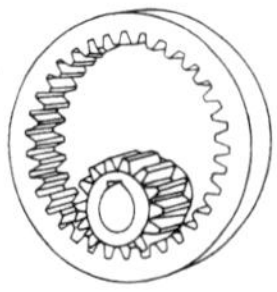
	齿轮齿条传动	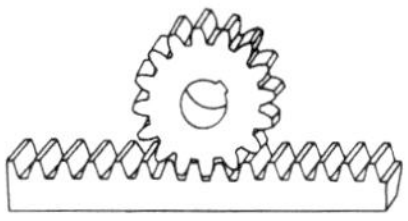
按工作条件分类	开式齿轮传动	—
	闭式齿轮传动	—
按轮齿齿廓曲线形状分类	渐开线齿轮传动	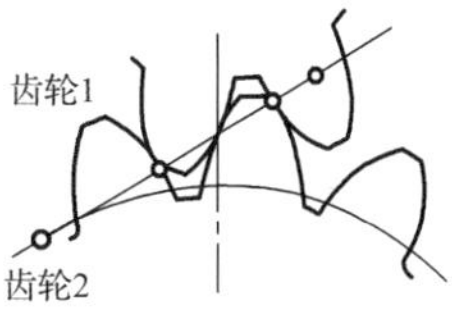
	圆弧齿轮传动	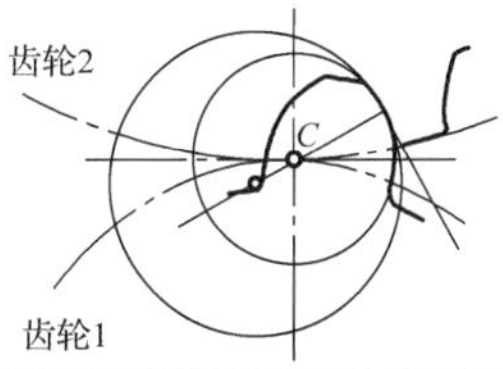
	摆线齿轮传动	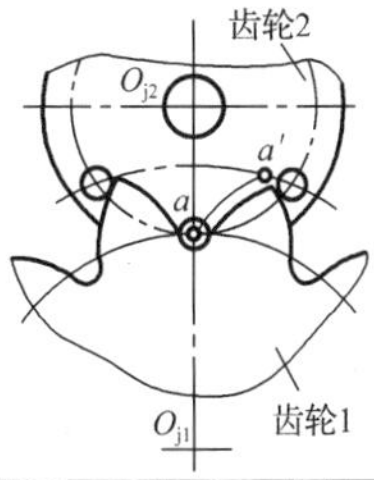

二、渐开线齿轮的齿廓及啮合特性

知识导图

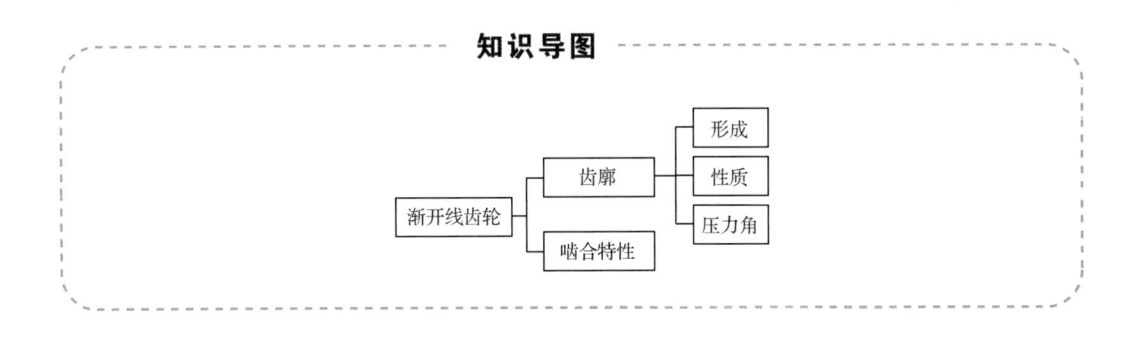

渐开线齿轮 ── 齿廓 ── 形成
　　　　　　　　　　── 性质
　　　　　　　　　　── 压力角
　　　　　　── 啮合特性

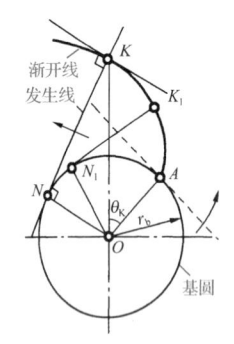

（一）渐开线齿轮的齿廓

1. 渐开线的形成

当直线 NK 沿半径为 r_b 的圆周作纯滚动时，该直线上任意点 K 的轨迹 AK 称为该圆的渐开线，如图 3-2-1 所示，该圆称为基圆，直线 NK 称为发生线，θ_K 称为渐开线上 K 点的展角。两条反向的渐开线构成渐开线齿轮的齿廓，如图 3-2-2 所示。

2. 渐开线的性质

根据渐开线的形成可知，渐开线具有如下性质：

（1）发生线在基圆上滚过的长度等于基圆上被滚过的圆弧长，即 $\overline{NK} = \overset{\frown}{AN}$。

图 3-2-1 渐开线的形成

（2）由于发生线在基圆上作纯滚动，切点 N 就是渐开线上 K 点的曲率中心，NK 是 K 点的曲率半径，发生线 NK 就是渐开线在 K 点的法线。又因发生线在各位置均切于基圆，所以渐开线上任一点的法线必与基圆相切。同时渐开线上离基圆越远的点，曲率半径越大，渐开线就越平直。渐开线上离基圆越近的点，曲率半径越小，基圆上渐开线的曲率半径趋近于零。

（3）渐开线的形状取决于基圆的大小。如图 3-2-3 所示，C_1、C_2 为在半径不同的两基圆上展开的渐开线，当展角 θ_K 相同时，基圆半径越大，渐开线在 K 点的曲率半径越大，渐开线越平直。当基圆半径无穷大时，渐开线 C_3 就成为垂直于发生线 $N_3 K$ 的一条直线。

图 3-2-2 渐开线齿廓曲线

（4）渐开线是从基圆开始向外逐渐展开的，所以基圆内无渐开线。

3. 渐开线齿廓的压力角

齿轮传动中，齿廓在 K 点啮合时，齿廓上 K 点所受的正压力方向（法线 NK 方向）与 K 点速度方向（垂直于 OK 方向）之间所夹的锐角称为渐开线在 K 点的压力角，用 α_K 表示，有

$$\cos \alpha_K = \frac{r_b}{r_K}$$

渐开线的形成和性质

由此可知渐开线上各点的压力角不同。离基圆越远的点，压力角越大，渐开线在基圆上点的压力角为零，如图 3-2-4 所示。

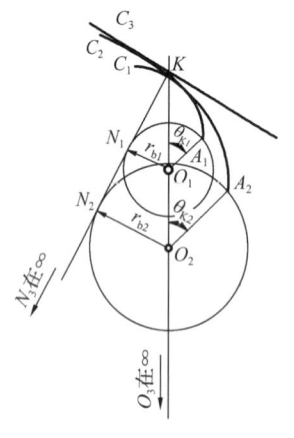

图 3-2-3 基圆的大小对渐开线的影响 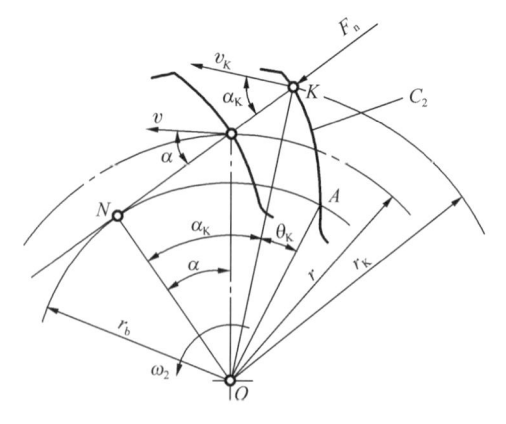　　　图 3-2-4 渐开线齿廓的压力角

（二）渐开线齿轮齿廓的啮合特性

1. 瞬时传动比恒定

如图 3-2-5 所示，一对渐开线齿轮的齿廓在任意点 K 啮合。齿轮传动时，两齿轮在过啮合点 K 的公法线上的分速度必须相等，否则两齿廓将分离或互相嵌入。所以

$$\omega_1 \overline{O_1K} \cos \alpha_{K1} = \omega_2 \overline{O_2K} \cos \alpha_{K2}$$

于是该瞬时的传动比为

$$i = \frac{\omega_1}{\omega_2} = \frac{\overline{O_2K} \cos \alpha_{K2}}{\overline{O_1K} \cos \alpha_{K1}} = \frac{\overline{O_2N_2}}{\overline{O_1N_1}} = \frac{r_{b2}}{r_{b1}} = 常数$$

因为渐开线的基圆半径 r_{b1}、r_{b2} 不变，且 K 点为任意点，所以渐开线齿廓在任意点 K 啮合时，两齿轮的瞬时传动比都等于基圆半径的反比，故瞬时传动比恒定。

过啮合点 K 所作的两齿廓的公法线 N_1N_2 与连心线 O_1O_2 的交点 P 称为节点。分别以 O_1、O_2 点为圆心，过节点 P 所作的圆称为节圆。节圆是一对齿轮传动时出现了节点以后才存在的，单个齿轮不出现节点，也就不存在节圆。

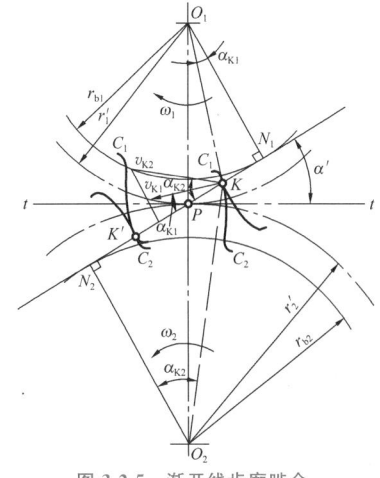

图 3-2-5　渐开线齿廓啮合

2. 中心距可分性

渐开线齿轮的传动比等于两齿轮基圆半径的反比，与中心距无关。齿轮在加工完成后，基圆半径就确定了。如果制造与安装时发生中心距误差 Δa，传动比也不会改变。渐开线齿轮传动的这一特性称为中心距可分性，如图 3-2-6 所示。

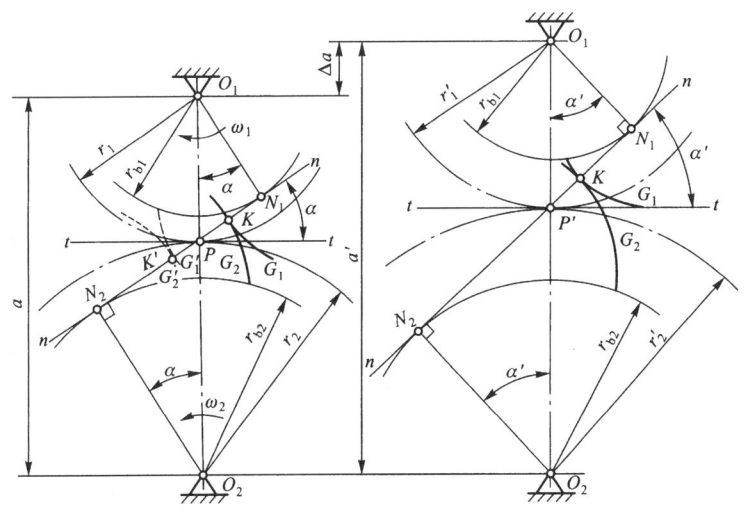

图 3-2-6　渐开线齿轮中心距可分性

分析渐开线直齿圆柱齿轮的啮合传动

3. 啮合角和传力方向恒定

一对渐开线齿廓在任何位置啮合时，过啮合点的齿廓公法线都是同一条直线 N_1N_2。一对渐开线齿廓从开始啮合到脱离啮合，所有的啮合点均在 N_1N_2 上。N_1N_2 称为渐开线齿轮传动的啮合线。啮合线 N_1N_2 与两齿轮节圆公切线 $t-t$ 之间所夹的锐角称为啮合角，用 α' 表示。由图 3-2-5 可知，啮合角在数值上等于渐开线在节圆处的压力角。因为 N_1N_2 位置固定，所以啮合角 α' 恒定。啮合线 N_1N_2 又是啮合点的公法线，而齿轮啮合传动时其正压力是沿公法线方向的，故齿廓间的正压力方向即传力方向恒定，这对齿轮的平稳传动是很有益的。

三、渐开线标准直齿圆柱齿轮的主要参数和几何尺寸计算

知识导图

渐开线直齿圆柱齿轮 —— 名称及符号
　　　　　　　　　—— 基本参数
　　　　　　　　　—— 几何尺寸计算

(一)渐开线标准直齿圆柱齿轮各部分的名称和符号

如图 3-2-7 所示为渐开线标准直齿圆柱齿轮各部分名称和符号,其说明见表 3-2-2。

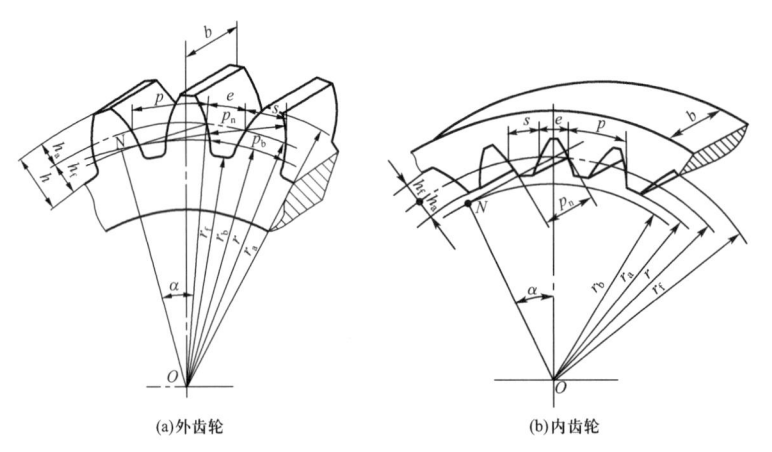

(a)外齿轮　　(b)内齿轮

图 3-2-7　渐开线标准直齿圆柱齿轮各部分名称和符号

渐开线标准直齿圆柱齿轮的基本参数及几何尺寸计算

表 3-2-2　　　　　　　渐开线标准直齿圆柱齿轮各部分名称、符号和说明

轮齿的方向	名　称	符号	说　明
轴向	齿宽	b	轮齿的轴向长度
径向	齿顶圆直径	d_a	过所有轮齿顶部的圆的直径
	齿根圆直径	d_f	过所有齿槽底部的圆的直径
	分度圆直径	d	在齿顶圆和齿根圆之间,作为齿轮尺寸计算及测量基准的圆的直径
	齿顶高	h_a	分度圆与齿顶圆之间的径向距离
	齿根高	h_f	分度圆与齿根圆之间的径向距离
	全齿高	h	齿顶圆与齿根圆之间的径向距离
	顶隙	c	一个齿轮的齿根与配对的另一个齿轮的齿顶在连心线上的径向距离
周向	齿距	p	分度圆上相邻两齿同侧齿廓间的弧长
	齿厚	s	分度圆上同一轮齿两侧齿廓间的弧长
	齿槽宽	e	分度圆上同一齿槽两侧齿廓间的弧长
	基圆齿距	p_b	基圆上相邻两齿同侧齿廓的渐开线起始点之间的弧长

(二)直齿圆柱齿轮的基本参数和几何尺寸计算

1.直齿圆柱齿轮的基本参数

(1)齿数 z

齿轮圆周上均匀分布的轮齿总数,齿数影响齿轮的几何尺寸和齿廓曲线的形状。

(2) 模数 m

设齿轮分度圆直径为 d，则分度圆周长为 $\pi d = zp$，则 $d = \dfrac{zp}{\pi}$，$\dfrac{p}{\pi}$ 称为模数，用 m 表示。齿轮分度圆直径 $d = mz$。模数规定为标准值，见表 3-2-3。

表 3-2-3　　　　　　　　　标准模数系列（摘自 GB/T 1357—2008）　　　　　　　　　mm

第Ⅰ系列	1　1.25　1.5　2　2.5　3　4　5　6　8　10　12　16　20　25　32　40　50
第Ⅱ系列	1.125　1.375　1.75　2.25　2.75　3.5　4.5　5.5　(6.5)　7　9　11　14　18　22　28　36　45

注：1. 选取时优先采用第Ⅰ系列，括号内的模数尽可能不用。
　　2. 对斜齿轮，该表所示为法面模数。

模数是决定齿轮及其轮齿大小和承载能力的重要参数，如图 3-2-8 所示。

(3) 压力角 α

我国标准规定分度圆上的压力角 $\alpha = 20°$，称为标准压力角。

压力角是决定齿轮齿廓形状和齿轮啮合性能的重要参数，如图 3-2-9 所示。

(4) 齿顶高系数 h_a^*

图 3-2-8　不同模数（单位：mm）轮齿大小

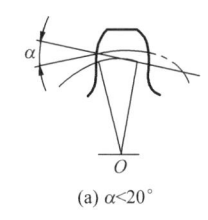

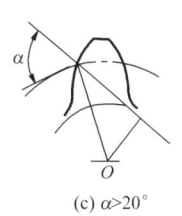

(a) $\alpha < 20°$　　(b) $\alpha = 20°$　　(c) $\alpha > 20°$

图 3-2-9　压力角大小对齿轮齿廓形状的影响

为了避免组成轮齿的两渐开线齿廓交叉，造成齿顶变尖，确定齿顶高时，规定 $h_a = h_a^* m$。国家标准规定：对于正常齿，$h_a^* = 1$；对于短齿，$h_a^* = 0.85$。

(5) 顶隙系数 c^*

为了保证齿轮啮合时，其中一齿轮的齿顶与另一齿轮的齿根之间不发生相互卡死，且留有一定的储油空间，规定顶隙 $c = c^* m$。国家标准规定：对于正常齿，$c^* = 0.25$；对于短齿，$c^* = 0.3$。

2. 直齿圆柱齿轮的几何尺寸计算

标准齿轮是指分度圆上的齿厚 s 等于齿槽宽 e，且 m、α、h_a^*、c^* 均为标准值的齿轮。标准直齿圆柱齿轮几何尺寸的计算公式见表 3-2-4。

表 3-2-4　　　　　　　　　标准直齿圆柱齿轮几何尺寸的计算公式

序号	名　称	符　号	计算公式
1	齿顶高	h_a	$h_a = h_a^* m$
2	齿根高	h_f	$h_f = (h_a^* + c^*) m$
3	齿全高	h	$h = h_a + h_f = (2h_a^* + c^*) m$
4	顶隙	c	$c = c^* m$
5	分度圆直径	d	$d = mz$

续表

序号	名　称	符　号	计算公式
6	基圆直径	d_b	$d_b = d\cos\alpha$
7	齿顶圆直径	d_a	$d_a = d \pm 2h_a = (z \pm 2h_a^*)m$
8	齿根圆直径	d_f	$d_f = d \mp 2h_f = (z \mp 2h_a^* \mp 2c^*)m$
9	齿距	p	$p = \pi m$
10	齿厚	s	$s = \dfrac{p}{2} = \dfrac{\pi m}{2}$
11	齿槽宽	e	$e = \dfrac{p}{2} = \dfrac{\pi m}{2}$
12	标准中心距	a	$a = \dfrac{1}{2}(d_2 \pm d_1) = \dfrac{1}{2}m(z_2 \pm z_1)$

注：表中正负号处，上面符号用于外齿轮，下面符号用于内齿轮。

四、渐开线齿轮的啮合传动

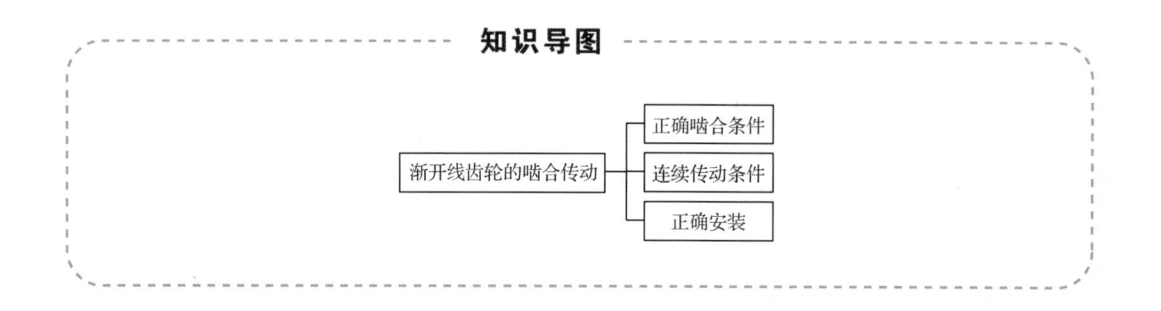

知识导图

渐开线齿轮的啮合传动 ── 正确啮合条件
　　　　　　　　　　── 连续传动条件
　　　　　　　　　　── 正确安装

(一)正确啮合条件

如图 3-2-10 所示，一对渐开线齿轮正在进行啮合传动，当齿轮 1 上的相邻两齿同侧齿廓在 N_1N_2 上的 K、K' 点参与啮合时，要求齿轮 2 上与之啮合的相邻两齿同侧齿廓在 N_1N_2 上的交点必须与 K、K' 重合。要使两齿轮正确啮合，它们的相邻两齿同侧齿廓在啮合线上的长度（称为法向齿距 p_n）必须相等，即 $p_{n1} = p_{n2}$。由渐开线的性质可知，齿轮的法向齿距 p_n 等于其基圆齿距 p_b，所以只有 $p_{b1} = p_{b2}$，故 $\pi m_1 \cos\alpha_1 = \pi m_2 \cos\alpha_2$。

因为渐开线齿轮的模数和压力角均为标准值，所以两齿轮的正确啮合条件为

$$\begin{cases} m_1 = m_2 = m \\ \alpha_1 = \alpha_2 = \alpha \end{cases}$$

即两齿轮的模数和压力角分别相等。

(二)连续传动条件

如图 3-2-11 所示，一对渐开线齿轮的啮合是从主动轮 1 的齿根推动从动轮 2 的齿顶开始的，从动轮齿顶圆与啮合线的交点 B_2 是初始啮合点，主动轮的齿顶圆与啮合线的交点 B_1 为轮齿啮合终止点，啮合线 $\overline{B_1B_2}$ 为实际啮合线段，啮合线 $\overline{N_1N_2}$ 为理论啮合线段。若使齿轮连续传动，必须保证前一对轮齿在 B_1 点脱离啮合之前，后一对轮齿就已在 B_2 点进入啮合。通常把 $\overline{B_1B_2}$ 与 p_b 的比值 ε_a 称为齿轮传动的重合度。则齿轮连续传动的条件为

$$\varepsilon_\alpha = \frac{\overline{B_1 B_2}}{p_b} \geqslant 1$$

ε_α 表明同时参与啮合轮齿的对数。ε_α 越大,表明齿轮同时参与啮合的轮齿对数越多,每对轮齿承受的载荷越小,齿轮传动也越平稳。

(三)齿轮传动的正确安装

如图 3-2-12(a)所示,齿轮安装时应使两齿轮节圆与分度圆重合,这种安装称为标准安装,其中心距 a 称为标准中心距,啮合角等于分度圆压力角 α。标准中心距为

$$a = r_1' + r_2' = r_1 + r_2 = \frac{1}{2}m(z_1 + z_2)$$

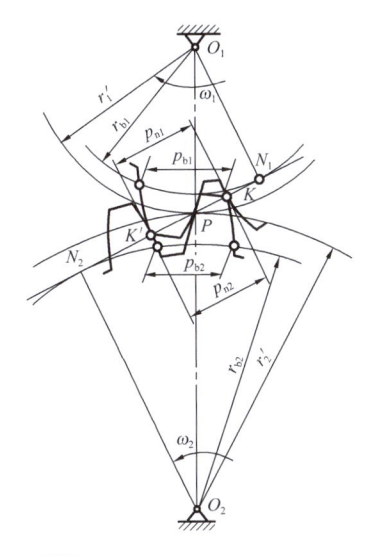

图 3-2-10　正确啮合条件

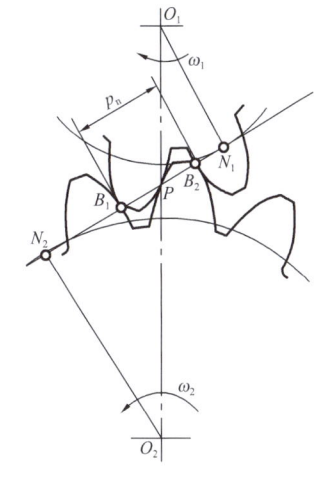

图 3-2-11　连续传动条件

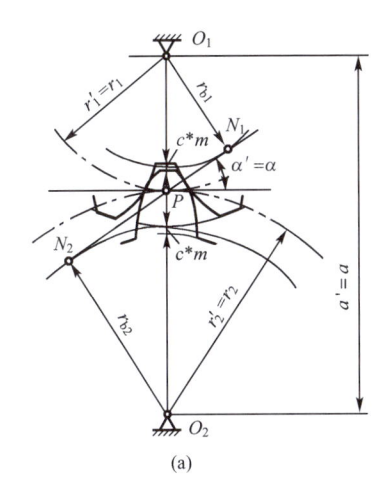

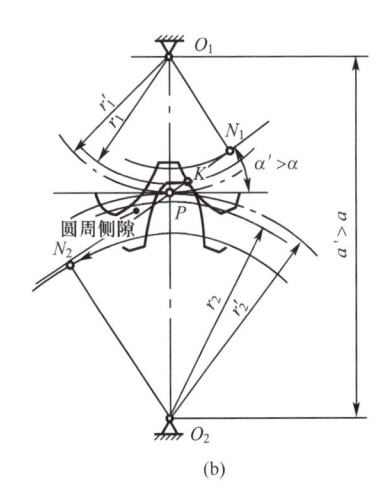

图 3-2-12　齿轮传动的安装

若由于齿轮制造和安装的误差,实际安装中心距 a' 大于标准中心距 a,分度圆与节圆不重合,啮合角不等于节圆上的压力角,如图 3-2-12(b)所示,即 $r' > r, \alpha' > \alpha$,则此时的中心距为

$$a' = r_1' + r_2' = \frac{r_{b1}}{\cos \alpha_1'} + \frac{r_{b2}}{\cos \alpha_2'} = (r_1 + r_2)\frac{\cos \alpha}{\cos \alpha'} = a \frac{\cos \alpha}{\cos \alpha'}$$

即
$$a'\cos\alpha' = a\cos\alpha$$

五、渐开线齿轮的加工方法与根切现象

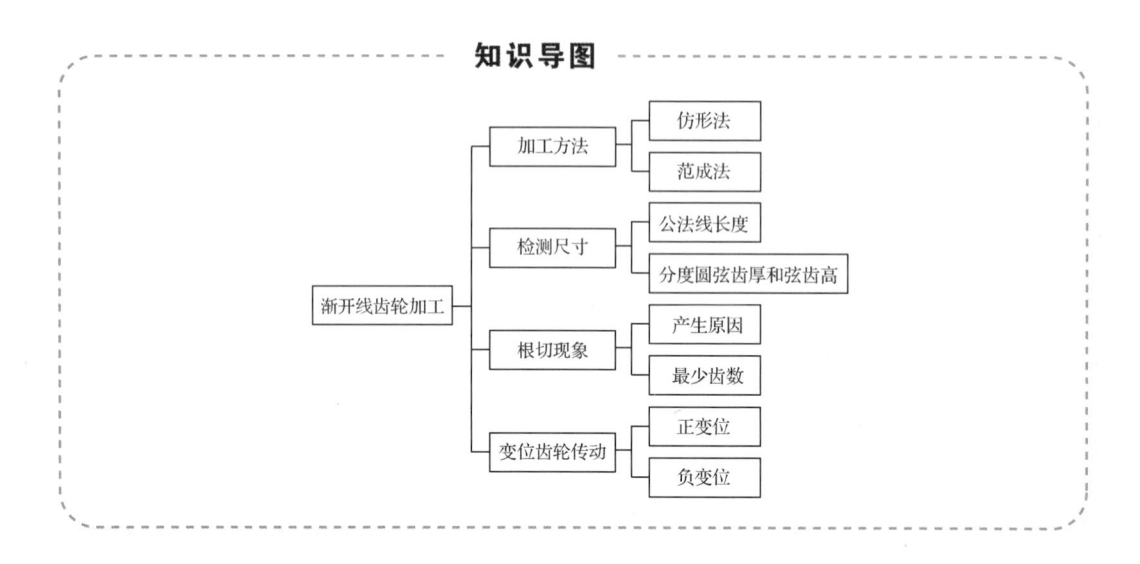

知识导图

渐开线齿轮加工
- 加工方法
  - 仿形法
  - 范成法
- 检测尺寸
  - 公法线长度
  - 分度圆弦齿厚和弦齿高
- 根切现象
  - 产生原因
  - 最少齿数
- 变位齿轮传动
  - 正变位
  - 负变位

（一）渐开线齿轮的加工方法

1. 仿形法

仿形法是利用成形刀具的轴向剖面形状与齿轮齿槽形状相同的特点，在普通铣床上用成形铣刀加工齿轮的方法，常用的刀具有盘形铣刀（$m<8$ mm）和指状铣刀（$m\geqslant 8$ mm），如图 3-2-13 所示。

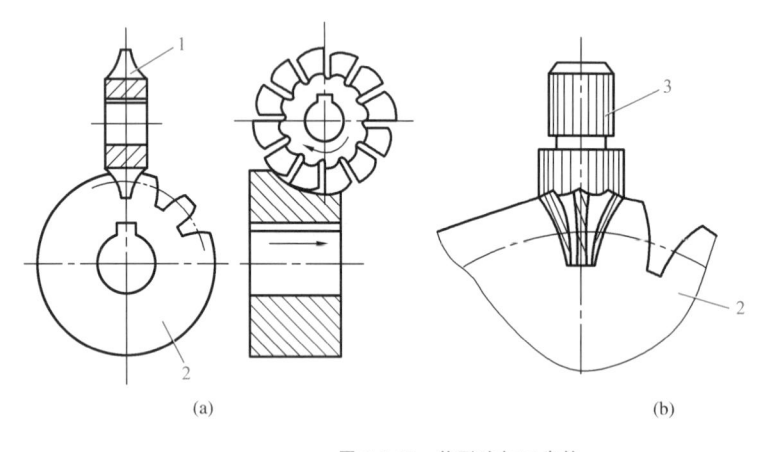

图 3-2-13　仿形法加工齿轮

渐开线齿轮的加工方法

由于渐开线齿廓的形状取决于基圆的大小，而基圆直径由 m、z、α 所决定，工程中在加工同样 m 及 α 的齿轮时，根据齿轮齿数的不同，一般只备 1~8 号 8 种齿轮铣刀，见表 3-2-5。每种刀号的齿轮铣刀的齿形均按加工齿数范围中最少齿数的齿形制成。仿形法加工齿轮生产效率低，精度差，但其加工方法简单，不需要专用机床，成本低，适用于单件生产和精度要求不高的场合。

表 3-2-5　　　　　　　　各号齿轮铣刀加工齿轮的齿数范围

刀　号	1	2	3	4	5	6	7	8
加工齿数范围	12～13	14～16	17～20	21～25	26～34	35～54	55～134	135 以上

2. 范成法

范成法是利用一对齿轮无侧隙啮合传动时，两齿轮齿廓互为包络线的原理来加工齿轮的方法。加工时将其中一个齿轮或齿条制成刀具，另一个作为轮坯，并使两者仍按原传动比传动，同时刀具作切削运动，在轮坯上留下连续的刀刃廓线，其包络线即被加工的齿轮齿廓。齿轮插刀加工齿轮如图 3-2-14 所示。加工时，齿轮插刀沿轮坯轴线方向作往复切削运动，同时，齿轮插刀与轮坯按恒定的传动比 $i=\omega_{刀}/\omega_{坯}=z_{坯}/z_{刀}$ 作范成运动。在切削之初，齿轮插刀还需向轮坯中心作进给运动，以便切出轮齿的高度。此外，为防止齿轮插刀向上退刀时擦伤已切好的齿面，轮坯还需作小距离的让刀运动。这样，刀具的渐开线齿廓就在轮坯上切出与其共轭的渐开线齿廓。

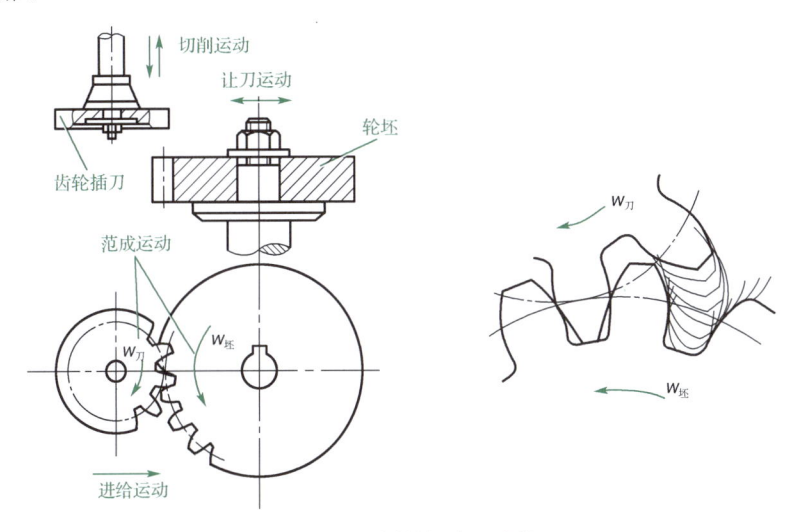

图 3-2-14　齿轮插刀加工齿轮

范成法加工也可采用齿条插刀和齿轮滚刀，分别如图 3-2-15 和图 3-2-16 所示。

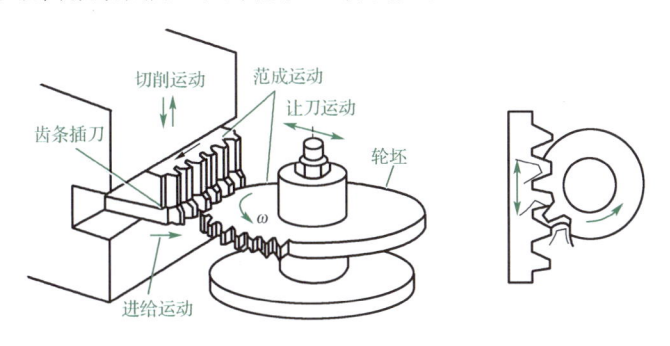

图 3-2-15　齿条插刀加工齿轮

用范成法加工齿轮时，只要刀具与被加工齿轮的模数和压力角相同，不管被加工齿轮的齿数是多少，都可以用一把刀具来加工，这给生产带来了很大方便。齿轮插刀与齿条插刀加工齿轮均属间断切削，生产率较低；而齿轮滚刀加工齿轮属于连续切削，生产率较高，适于大批量生产。

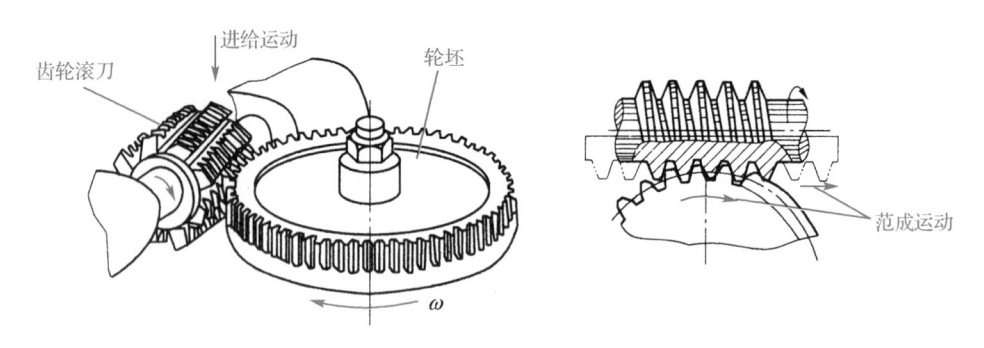

图 3-2-16　齿轮滚刀加工齿轮

(二)渐开线标准直齿圆柱齿轮的检测尺寸

1. 公法线长度

如图 3-2-17 所示,用卡尺的两个卡脚跨过 k 个齿(图中 $k=3$),与渐开线齿廓相切于 A、B 两点,此两点间的距离 AB 就称为被测齿轮跨 k 个齿的公法线长度,以 W_k 表示。由于 AB 是 A、B 两点的法线,AB 必与基圆相切。

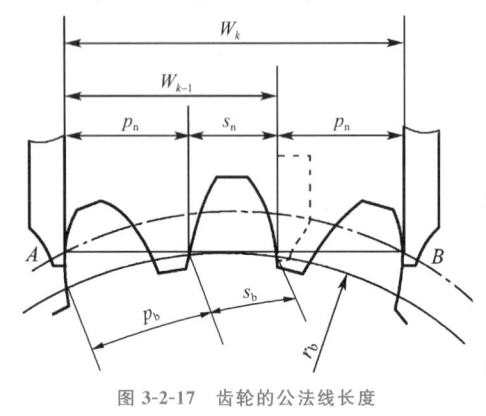

W_k 的计算公式为

$$W_k = (k-1)p_n + s_n$$

由渐开线性质可知,$p_b = p_n$,$s_b = s_n$,故

$$W_k = (k-1)p_b + s_b \quad (*)$$

式中　k——跨齿数;
p_b——基圆齿距,$p_b = \pi m \cos\alpha$;
s_b——基圆齿厚。

将 p_b 和 s_b 的公式代入式(*),$\alpha = 20°$ 时,渐开线标准直齿圆柱齿轮的公法线长度的计算公式为

$$W_k = m[2.9521(k-0.5) + 0.014z]$$

图 3-2-17　齿轮的公法线长度

跨齿数 k 的计算公式为

$$k = \frac{\alpha}{180°}z + 0.5$$

计算出的 k 值必须四舍五入取整数后再代入公式计算 W_k。

2. 分度圆弦齿厚和弦齿高

当齿轮的几何尺寸较大,不适宜测量公法线长度时,通常测量分度圆弦齿厚。

如图 3-2-18 所示,分度圆弦齿厚就是轮齿两侧渐开线与分度圆交点之间的距离 $\overline{AB}$,记作 $\overline{s}$。分度圆弦齿厚 $\overline{AB}$ 的中点到齿顶圆的最短距离称为分度圆弦齿高,记作 $\overline{h_a}$。由图 3-2-18 可得分度圆弦齿厚和弦齿高公式为

$$\overline{s} = mz\sin\frac{90°}{z}$$

$$\overline{h_a} = m\left[h_a^* + \frac{z}{2}\left(1 - \cos\frac{90°}{z}\right)\right]$$

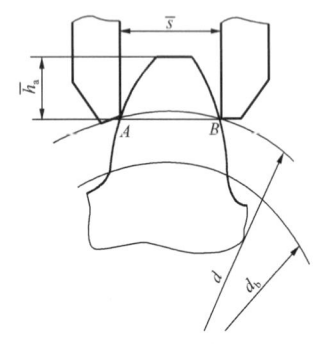

图 3-2-18　分度圆弦齿厚和弦齿高

由于测量分度圆弦齿厚是以齿顶圆为基准的,测量结果必然

受到齿顶圆误差的影响,而公法线长度测量与齿顶圆无关。

(三)根切现象及最少齿数

用范成法加工齿轮时,当刀具齿顶线与啮合线的交点 B_1 超过了啮合极限点 N_1 时,刀具会将已切好的齿根渐开线齿廓再切去一部分,这种现象称为根切,如图 3-2-19 所示。根切会削弱轮齿的抗弯强度,降低重合度,影响齿轮的传动平稳性,应力求避免根切的发生。

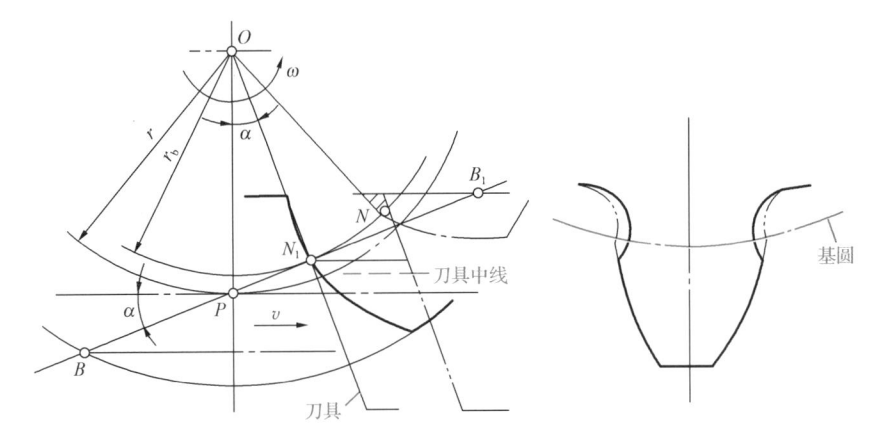

图 3-2-19 轮齿的根切现象

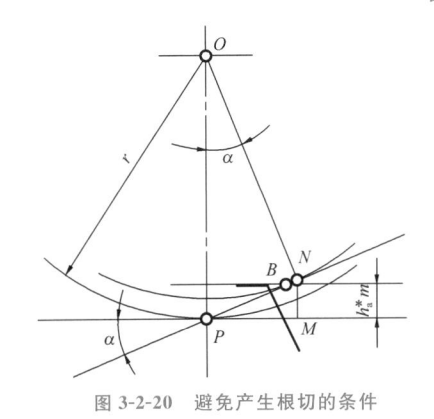

如图 3-2-20 所示,齿条插刀加工标准外齿轮时,齿条插刀的分度线与齿轮的分度圆相切,要使被加工齿轮不产生根切现象,刀具的齿顶线与啮合线的交点 B 不应超过 N 点,即

$$h_a^* m \leqslant MN$$

而

$$MN = PN \sin \alpha = r \sin^2 \alpha = \frac{mz}{2} \sin^2 \alpha$$

整理得

$$z \geqslant \frac{2h_a^*}{\sin^2 \alpha}$$

图 3-2-20 避免产生根切的条件

则不产生根切的最少齿数为

$$z_{\min} = \frac{2h_a^*}{\sin^2 \alpha}$$

对于渐开线标准圆柱齿轮,当 $\alpha = 20°$,$h_a^* = 1$ 时,$z_{\min} = 17$。

(四)变位齿轮传动

标准齿轮设计计算简单,互换性好,应用广泛,但它也存在如下一些缺点。

(1)齿轮齿数不能少于17,否则易产生根切现象,这就限制了齿轮结构尺寸不能太小。

(2)因标准中心距为 $a = \frac{1}{2}m(z_1 + z_2)$,当实际中心距 $a' < a$ 时,无法安装;而当 $a' > a$ 时,将产生较大的齿侧间隙,引起冲击和噪声。而且重合度也要降低,影响传动的平稳性。

(3)一对标准齿轮传动时,小齿轮的齿根厚度小,而啮合次数又较多,故在相同条件下,小齿轮比大齿轮容易被破坏,限制齿轮传动的承载能力。

而采用变位齿轮则可以克服上述缺点。如图 3-2-21 所示,为了避免根切,将齿条刀具由标准位置相对于轮坯中心向外移动一个距离 xm，并与齿坯分度圆分离。这种改变刀具与轮坯的相对位置加工出来的齿轮称为变位齿轮。刀具相对轮坯移动的距离 xm 称为变位量，其中 m 为模数，x 称为变位系数。当刀具向远离轮坯的方向移动时，$x>0$，加工出的齿轮为正变位齿轮；当刀具向靠近轮坯的方向移动时，$x<0$，加工出的齿轮为负变位齿轮；当刀具位置不变时，$x=0$，加工出的齿轮为标准齿轮。

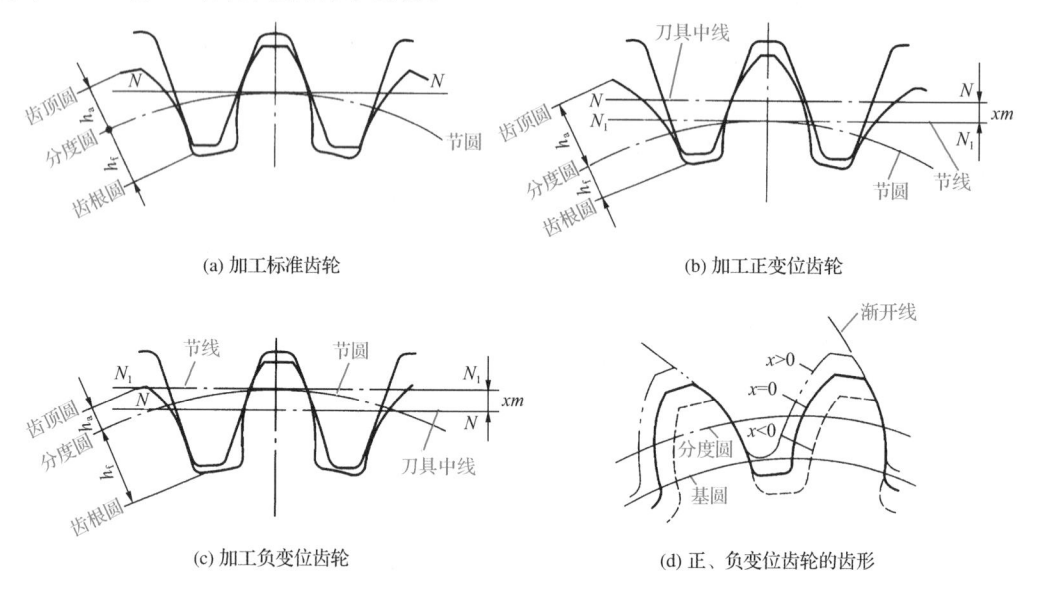

(a) 加工标准齿轮

(b) 加工正变位齿轮

(c) 加工负变位齿轮

(d) 正、负变位齿轮的齿形

图 3-2-21　变位齿轮的加工

由变位原理可知，加工变位齿轮时，刀具与齿轮的运动关系及刀具参数都没有改变。变位齿轮与标准齿轮的参数和尺寸变化情况见表 3-2-6。

表 3-2-6　　　　　　　　变位齿轮与标准齿轮的参数和尺寸变化情况

变位类型	模数 m	压力角 α	分度圆直径 d	基圆直径 d_b	齿根圆直径 d_f	齿根高 h_f	齿厚 s	齿槽宽 e	齿根厚 s_f
正变位	不　变					增大	减小	增大	减小	增大
负变位						减小	增大	减小	增大	减小

六、轮齿的失效形式及设计准则

知识导图

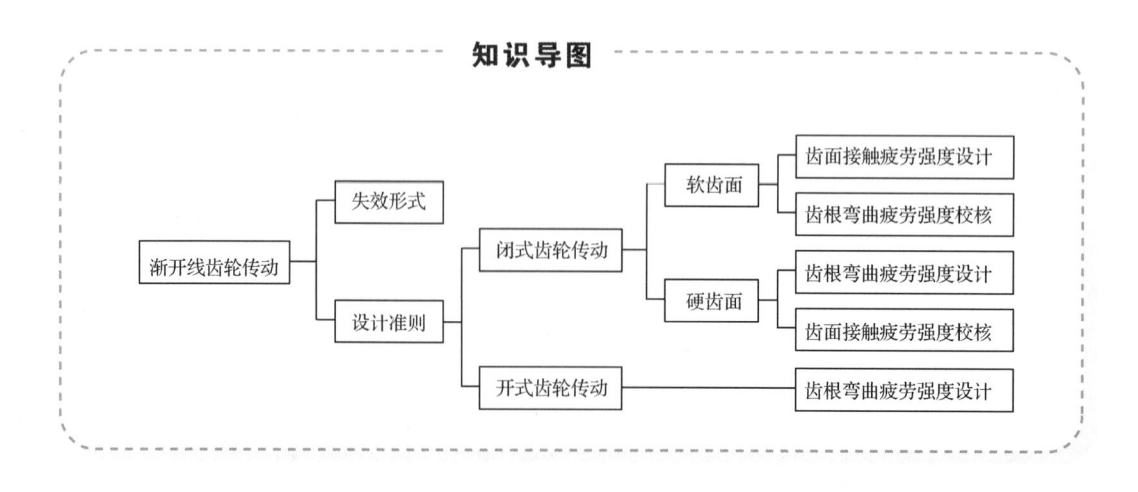

渐开线齿轮传动
- 失效形式
- 设计准则
  - 闭式齿轮传动
    - 软齿面
      - 齿面接触疲劳强度设计
      - 齿根弯曲疲劳强度校核
    - 硬齿面
      - 齿根弯曲疲劳强度设计
      - 齿面接触疲劳强度校核
  - 开式齿轮传动
    - 齿根弯曲疲劳强度设计

（一）轮齿的失效形式

齿轮传动的失效主要是轮齿的失效。常见的轮齿失效形式见表3-2-7。

表3-2-7　常见的轮齿失效形式

失效形式	产生原因及后果	产生失效的部位	失效的工作环境	防止措施
轮齿折断	轮齿受载时，齿根部位产生的弯曲应力最大，当应力超过材料的弯曲疲劳极限时，发生疲劳折断 当轮齿短时间内严重过载或承受冲击载荷时，发生过载折断 轮齿折断无法工作	疲劳裂纹发生在受拉侧齿根处	开式、闭式齿轮传动中均可能发生	增大齿根过渡圆角，减少齿根加工刀痕，以减少应力集中现象；在齿根处施加适当的强化措施（如喷丸、辗压）和良好的热处理工艺
齿面疲劳点蚀	在载荷反复作用下，轮齿表面接触应力超过接触疲劳许用应力时，轮齿表面的金属微粒剥落，形成齿面麻点或麻坑 轮齿工作表面损坏，造成传动不平稳及产生噪声	疲劳点蚀发生在靠近节线的齿面上	闭式齿轮传动中	增大齿面硬度，减小表面粗糙度，增大润滑油黏度
齿面磨损	轮齿在啮合过程中存在相对滑动，进入灰尘、砂粒、金属屑等杂质时，将引起齿面严重磨损 破坏轮齿面的齿形，侧隙增大引起冲击和振动，严重时会造成齿厚减薄过多而折断	磨损发生在齿面处	主要发生在开式齿轮传动中，润滑油不洁的闭式齿轮传动中也可能发生	保持良好的润滑条件，增大齿面硬度，减小表面粗糙度，采用清洁的润滑油
齿面胶合	齿面间的高压、高温使润滑油黏度减小，摩擦面瞬时产生高热，齿面接触区熔化并黏结在一起 改变了齿廓形状，使轮齿不能正常工作	胶合发生在齿厚处	高速重载或润滑不良的低速重载传动中	增大齿面硬度，减小表面粗糙度，限制油温，增大润滑油黏度
齿面塑性变形	轮齿表面材料在摩擦力作用下产生局部的金属流动现象，主动轮齿面节线处出现凹沟，从动轮齿面节线处出现凸棱 齿形被破坏，影响齿轮正常啮合	塑性变形发生在节线处	低速重载及启动频繁的软齿面传动	增大齿面硬度，选用屈服极限较大的材料，采用黏度较大的润滑油，避免频繁启动和过载等

（二）设计准则

齿轮传动在不同的工作和使用条件下，有着不同的失效形式，针对不同的失效形式就应分别确定相应的设计准则。齿轮传动的设计准则见表3-2-8。

表 3-2-8　齿轮传动的设计准则

工作条件		主要失效形式	设计准则
闭式齿轮传动	软齿面（齿面硬度≤350HBW）	齿面疲劳点蚀	按齿面接触疲劳强度设计，确定齿轮的主要参数和尺寸，再按齿根弯曲疲劳强度进行校核
	硬齿面（齿面硬度＞350HBW）	轮齿折断	按齿根弯曲疲劳强度设计，确定模数和主要尺寸，然后再按齿面接触疲劳强度进行校核
开式齿轮传动		齿面磨损 轮齿折断	按齿根弯曲疲劳强度进行设计计算。考虑磨损因素，再将模数增大 10%～20%，而无须校核齿面接触疲劳强度

七、直齿圆柱齿轮传动的受力分析及强度计算

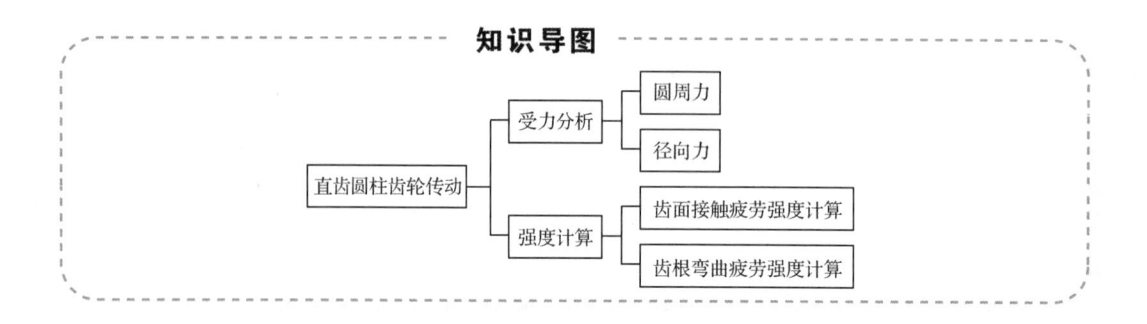

知识导图

直齿圆柱齿轮传动
- 受力分析
  - 圆周力
  - 径向力
- 强度计算
  - 齿面接触疲劳强度计算
  - 齿根弯曲疲劳强度计算

（一）直齿圆柱齿轮传动的受力分析

如图 3-2-22 所示，若忽略齿面间的摩擦力，将齿面上沿齿宽方向分布的载荷简化为齿宽中点处的集中力，轮齿间的相互作用力为 F_n，该力沿着啮合线方向，垂直指向齿廓，这个力称为法向作用力 F_n。将 F_n 分解为互相垂直的两个分力，即切于分度圆的圆周力 F_t 和指向轮心的径向力 F_r。

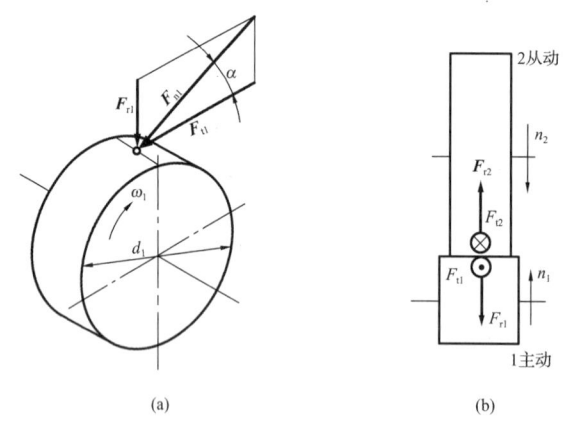

图 3-2-22　直齿圆柱齿轮受力分析

以主动轮为例，各力的计算公式为

$$F_{t1} = \frac{2T_1}{d_1}$$

$$F_{r1} = F_{t1} \tan \alpha$$

$$F_{n1} = \frac{F_{t1}}{\cos \alpha}$$

式中 d_1——主动轮的分度圆直径,mm;
α——分度圆的压力角,°;
T_1——作用在主动轮上的转矩,N·mm。

作用在主动轮和从动轮上的各对力为作用力和反作用力的关系,$F_{n1}=-F_{n2}$,$F_{t1}=-F_{t2}$,$F_{r1}=-F_{r2}$。在主动轮上圆周力 F_{t1} 的方向与啮合点的圆周速度方向相反,在从动轮上圆周力 F_{t2} 的方向与啮合点的圆周速度方向相同;径向力 F_{r1} 与 F_{r2} 的方向分别指向各自的轮心。

(二) 直齿圆柱齿轮传动的强度计算

1. 齿面接触疲劳强度计算

齿面疲劳点蚀是由接触应力过大而引起的。因此,为防止过早产生疲劳点蚀,在强度计算时,应使齿面节线附近产生的最大接触应力小于或等于齿轮材料的接触疲劳许用应力。

校核公式为

$$\sigma_H = 3.52 Z_E \sqrt{\frac{KT_1(\mu \pm 1)}{bd_1^2 \mu}} \leqslant [\sigma_H]$$

式中 σ_H——齿面工作时产生的接触应力,MPa;
$[\sigma_H]$——齿轮材料的接触疲劳许用应力,MPa;
T_1——小齿轮传递的转矩,N·m;
b——工作齿宽,mm;
μ——齿数比,即大齿轮齿数与小齿轮齿数之比 $\mu=\dfrac{z_2}{z_1}$;
K——载荷系数;
d_1——小齿轮分度圆直径,mm;
Z_E——齿轮材料的弹性系数,$\sqrt{\text{MPa}}$;
$\pm$——+用于外啮合,-用于内啮合。

设计公式为

$$d_1 \geqslant \sqrt[3]{\frac{KT_1(\mu \pm 1)}{\psi_d \mu}\left(\frac{3.52 Z_E}{[\sigma_H]}\right)^2}$$

式中 ψ_d——齿宽系数,$\psi_d = \dfrac{b}{mz_1}$。

应用以上公式时应注意以下几点:
(1) 两齿轮齿面接触应力 σ_{H1} 与 σ_{H2} 大小相同。
(2) 两齿轮材料的接触疲劳许用应力 $[\sigma_H]_1$ 与 $[\sigma_H]_2$ 一般不同,进行强度计算时选用较小值。
(3) 齿轮的齿面接触疲劳强度与齿轮的直径或中心距的大小有关,即与 m 与 z_1 的乘积有关,而与模数的大小无关。

2. 齿根弯曲疲劳强度计算

为了防止轮齿根部疲劳折断,应限制齿根弯曲应力,即 $\sigma_F \leqslant [\sigma_F]$。

在计算弯曲应力时,为简化计算并考虑安全性,假定载荷作用于齿顶,且全部载荷由一对轮齿承受,此时齿根部分产生的弯曲应力最大。

校核公式为

$$\sigma_F = \frac{2KT_1}{bm^2 z_1} Y_F Y_S \leqslant [\sigma_F]$$

式中 σ_F——齿根危险截面的最大弯曲应力,MPa;
$[\sigma_F]$——齿轮材料的弯曲疲劳许用应力,MPa;
T_1——小齿轮传递的转矩,N·m;
b——工作齿宽,mm;
K——载荷系数;

z_1——小齿轮齿数；
m——齿轮模数，mm；
Y_F——齿形系数；
Y_S——应力修正系数。

设计公式为

$$m \geqslant \sqrt[3]{\frac{2KT_1Y_FY_S}{\psi_d z_1^2 [\sigma_F]}}$$

式中　ψ_d——齿宽系数，$\psi_d = \dfrac{b}{mz_1}$。

应用以上公式时应注意以下几点：

（1）通常两个相啮合齿轮的齿数是不相同的，故齿形系数 Y_F 和应力修正系数 Y_S 都不相等，而且齿轮材料的弯曲疲劳许用应力 $[\sigma_F]$ 也不一定相等，因此必须分别校核两齿轮的齿根弯曲疲劳强度。

（2）在设计计算时，应将两齿轮的 $\dfrac{Y_FY_S}{[\sigma_F]}$ 值进行比较，取其中较大者代入公式中计算，计算所得模数应圆整成标准值。

八、斜齿圆柱齿轮传动

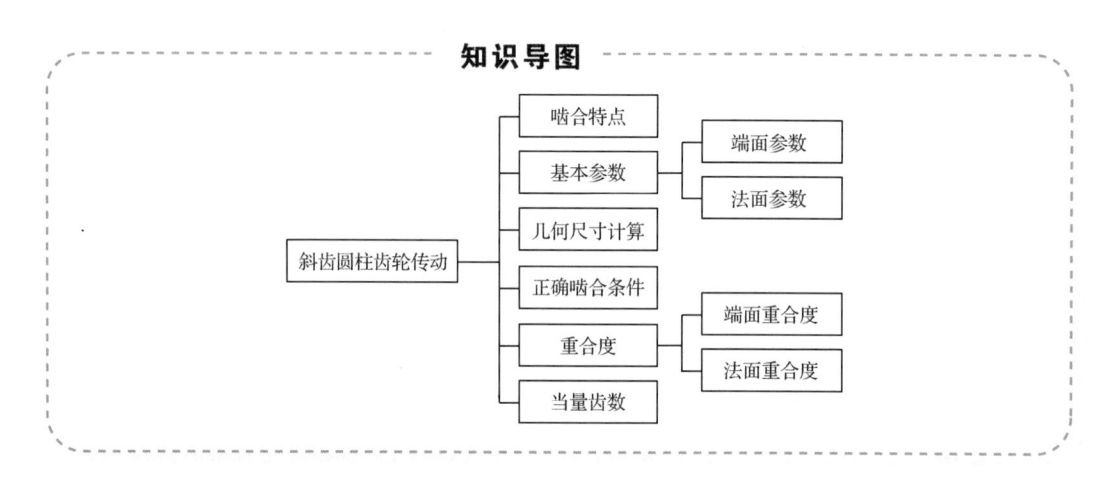

知识导图

斜齿圆柱齿轮传动
- 啮合特点
- 基本参数
  - 端面参数
  - 法面参数
- 几何尺寸计算
- 正确啮合条件
- 重合度
  - 端面重合度
  - 法面重合度
- 当量齿数

（一）斜齿轮齿廓曲面的形成及其啮合特点

直齿圆柱齿轮与斜齿圆柱齿轮的形成及其啮合特点比较见表 3-2-9。

表 3-2-9　　直齿圆柱齿轮与斜齿圆柱齿轮的形成及其啮合特点比较

比较内容	直齿圆柱齿轮	斜齿圆柱齿轮
形成过程	接触线沿着整个齿宽且平行于轴线作纯滚动时展开渐开线柱面	接触线与轴线倾斜一角度，在基圆柱上展开的齿廓曲面为渐开线螺旋面

续表

比较内容	直齿圆柱齿轮	斜齿圆柱齿轮
啮合过程	齿面接触线均平行于齿轮轴线,轮齿沿整个齿宽同时进入啮合和退出啮合	齿面接触线与齿轮轴线相倾斜,轮齿沿整个齿宽逐渐进入啮合和退出啮合,接触线的长度由零逐渐增大,又逐渐减小,直至脱离接触
载荷性质	载荷沿齿宽突然加上及卸下,易引起冲击、振动和噪声	传动平稳性好,承载能力强,重合度大,噪声和冲击小,适用于高速大功率场合
受力分析	受圆周力 F_t 和径向力 F_r 作用,不受轴向力 F_a 作用	受圆周力 F_t、径向力 F_r 和轴向力 F_a 作用

(二)斜齿圆柱齿轮参数与几何尺寸计算

1. 螺旋角 β

螺旋角 β 是指螺旋线与轴线的夹角。通常用分度圆柱上的 β 来进行几何尺寸计算。β 越大,轮齿越倾斜,传动的平稳性越好,但轴向力也越大,一般取 $β=8°\sim20°$。

斜齿圆柱齿轮按其轮齿的旋向,可以分为左旋和右旋两种,如图 3-2-23 所示。

2. 端面参数和法面参数

斜齿圆柱齿轮的齿廓曲面是渐开线螺旋面,垂直于齿轮轴线的端面与垂直于齿廓螺旋线的法面的齿形不同,其参数有端面(以下标 t 表示)和法面(以下标 n 表示)之分。加工斜齿轮时,刀具是沿螺旋线方向进刀的,则规定斜齿圆柱齿轮的法面参数为标准值。

(1)法面模数 m_n 和端面模数 m_t

如图 3-2-24 所示为斜齿圆柱齿轮分度圆柱面的展开图,其中 p_n 为法面齿距,p_t 为端面齿距,由图中几何关系可得

$$p_n = p_t \cos β$$

因 $p = πm$,故 m_n 和 m_t 的关系为

$$m_n = m_t \cos β$$

式中 m_n——标准值,见表 3-2-3。

分析渐开线斜齿圆柱齿轮的传动特点

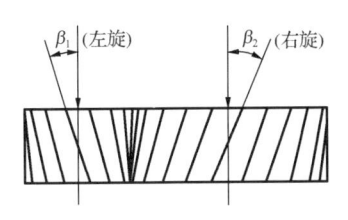

图 3-2-23 斜齿圆柱齿轮轮齿的旋向及螺旋角

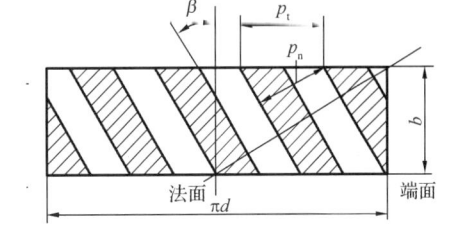

图 3-2-24 斜齿圆柱齿轮分度圆柱面的展开图

(2)法面压力角 $α_n$ 和端面压力角 $α_t$

由图 3-2-25 可得 $α_n$ 和 $α_t$ 的关系为

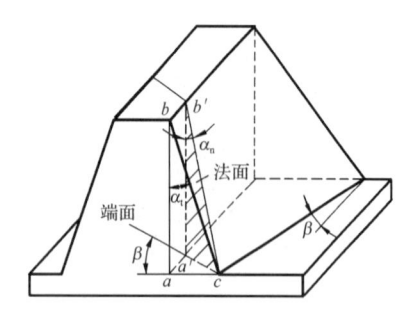

图 3-2-25 法面压力角和端面压力角

$$\tan \alpha_n = \tan \alpha_t \cos \beta$$

式中 α_n——标准值，$\alpha_n = 20°$。

(3) 齿顶高系数和顶隙系数

由图 3-2-25 可知，在端面上和在法面上的齿高是相等的，即

$$h_{at}^* m_t = h_{an}^* m_n, c_t^* m_t = c_n^* m_n$$

所以

$$h_{at}^* = h_{an}^* \cos \beta$$
$$c_t^* = c_n^* \cos \beta$$

式中，h_{an}^*、c_n^* 为标准值，$h_{an}^* = 1$，$c_n^* = 0.25$。

3. 斜齿圆柱齿轮几何尺寸计算

斜齿圆柱齿轮几何尺寸计算公式见表 3-2-10。

表 3-2-10　　　　　　斜齿圆柱齿轮几何尺寸计算公式

名　称	符　号	计算公式
端面模数	m_t	$m_t = \dfrac{m_n}{\cos \beta}$，$m_n$ 为标准值
端面压力角	α_t	$\alpha_t = \arctan \dfrac{\tan \alpha_n}{\cos \beta}$
分度圆直径	d	$d = m_t z = \dfrac{m_n}{\cos \beta} z$
齿顶高	h_a	$h_a = m_n h_{an}^*$
齿根高	h_f	$h_f = (h_{an}^* + c_n^*) m_n$
齿全高	h	$h = h_a + h_f = (2 h_{an}^* + c_n^*) m_n$
齿顶圆直径	d_a	$d_a = d + 2 h_a$
齿根圆直径	d_f	$d_f = d - 2 h_f$
标准中心距	a	$a = \dfrac{1}{2}(d_1 + d_2) = \dfrac{1}{2} m_t (z_1 + z_2) = \dfrac{m_n}{2 \cos \beta}(z_1 + z_2)$

斜齿圆柱齿轮的中心距与螺旋角 β 有关。当一对斜齿圆柱齿轮的模数、齿数一定时，可通过在一定范围内调整螺旋角 β 的大小来配凑中心距。

(三) 斜齿轮正确啮合条件和重合度

1. 正确啮合条件

一对外啮合斜齿轮的正确啮合条件：两斜齿轮的法面模数和法面压力角分别相等，螺旋角大小相等、旋向相反。即

$$m_{n1} = m_{n2} = m_n$$
$$\alpha_{n1} = \alpha_{n2} = \alpha_n$$
$$\beta_1 = -\beta_2 \text{（内啮合时 } \beta_1 = \beta_2\text{）}$$

2. 斜齿轮传动的重合度

如图 3-2-26(a) 所示为直齿轮传动的啮合区，如图 3-2-26(b) 所示为斜齿轮传动的啮合区。

直线 B_2B_2 和 B_1B_1 之间的区域为轮齿的啮合区。斜齿轮传动的实际啮合区比直齿轮增大了 $\Delta L = B\tan\beta_b$。

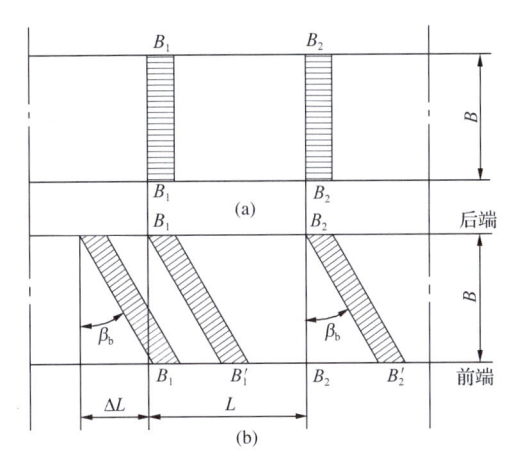

图 3-2-26 直齿轮和斜齿轮传动的啮合区

因此,斜齿轮传动的重合度为

$$\varepsilon = \frac{L+\Delta L}{p_{bt}} = \frac{L}{p_{bt}} + \frac{B\tan\beta_b}{p_{bt}} = \varepsilon_t + \varepsilon_\beta$$

式中 ε_t——端面重合度,其值等于与斜齿轮端面齿廓相同的直齿轮传动的重合度;

ε_β——轴向重合度,轮齿倾斜而产生的附加重合度。

显然,ε_β 随 B 和 β_b 的增大而增大,即可以有很多对轮齿同时啮合。因此,斜齿轮传动的重合度比直齿轮传动的重合度大,斜齿轮传动较平稳,承载能力也较大。

(四)斜齿圆柱齿轮的当量齿数

在用仿形法加工斜齿轮时,必须按齿轮的法面齿形选择刀具,进行强度计算时亦须知道法面齿形,如图 3-2-27 所示。

过分度圆柱上齿廓的任意一点 C 作垂直于分度圆柱螺旋线的法面,该法面与分度圆柱的交线为一椭圆,椭圆在 C 点的曲率半径为 ρ,故以 ρ 为分度圆半径、m_n 为模数、α_n 为标准压力角作一假想直齿圆柱齿轮,这个假想的直齿圆柱齿轮称为该斜齿圆柱齿轮的当量齿轮,其齿数称为当量齿数,用 z_v 表示,即

$$z_v = \frac{z}{\cos^3\beta}$$

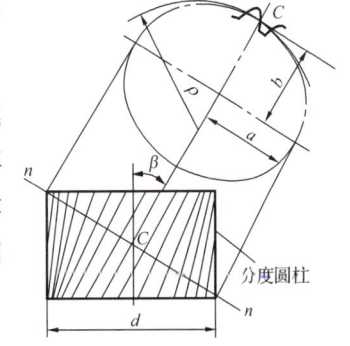

图 3-2-27 斜齿圆柱齿轮的当量齿轮

z_v 一般不是整数,也不需圆整,它是虚拟的,且 z_v 大于 z。根据当量齿数 z_v 和模数 m_n 就可以选出合适的刀具。

当量齿轮不发生根切的最少齿数 $z_{vmin} = 17$,所以,标准直齿圆柱齿轮不产生根切的最少齿数为 $z_{min} = z_{vmin}\cos^3\beta$。标准斜齿圆柱齿轮不产生根切的最少齿数小于17,因此,斜齿圆柱齿轮传动机构更紧凑。

九、斜齿圆柱齿轮传动的受力分析及强度计算

知识导图

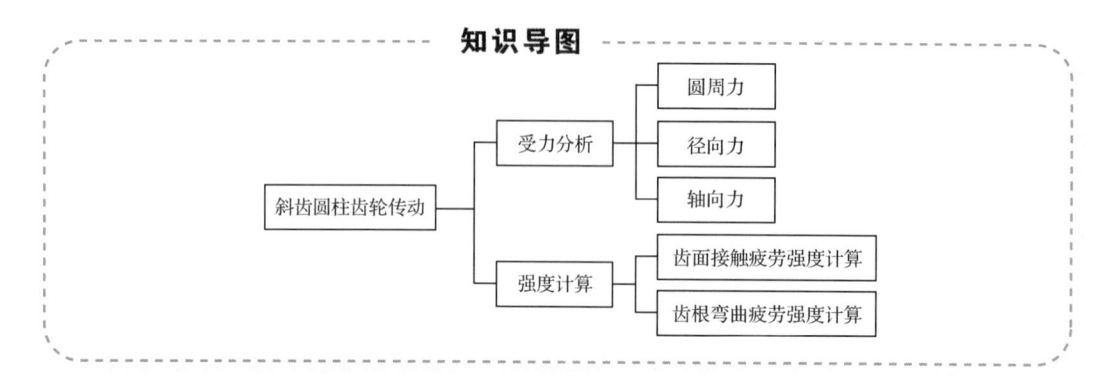

斜齿圆柱齿轮传动
- 受力分析
  - 圆周力
  - 径向力
  - 轴向力
- 强度计算
  - 齿面接触疲劳强度计算
  - 齿根弯曲疲劳强度计算

（一）斜齿圆柱齿轮传动的受力分析

如图 3-2-28 为斜齿圆柱齿轮传动中主动轮轮齿的受力分析。当轮齿上作用转矩 T_1 时，若不计摩擦力，则该轮齿受力可视为集中作用于齿宽中点的法向力 F_{n1}。F_{n1} 可以分解为三个相互垂直的分力，即圆周力 F_{t1}、径向力 F_{r1} 和轴向力 F_{a1}，其值分别为

$$F_{t1} = \frac{2T_1}{d_1}$$

$$F_{r1} = F_{t1} \frac{\tan \alpha_n}{\cos \beta}$$

$$F_{a1} = F_{t1} \tan \beta$$

式中 T_1——主动轮传递的转矩，N·mm；
d_1——主动轮分度圆直径，mm；
β——分度圆上的螺旋角，°；
α_n——法面压力角，°。

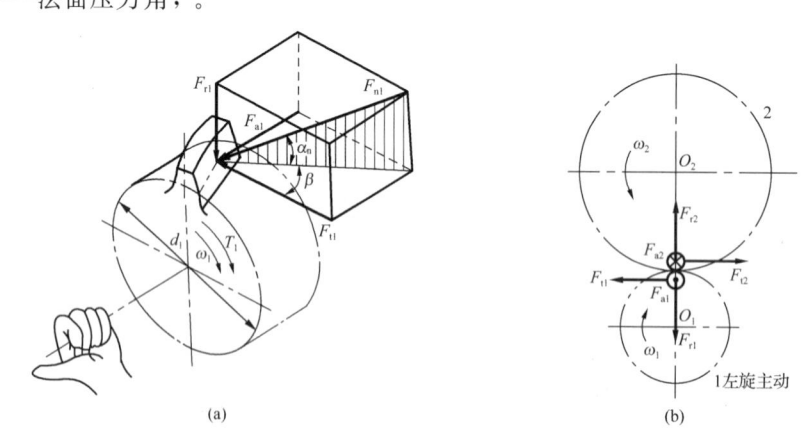

图 3-2-28 斜齿圆柱齿轮传动中主动轮轮齿的受力分析

圆周力和径向力方向的判定方法与直齿圆柱齿轮相同。主动轮上的轴向力方向可根据左、右手定则判定，即左旋用左手，右旋用右手，环握齿轮轴线，如图 3-2-28（a）所示，弯曲的四指顺着齿轮的转向，拇指的指向即轴向力的方向。从动轮上的轴向力与主动轮上的轴向力方

向相反。

(二) 斜齿圆柱齿轮传动的强度计算

斜齿圆柱齿轮传动的强度计算方法与直齿圆柱齿轮相似。但由于斜齿圆柱齿轮的重合度大,齿面接触线是倾斜的,其接触应力和弯曲应力都比直齿圆柱齿轮有所减小。

1. 齿面接触疲劳强度计算

校核公式为

$$\sigma_H = 3.17 Z_E \sqrt{\frac{KT_1(\mu \pm 1)}{bd_1^2 \mu}} \leqslant [\sigma_H]$$

设计公式为

$$d_1 \geqslant \sqrt[3]{\frac{KT_1(\mu+1)}{\psi_d \mu} \left(\frac{3.17 Z_E}{[\sigma_H]}\right)^2}$$

式中,各符号的含义与直齿圆柱齿轮齿面接触疲劳强度校核和设计公式相同。

2. 齿根弯曲疲劳强度计算

校核公式为

$$\sigma_F = \frac{1.6KT_1}{bm_n d_1} Y_F Y_S = \frac{1.6KT_1 \cos \beta}{bm_n^2 z_1} Y_F Y_S \leqslant [\sigma_F]$$

设计公式为

$$m \geqslant \sqrt[3]{\frac{1.6KT_1 \cos^2 \beta Y_F Y_S}{\psi_d z_1^2 [\sigma_F]}}$$

式中 m_n——斜齿轮法面模数,mm;
β——斜齿轮螺旋角,°。

其余符号含义与直齿圆柱齿轮齿根弯曲疲劳强度校核和设计公式相同。

由于斜齿圆柱齿轮传动的中心距 $a = m_n(z_1+z_2)/(2\cos\beta)$,为了便于加工、装配和检验,一般将 a 圆整取 5 的整数倍。用调整螺旋角 β 来达到圆整 a 的目的,即

$$\beta = \arccos \frac{m_n(z_1+z_2)}{2a}$$

十、直齿圆锥齿轮传动

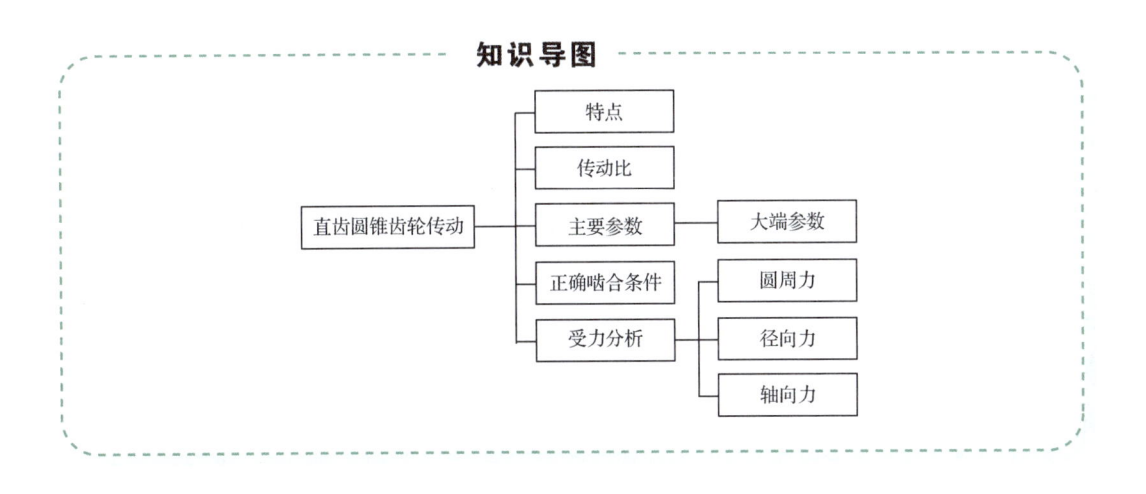

知识导图

直齿圆锥齿轮传动
- 特点
- 传动比
- 主要参数 — 大端参数
- 正确啮合条件
- 受力分析 — 圆周力
- — 径向力
- — 轴向力

（一）圆锥齿轮传动的特点

圆锥齿轮传动用于两相交轴间的传动，轴交角 Σ 可以是任意的，但常用 $\Sigma=90°$ 的传动。圆锥齿轮的轮齿分布在一个截锥体上，如图 3-2-29(a) 所示，从大端到小端逐渐收缩。一对圆锥齿轮的传动可以看成是两个锥顶共点的圆锥体相互作纯滚动，这两个锥顶共点的圆锥体就是节圆锥。圆锥齿轮上有基圆锥、分度圆锥、齿顶圆锥、齿根圆锥。对于正确安装的标准圆锥齿轮传动，其节圆锥与分度圆锥重合。轴交角 $\Sigma=90°$ 的直齿圆锥齿轮易于制造安装，应用广泛。

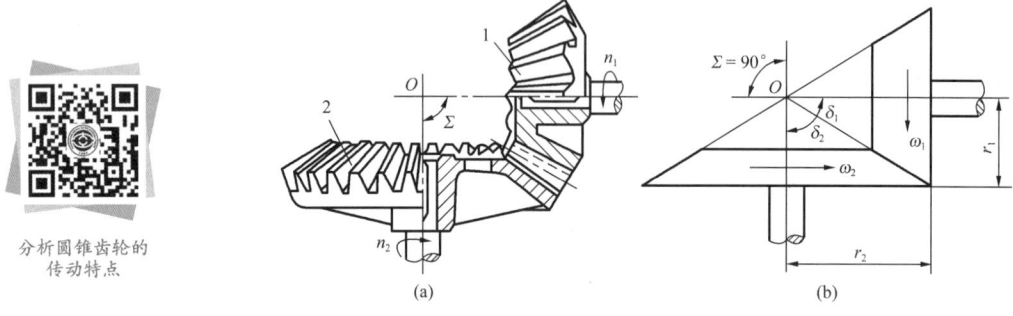

分析圆锥齿轮的传动特点

图 3-2-29 圆锥齿轮传动

（二）直齿圆锥齿轮传动的传动比、主要参数和几何尺寸计算

1. 传动比

如图 3-2-29(b) 所示，一对 $\Sigma=90°$ 的直齿圆锥齿轮，δ_1 和 δ_2 分别为两齿轮的分度圆锥角，r_1 和 r_2 分别为大端分度圆半径。

当 $\Sigma=\delta_1+\delta_2=90°$ 时，传动比为

$$i=\frac{\omega_1}{\omega_2}=\frac{n_1}{n_2}=\frac{z_2}{z_1}=\frac{r_2}{r_1}=\cot\delta_1=\tan\delta_2$$

2. 主要参数

直齿圆锥齿轮的基本参数一般以大端参数为标准值，包括大端模数 m、齿数 z、压力角 α、分度圆锥角 δ、齿顶高系数 h_a^*、顶隙系数 $c^*=0.2$。

3. 几何尺寸计算

$\Sigma=90°$ 的直齿圆锥齿轮的几何尺寸如图 3-2-30 所示，其计算公式见表 3-2-11。

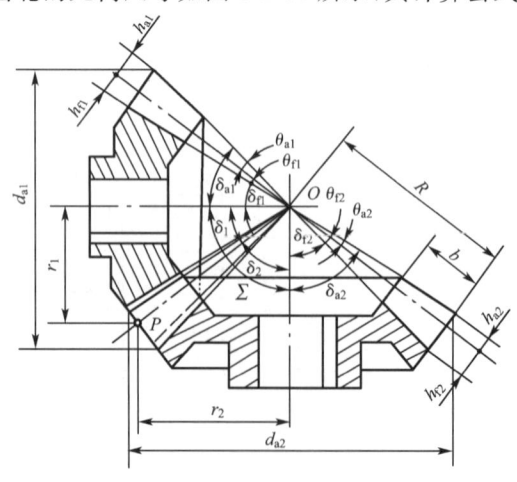

图 3-2-30 $\Sigma=90°$ 的直齿圆锥齿轮的几何尺寸

表 3-2-11　　　　　　　　　Σ＝90°的直齿圆锥齿轮的几何尺寸计算公式

名　称	符　号	计算公式
分度圆锥角	δ	$\delta_1 = \text{arccot}\dfrac{z_2}{z_1}, \delta_2 = 90° - \delta_1$
分度圆直径	d	$d_1 = mz_1, d_2 = mz_2$
齿顶高	h_a	$h_{a1} = h_{a2} = h_a^* m$
齿根高	h_f	$h_{f1} = h_{f2} = (h_a^* + c^*)m$
齿顶圆直径	d_a	$d_{a1} = d_1 + 2h_a \cos\delta_1, d_{a2} = d_2 + 2h_a \cos\delta_2$
齿根圆直径	d_f	$d_{f1} = d_1 - 2h_f \cos\delta_1, d_{f2} = d_2 - 2h_f \cos\delta_2$
锥距	R	$R = \dfrac{1}{2}\sqrt{d_1^2 + d_2^2}$
齿宽	b	$b \leqslant \dfrac{R}{3}$
齿顶角	θ_a	$\theta_{a1} = \theta_{a2} = \arctan\dfrac{h_a}{R}$
齿根角	θ_f	$\theta_{f1} = \theta_{f2} = \arctan\dfrac{h_f}{R}$
齿顶圆锥角	δ_a	$\delta_{a1} = \delta_1 + \theta_{a1}, \delta_{a2} = \delta_2 + \theta_{a2}$
齿根圆锥角	δ_f	$\delta_{f1} = \delta_1 - \theta_{f1}, \delta_{f2} = \delta_2 - \theta_{f2}$
当量齿数	z_v	$z_{v1} = \dfrac{z_1}{\cos\delta_1}, z_{v2} = \dfrac{z_2}{\cos\delta_2}$

4. 正确啮合条件

一对直齿圆锥齿轮的正确啮合条件是两齿轮的大端模数和压力角分别相等，即

$$m_1 = m_2 = m$$

$$\alpha_1 = \alpha_2 = \alpha$$

（三）直齿圆锥齿轮传动的受力分析

如图 3-2-31 所示为直齿圆锥齿轮传动的受力分析。轮齿间的法向作用力 F_n 可分解成三个互相垂直的分力：圆周力 F_t、径向力 F_r 及轴向力 F_a。以主动轮为例，各分力大小为

$$F_{t1} = \dfrac{2T_1}{d_{m1}}$$

$$F_{r1} = F'\cos\delta_1 = F_{t1}\tan\alpha\cos\delta_1$$

$$F_{a1} = F'\sin\delta_1 = F_{t1}\tan\alpha\sin\delta_1$$

式中　d_{m1}——主动齿轮齿宽中点处分度圆直径，$d_{m1} = d_1\left(1 - 0.5\dfrac{b}{R}\right)$。

圆周力和径向力方向的判定方法与直齿圆柱齿轮相同，两齿轮的轴向力方向都是沿着各自的轴线方向并指向轮齿的大端。

主动轮上的各力与从动轮上的各力大小相等、方向相反，即

$$F_{t1} = -F_{t2}$$

$$F_{a1} = -F_{r2}$$

$$F_{r1} = -F_{a2}$$

(a)　　　　　　　　　　　　　　　(b)

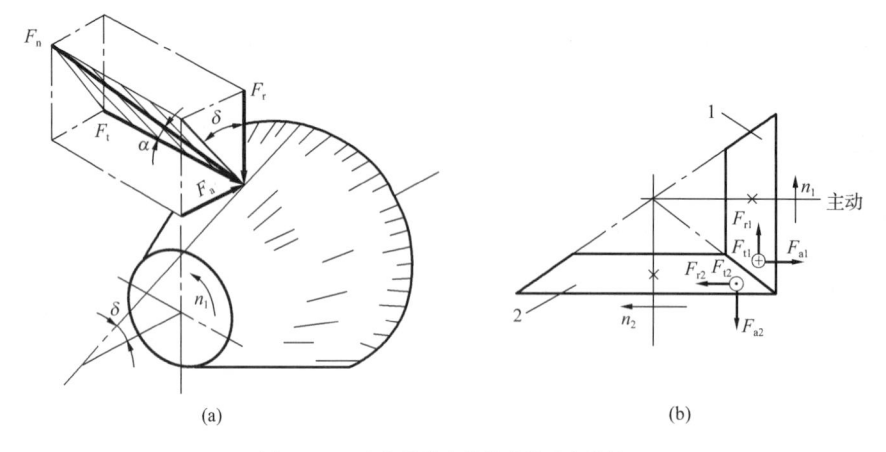

图 3-2-31　直齿圆锥齿轮传动的受力分析

十一、齿轮结构设计

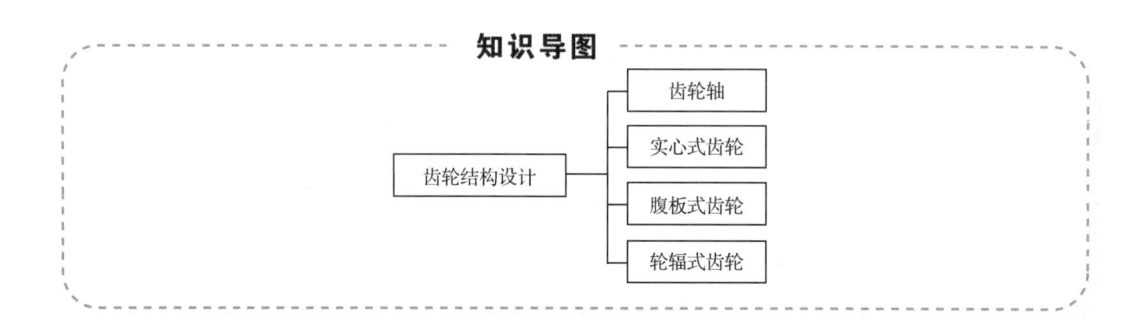

知识导图

齿轮结构设计 ─┬─ 齿轮轴
　　　　　　　├─ 实心式齿轮
　　　　　　　├─ 腹板式齿轮
　　　　　　　└─ 轮辐式齿轮

齿轮结构设计的主要任务是确定齿轮的轮毂、轮辐、轮缘等部分的尺寸大小和结构形式。通常是先按齿轮的直径大小选定合适的结构形式,再根据经验公式和数据进行结构设计。常见的齿轮结构形式见表 3-2-12。

表 3-2-12　　　　　　　　　　　常见的齿轮结构形式

结构形式		计算公式	结构简图
齿轮轴 $x \leqslant (2 \sim 2.5)m$	圆柱齿轮	$x = r_f - r - t_1$ (参数含义同实心式齿轮的圆柱齿轮)	
齿轮轴 $x \leqslant (1.6 \sim 2)m$	圆锥齿轮	—	

续表

结构形式		计算公式	结构简图
实心式齿轮 $d_a \leqslant 200$ mm	圆柱齿轮	$x = r_f - r - t_1$	
	圆锥齿轮	—	
腹板式齿轮 $d_a = 200 \sim 500$ mm 锻造加工	圆柱齿轮	$d_1 = 1.6 d_s$(d_s 为轴径) $D_0 = \frac{1}{2}(d_1 + D_1)$ $D_1 = d_a - (10 \sim 12) m_n$ $d_0 = 0.25(D_1 - d_1)$ $c = 0.36 b$ $l = (1.2 \sim 1.3) d_s \geqslant b$ $n = 0.5 m_n$	
	圆锥齿轮	$d_1 = 1.6 d_s$（铸钢） $d_1 = 1.8 d_s$（铸铁） $l = (1 \sim 1.2) d_s$ $c = (0.1 \sim 0.17) l >$ 10 mm $\delta_0 = (3 \sim 4) m > 10$ mm D_0 和 d_0 根据结构确定	
轮辐式齿轮 $d_a > 500$ mm	圆柱齿轮	$d_1 = 1.6 d_s$（铸钢） $d_1 = 1.8 d_s$（铸铁） $D_1 = d_a - (10 \sim 12) m_n$ $h = 0.8 d_s$ $h_1 = 0.8 h$ $c = 0.2 h$ $s = \frac{h}{6}$（不小于 10 mm） $l = (1.2 \sim 1.5) d_s$ $n = 0.5 m_n$	

任务实施

一、设计要求与数据

设计一级直齿圆柱齿轮减速器,如图 3-2-32 所示。已知传递功率 $P=2.715$ kW,电动机驱动,小齿轮转速 $n_1=320$ r/min,传动比 $i=3.81$,单向运转,载荷平稳,使用寿命 10 年,每年工作 300 天,两班制工作。

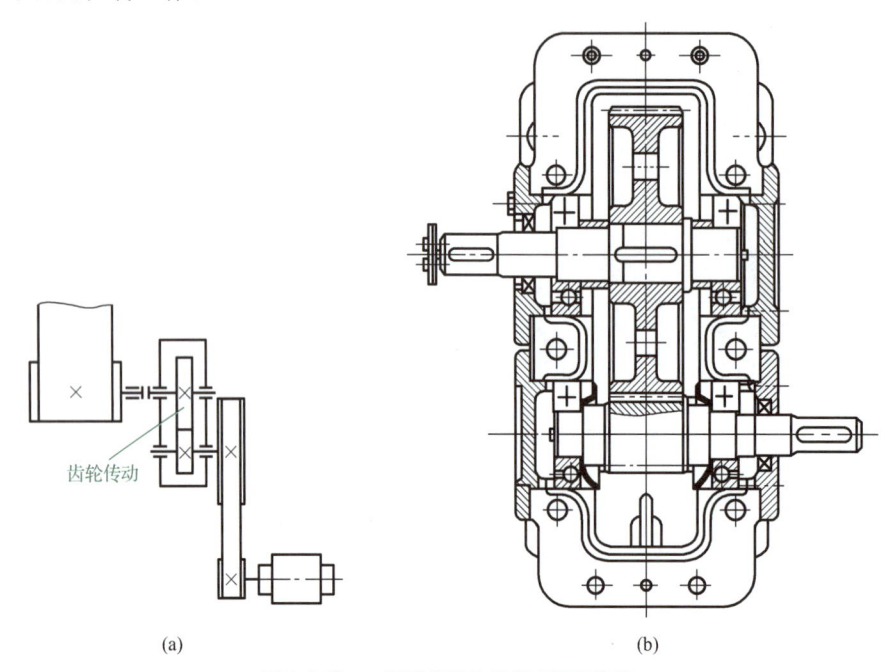

图 3-2-32 一级直齿圆柱齿轮减速器设计

二、设计内容

(1) 选择齿轮材料及精度等级。
(2) 按齿面接触疲劳强度设计,确定齿轮的主要参数、几何尺寸。
(3) 按齿根弯曲疲劳强度校核。
(4) 验算齿轮的圆周速度 v。
(5) 绘制齿轮零件工作图。

三、设计步骤、结果及说明

1. 选择齿轮材料及精度等级

最常用的齿轮材料是锻钢,如各种碳素结构钢和合金结构钢。只有当齿轮的尺寸较大($d_a>400\sim600$ mm)或结构复杂不容易锻造时,才采用铸钢。在一些低速轻载的开式齿轮传动中,也常采用铸铁齿轮。在高速小功率、精度要求不高或需要低噪声的特殊齿轮传动中,也可采用非金属材料。

由于小齿轮受载次数比大齿轮多,且小齿轮齿根较薄,为了使配对的两齿轮使用寿命接近,应使小齿轮的材料比大齿轮的好一些或硬度高一些。对于软齿面齿轮传动,应使小齿轮齿面硬度比大齿轮高 30HBW～50HBW。

齿轮常用材料及其力学性能见表 3-2-13。

表 3-2-13　　　　　　　　　　齿轮常用材料及其力学性能

材料	牌号	热处理	硬度	强度极限 σ_b/MPa	屈服极限 σ_s/MPa	应用范围
优质碳素结构钢	45	正火 调质 表面淬火	169HBW～217HBW 217HBW～255HBW 48HRC～55HRC	580 650 750	290 360 450	低速轻载 低速中载 高速中载或低速重载,冲击很小
	50	正火	180HBW～220HBW	620	320	低速轻载
合金结构钢	40Cr	调质 表面淬火	240HBW～260HBW 48HRC～55HRC	700 900	550 650	中速中载 高速中载,无剧烈冲击
	42SiMn	调质 表面淬火	217HBW～269HBW 45HRC～55HRC	750	470	高速中载,无剧烈冲击
	20Cr	渗碳淬火	56HRC～62HRC	650	400	高速中载,承受冲击
	20CrMnTi	渗碳淬火	56HRC～62HRC	1 100	850	
铸钢	ZG310-570	正火 表面淬火	160HBW～210HBW 40HRC～50HRC	570	320	中速中载,大直径
	ZG340-640	正火 调质	170HBW～230HBW 240HBW～270HBW	650 700	350 380	
球墨铸铁	QT600-2 QT600-5	正火 正火	220HBW～280HBW 147HBW～241HBW	600 500		低、中速轻载,有较小的冲击
灰铸铁	HT200 HT300	人工时效 (低温退火)	170HBW～230HBW 187HBW～235HBW	200 300		低速轻载,冲击很小

我国国家标准 GB/T 10095.1—2008 规定了渐开线圆柱齿轮传动的精度等级和公差。标准中规定了 13 个精度等级,从高到低依次用 0、1、2……11、12 级表示,其中常用 6～9 级。齿轮常用精度等级的加工方法及其应用范围见表 3-2-14。

表 3-2-14　　　　　　　　　齿轮常用精度等级的加工方法及其应用范围

齿轮的精度等级			6级(高精度)	7级(较高精度)	8级(普通)	9级(低精度)
齿面的最后加工方法			用范成法在精密机床上精磨或精剃	用范成法在精密机床上精插或精滚,对淬火齿轮需磨齿或研齿等	用范成法插齿或滚齿,不用磨齿,必要时剃齿或研齿	用范成法或仿形法粗滚或形铣
齿面粗糙度 Ra/μm			0.8～1.6	1.6～3.2	3.2～6.3	6.3
用途			用于分度机构或高速重载的齿轮,如机床、精密仪器、汽车、船舶、飞机中的重要齿轮	用于高、中速重载的齿轮,如机床、汽车、内燃机中的较重要齿轮,标准系列减速器中的齿轮	用于一般机械中的齿轮,不属于分度系统的机床齿轮,飞机、拖拉机中的不重要齿轮,纺织机械、农业机械中的重要齿轮	用于轻载传动的不重要齿轮,低速重载、对精度要求低的齿轮
圆周速度 v/(m·s^{-1})	圆柱齿轮	直齿	≤15	≤10	≤5	≤3
		斜齿	≤25	≤17	≤10	≤3.5
	圆锥齿轮	直齿	≤9	≤6	≤3	≤2.5

小齿轮材料选用 45 钢调质,硬度为 217HBW～255HBW;大齿轮材料选用 45 钢正火,硬度为 169HBW～217HBW。因为是普通减速器,选 8 级精度,要求齿面粗糙度 $Ra \leqslant 3.2$～$6.3\ \mu m$。

2. 按齿面接触疲劳强度设计

设计公式

$$d_1 \geqslant \sqrt[3]{\frac{KT_1(\mu \pm 1)}{\psi_d \mu} \left(\frac{3.52 Z_E}{[\sigma_H]}\right)^2}$$

(1) 转矩 T_1

$$T_1 = 9.55 \times 10^6 \frac{P}{n_1} = 9.55 \times 10^6 \times \frac{2.715}{320} = 81\ 026\ \text{N} \cdot \text{mm}$$

(2) 载荷系数 K 及材料的弹性系数 Z_E

由于原动机和工作机的工作特性不同,齿轮制造误差以及轮齿变形等原因还会引起附加动载荷,从而使实际载荷大于理想条件下的载荷。因此,计算齿轮强度时,需引用载荷系数来考虑上述各种因素的影响,使之尽可能符合作用在轮齿上的实际载荷。选择载荷系数 K,见表 3-2-15。

表 3-2-15　　　　　　　　　　　　　载荷系数 K

工作机械	载荷特性	电动机	多缸内燃机	单缸内燃机
均匀加料的运输机和加料机、轻型卷扬机、发电机、机床辅助传动	均匀、轻微冲击	1.0～1.2	1.2～1.6	1.6～1.8
不均匀加料的运输机和加料机、重型卷扬机、球磨机、机床主传动	中等冲击	1.2～1.6	1.6～1.8	1.8～2.1
冲床、钻床、轧机、破碎机、挖掘机	大的冲击	1.6～1.8	1.9～2.1	2.2～2.4

注:斜齿、圆周速度小、精度高、齿宽系数小、齿轮在两轴承间对称布置时取小值。直齿、圆周速度大、精度低、齿宽系数大、齿轮在两轴承间不对称布置时取大值。

根据表 3-2-15,选取 $K = 1.3$。

选择齿轮材料的弹性系数 Z_E,见表 3-2-16。

表 3-2-16　　　　　　　　齿轮材料的弹性系数 Z_E　　　　　　　　$\sqrt{\text{MPa}}$

两齿轮材料组合	钢/钢	钢/铸铁	铸铁/铸铁
Z_E	189.8	165.4	144

根据表 3-2-16,查得 $Z_E = 189.8 \sqrt{\text{MPa}}$。

(3) 齿数 z_1 和齿宽系数 ψ_d

设计中取 $z > z_{\min} = 17$,齿数多则重合度大,传动平稳,可减少磨损。若分度圆直径不变,增加齿数,减少模数,还可减少切齿加工量,节省制造费用。但模数小,齿厚变薄,会导致齿根弯曲疲劳强度降低,故在保证强度的前提下,齿数多一些为好。

在闭式软齿面齿轮传动中,齿根弯曲疲劳强度有较大的富余,可取较多的齿数,通常 $z_1 = 20$～40。在闭式硬齿面齿轮传动中,齿根折断为主要失效形式,可适当减少齿数以增大模数。在开式齿轮传动中,轮齿磨损是主要失效形式,为使轮齿不致过小,齿数不宜太多,通常 $z_1 = 17$～20。为了使各个相啮合齿对磨损均匀,传动平稳,z_1、z_2 应互为质数。

由强度计算可知,齿宽系数 ψ_d 越大,齿轮的承载能力就越强,同时小齿轮分度圆直径 d_1 减小,圆周速度减小,还可以使传动外廓尺寸减小。但 ψ_d 过大,载荷沿齿宽分布越不均匀,载荷集中严重。因此,ψ_d 应选取适当。

选择齿宽系数 ψ_d，见表 3-2-17。

表 3-2-17　齿宽系数 ψ_d

齿轮相对于轴承的位置	齿面硬度	
	软齿面（≤350HBW）	硬齿面（>350HBW）
对称布置	0.8～1.4	0.4～0.9
不对称布置	0.6～1.2	0.3～0.6
悬臂布置	0.3～0.4	0.2～0.25

注：1. 对于直齿圆柱齿轮取较小值，斜齿轮应取较大值，人字齿轮应取更大值。
2. 载荷平稳、轴的刚性较大时，取值应大一些；变载荷、轴的刚性较小时，取值应小一些。

小齿轮的齿数 z_1 取为 23，则大齿轮齿数 $z_2 = iz_1 = 3.81 \times 23 = 87.6$，取 $z_2 = 88$。因单级齿轮传动为对称布置，而齿轮齿面又为软齿面，本任务选取 $\psi_d = 1$。

(4) 齿轮材料的接触疲劳许用应力 $[\sigma_H]$

$$[\sigma_H] = \frac{\sigma_{Hlim} Z_N}{S_H} \text{ (MPa)}$$

式中　σ_{Hlim}——试验齿轮的齿面接触疲劳强度极限，用各种材料的齿轮试验测得，可查图 3-2-33，MPa；

Z_N——接触疲劳寿命系数，考虑当齿轮要求有限使用寿命时，齿轮许用应力可以增大的系数，与应力循环次数有关，可查图 3-2-34；

S_H——齿面接触疲劳强度安全系数，见表 3-2-18。

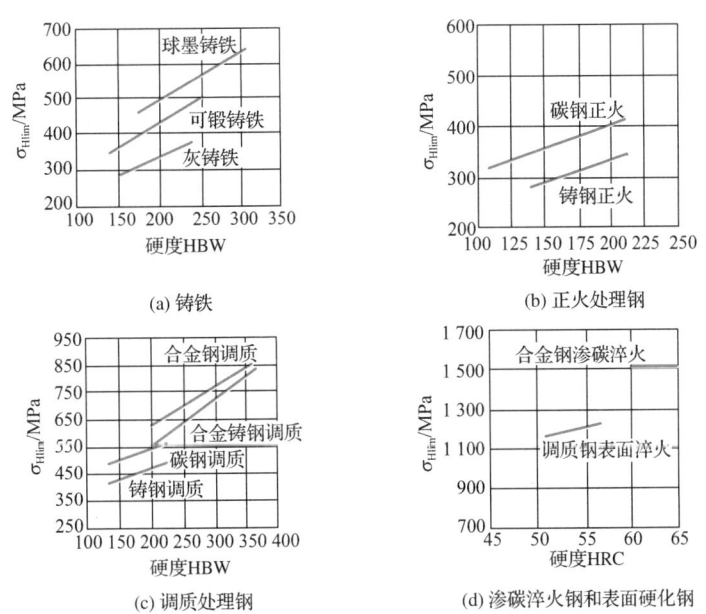

图 3-2-33　试验齿轮的接触疲劳强度极限 σ_{Hlim}

表 3-2-18　齿面接触疲劳强度安全系数 S_H

齿轮类型	软齿面（≤350HBW）	硬齿面（>350HBW）	重要的传动、渗碳淬火齿轮或铸造齿轮
S_H	1.0～1.1	1.1～1.2	1.3～1.6

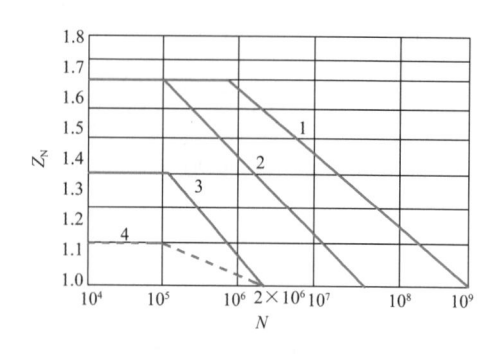

图 3-2-34 接触疲劳寿命系数 Z_N

1—钢正火、调质或表面硬化、球墨铸铁、可锻铸铁,允许有局限性疲劳点蚀;
2—钢正火、调质或表面硬化、球墨铸铁、可锻铸铁,不允许有局限性疲劳点蚀;
3—钢气体氮化、灰铸铁;4—钢调质后液体氮化

图 3-2-34 中,横坐标为应力循环次数 N,其值为

$$N = 60njL_h$$

式中　n——齿轮转速,r/min;
　　　j——齿轮转一转时同侧齿面的啮合次数;
　　　L_h——齿轮工作寿命,h。

根据图 3-2-33,查得 $\sigma_{Hlim1} = 560$ MPa,$\sigma_{Hlim2} = 450$ MPa。

$$N_1 = 60n_1jL_h = 60 \times 320 \times 1 \times (10 \times 300 \times 8 \times 2) = 9.22 \times 10^8$$

$$N_2 = \frac{N_1}{i} = \frac{9.22 \times 10^8}{3.81} = 2.42 \times 10^8$$

根据图 3-2-34,查得 $z_{N1} = 1.02$,$z_{N2} = 1.08$。

根据表 3-2-18,查得 $S_H = 1$。

$$[\sigma_H]_1 = \frac{z_{N1}\sigma_{Hlim1}}{S_H} = \frac{1.02 \times 560}{1} = 571.2 \text{ MPa}$$

$$[\sigma_H]_2 = \frac{z_{N2}\sigma_{Hlim2}}{S_H} = \frac{1.08 \times 450}{1} = 486 \text{ MPa}$$

$$d_1 \geq \sqrt[3]{\frac{KT_1(\mu \pm 1)}{\psi_d \mu}\left(\frac{3.52Z_E}{[\sigma_H]_2}\right)^2} = \sqrt[3]{\frac{1.3 \times 81\,026 \times (3.81+1)}{1 \times 3.81}\left(\frac{3.52 \times 189.8}{486}\right)^2} = 63.10 \text{ mm}$$

$$m = \frac{d_1}{z_1} = \frac{63.10}{23} = 2.74 \text{ mm}$$

根据表 3-2-3,选取模数 $m = 3$ mm。

齿轮传动的接触疲劳强度取决于齿轮直径(齿轮的大小)或中心距,即与 m、z 的乘积有关,而与模数的大小无关。

3. 主要尺寸计算

$$d_1 = mz_1 = 3 \times 23 = 69 \text{ mm}$$

$$d_2 = mz_2 = 3 \times 88 = 264 \text{ mm}$$

$$b_2 = \psi_d d_1 = 1 \times 63.10 = 63.10 \text{ mm}$$

经圆整后取 $b_2 = 65$ mm。为了保证补偿轴向加工和装配的误差,设计时使小齿轮的齿宽 b_1 比大齿轮的齿宽 b_2 大 5~10 mm。则取 $b_1 = b_2 + 5 = 70$ mm。

$$a=\frac{1}{2}m(z_1+z_2)=\frac{1}{2}\times 3\times(23+88)=166.5 \text{ mm}$$

4. 按齿根弯曲疲劳强度校核

校核公式为

$$\sigma_F=\frac{2KT_1}{bm^2 z_1}Y_F Y_S \leqslant [\sigma_F]$$

(1)选择齿形系数 Y_F 和应力修正系数 Y_S，分别见表 3-2-19 和表 3-2-20。

表 3-2-19　　　　　　　　　　　　标准外齿轮的齿形系数 Y_F

z	12	14	16	17	18	19	20	22	25	28	30	35	40	45	50	60	80	100	≥200
Y_F	3.47	3.22	3.03	2.97	2.91	2.85	2.81	2.75	2.65	2.58	2.54	2.47	2.41	2.37	2.35	2.30	2.25	2.18	2.14

注：$\alpha=20°, h_a^*=1, c^*=0.25$。

表 3-2-20　　　　　　　　　　　　标准外齿轮的应力修正系数 Y_S

z	12	14	16	17	18	19	20	22	25	28	30	35	40	45	50	60	80	100	≥200
Y_S	1.44	1.47	1.51	1.53	1.54	1.55	1.56	1.58	1.59	1.61	1.63	1.65	1.67	1.69	1.71	1.73	1.77	1.80	1.88

注：$\alpha=20°, h_a^*=1, c^*=0.25$，齿根圆角曲率半径 $\rho_f=0.38m$。

根据表 3-2-19，选取 $Y_{F1}=2.72, Y_{F2}=2.22$。

根据表 3-2-20，选取 $Y_{S1}=1.58, Y_{S2}=1.78$。

(2)齿轮材料的弯曲疲劳许用应力 $[\sigma_F]$ 为

$$[\sigma_F]=\frac{\sigma_{Flim} Y_N}{S_F}$$

式中　σ_{Flim}——试验齿轮的齿根弯曲疲劳强度极限，用各种材料的齿轮试验测得，可查图 3-2-35，MPa；

Y_N——弯曲疲劳寿命系数，考虑当齿轮要求有限使用寿命时，齿轮许用应力可以增大的系数，与应力循环次数有关，可查图 3-2-36；

S_F——弯曲疲劳强度安全系数，见表 3-2-21。

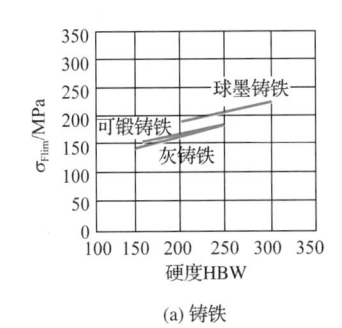

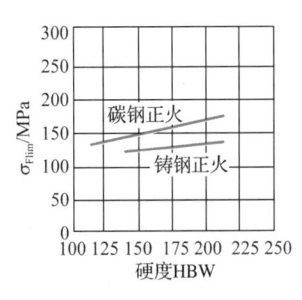

(a) 铸铁　　　　　　(b) 正火处理钢

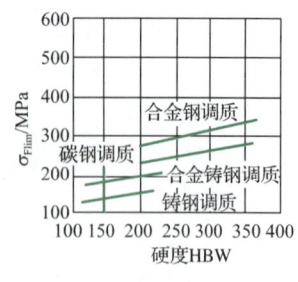

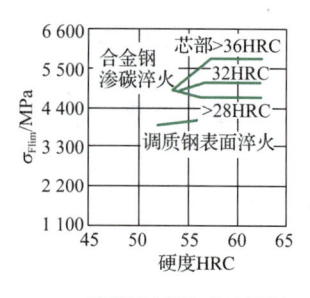

(c) 调质处理钢　　　　(d) 渗碳淬火钢和表面硬化钢

图 3-2-35　试验齿轮的弯曲疲劳强度极限 σ_{Flim}

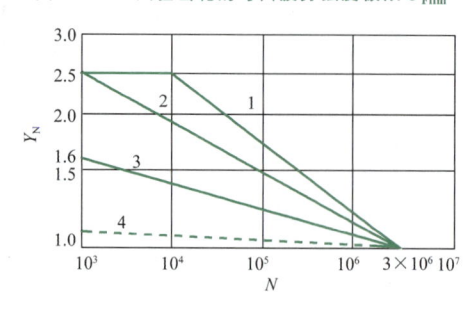

图 3-2-36　弯曲疲劳寿命系数 Y_N

1—结构钢、调质钢、灰铸铁、球墨铸铁、珠光体、可锻铸铁；
2—渗碳硬化钢；3—气体氮化钢；4—钢调质后液体氮化

表 3-2-21　　　　　　　　弯曲疲劳强度安全系数 S_F

齿轮类型	软齿面（≤350HBW）	硬齿面（>350HBW）	重要的传动、渗碳淬火齿轮或铸造齿轮
S_F	1.3～1.4	1.4～1.6	1.6～2.2

根据图 3-2-35，查得 $\sigma_{Flim1}=220$ MPa，$\sigma_{Flim2}=170$ MPa。

根据图 3-2-36，查得 $Y_{N1}=Y_{N2}=1$。

根据表 3-2-21，查得 $S_F=1.4$。

$$[\sigma_F]_1 = \frac{\sigma_{Flim1} Y_{N1}}{S_F} = \frac{220 \times 1}{1.4} = 157.14 \text{ MPa}$$

$$[\sigma_F]_2 = \frac{\sigma_{Flim2} Y_{N2}}{S_F} = \frac{170 \times 1}{1.4} = 121.43 \text{ MPa}$$

$$\sigma_{F1} = \frac{2KT_1}{b_2 m^2 z_1} Y_{F1} Y_{S1} = \frac{2 \times 1.3 \times 81\,026}{65 \times 3^2 \times 23} \times 2.72 \times 1.58 = 67.29 \text{ MPa} < [\sigma_F]_1$$

$$\sigma_{F2} = \sigma_{F1} \frac{Y_{F2} Y_{S2}}{Y_{F1} Y_{S1}} = 67.29 \times \frac{2.22 \times 1.78}{2.72 \times 1.58} = 61.87 \text{ MPa} < [\sigma_F]_2$$

齿根弯曲疲劳强度校核合格。

5. 验算齿轮的圆周速度 v

$$v = \frac{\pi d_1 n_1}{60 \times 1\,000} = \frac{\pi \times 69 \times 320}{60 \times 1\,000} = 1.16 \text{ m/s}$$

选 8 级精度是合适的。

6. 齿轮几何尺寸计算

齿顶高　　　　　　　　　　$h_a = h_a^* m = 1 \times 3 = 3$ mm

齿根高 $h_f = (h_a^* + c^*)m = (1+0.25) \times 3 = 3.75$ mm

齿全高 $h = h_a + h_f = 3 + 3.75 = 6.75$ mm

顶隙 $c = c^* m = 0.25 \times 3 = 0.75$ mm

齿顶圆直径 $d_{a1} = d_1 + 2h_a = 69 + 2 \times 3 = 75$ mm

          $d_{a2} = d_2 + 2h_a = 264 + 2 \times 3 = 270$ mm

齿根圆直径 $d_{f1} = d_1 - 2h_f = 69 - 2 \times 3.75 = 61.5$ mm

          $d_{f2} = d_2 - 2h_f = 264 - 2 \times 3.75 = 256.5$ mm

7. 齿轮上作用力的计算

主动齿轮 1 圆周力 $F_{t1} = \dfrac{2T_1}{d_1} = \dfrac{2 \times 81\,026}{69} = 2\,348.58$ N

主动齿轮 1 径向力 $F_{r1} = F_{t1} \tan \alpha = 2\,348.58 \times \tan 20° = 854.81$ N

从动齿轮 2 各个力与主动齿轮 1 上相应的力大小相等，作用方向相反。

8. 绘制齿轮零件图

略。

> **培养技能**

齿轮传动的装配和润滑

一、齿轮传动的装配

1. 齿轮传动部件的装配方法

（1）齿轮在轴上的装配方法

① 在轴上空套或滑移的齿轮，与轴一般为间隙配合，装配精度主要取决于零件本身的制造精度，装配时要注意检查轴、孔的尺寸。

② 在轴上固定的齿轮，与轴一般为过渡配合或过盈量较小的过盈配合，当过盈量较小时，可用手工工具敲入。运转方向经常变化、低速重载的齿轮，一般过盈量很大，可用热胀法或液压套合法装配。

③ 齿轮装到轴上时要避免偏心、歪斜及端面未贴紧轴肩等安装误差。装到轴上后，对于精度要求高的要检查径向跳动和端面跳动。

（2）齿轮及轴组件装入箱体

齿轮及轴组件装入箱体时，应首先装入转速最低的轴，然后依次装入转速较高的轴，装好后应保证规定的啮合间隙和接触精度。装配精度除受齿轮在轴上的装配精度影响外，还与箱体的几何精度，如箱体孔的同轴度、轴线间的平行度等有关，同时还可能与相邻轴中的齿轮相对方位有关。

2. 齿轮装配啮合质量检验

（1）中心距偏差的检验

中心距偏差可以利用检验心轴和内径百分尺或游标卡尺进行检验。平行度和倾斜度的检查方法是先将齿轮轴或检验心轴放置在齿轮箱的轴承孔内，然后用内径百分尺来测量中心线的平行度，再用水平仪来测量轴中心线的倾斜度。

（2）齿侧间隙的检验

齿侧间隙的检验采用压铅丝法。在小齿轮齿宽方向上放置两根以上的铅丝，铅丝的直径根据间隙的大小选定，铅丝的长度以压上 3 个齿为好，并用干油粘在齿上，如图 3-2-37 所示。转动齿轮将铅丝压好后，用千分尺或精度为 0.02 mm 的游标卡尺测量压扁的铅丝的厚度。在每条铅丝的压痕中，厚度小的是工作侧隙，厚度较大的是非工作侧隙，最厚的是齿顶间隙。轮齿的工作侧隙和非工作侧隙之和就是齿侧间隙。当测得的齿侧间隙超出规定值时，可通过改变齿轮轴位置和修配齿面来调整。

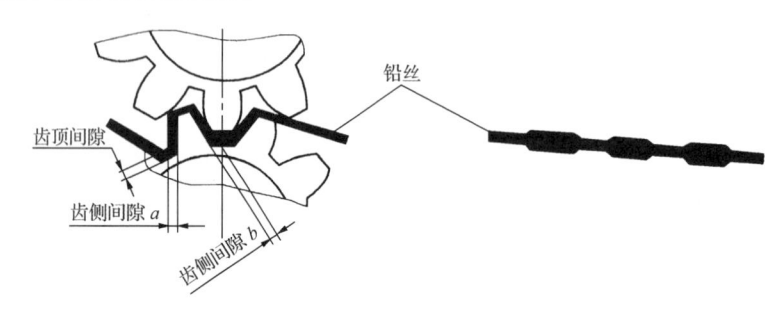

图 3-2-37　压铅丝法检验齿侧间隙

（3）齿轮接触精度的检验

齿轮接触精度可用擦光法或涂色法检验。用小齿轮驱动大齿轮（用涂色法时，将颜色涂在小齿轮上），将大齿轮转动 3～4 转后，则金属的亮度或涂色的色进（斑点）即显示在大齿轮轮齿的工作表面上，根据接触斑点可以判定齿轮装配的正确性，如图 3-2-38 所示。

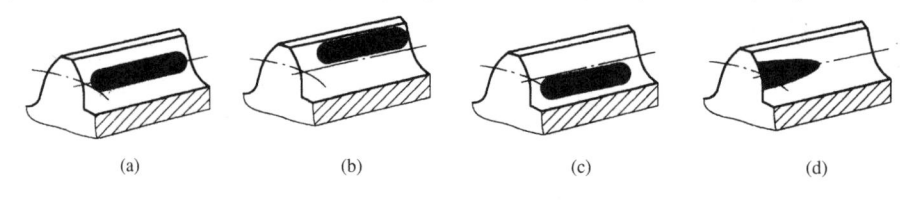

图 3-2-38　根据接触斑点的分布判断啮合情况

① 中心距与啮合间隙正确，如图 3-2-38(a)所示，接触斑点的位置均匀地分布在节线的上下。

② 中心距过大，如图 3-2-38(b)所示，则啮合间隙就会增大，接触斑点的位置偏向齿顶。

③ 中心距过小，如图 3-2-38(c)所示，则啮合间隙就会减小，接触斑点的位置偏向齿根。

④ 中心距正确，但中心线发生歪斜，如图 3-2-38(d)所示，则啮合间隙在整个齿长方向上是不均匀的，接触斑点的位置偏向齿的端部。

二、齿轮传动的润滑

对齿轮传动进行润滑，可以减少齿面间的摩擦和磨损，还可以防锈和减小噪声，从而可提高传动效率和延长齿轮寿命。

1. 润滑方式

开式及半开式齿轮传动或速度较低的闭式齿轮传动，通常采用人工周期性加油润滑。

闭式齿轮传动的润滑方式有浸油润滑和喷油润滑两种，一般可根据齿轮的圆周速度进行选择。

(1)浸油润滑

当齿轮的圆周速度 $v \leqslant 12$ m/s 时,通常采用浸油润滑方式,如图 3-2-39 所示。浸入油中的深度约一个齿高,但不小于 10 mm,浸油过深会增大运动阻力并使油温升高。浸油齿轮的齿顶距离油箱底面 $\geqslant 30 \sim 50$ mm,以免搅起油泥,如图 3-2-39(a)所示。在多级齿轮传动中,可采用带油轮将油带到未浸入油池内的轮齿面上,如图 3-2-39(b)所示,同时将油甩到齿轮箱壁上散热,有利于冷却。

(2)喷油润滑

当齿轮的圆周速度 $v > 12$ m/s 时,由于圆周速度大,齿轮搅油剧烈,且因离心力较大,会使黏附在齿廓面上的油被甩掉,因此不宜采用浸油润滑,可采用喷油润滑。喷油润滑用油泵将具有一定压力的润滑油经喷嘴喷到齿面上,如图 3-2-40 所示。

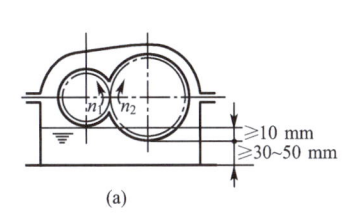

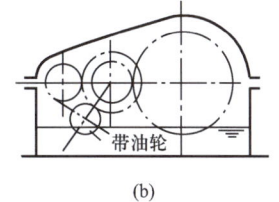

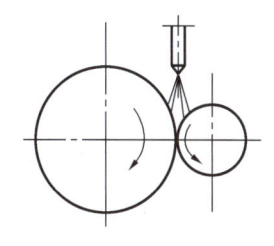

图 3-2-39　浸油润滑

图 3-2-40　喷油润滑

2. 润滑剂的选择

通常根据齿轮材料和圆周速度选取润滑油的黏度,并由选定的黏度再确定润滑油的牌号(参看有关机械设计手册)。齿轮传动润滑油推荐用值见表 3-2-22。

表 3-2-22　齿轮传动润滑油推荐用值

齿轮材料	强度极限 σ_B/MPa	圆周速度 v/(m·s^{-1})					
		<0.5	0.5~1	1~2.5	2.5~5	5~12.5	12.5~25	>25
		运动黏度 $\nu_{50℃}$/(mm^2·s^{-1})					
塑料、青铜、铸铁	—	177	118	81.5	59	44	32.4	—
钢	450~1 000	266	177	118	81.5	59	44	32.4
	1 000~1 250	266	266	177	118	81.5	59	44
渗碳或表面淬火钢	1 250~1 580	444	266	266	177	118	81.5	59

注:1. 多级齿轮传动按各级所选润滑油黏度的平均值来确定润滑油;
2. 对于 $\sigma_B > 800$ MPa 的镍铬钢制齿轮(不渗碳),润滑油黏度取高一档的数值。

能力检测

一、选择题

1. 对于渐开线标准齿轮,影响齿轮齿廓形状的是_____。
   A. 齿轮的基圆半径　　　　　　　B. 齿轮的分度圆半径
   C. 齿轮的节圆半径　　　　　　　D. 齿轮的任意圆半径

2. 直齿圆柱齿轮传动的重合度是_____。
   A. 理论啮合线长度与齿距的比值　　B. 实际啮合线长度与齿距的比值
   C. 理论啮合线长度与基圆齿距的比值　D. 实际啮合线长度与基圆齿距的比值

3. 一对圆柱齿轮传动中,当齿面产生疲劳点蚀时,通常发生在_____。
   A. 靠近齿顶处　　　　　　　　　　B. 靠近齿根处
   C. 靠近节线的齿顶部分　　　　　　D. 靠近节线的齿根部分
4. 为提高齿轮传动的抗疲劳点蚀能力,可考虑采取_____的方法。
   A. 使用闭式传动　　　　　　　　　B. 增大传动中心距
   C. 减少齿轮齿数,增大齿轮模数　　D. 增大齿面硬度
5. _____不利于提高轮齿抗疲劳折断能力。
   A. 减小齿面粗糙度值　　　　　　　B. 减轻加工损伤
   C. 表面强化处理　　　　　　　　　D. 减小齿根过渡曲线半径
6. 在直齿圆柱齿轮设计中,若中心距保持不变,而把模数增大,则_____。
   A. 可提高齿根弯曲疲劳强度　　　　B. 可提高齿面接触疲劳强度
   C. 齿根弯曲与齿面接触疲劳强度均可提高　D. 齿根弯曲与齿面接触疲劳强度均不变
7. 与直齿圆柱齿轮传动比较,斜齿圆柱齿轮传动存在_____的特点。
   A. 工作平稳、噪声小　　　　　　　B. 承载能力大
   C. 改变螺旋角大小可配凑所需的中心距　D. 有轴向力作用于轴和轴承
8. 某圆柱齿轮减速器,在分度圆直径、齿宽、外载荷不变的条件下,将直齿改为斜齿,齿轮的接触应力将_____。
   A. 增大　　　　B. 不变　　　　C. 减小　　　　D. 增减无定论
9. 直齿圆锥齿轮的标准模数是_____。
   A. 小端模数　　　　　　　　　　　B. 大端模数
   C. 齿宽中点法向模数　　　　　　　D. 齿宽中点的平均模数
10. 选择齿轮的结构形式(实心式、腹板式、轮辐式)和毛坯获得的方法(棒料车削、锻造、模压和铸造等),与_____有关。
    A. 齿圈宽度　　　　　　　　　　　B. 齿轮的直径
    C. 齿轮在轴上的位置　　　　　　　D. 齿轮的精度
11. 直径较大的腹板式齿轮,为了_____,常在腹板上制有几个圆孔。
    A. 保持齿轮运转时的平衡　　　　　B. 减小齿轮运转时的阻力
    C. 减少加工费用　　　　　　　　　D. 节省材料、减轻质量和便于拆装
12. 选择齿轮精度等级的主要依据,是根据齿轮的_____。
    A. 圆周速度的大小　B. 转速的大小　C. 传递功率的大小　D. 传递转矩的大小
13. 一对圆柱齿轮,通常把小齿轮的齿宽做得比大齿轮宽一些,其主要原因是_____。
    A. 为了使传动平稳　　　　　　　　B. 为了提高传动效率
    C. 为了提高齿面接触强度　　　　　D. 为了便于安装,保证接触线长
14. 减速器中大、小两标准齿轮的应力关系为_____。
    A. $\sigma_{H1}=\sigma_{H2}$,$\sigma_{F1}=\sigma_{F2}$　　　　B. $\sigma_{H1}>\sigma_{H2}$,$\sigma_{F1}>\sigma_{F2}$
    C. $\sigma_{H1}=\sigma_{H2}$,$\sigma_{F1}>\sigma_{F2}$　　　　D. $\sigma_{H1}<\sigma_{H2}$,$\sigma_{F1}<\sigma_{F2}$

15. 如图 3-2-41 所示为圆柱齿轮齿面接触斑点,其中安装正确的是_____图。

图 3-2-41　选择题 15 图

二、判断题

1. 渐开线的形状与基圆的大小无关。　　　　　　　　　　　　　　　　　　　( )
2. 渐开线上各点压力角都不相等,越远离基圆压力角越小。　　　　　　　　　( )
3. 渐开线上任意一点的法线不可能都与基圆相切。　　　　　　　　　　　　　( )
4. 单个齿轮既有分度圆,又有节圆。　　　　　　　　　　　　　　　　　　　( )
5. 标准直齿圆柱齿轮传动的实际中心距恒等于标准中心距。　　　　　　　　　( )
6. 按标准中心距安装的渐开线标准直齿圆柱齿轮,节圆与分度圆重合,啮合角在数值上等于分度圆上的压力角。　　　　　　　　　　　　　　　　　　　　　　　　　( )
7. 标准直齿圆柱齿轮不发生根切的最少齿数为 14。　　　　　　　　　　　　　( )
8. 在一对标准圆柱齿轮传动中,模数相同,则两齿轮齿根弯曲疲劳强度相同。　( )
9. 在齿轮传动中,当材料相同时,小齿轮和大齿轮的齿根弯曲疲劳强度不相同。( )
10. 齿面疲劳点蚀最先发生在轮齿的齿顶靠近齿顶圆的区域。　　　　　　　　( )
11. 在齿轮传动中,若材料不同,小齿轮和大齿轮的接触应力亦不同。　　　　( )
12. 斜齿轮传动的平稳性和同时参加啮合的齿数比直齿轮高,所以斜齿轮多用于高速传动。　　　　　　　　　　　　　　　　　　　　　　　　　　　　　　　　　( )
13. 标准斜齿圆柱齿轮的正确啮合条件是两齿轮的端面模数和压力角相等,螺旋角相等,螺旋方向相反。　　　　　　　　　　　　　　　　　　　　　　　　　　　　( )
14. 圆柱齿轮计算中的齿宽系数是大齿轮的齿宽与大齿轮的分度圆直径之比。　( )
15. 为了便于装配,通常小齿轮的宽度比大齿轮的宽度大 5～10 mm。　　　　( )

三、设计计算题

1. 当 $\alpha = 20°$ 的渐开线标准直齿圆柱齿轮的齿根圆和基圆相重合时,其齿数应为多少?若齿数大于求出的数值,则基圆和齿根圆哪一个大?

2. 为修配一残损的标准直齿圆柱外齿轮,实测齿高为 8.96 mm,齿顶圆直径为 135.9 mm,试确定齿轮的分度圆直径 d、齿顶圆直径 d_a、齿根圆直径 d_f 和基圆直径 d_b。

3. 一对外啮合标准直齿圆柱齿轮传动,其中小齿轮是主动齿轮,大齿轮已损坏需重配。已知小齿轮齿数 $z_1 = 28$,测得齿顶圆直径为 $d_{a1} = 91$ mm,两齿轮传动标准中心距 $a = 150$ mm,试计算这对齿轮的传动比 i、大齿轮的齿数 z_2、齿顶圆直径 d_{a2}、齿距 p。

4. 现有 4 个标准齿轮:$m_1 = 4$ mm,$z_1 = 25$;$m_2 = 4$ mm,$z_2 = 50$;$m_3 = 3$ mm,$z_3 = 60$;$m_4 = 2.5$ mm,$z_4 = 40$。问:

(1) 哪两个齿轮的渐开线形状相同?

(2) 哪两个齿轮能正确啮合?

(3) 哪两个齿轮能用同一把滚刀加工?这两个齿轮能否改成用同一把铣刀加工?

5. 如图 3-2-42 所示为二级斜齿圆柱齿轮减速器,已知主动齿轮 1 的螺旋角及转向,为了使装有齿轮 2 和齿轮 3 的中间轴的轴向力较小,试确定齿轮 2、3、4 的轮齿螺旋角旋向和各齿轮产生的轴向力方向。

6. 如图 3-2-43 所示为斜齿圆锥齿轮减速器,若要求齿轮 2 和齿轮 3 上的轴向力方向相反,试确定齿轮 3 的轮齿旋向,并分别画出两对齿轮在啮合处的受力图。

图 3-2-42 设计计算题 5 图　　图 3-2-43 设计计算题 6 图

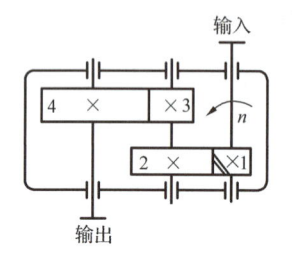

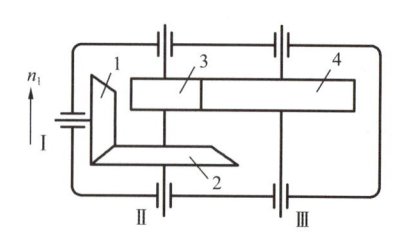

7. 一闭式直齿圆柱齿轮传动,已知传递功率 $P=3$ kW,转速 $n_1=960$ r/min,模数 $m=2$ mm,齿数 $z_1=28, z_2=90$,齿宽 $b_1=65$ mm, $b_2=60$ mm。小齿轮材料为 45 钢调质,大齿轮材料为 ZG310-570 正火。载荷平稳,电动机驱动,单向转动,预期使用寿命 10 年,两班制工作。试校核这对齿轮传动的强度。

任务三　蜗杆传动的设计计算

知识目标

(1)能阐述蜗杆传动的组成、工作原理、特点和应用。
(2)熟练掌握蜗杆传动的主要参数和几何尺寸计算。
(3)了解蜗杆传动的失效形式、材料选择及蜗轮、蜗杆结构设计。
(4)掌握普通圆柱蜗杆传动的运动分析和受力分析,掌握蜗杆传动强度计算和热平衡计算的基本原理与方法。

能力目标

(1)正确计算蜗杆传动的几何尺寸。
(2)正确分析普通圆柱蜗杆传动的运动和受力。
(3)正确完成蜗杆传动强度计算和热平衡计算。

认识蜗杆传动

任务分析

传递空间两交错轴之间的运动和动力时常采用由蜗杆、蜗轮组成的蜗杆传动,如图 3-3-1 所示,通常两轴交错角为 90°,作大传动比的减速传动。

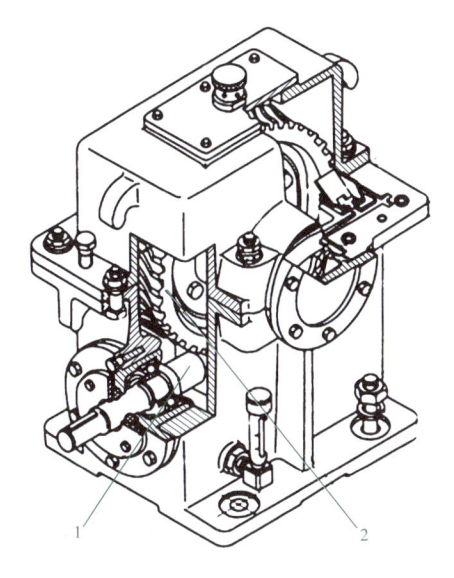

图 3-3-1 蜗杆传动
1—蜗杆；2—蜗轮

夯实理论

一、蜗杆传动的类型及特点

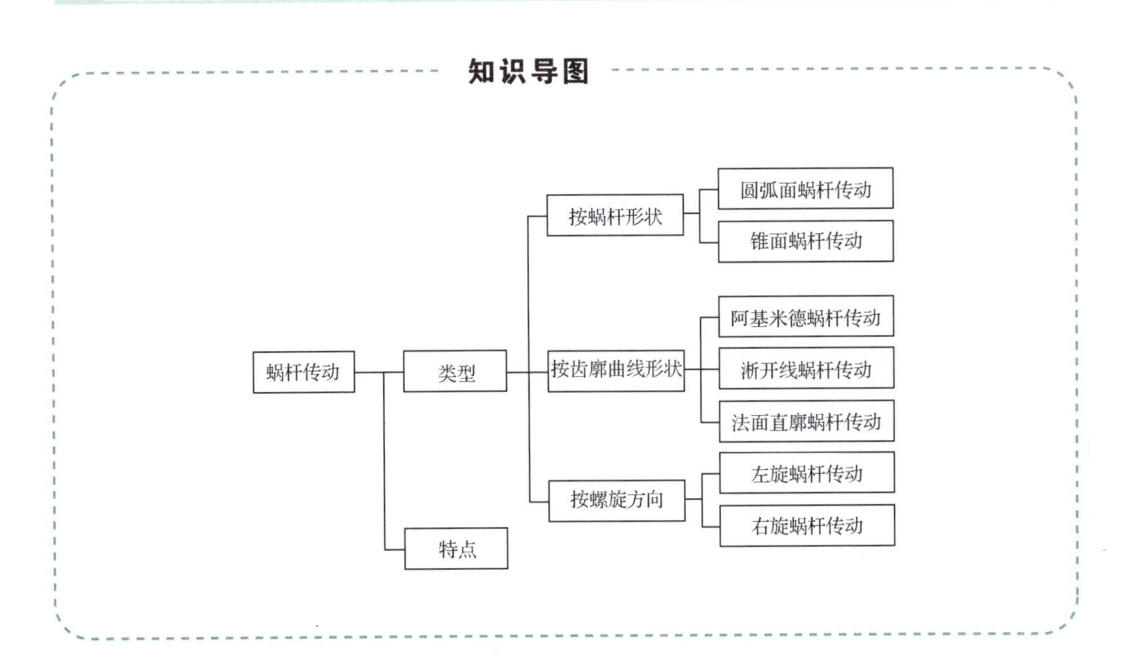

知识导图

蜗杆传动 — 类型
- 按蜗杆形状
  - 圆弧面蜗杆传动
  - 锥面蜗杆传动
- 按齿廓曲线形状
  - 阿基米德蜗杆传动
  - 渐开线蜗杆传动
  - 法面直廓蜗杆传动
- 按螺旋方向
  - 左旋蜗杆传动
  - 右旋蜗杆传动

蜗杆传动 — 特点

（一）蜗杆传动的类型

蜗杆传动的类型见表 3-3-1。

表 3-3-1　　　　　　　　　　　　　　蜗杆传动的类型

分类方法	名　称	结构简图
按蜗杆的形状分类	圆柱蜗杆传动	
按蜗杆形状分类	圆弧面蜗杆传动	
	锥面蜗杆传动	
按齿廓曲线形状分类	阿基米德蜗杆（ZA 型）传动	
	渐开线蜗杆（ZI 型）传动	

续表

分类方法	名 称	结构简图
按齿廓曲线形状分类	法面直廓蜗杆（ZN 型）传动	
按螺旋方向分类	左旋蜗杆传动	
	右旋蜗杆传动	

（二）蜗杆传动的特点

蜗杆传动与齿轮传动相比，具有以下特点：

（1）传动比大，结构紧凑。这是它的最大特点。单级蜗杆传动比 $i=5\sim80$，若只传递运动（如分度机构），其传动比 i 可达 1 000。

（2）传动平稳，噪声小。由于蜗杆齿呈连续的螺旋状，它与蜗轮齿的啮合是连续不断地进行的，同时啮合的齿数较多。

（3）可制成具有自锁性的蜗杆。当蜗杆的螺旋线升角 λ 小于啮合面的当量摩擦角 ρ_v 时，蜗杆传动具有自锁性，此时只能蜗杆带动蜗轮转动，反之则不能运动。

（4）传动效率低。因蜗杆传动齿面间存在较大的相对滑动，摩擦损耗大，效率较低。一般为 $\eta=0.7\sim0.8$，具有自锁性的蜗杆传动 $\eta\leqslant0.5$。

（5）蜗轮的造价较高。为减轻齿面的磨损及防止胶合，蜗轮一般采用价格较贵的有色金属制造。

二、蜗杆传动的基本参数、几何尺寸计算和正确啮合条件

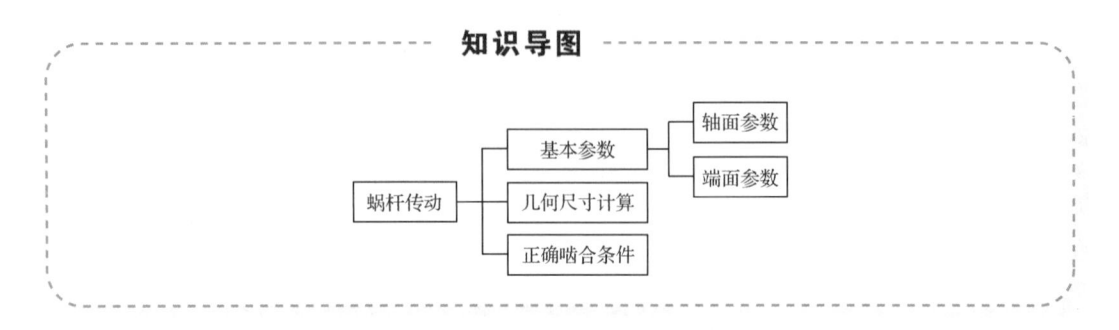

知识导图

```
                          ┌─ 基本参数 ──┬─ 轴面参数
                          │            └─ 端面参数
          蜗杆传动 ───────┼─ 几何尺寸计算
                          │
                          └─ 正确啮合条件
```

如图 3-3-2 所示,通过蜗杆轴线并垂直于蜗轮轴线的平面称为中间平面。在中间平面上,蜗轮与蜗杆的啮合相当于渐开线齿轮与齿条的啮合。因此,设计蜗杆传动时,其参数和尺寸均在中间平面内确定,并沿用渐开线圆柱齿轮传动的计算公式。

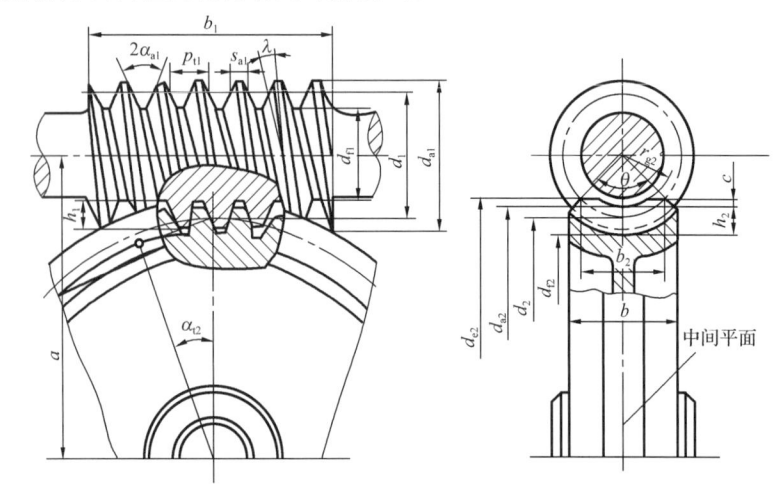

蜗杆传动的基本参数和尺寸计算

图 3-3-2 蜗杆传动的主要参数和几何尺寸

(一) 蜗杆传动的基本参数

蜗杆传动的基本参数见表 3-3-2。

表 3-3-2　　蜗杆传动的基本参数

名　称	符　号	说　明
蜗杆头数	z_1	蜗杆螺旋线的数目
蜗轮齿数	z_2	蜗轮圆周上均匀分布的轮齿总数
传动比	i	蜗杆转速与蜗轮转速的比值
模数	m_{a1}	蜗杆的轴面模数
	m_{t2}	蜗轮的端面模数
压力角	α_{a1}	蜗杆的轴面压力角
	α_{t2}	蜗轮的端面压力角
蜗杆导程角	λ	蜗杆分度圆展开,其螺旋线与端面的夹角 蜗杆导程角大时,传动效率高,但蜗杆切削加工较困难
蜗杆直径系数	q	蜗杆分度圆直径与模数的比值 为了限制滚刀数量,有利于滚刀标准化

（二）蜗杆传动的几何尺寸计算

标准圆柱蜗杆传动的几何尺寸计算公式见表 3-3-3。

表 3-3-3　　　　　　　　　标准圆柱蜗杆传动的几何尺寸计算公式

名　称	计算公式 蜗　杆	计算公式 蜗　轮
齿顶高	$h_{a1}=h_a^* m=m$	$h_{a2}=h_a^* m=m$
齿根高	$h_{f1}=(h_a^*+c^*)m=1.2m$	$h_{f2}=(h_a^*+c^*)m=1.2m$
分度圆直径	$d_1=mq$	$d_2=mz_2$
分度圆直径	$d_1=mq$	$d_2=mz_2$
齿顶圆直径	$d_{a1}=d_1+2h_{a1}$	$d_{a2}=d_2+2h_{a2}$
齿根圆直径	$d_{f1}=d_1-2h_{f1}$	$d_{f2}=d_2-2h_{f2}$
顶隙	$c=0.2m$	
蜗杆轴向齿距 蜗轮端面齿距	$p_{a1}=p_{t2}=\pi m$	
蜗杆分度圆柱的导程角	$\lambda=\arctan\dfrac{z_1}{q}$	—
蜗轮分度圆上轮齿的螺旋角	—	$\beta=\lambda$
中心距	$a=\dfrac{1}{2}(d_1+d_2)=\dfrac{m}{2}(q+z_2)$	

（三）蜗杆传动的正确啮合条件

根据传动原理，轴交角为 90°的蜗杆传动的正确啮合条件为

$$m_{a1}=m_{t2}=m$$
$$\alpha_{a1}=\alpha_{t2}=\alpha=20°$$
$$\lambda=\beta$$

即蜗杆和蜗轮的模数、压力角分别相等，蜗杆导程角 λ 必须与蜗轮螺旋角 β 相等，且旋向相同。

三、蜗杆传动的失效形式和设计准则

知识导图

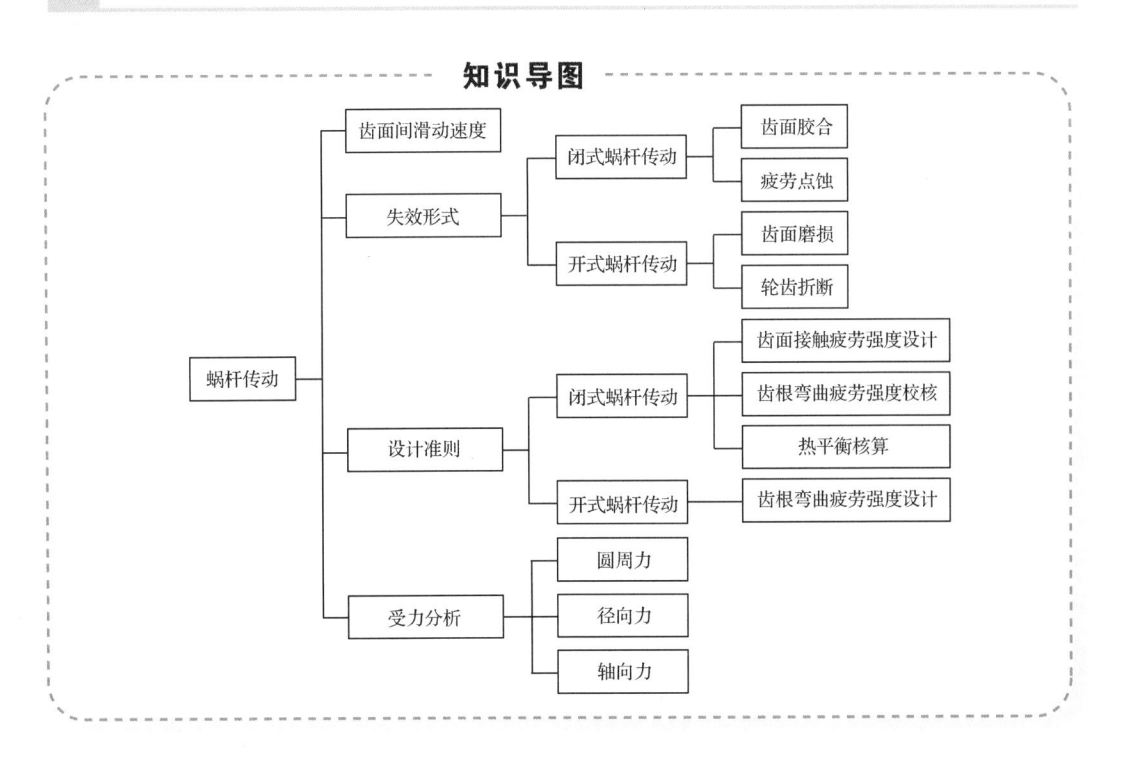

- 蜗杆传动
  - 失效形式
    - 齿面间滑动速度
    - 闭式蜗杆传动
      - 齿面胶合
      - 疲劳点蚀
    - 开式蜗杆传动
      - 齿面磨损
      - 轮齿折断
  - 设计准则
    - 闭式蜗杆传动
      - 齿面接触疲劳强度设计
      - 齿根弯曲疲劳强度校核
      - 热平衡核算
    - 开式蜗杆传动
      - 齿根弯曲疲劳强度设计
  - 受力分析
    - 圆周力
    - 径向力
    - 轴向力

（一）蜗杆传动的失效形式

1. 齿面间相对滑动速度 v_s

如图 3-3-3 所示，蜗杆传动齿面间存在较大的相对滑动速度 v_s，沿蜗杆螺旋线的切线方向。v_1 为蜗杆的圆周速度，v_2 为蜗轮的圆周速度，v_1 和 v_2 的方向相互垂直，因此，$v_s = \sqrt{v_1^2 + v_2^2} = v_1/\cos\lambda$。

由于齿廓间的相对速度较大，产生的热量使润滑油温度升高且变稀，造成传动效率降低。

2. 轮齿的失效形式

因为蜗杆传动的齿面间相对滑动速度较大，易发生磨损和胶合，所以闭式蜗杆传动主要失效形式是齿面胶合或疲劳点蚀，开式蜗杆传动主要失效形式是齿面磨损或轮齿折断。由于材料和结构上的原因，蜗杆螺旋齿部分的强度总是高于蜗轮轮齿的强度，因此失效一般总发生在蜗轮轮齿上。

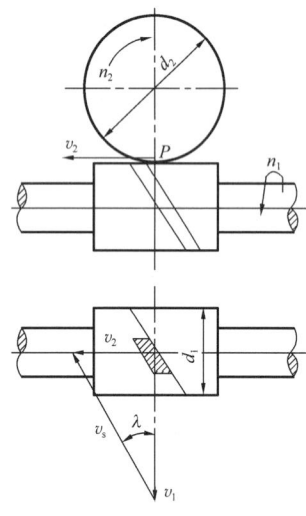

图 3-3-3 齿面间相对滑动速度

（二）蜗杆传动的设计准则

对于胶合和磨损的计算只是参照圆柱齿轮传动的计算方法，进行齿面接触疲劳强度和齿根弯曲疲劳强度的条件性计算，在选取材料的许用应力时适当考虑胶合和磨损的影响。

闭式蜗杆传动主要失效形式是齿面胶合或疲劳点蚀，要按齿面接触疲劳强度进行设计，按齿根弯曲疲劳强度进行校核，由于散热较困难，还应进行热平衡核算。

开式蜗杆传动多发生齿面磨损或轮齿折断，通常按齿根弯曲疲劳强度进行设计。

（三）蜗杆传动的受力分析

蜗杆传动的受力分析与斜齿圆柱齿轮的受力分析相似。在不计摩擦力的情况下，齿面上的法向力 F_n 可分解为三个相互垂直的分力：圆周力 F_t、轴向力 F_a、径向力 F_r，如图 3-3-4 所示。

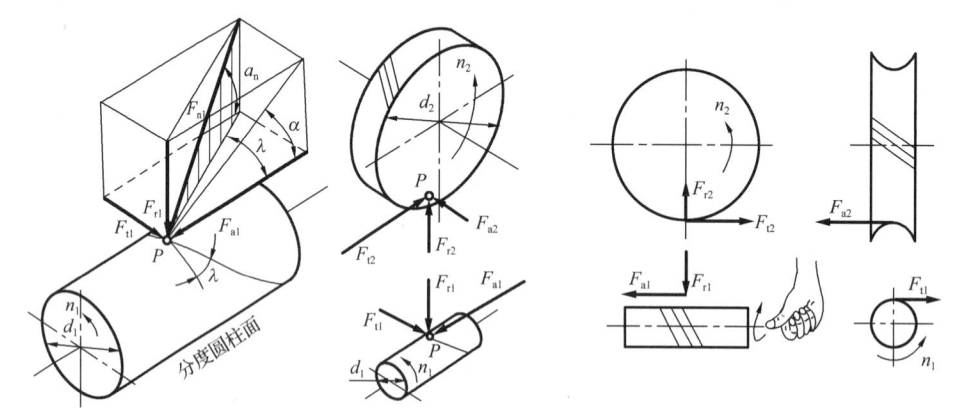

图 3-3-4 蜗杆传动的作用力

由于蜗杆与蜗轮轴交错 90°角，根据作用力与反作用力原理可得

$$F_{t1} = -F_{a2} = \frac{2T_1}{d_1}$$

$$-F_{a1}=F_t=\frac{2T_2}{d_2}$$

$$-F_{r1}=F_{r2}=F_{t2}\tan\alpha$$

$$T_2=T_1 i\eta$$

式中 T_1——作用于蜗杆的转矩，N·mm；
　　　T_2——作用于蜗轮的转矩，N·mm；
　　　η——蜗杆的传动效率；
　　　d_1——蜗杆的分度圆直径，mm；
　　　d_2——蜗轮的分度圆直径，mm；
　　　α——压力角，$\alpha=20°$。

蜗杆传动的左右手法则

蜗杆、蜗轮受力方向的判别方法与斜齿轮相同。一般先确定蜗杆（主动件）的受力方向。其所受的圆周力 F_{t1} 的方向与转向相反；径向力 F_{r1} 的方向沿半径指向轴心；轴向力 F_{a1} 的方向取决于螺旋线的旋向和蜗杆的转向，按主动轮左、右手定则来确定。作用于蜗轮上的力可根据作用力与反作用力原理来确定。

四、蜗杆传动强度计算

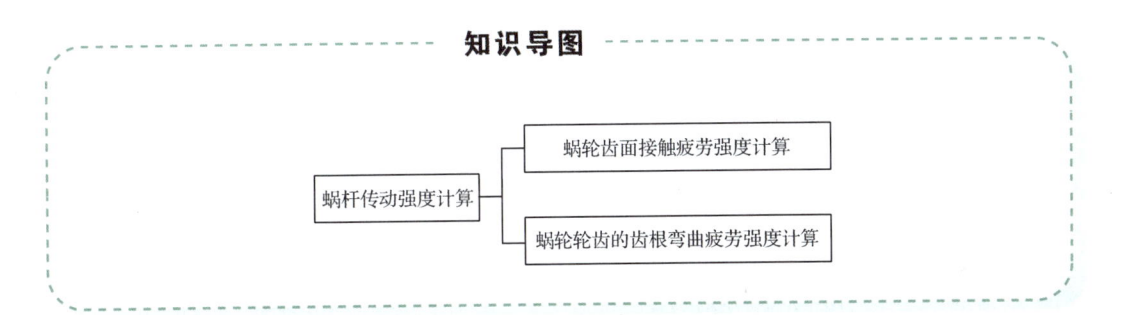

知识导图

蜗杆传动强度计算 ── 蜗轮齿面接触疲劳强度计算
　　　　　　　　└── 蜗轮轮齿的齿根弯曲疲劳强度计算

（一）蜗轮齿面接触疲劳强度计算

校核公式为

$$\sigma_H=520\sqrt{\frac{KT_2}{d_1 d_2^2}}=520\sqrt{\frac{KT_2}{m^2 d_1 z_2^2}}\leqslant[\sigma_H]$$

设计公式为

$$m^2 d_1 \geqslant KT_2\left(\frac{520}{z_2[\sigma_H]}\right)^2$$

式中 T_2——蜗轮轴的转矩，N·mm；
　　　d_2——蜗轮分度圆直径，mm；
　　　z_2——蜗轮齿数；
　　　K——载荷系数；
　　　m——蜗杆的模数，mm；
　　　d_1——蜗杆的分度圆直径，mm；
　　　$[\sigma_H]$——蜗轮材料的接触疲劳许用应力，MPa。

该设计公式适用于钢制蜗杆对青铜或铸铁蜗轮。

(二) 蜗轮轮齿的齿根弯曲疲劳强度计算

校核公式为

$$\sigma_F = \frac{2.2KT_2}{d_1 d_2 m \cos \lambda} Y_{F2} \leqslant [\sigma_F]$$

设计公式为

$$m^2 d_1 \geqslant \frac{2.2KT_2}{z_2 [\sigma_F] \cos \lambda} Y_{F2}$$

式中　Y_{F2}——蜗轮的齿形系数；

　　　$[\sigma_F]$——蜗轮弯曲疲劳许用应力，MPa。

五、蜗杆和蜗轮的结构

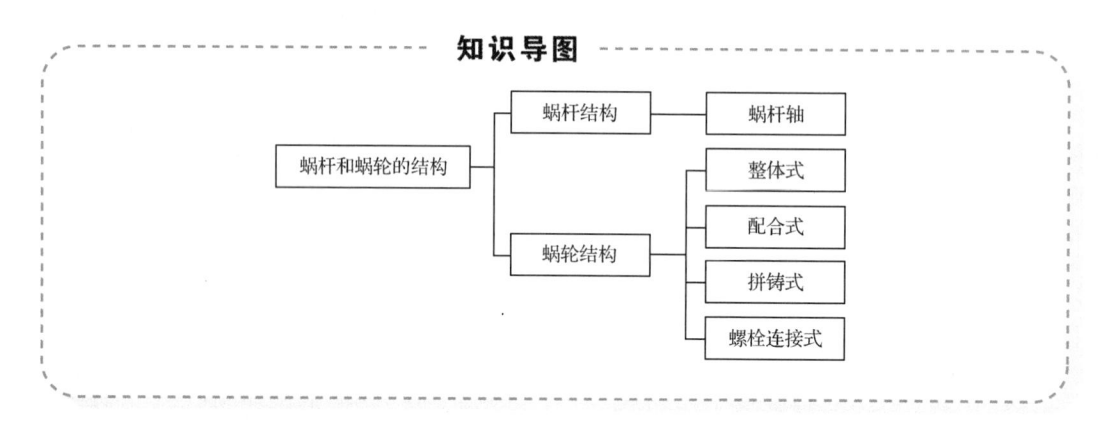

知识导图

蜗杆和蜗轮的结构
- 蜗杆结构 —— 蜗杆轴
- 蜗轮结构
  - 整体式
  - 配合式
  - 拼铸式
  - 螺栓连接式

蜗杆和蜗轮的结构见表 3-3-4。

表 3-3-4　　蜗杆和蜗轮的结构

蜗杆传动	结构名称	特点或适用范围	结构简图
蜗杆结构	蜗杆轴（铣制）	齿根圆直径小于相邻轴段直径，刚度大	
	蜗杆轴（车制）	齿根圆直径大于相邻轴段直径，刚度小	
蜗轮结构	整体式	适用于铸铁蜗轮或直径小于 100 mm 的青铜蜗轮	
	配合式	齿圈用青铜制作，轮芯用铸铁或铸钢制作，采用过盈配合（H7/r6），并沿配合面安装 4～6 个紧定螺钉，适用于中等尺寸且工作温度变化较小的场合	

续表

蜗杆传动	结构名称	特点或适用范围	结构简图
蜗轮结构	拼铸式	将青铜轮缘铸在铸铁轮芯上后切齿,在轮芯上制出榫槽,以防轴向滑动,适用于中等尺寸、批量生产的蜗轮	
	螺栓连接式	齿圈和轮芯用普通螺栓或铰制孔螺栓连接,装拆方便,适用于直径较大或容易磨损的蜗轮	

任务实施

一、设计要求与数据

设计一闭式蜗杆传动减速器,如图 3-3-1 所示。蜗杆输入功率 $P_1=7.5$ kW,蜗杆的转速 $n_1=1\ 450$ r/min,传动比 $i=25$,载荷平稳,单向回转,预期使用寿命 15 000 h,估计散热面积 $A=1.5$ m^2,通风良好。

二、设计内容

(1)选择蜗杆、蜗轮材料。
(2)按蜗轮齿面接触疲劳强度设计计算。
(3)蜗杆传动主要参数计算。
(4)校核蜗轮轮齿的齿根弯曲疲劳强度。
(5)验算传动效率 η。
(6)热平衡计算。
(7)绘制蜗杆、蜗轮零件图。

三、设计步骤、结果及说明

1. 选择蜗杆、蜗轮材料和热处理方法

蜗杆、蜗轮的材料不仅要求具有足够的强度,而且需要有良好的磨合性能和耐磨性能。蜗杆、蜗轮的常用材料分别见表 3-3-5、表 3-3-6。

表 3-3-5　　　　　　　　　　　　蜗杆的常用材料

名　称	型　号	热处理方法	表面硬度	适用范围
低碳合金钢	20Cr、20CrMnTi	渗碳淬火	56HRC～62HRC	高速重载,载荷不稳定
优质碳素钢	45	表面淬火	45HRC～55HRC	中速中载,载荷稳定
合金结构钢	40Cr			
优质碳素钢	45	调质处理	210HBW～230HBW	低速中载,不重要传动

表 3-3-6　　　　　　　　　　　　　　　蜗轮的常用材料

名称	型号	适用的齿面间相对滑动速度 v_s	特点和适用范围
铸锡磷青铜	ZCuSn10P1	$v_s \leqslant 25$ m/s	抗胶合,耐磨性能好,易加工,价格高,多用于高速重载的重要蜗轮
铸锡锌铝青铜	ZCuSn5Pb5Zn5	$v_s \leqslant 12$ m/s	抗胶合,耐磨性能好,抗腐蚀性好,易加工,价格高,多用于高速重载的重要蜗轮
铸铝铁镍青铜	ZCuAl9Fe4Ni4Mn2	$v_s \leqslant 10$ m/s	抗胶合,耐磨性能一般,强度高于上面两种材料,易加工,价格高,多用于中速中载的蜗轮
灰铸铁	HT150、HT200	$v_s < 2$ m/s	抗胶合,耐磨性能好,强度低,价格低,多用于低速轻载或不重要的蜗轮

蜗杆材料采用 45 钢表面淬火,硬度 >45HRC。

蜗轮材料采用抗胶合性能好的铸锡磷青铜,砂模铸造。

2. 确定蜗杆头数 z_1 和蜗轮齿数 z_2

蜗杆头数 z_1(齿数)即蜗杆螺旋线的数目。z_1 少,效率低,但易得到大的传动比;z_1 多,效率高,但加工精度难以保证。一般取 $z_1 = 1 \sim 4$。当传动比大于 40 或要求蜗杆传动具有自锁性时,取 $z_1 = 1$。

蜗轮齿数 z_2 由传动比和蜗杆的头数决定。齿数越多,蜗轮的尺寸越大,蜗杆轴也相应增长而刚度减小,影响啮合精度,故蜗轮齿数不宜多于 100。但为避免蜗轮根切,保证传动平稳,蜗轮齿数 z_2 应不少于 28。一般取 $z_2 = 28 \sim 80$。z_1、z_2 值的选取见表 3-3-7。

表 3-3-7　　　　　　　　　　　蜗杆头数 z_1 与蜗轮齿数 z_2 的推荐值

传动比 i	5~6	7~8	9~13	14~24	25~27	28~40	>40
蜗杆头数 z_1	6	4	3~4	2~3	2~3	1~2	1
蜗轮齿数 z_2	29~36	28~32	27~52	28~72	50~81	28~80	>40

蜗杆传动的传动比

$$i = \frac{n_1}{n_2}$$

式中　n_1——蜗杆的转速,r/min;

　　　n_2——蜗轮的转速,r/min。

根据传动比 $i = 25$,取蜗杆头数 $z_1 = 2$,则蜗轮齿数 $z_2 = iz_1 = 25 \times 2 = 50$。

3. 计算蜗轮转矩 T_2

$$T_2 = 9.55 \times 10^6 \frac{P_1}{n_2} \eta$$

(1) 蜗杆传动的效率 η

蜗杆传动的功率损失一般包括轮齿啮合摩擦损失、轴承摩擦损失和浸油零件搅动润滑油的损失三部分,所以蜗杆传动的总效率为

$$\eta = \eta_1 \eta_2 \eta_3$$

式中　η_1——蜗杆传动的啮合效率;

　　　η_2——蜗杆传动的轴承效率;

　　　η_3——蜗杆传动的搅油效率。

决定蜗杆传动总效率的是 η_1,一般取 $\eta_2 \eta_3 = 0.95 \sim 0.96$。

当蜗杆为主动件时,η_1 可近似按螺旋传动的效率计算,即

$$\eta_1 = \frac{\tan \lambda}{\tan(\lambda + \rho_v)}$$

式中　λ——蜗杆的导程角；
　　　ρ_v——当量摩擦角，$\rho_v = \arctan f_v$，见表 3-3-8。

表 3-3-8　　　　　　　　　　　　当量摩擦因数和当量摩擦角

蜗轮材料	锡青铜				无锡青铜				灰铸铁	
蜗杆齿面硬度	≥45HRC		<45HRC		≥45HRC		≥45HRC		<45HRC	
齿面间相对滑动速度 v_s/(m·s^{-1})	f_v	ρ_v	f_v	ρ_v	f_v	ρ_v	f_v	ρ_v	f_v	ρ_v
0.01	0.11	6°17′	0.12	6°51′	0.18	10°12′	0.38	10°12′	0.19	10°45′
0.10	0.08	4°34′	0.08	5°09′	0.13	7°24′	0.13	7°24′	0.14	7°58′
0.25	0.065	3°43′	0.075	4°17′	0.10	5°43′	0.10	5°43′	0.12	6°51′
0.50	0.065	3°09′	0.065	3°43′	0.09	5°09′	0.09	5°09′	0.10	5°43′
1.00	0.045	2°35′	0.05	3°09′	0.07	4°00′	0.07	4°00′	0.09	5°09′
1.50	0.04	2°17′	0.05	2°52′	0.065	3°43′	0.065	3°43′	0.08	4°34′
2.00	0.035	2°00′	0.045	2°35′	0.055	3°09′	0.055	3°09′	0.07	4°00′
2.50	0.03	1°43′	0.04	2°17′	0.05	2°52′				
3.00	0.028	1°36′	0.035	2°00′	0.045	2°35′				
4.00	0.024	1°22′	0.031	1°47′	0.04	2°17′				
5.00	0.022	1°16′	0.029	1°40′	0.035	2°00′				
7.00	0.018	1°02′	0.026	1°29′	0.03	1°43′				
10.0	0.016	0°55′	0.024	1°22′						
15.0	0.014	0°48′	0.020	1°09′						
24.0	0.013	0°45′								

注：蜗杆传动齿面间相对滑动速度 $v_s = v_1/\cos\lambda$。硬度≥45HRC 时的 ρ_v 值指蜗杆齿面经磨削、蜗杆传动经跑合并有充分润滑的情况。

ρ_v 随 v_s 的增大而减小。这是因为 v_s 的增大使油膜易于形成，则摩擦因数减小。

在 λ 的一定范围内，η_1 随 λ 的增大而增大，而多头蜗杆的 λ 较大，故动力传动一般采用多头蜗杆。当 $\lambda \leq \rho_v$ 时，蜗杆传动具有自锁性，但此时蜗杆传动的效率很低（小于 50%）。

在传动尺寸未确定之前，蜗杆传动的总效率 η 一般可根据蜗杆头数 z_1 近似选取，见表 3-3-9。

表 3-3-9　　　　　　　　　　　　蜗杆传动的总效率

传动形式	蜗杆头数 z_1	总效率 η
闭式	1	0.70～0.75
	2	0.75～0.82
	4	0.82～0.92
开式	1,2	0.60～0.70

根据表 3-3-9，选取 $\eta = 0.82$。
(2) 蜗轮转速 n_2
$$n_2 = n_1/i = 1\,450/25 = 58 \text{ r/min}$$
$$T_2 = 9.55 \times 10^6 \frac{P_1}{n_2}\eta = 9.55 \times 10^6 \times \frac{7.5}{58} \times 0.82 = 1.01 \times 10^6 \text{ N·mm}$$

4. 按蜗轮齿面接触疲劳强度设计

设计公式为

$$m^2 d_1 \geqslant KT_2 \left(\frac{520}{z_2 [\sigma_H]}\right)^2$$

(1) 载荷系数 K

一般 $K=1\sim1.4$。若载荷平稳,$v_s \leqslant 3$ m/s,7 级以上精度时取小值,否则取大值。本任务选取 $K=1.2$。

(2) 蜗轮材料的接触疲劳许用应力 $[\sigma_H]$

当蜗轮材料为铸铝铁青铜或铸铁时,其主要的失效形式为胶合,此时进行的齿面接触疲劳强度计算是条件性计算,接触疲劳许用应力可根据材料和齿面间相对滑动速度选择,其值与应力循环次数无关,见表 3-3-10。

表 3-3-10　　　　铸铝铁青铜及铸铁蜗轮的接触疲劳许用应力 $[\sigma_H]$　　　　MPa

蜗轮材料	蜗杆材料	齿面间相对滑动速度 $v_s/(\text{m}\cdot\text{s}^{-1})$						
		0.5	1	2	3	4	6	8
ZCuAl10Fe3	淬火钢	250	230	210	180	160	120	90
HT150 HT200	渗碳钢	130	115	90	—	—	—	—
HT150	调质钢	110	90	70	—	—	—	—

注:蜗杆未经淬火时,需将表中 $[\sigma_H]$ 值减小 20%。

当蜗轮材料为铸锡青铜时,其主要的失效形式为疲劳点蚀,接触疲劳许用应力与循环次数有关。

$$[\sigma_H] = [\sigma_H]' K_{HN}$$

式中　$[\sigma_H]'$——蜗轮材料的基本接触疲劳许用应力,见表 3-3-11;

　　　K_{HN}——寿命系数,即

$$K_{HN} = \sqrt[8]{\frac{10^7}{N}}$$

其中　N——应力循环次数,其计算方法与齿轮相同。

表 3-3-11　　　　铸锡青铜蜗轮的基本接触疲劳许用应力 $[\sigma_H]'$　　　　MPa

蜗轮材料	铸造方法	适用的齿面间相对滑动速度 $v_s/(\text{m}\cdot\text{s}^{-1})$	蜗杆齿面硬度	
			$\leqslant 350\text{HBW}$	$>45\text{HRC}$
铸锡磷青铜 ZCuSn10P1	砂模铸造	$\leqslant 12$	180	200
	金属模铸造	$\leqslant 25$	200	220
铸锡锌铝青铜 ZCuSn5Pb5Zn5	砂模铸造	$\leqslant 10$	110	125
	金属模铸造	$\leqslant 12$	135	150

根据表 3-3-11,查得 $[\sigma_H]' = 200$ MPa。

应力循环次数 N 为

$$N = 60jn_2 L_h = 60 \times 1 \times 58 \times 15\,000 = 5.22 \times 10^7$$

寿命系数 K_{HN} 为

$$K_{HN} = \sqrt[8]{\frac{10^7}{N}} = \sqrt[8]{\frac{10^7}{5.22 \times 10^7}} = 0.813\,4$$

计算许用应力

$$[\sigma_H] = [\sigma_H]' K_{HN} = 200 \times 0.813\ 4 = 162.68 \text{ MPa}$$

$$m^2 d_1 \geqslant KT_2 \left(\frac{520}{z_2 [\sigma_H]}\right)^2 = 1.2 \times 1.01 \times 10^6 \times \left(\frac{520}{50 \times 162.68}\right)^2 = 4\ 969 \text{ mm}^3$$

查表 3-3-12，按 $m^2 d_1 > 4\ 969 \text{ mm}^3$ 选取 $m^2 d_1 = 5\ 120 \text{ mm}^3$，$m = 8 \text{ mm}$，$d_1 = 80 \text{ mm}$，$q = 10.000$。

表 3-3-12　蜗杆的基本尺寸和参数（$\Sigma = 90°$，摘自 GB/T 10085—2018）

模数 m/mm	分度圆直径 d_1/mm	蜗杆头数 z_1	直径系数 q	$m^2 d_1$	模数 m/mm	分度圆直径 d_1/mm	蜗杆头数 z_1	直径系数 q	$m^2 d_1$
1	18	1	18.000	18	6.3	(80)	1,2,4	12.698	3 175.2
1.25	20	1	16.000	31.25		112	1	17.778	4 445.28
	22.4	1	17.920	35	8	(63)	1,2,4	7.875	4 032
1.6	20	1,2,4	12.500	51.2		80	1,2,4,6	10.000	5 120
	28	1	17.500	71.68		(100)	1,2,4	12.500	6 400
2	(18)	1,2,4	9.000	72		140	1	17.500	8 960
	22.4	1,2,4,6	11.200	89.6	10	(71)	1,2,4	7.100	7 100
	(28)	1,2,4	14.000	112		90	1,2,4,6	9.000	9 000
	35.5	1	17.750	142		(112)	1,2,4	11.200	11 200
2.5	(22.4)	1,2,4	8.960	140		160	1	16.000	16 000
	28	1,2,4,6	11.200	175	12.5	(90)	1,2,4	7.200	14 062.5
	(35.5)	1,2,4	14.200	221.875		112	1,2,4	8.960	17 500
	45	1	18.000	281.25		(140)	1,2,4	11.200	21 875
3.15	(28)	1,2,4	8.889	277.83		200	1	16.000	31 250
	35.5	1,2,4,6	11.270	352.248 75	16	(112)	1,2,4	7.000	28 672
	(45)	1,2,4	14.286	446.512 5		140	1,2,4	8.750	35 840
	56	1	17.778	555.66		(180)	1,2,4	11.250	46 080
4	(31.5)	1,2,4	7.875	504		250	1	15.625	64 000
	40	1,2,4,6	10.000	640	20	(140)	1,2,4	7.000	56 000
	(50)	1,2,4	12.500	800		160	1,2,4	8.000	64 000
	71	1	17.750	1 136		(224)	1,2,4	11.200	89 600
5	(40)	1,2,4	8.000	1 000		315	1	15.750	126 000
	50	1,2,4,6	10.000	1 250	25	(180)	1,2,4	7.200	112 500
	(63)	1,2,4	12.600	1 575		200	1,2,4	8.000	125 000
	90	1	18.000	2 250		(280)	1,2,4	11.200	175 000
6.3	(50)	1,2,4	7.936	1 984.5		400	1	16.000	250 000
	63	1,2,4,6	10.000	2 500.47					

注：1.表中模数 m 均系第Ⅰ系列。属于第Ⅱ系列的模数有 1.5、3、3.5、4.5、5.5、6、7、12、14。

2.表中分度圆直径 d_1 均属第Ⅰ系列，$d_1 < 18$ mm 及 $d_1 = 355$ mm 的未列入。属于第Ⅱ系列的分度圆直径有 30、38、48、53、60、67、75、85、95、106、118、132、144、170、190、300。

3.模数和分度圆直径均应优先选用第Ⅰ系列。括号中的数字尽可能不采用。

$$d_2 = mz_2 = 8 \times 50 = 400 \text{ mm}$$
$$\tan \lambda = \frac{z_1}{q} = \frac{2}{10.000} = 0.2$$
$$\lambda = 11.31°$$

5. 按蜗轮轮齿的齿根弯曲疲劳强度校核

校核公式为

$$\sigma_F = \frac{2KT_2}{d_1 d_2 m \cos \lambda} Y_{F2} \leqslant [\sigma_F]$$

蜗轮材料的弯曲疲劳许用应力$[\sigma_F]$为

$$[\sigma_F] = [\sigma_F]' K_{FN}$$

式中 $[\sigma_F]'$——蜗轮材料的基本弯曲疲劳许用应力,见表3-3-13;

K_{FN}——寿命系数,即

$$K_{FN} = \sqrt[9]{\frac{10^6}{N}}$$

其中 N——应力循环次数,其计算方法同前。

表3-3-13　　　　　蜗轮材料的基本弯曲疲劳许用应力$[\sigma_F]'$　　　　　MPa

蜗轮材料	铸造方法	与硬度≤45HRC的蜗杆相配时	与硬度＞45HRC并经磨光或抛光的蜗杆相配时
铸锡磷青铜 ZCuSn10P1	砂模铸造	46(32)	58(40)
	金属模铸造	58(42)	73(52)
	离心铸造	66(46)	83(58)
铸锡锌铝青铜 ZCuSn5Pb5Zn5	砂模铸造	32(24)	40(30)
	金属模铸	41(32)	51(40)
铸铝铁青铜 ZCuAl10Fe3	砂模铸造	112(91)	140(116)
灰铸铁 HT150	砂模铸造	40	50

注:表中括号内的值用于双向传动的场合。

根据表3-3-13,查得$[\sigma_F]' = 58$ MPa。

寿命系数K_{FN}为

$$K_{FN} = \sqrt[9]{\frac{10^6}{N}} = \sqrt[9]{\frac{10^6}{5.22 \times 10^7}} = 0.644\ 4$$

计算许用应力

$$[\sigma_F] = [\sigma_F]' K_{FN} = 58 \times 0.644\ 4 = 37.38 \text{ MPa}$$

蜗轮的齿形系数Y_{F2}见表3-3-14。

表3-3-14　　　　蜗轮的齿形系数Y_{F2}($\alpha = 20°, h_a^* = 1$)

z_2	10	11	12	13	14	15	16	17	18	19	20	22	24	26
Y_{F2}	4.55	4.14	3.70	3.55	3.34	3.22	3.07	2.96	2.89	2.82	2.76	2.66	2.57	2.51
z_2	28	30	35	40	45	50	60	70	80	90	100	150	200	300
Y_{F2}	2.48	2.44	2.36	2.32	2.27	2.24	2.20	2.17	2.14	2.12	2.10	2.07	2.04	2.04

根据表3-3-14,查得蜗轮的齿形系数$Y_{F2} = 2.24$。

$$\sigma_F = \frac{2KT_2}{d_1 d_2 m \cos \lambda} Y_{F2} = \frac{2 \times 1.2 \times 1.01 \times 10^6 \times 2.24}{80 \times 400 \times 8 \times \cos 11.31°} = 21.63 \text{ MPa} < [\sigma_F]$$

蜗轮轮齿的齿根弯曲疲劳强度校核合格。

6. 验算传动效率 η

蜗杆分度圆速度 v_1 为

$$v_1 = \frac{\pi d_1 n_1}{60 \times 1\,000} = \frac{\pi \times 80 \times 1\,450}{60 \times 1\,000} = 6.07 \text{ m/s}$$

齿面间相对滑动速度 v_s 为

$$v_s = \frac{v_1}{\cos \lambda} = \frac{6.07}{\cos 11.31°} = 6.19 \text{ m/s}$$

根据表 3-3-8，用插值法查得 $f_v = 0.020\,4$，$\rho_v = 1°9'(1.16°)$。

$$\eta = (0.95 \sim 0.97)\frac{\tan \lambda}{\tan(\lambda + \rho_v)} = (0.95 \sim 0.97)\frac{\tan 11.31°}{\tan(11.31° + 1.16°)} = 0.86 \sim 0.87$$

比原估计值 $\eta = 0.82$ 略高，参数估计合理。

7. 热平衡计算

蜗杆传动的效率低，发热量大，若不及时散热，将引起箱体内油温升高，黏度减小，润滑失效，导致齿面磨损加剧，甚至胶合。因此，要依据单位时间内的发热量等于同时间内的散热量的条件进行热平衡计算。

设蜗杆传动的输入功率为 P_1(kW)，传动效率为 η，单位时间内产生的发热量为 Q_1(W)，则

$$Q_1 = P_1(1-\eta) \times 1\,000$$

自然冷却时，经箱体外壁在单位时间内散发到空气中的散热量为 Q_2(W)，即

$$Q_2 = K_S(t_1 - t_0)A$$

式中　K_S——散热系数，W/(m²·℃)，一般取 $K_S = 10 \sim 17$ W/(m²·℃)，通风良好时取大值；

　　　A——箱体有效散热面积，指箱体外壁与空气接触，而内壁又被油飞溅到的箱壳面积，对凸缘和散热片可近似取其表面积的 50%，m²；

　　　t_1——润滑油的工作温度，℃，通常允许油温 $[t_1] = 70 \sim 90$ ℃；

　　　t_0——周围空气温度，℃，通常取 $t_0 = 20$ ℃。

若蜗杆传动单位时间内损耗的功率全部转变为热量，并由箱体表面散发出去而达到平衡，即 $Q_1 = Q_2$，则热平衡时润滑油的工作温度 t_1 为

$$t_1 = \frac{1\,000(1-\eta)P_1}{K_S A} + t_0 \leqslant [t_1]$$

取室温 $t_0 = 20$ ℃，因通风散热条件较好，取散热系数 $K_S = 15$ W/m²·℃，有

$$t_1 = \frac{1\,000(1-\eta)P_1}{K_S A} + t_0 = \frac{1\,000 \times (1-0.86) \times 7.5}{15 \times 1.5} + 20 = 66.67 \text{ ℃} < [t_1]$$

符合要求。

8. 中心距及各部分尺寸

$$a = \frac{d_1 + d_2}{2} = \frac{80 + 400}{2} = 240 \text{ mm}$$

其余部分尺寸计算略。

9. 绘制蜗杆、蜗轮零件图

略。

> 培养技能

蜗杆传动提高散热能力的措施、润滑和安装调试

一、蜗杆传动提高散热能力的措施

如果工作温度超过允许的范围,应采取下列措施以增强传动的散热能力:
(1)在箱体外表面设置散热片,以增大散热面积。
(2)在蜗杆轴上安装风扇,如图 3-3-5(a)所示。
(3)在箱体油池内安装蛇形冷却水管,用循环水冷却,如图 3-3-5(b)所示。
(4)利用循环油冷却,如图 3-3-5(c)所示。

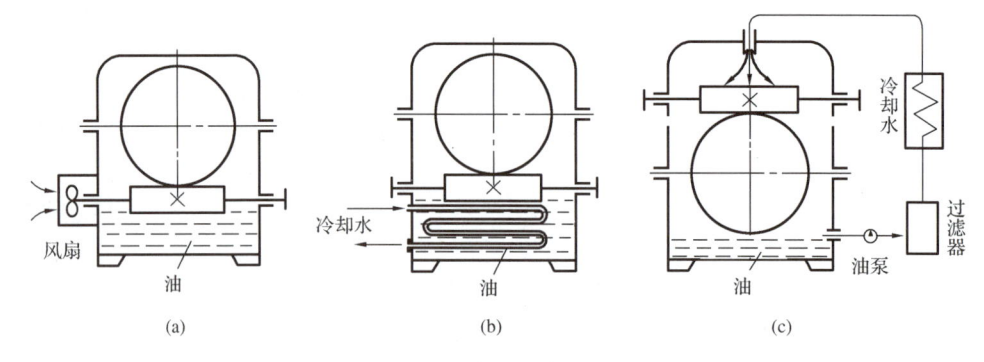

图 3-3-5 蜗杆传动的散热方法

二、蜗杆传动的润滑

蜗杆传动的润滑可提高传动效率,减轻磨损,防止胶合,延长蜗杆、蜗轮的使用寿命。为了利于啮合齿面间形成动压油膜,通常采用黏度较大的润滑油进行润滑。

开式蜗杆传动一般采用定期加黏度较高的润滑油的润滑方法。闭式蜗杆传动的润滑油黏度和润滑方式的选择一般根据蜗杆、蜗轮的齿面间相对滑动速度、载荷类型等进行选择,见表 3-3-15。对于青铜蜗轮,不允许采用抗胶合能力强的活性润滑油,以免腐蚀青铜齿面。

表 3-3-15　　　　　　　　　　蜗杆传动润滑油黏度推荐用值及润滑方式

齿面间相对滑动速度 v_s/(m·s^{-1})	<1	<2.5	<5	5～10	10～15	15～25	>25
工作条件	重载	重载	中载	—	—	—	—
运动黏度 $\nu_{40℃}$/(mm^2·s^{-1})	900	500	350	220	150	100	80
润滑方式	油池润滑	油池润滑	油池润滑	油池润滑或喷油润滑	用压力喷油润滑/MPa 0.7	0.2	0.3

闭式蜗杆传动采用油池润滑时,应使油池保持适当的油量,以利于散热。为避免搅油功率损耗过大,零件的浸油深度不宜过深。一般下置式蜗杆传动的浸油深度为蜗杆的一个齿高,且油面不超过蜗杆滚动轴承最下方滚动体的中心,如图 3-3-5(a)所示。上置式蜗杆传动的浸油深度约为蜗轮外径的 1/3,如图 3-3-5(c)所示。

蜗杆传动一般每运转 2 000～4 000 h 应更换润滑油,最好使用原牌号润滑油,以免不同润

滑油产生化学反应,改变油性。

三、蜗杆传动的安装调试

蜗杆传动安装位置如图 3-3-6 所示,应使蜗轮中间平面通过蜗杆的轴线,否则难以正确啮合,齿面会在短时间内严重磨损。对于单向运转的蜗杆传动,可调整蜗轮的位置,使蜗杆和蜗轮在偏于啮出一侧接触,以利于在啮合入口处造成油楔,易于形成油膜润滑。调整后,蜗轮轴的支承不允许有游动端,应采用两端固定的支承方式。

为保证蜗杆传动齿面接触良好,安装好的蜗杆传动,必须先在空载低速(通常 $n_1=50\sim100$ r/min)下跑合 1 h 后,再逐步加载到额定值。跑合 5 h 后要停机检查接触斑点是否达到要求,如果发现有青铜黏在蜗杆齿面上,应立即停车,用细砂纸打磨后再继续跑合。若达到要求,就要在蜗杆与蜗轮的此位置同时做上记号,以便今后拆装调整时易于找正,并冲洗零件、更换润滑油。

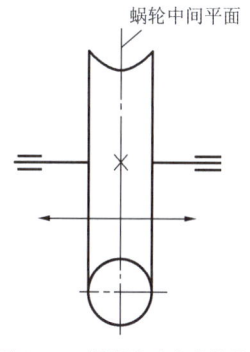

图 3-3-6 蜗杆传动安装位置

能力检测

一、选择题

1. 蜗杆传动的中间平面是_____。
   A. 过蜗杆轴线且与蜗轮轴线垂直的平面　　B. 过蜗轮轴线且与蜗杆轴线垂直的平面
   C. 过蜗杆轴线的任一平面　　　　　　　　D. 过蜗轮轴线的任一平面
2. 对于每一模数规定若干种蜗杆直径的目的是_____。
   A. 保证标准中心距的值　　　　　　　　　B. 便于尺寸计算和测量
   C. 减少蜗轮滚刀数量以降低制造成本　　　D. 保证蜗杆的强度
3. 蜗杆传动的失效形式与齿轮传动相似,其中_____为最易发生。
   A. 齿面疲劳点蚀与磨损　　　　　　　　　B. 齿面胶合与磨损
   C. 轮齿折断与塑性变形　　　　　　　　　D. 齿根弯曲折断
4. _____失效形式不是蜗杆传动的主要失效形式。
   A. 齿面疲劳点蚀　　B. 齿面胶合　　C. 齿面磨损　　D. 轮齿折断
5. 蜗杆传动中,强度计算主要是针对_____进行的。
   A. 蜗杆　　　　　　　　　　　　　　　　B. 蜗轮
   C. 蜗杆和蜗轮　　　　　　　　　　　　　D. 蜗杆和蜗轮中材料强度高的
6. $\Sigma=90°$时,蜗杆、蜗轮的受力关系中,_____是错的。
   A. $F_{t1}=F_{t2}$　　B. $F_{r1}=F_{r2}$　　C. $F_{t2}=F_{a1}$　　D. $F_{t1}=F_{a2}$
7. 如图 3-3-7 所示主动蜗杆受力简图中,_____图是正确的。

图 3-3-7 选择题 7 图

8. 如图 3-3-8 所示蜗轮受力简图中,_____图是正确的。
9. 对于一般传递动力的闭式蜗杆传动,其选择蜗轮材料的主要依据是_____。

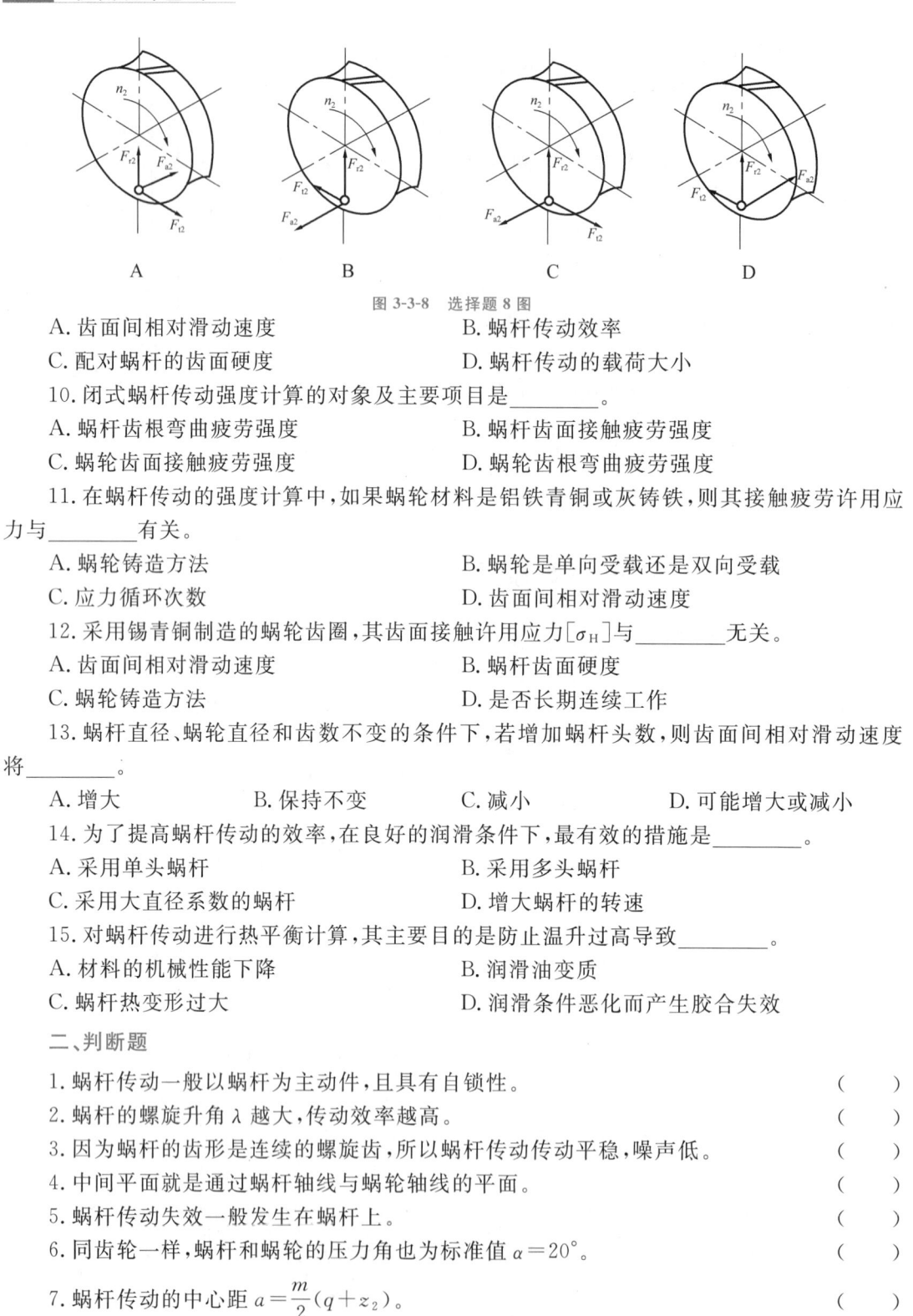

$$\begin{array}{cccc}\text{A} & \text{B} & \text{C} & \text{D}\end{array}$$

图 3-3-8 选择题 8 图

A. 齿面间相对滑动速度 　　　　　　B. 蜗杆传动效率
C. 配对蜗杆的齿面硬度 　　　　　　D. 蜗杆传动的载荷大小

10. 闭式蜗杆传动强度计算的对象及主要项目是_____。
A. 蜗杆齿根弯曲疲劳强度 　　　　　B. 蜗杆齿面接触疲劳强度
C. 蜗轮齿面接触疲劳强度 　　　　　D. 蜗轮齿根弯曲疲劳强度

11. 在蜗杆传动的强度计算中，如果蜗轮材料是铝铁青铜或灰铸铁，则其接触疲劳许用应力与_____有关。
A. 蜗轮铸造方法 　　　　　　　　　B. 蜗轮是单向受载还是双向受载
C. 应力循环次数 　　　　　　　　　D. 齿面间相对滑动速度

12. 采用锡青铜制造的蜗轮齿圈，其齿面接触许用应力$[\sigma_H]$与_____无关。
A. 齿面间相对滑动速度 　　　　　　B. 蜗杆齿面硬度
C. 蜗轮铸造方法 　　　　　　　　　D. 是否长期连续工作

13. 蜗杆直径、蜗轮直径和齿数不变的条件下，若增加蜗杆头数，则齿面间相对滑动速度将_____。
A. 增大　　　B. 保持不变　　　C. 减小　　　D. 可能增大或减小

14. 为了提高蜗杆传动的效率，在良好的润滑条件下，最有效的措施是_____。
A. 采用单头蜗杆 　　　　　　　　　B. 采用多头蜗杆
C. 采用大直径系数的蜗杆 　　　　　D. 增大蜗杆的转速

15. 对蜗杆传动进行热平衡计算，其主要目的是防止温升过高导致_____。
A. 材料的机械性能下降 　　　　　　B. 润滑油变质
C. 蜗杆热变形过大 　　　　　　　　D. 润滑条件恶化而产生胶合失效

二、判断题

1. 蜗杆传动一般以蜗杆为主动件，且具有自锁性。　　　　　　　　　（　　）
2. 蜗杆的螺旋升角 λ 越大，传动效率越高。　　　　　　　　　　　　（　　）
3. 因为蜗杆的齿形是连续的螺旋齿，所以蜗杆传动传动平稳，噪声低。（　　）
4. 中间平面就是通过蜗杆轴线与蜗轮轴线的平面。　　　　　　　　　（　　）
5. 蜗杆传动失效一般发生在蜗杆上。　　　　　　　　　　　　　　　（　　）
6. 同齿轮一样，蜗杆和蜗轮的压力角也为标准值 α=20°。　　　　　 （　　）
7. 蜗杆传动的中心距 $a=\dfrac{m}{2}(q+z_2)$。　　　　　　　　　　　　　（　　）
8. 单头蜗杆传动的传动比大，但效率相对较低。　　　　　　　　　　（　　）
9. 蜗杆传动的齿面间相对滑动速度 v_s 随蜗杆的导程角 λ 的增大而增大。（　　）
10. 蜗杆直径取标准值的目的是减少加工蜗杆的刀具数量。　　　　　（　　）

11. 蜗杆机构中,蜗轮的转向取决于蜗杆的旋向和蜗杆的转向。（　　）
12. 为了减少摩擦,蜗轮常需用贵重的减摩材料（如青铜）制造,成本较高。（　　）
13. 蜗轮的材料一般采用青铜,其抗胶合、减摩及耐磨性能好。（　　）
14. 一般对连续工作的闭式蜗杆传动必须进行热平衡计算。（　　）
15. 在润滑及散热条件不良时,闭式蜗杆传动容易出现疲劳点蚀、胶合等失效形式。（　　）

三、设计计算题

1. 如图 3-3-9 所示的各蜗杆传动均以蜗杆为主动件。试在图上标出蜗轮或蜗杆的转向、蜗轮轮齿的旋向,以及蜗杆、蜗轮所受力的方向。

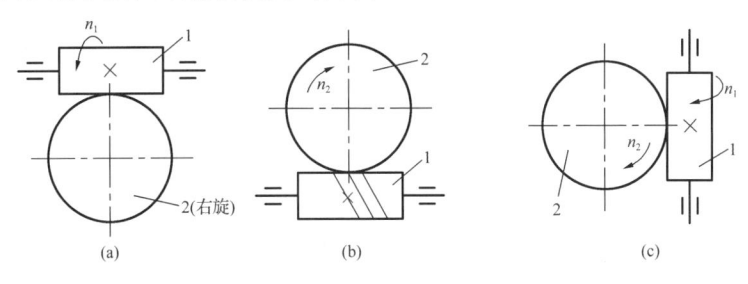

图 3-3-9　设计计算题 1 图

2. 如图 3-3-10 所示为二级蜗杆传动简图,已知蜗轮 4 的螺旋线方向为右旋,轴Ⅰ为输入轴,轴Ⅲ为输出轴,转向如图所示。为使轴Ⅱ、轴Ⅲ上的轴向力抵消一部分,试在图中画出：
(1)各蜗杆和蜗轮的螺旋线方向；
(2)轴Ⅰ、轴Ⅱ的转向；
(3)蜗轮 2、蜗杆 3 啮合点的受力方向。

3. 如图 3-3-11 所示传动系统简图,已知 1、2 为圆锥齿轮,3、4 为斜齿圆柱轮,5 为蜗杆,6 为蜗轮,小圆锥齿轮为主动轮,转向如图所示。为使轴Ⅱ、轴Ⅲ上传动件的轴向力能相抵消,试在图上画出各轮的转动方向、螺旋线方向及轴向力方向。

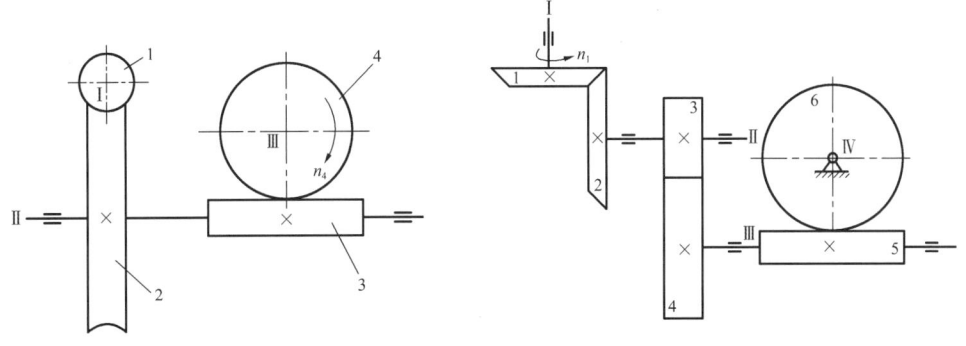

图 3-3-10　设计计算题 2 图

图 3-3-11　设计计算题 3 图

4. 有一阿基米德蜗杆传动,已知传动比 $i=18$,蜗杆头数 $z_1=2$,直径系数 $q=10$,分度圆直径 $d_1=80$ mm。求：
(1)模数 m、蜗杆导程角 λ、蜗轮齿数 z_2 及分度圆上轮齿的螺旋角 β；
(2)蜗轮的分度圆直径 d_2 和蜗杆传动中心距 a。

5. 设计运输机的闭式蜗杆传动。已知电动机功率 $P=3$ kW,转速 $n_1=960$ r/min,传动比 $i=21$,工作载荷平稳,单向连续运转,每天工作 8 h,要求使用寿命为 5 年,估计散热面积 $A=0.85$ m^2,通风良好。

任务四 齿轮系传动比的计算

知识目标

(1) 了解轮系的主要功用，熟悉各类轮系的定义。
(2) 掌握定轴轮系传动比的计算方法，能够正确确定主、从动轮的转向关系。
(3) 熟悉转化轮系的概念和它的作用，熟练掌握单一周转轮系的传动比计算。
(4) 掌握区分轮系的一般方法，掌握组合轮系的传动比计算。

能力目标

(1) 正确区分定轴轮系、行星轮系，熟悉各类轮系的定义。
(2) 正确计算定轴轮系传动比和行星轮系传动比。
(3) 正确区分组合轮系，计算组合轮系的传动比。

定轴轮系传动比的计算

任务分析

如图 3-0-1 所示带式输送机采用 V 带传动和齿轮传动，有减振和过载保护作用。由于电动机具有较高的满载转速，经过 V 带传动和齿轮传动减速后，在已知总传动比要求时，合理选择和分配各级传动比，使输送带的线速度满足工作要求。

夯实理论

一、轮系及分类

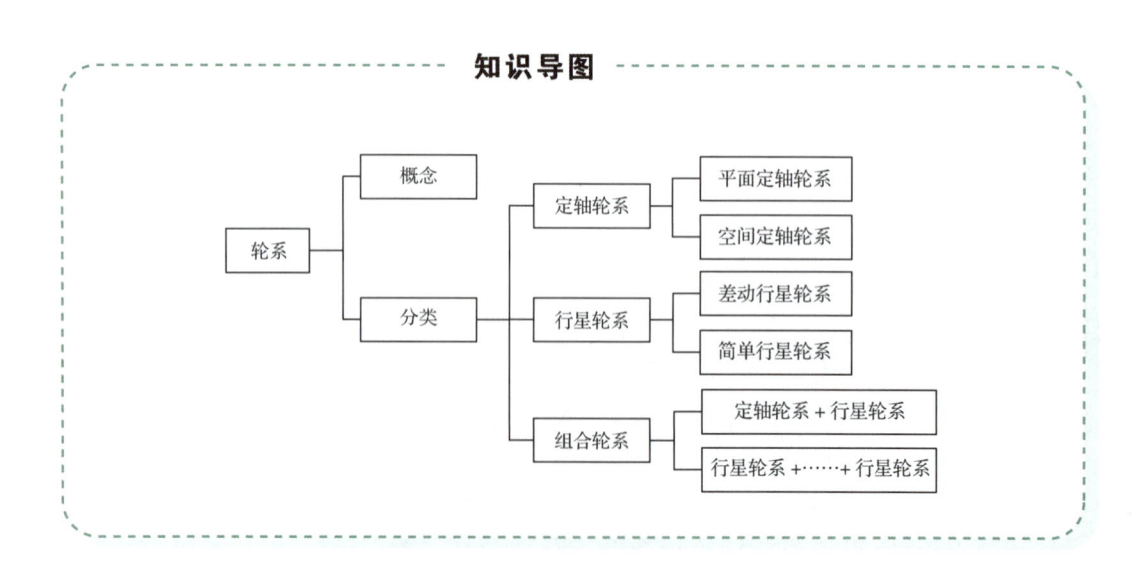

知识导图

```
             ┌─ 概念
             │
     轮系 ───┤              ┌─ 定轴轮系 ──┬─ 平面定轴轮系
             │              │             └─ 空间定轴轮系
             │              │
             └─ 分类 ───────┼─ 行星轮系 ──┬─ 差动行星轮系
                            │             └─ 简单行星轮系
                            │
                            └─ 组合轮系 ──┬─ 定轴轮系+行星轮系
                                          └─ 行星轮系+……+行星轮系
```

由一对齿轮组成的机构是齿轮传动的最简单形式。但在机械中,往往需要把多个齿轮组合在一起,形成一个传动装置,用来满足传递运动和动力的要求。这种由一系列齿轮组成的传动系统称为齿轮系,简称轮系。轮系的分类见表3-4-1。

表 3-4-1　　轮系的分类

分类方法	名称	齿轮轴线相对位置或自由度	轮系名称	机构简图
各个齿轮的几何轴线相对于机架的位置都是固定的	定轴轮系	平行（圆柱齿轮）	平面定轴轮系	
		相交（圆锥齿轮）交错（蜗杆、蜗轮）	空间定轴轮系	
至少有一个齿轮的几何轴线是绕其他齿轮固定几何轴线转动的	行星轮系	自由度 $F = 3 \times 4 - 2 \times 4 - 2 = 2$	差动行星轮系	
		自由度 $F = 3 \times 3 - 2 \times 3 - 2 = 1$	简单行星轮系	

续表

分类方法	名称	齿轮轴线相对位置或自由度	轮系名称	机构简图
必须含有行星轮系	组合轮系	—	定轴轮系＋行星轮系	
		—	行星轮系＋……＋行星轮系	

二、定轴轮系传动比计算

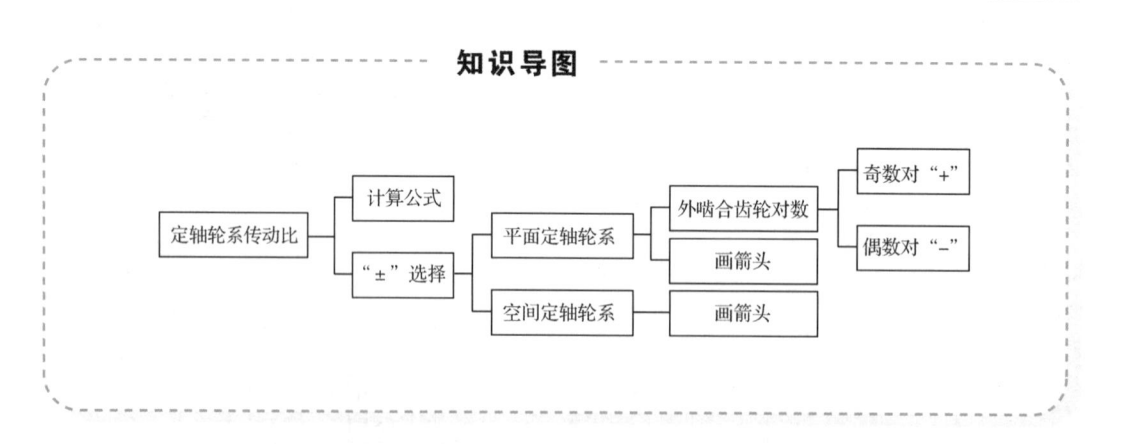

知识导图

定轴轮系传动比 → 计算公式 / "±"选择

平面定轴轮系 → 外啮合齿轮对数 → 奇数对"＋" / 偶数对"－"

平面定轴轮系 → 画箭头

空间定轴轮系 → 画箭头

轮系中两轮（轴）的转速或角速度之比，称为轮系的传动比。求轮系的传动比不仅要计算它的数值，而且要确定两轮的转向关系。定轴轮系传动比计算见表 3-4-2。

表 3-4-2　　　　　　　　　　　定轴轮系传动比计算

齿轮对数			传动比计算	
一对齿轮传动比	两轴线平行（圆柱齿轮）	公式	$i_{12}=\dfrac{n_1}{n_2}=\pm\dfrac{z_2}{z_1}$	
			传动比为从动轮齿数与主动轮齿数之比	
		转向	取"±"号	外啮合主、从动轮转向相反，两箭头指向相反，取"－"号
				内啮合主、从动轮转向相同，两箭头指向相同，取"＋"号
一对齿轮传动比	两轴线相交（圆锥齿轮）	公式	$i_{12}=\dfrac{n_1}{n_2}=\dfrac{z_2}{z_1}$	
			传动比为从动轮齿数与主动轮齿数之比	
		转向	不能用"±"号，只能画箭头	两箭头同时指向或同时背离啮合点
	两轴线交错（蜗杆、蜗轮）			两箭头按左、右手定则判断

续表

齿轮对数			传动比计算	
轮系传动比	平面定轴轮系	公式	$i_{15}=\dfrac{n_1}{n_5}=(-1)^3\dfrac{z_2 z_3 z_4 z_5}{z_1 z_{2'} z_{3'} z_4}$ 传动比为组成轮系的各对啮合齿轮中所有从动轮齿数的乘积与所有主动轮齿数的乘积之比	
		转向	取"±"号	外啮合齿轮的对数为奇数,取"-"号
				外啮合齿轮的对数为偶数,取"+"号
			画箭头	
轮系传动比	空间定轴轮系	公式	$i_{15}=\dfrac{n_1}{n_5}=\dfrac{z_2 z_3 z_4 z_5}{z_1 z_{2'} z_{3'} z_{4'}}$ 传动比为组成轮系的各对啮合齿轮中所有从动轮齿数的连乘积与所有主动轮齿数的连乘积之比	
		转向	首、末两轮轴线平行,能用"±"号;转向相反,取"-"号;转向相同,取"+"号	
			首、末两轮轴线不平行,不能用"±"号,只能画箭头	

因此,定轴轮系传动比的大小等于组成该轮系的各对啮合齿轮传动比的乘积,也等于各对啮合齿轮中所有从动轮齿数的乘积与所有主动轮齿数乘积之比。

以上结论可推广到一般情况。设轮 A 为计算时的首主动轮,轮 K 为计算时的末从动轮,则定轴轮系首、末两轮传动比计算的一般公式为

$$i_{AK}=\dfrac{n_A}{n_K}=(\pm)\dfrac{各对啮合齿轮从动轮齿数的乘积}{各对啮合齿轮主动轮齿数的乘积}$$

(1)对于平面定轴轮系,i_{AK} 为负号时,说明首、末两轮的转动方向相反;i_{AK} 为正号时,说明首、末两轮的转动方向相同。

(2)对于空间定轴轮系,若首、末两轮的轴线平行,先用画箭头的方法逐对标出转向,若首、末两轮的转向相同,等式右边取正号,否则取负号。正负号的含义同上。若首、末两轮的轴线不平行,只能用画箭头的方法判断两轮的转向,传动比取正号,但这个正号并不表示转向关系。

在表 3-4-2 的平面定轴轮系中,齿轮 4 不影响传动比的大小,只起改变转向的作用,这种齿轮称为惰轮或过桥齿轮。

三、行星轮系传动比的计算

知识导图

行星轮系传动比 → 转化轮系传动比 → 计算公式 / "±"选择 → 外啮合齿轮对数 → 奇数对"+" / 偶数对"−" ; 画箭头

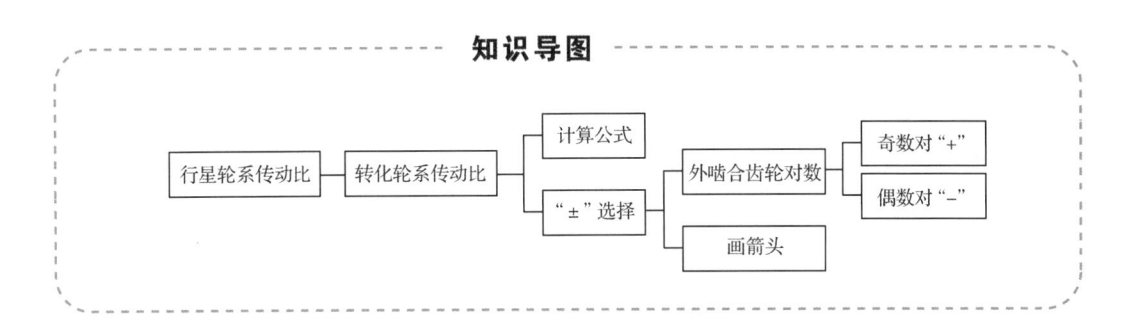

如图 3-4-1 所示行星轮系,行星轮既绕轴线 O_1O_1 转动,又随行星架 H 绕 OO 转动,所以,不能直接用求定轴轮系传动比的公式来求行星轮系的传动比。

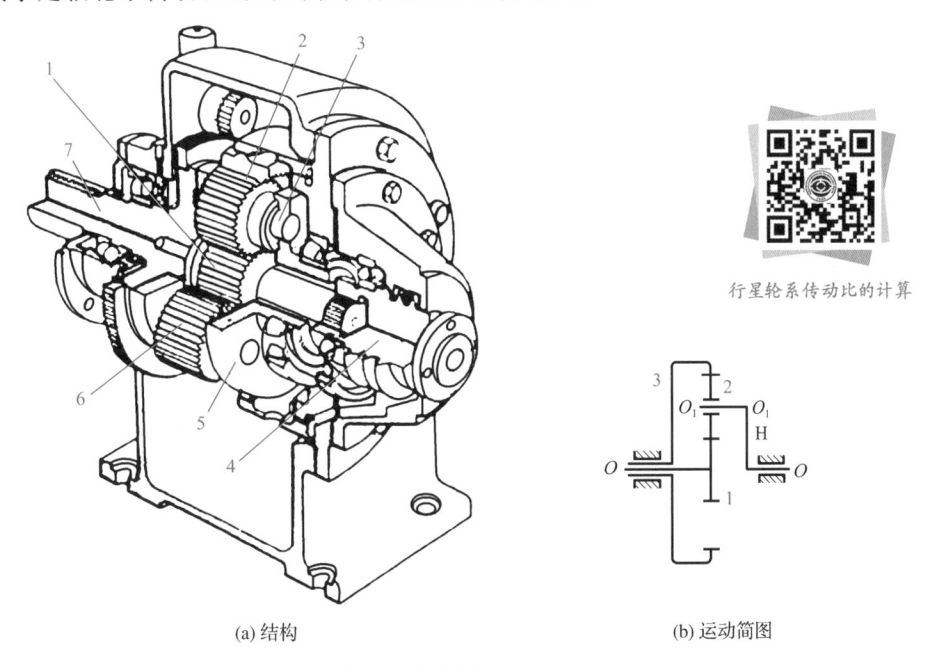

行星轮系传动比的计算

(a) 结构　　(b) 运动简图

图 3-4-1　行星轮系

1—中心轮;2—内齿轮;3—行星轮轴;4—高速轴;5—行星架 H;6—行星轮;7—低速轴

求行星轮系的传动比可以采用反转法。所谓反转法,即假想给整个行星轮系加上一个与行星架的转速大小相等而方向相反的公共转速 $-n_H$,轮系中各构件之间的相对运动关系并不改变,但此时行星架变为相对静止不动,齿轮 2 的轴线 O_1O_1 也随之相对固定,行星轮系转化为假想的定轴轮系,称为该行星轮系的转化轮系。利用求解定轴轮系传动比的方法,就可以将行星轮系的传动比求出来。

各构件转化前、后的转速见表 3-4-3。

表 3-4-3　　　　　　　　　　　各构件转化前、后的转速

机构简图	轮系名称	构件名称	转速
	行星轮系	1 中心轮	n_1
		2 行星轮	n_2
		3 中心轮	n_3
		H 行星架	n_H
	转化轮系	1 中心轮	$n_1^H = n_1 - n_H$
		2 行星轮	$n_2^H = n_2 - n_H$
		3 中心轮	$n_3^H = n_3 - n_H$
		H 行星架	$n_H^H = n_H - n_H$

行星轮系的转化轮系的传动比为

$$i_{13}^H = \frac{n_1^H}{n_3^H} = \frac{n_1 - n_H}{n_3 - n_H} = -\frac{z_3}{z_1} \quad (*)$$

式(*)中,若已知各轮的齿数及两个转速,则可求得另一个转速。

将式(*)推广到一般情况,设轮 A 为计算时的首主动轮,转速为 n_A,轮 K 为计算时的末从动轮,转速为 n_K,行星架 H 的转速为 n_H,则有

$$i_{AK}^H = \frac{n_A^H}{n_K^H} = \frac{n_A - n_H}{n_K - n_H} = (\pm)\frac{\text{从动轮齿数的乘积}}{\text{主动轮齿数的乘积}} \quad (**)$$

式(**)中,只要给定了 n_A、n_K 和 n_H 三者中任意两个参数,即可求出第三个参数,从而可方便地求出任意两个构件之间的传动比 i_{AK}、i_{AH}、i_{KH}。

应用式(**)时必须注意:

(1)该公式只适用于首、末两轮 A、K 和行星架 H 的轴线相互平行的场合。

(2) i_{AK}^H 表示转化轮系中,A、K 两轮的相对速比。i_{AK} 表示实际轮系中,A、K 两轮的绝对速比, $i_{AK}^H \neq i_{AK}$。

(3)转速 n_A、n_K 和 n_H 是代数量,将已知转速的数值代入计算时,必须带正负号。如已知两构件的转向相反,则转速一个取正值,另一个取负值,第三个构件的转速用求得的正负号来确定。

四、组合轮系传动比计算

知识导图

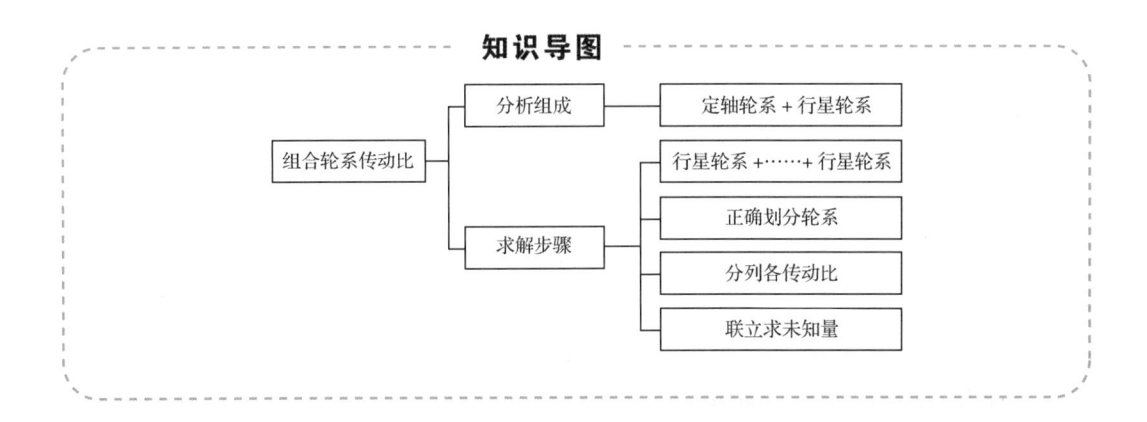

- 组合轮系传动比
  - 分析组成
    - 定轴轮系 + 行星轮系
    - 行星轮系 + …… + 行星轮系
  - 求解步骤
    - 正确划分轮系
    - 分列各传动比
    - 联立求未知量

因为组合轮系一般是由定轴轮系与行星轮系或由若干个行星轮系组合而构成的,所以对于组合轮系传动比的计算,既不能简单地用定轴轮系的方法来处理,也不能对整个机构采用转化轮系的方法。

组合轮系传动比正确计算方法:
(1)正确划分各个基本的行星轮系和定轴轮系。
(2)分别列出计算定轴轮系和组合轮系传动比的计算公式。
(3)联立求解以上各公式,即可求得组合轮系的传动比。

重点要是区分各个基本轮系,先找出各个单一的行星轮系,即找出几何轴线位置不固定的行星轮,支承行星轮的构件为行星架,几何轴线与行星架重合且直接与行星轮相啮合的定轴齿轮为中心轮。同理,再找出其他行星轮系,剩下的就是定轴轮系部分。

五、轮系的应用

知识导图

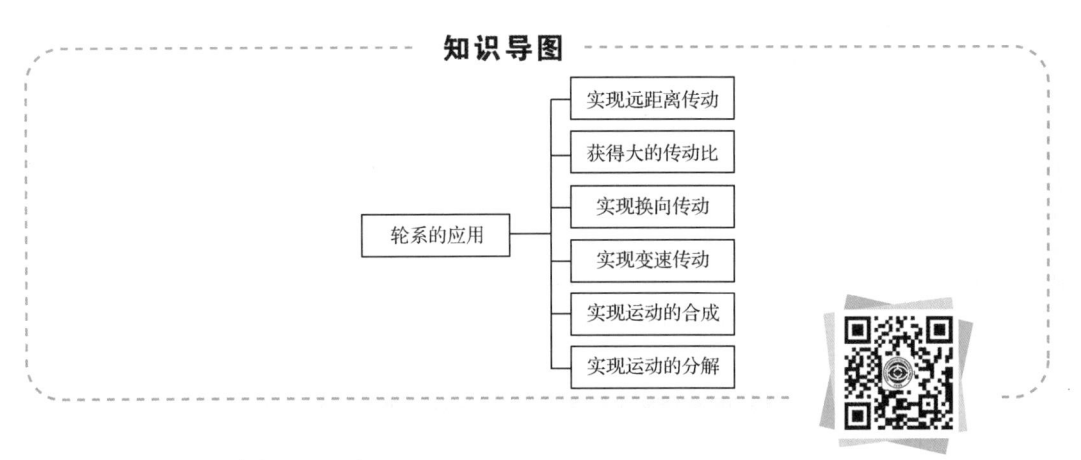

- 轮系的应用
  - 实现远距离传动
  - 获得大的传动比
  - 实现换向传动
  - 实现变速传动
  - 实现运动的合成
  - 实现运动的分解

轮系的应用

轮系的应用十分广泛,见表 3-4-4。

表 3-4-4　　　　　　　　　　　　　　　　轮系的应用

轮系的应用	机构简图	说　明	应用实例
实现相距较远的两轴之间的传动	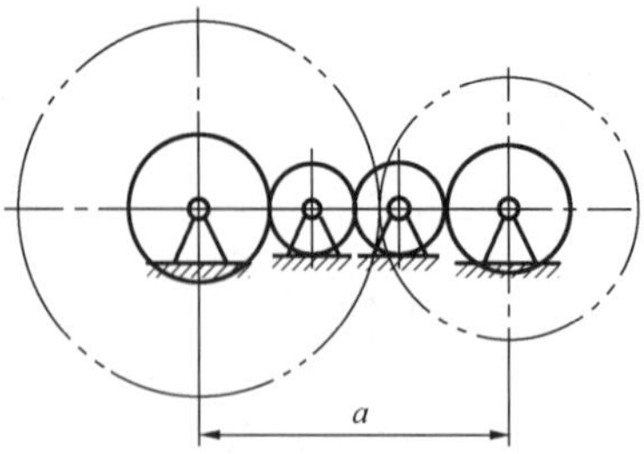	当两轴间距离较远时，采用一系列齿轮传动，如左图中实线所示，就可避免用一对齿轮传动，两轮的尺寸很大，使机构总体尺寸也很大	汽车发动机变速箱
获得大的传动比	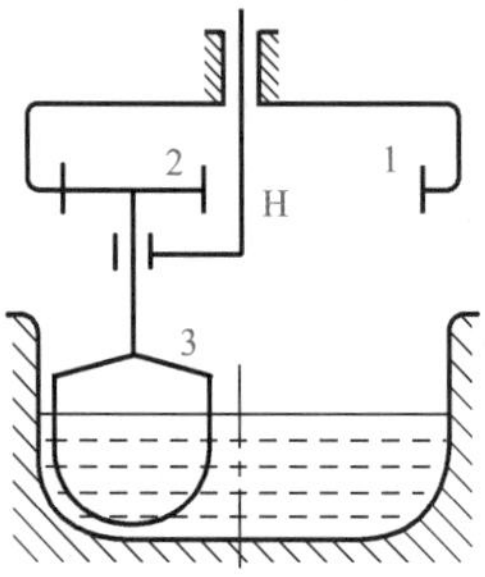	行星轮系能在构件数量较少的情况下获得大的传动比	搅拌机
实现换向传动	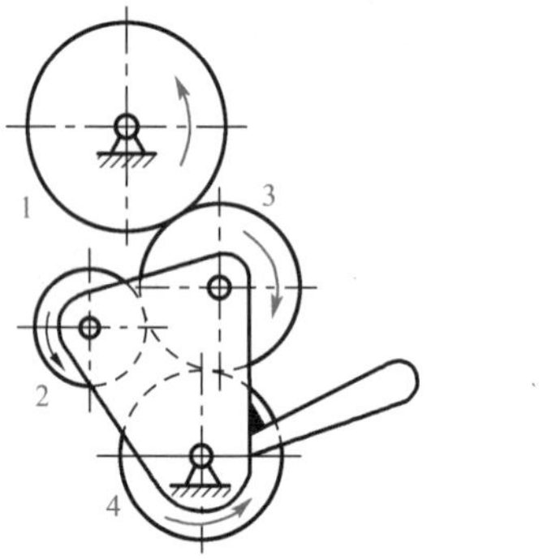	在主动轴转向不变时，可利用轮系中的惰轮来改变从动轴的转向	三星轮换向机构
实现变速传动	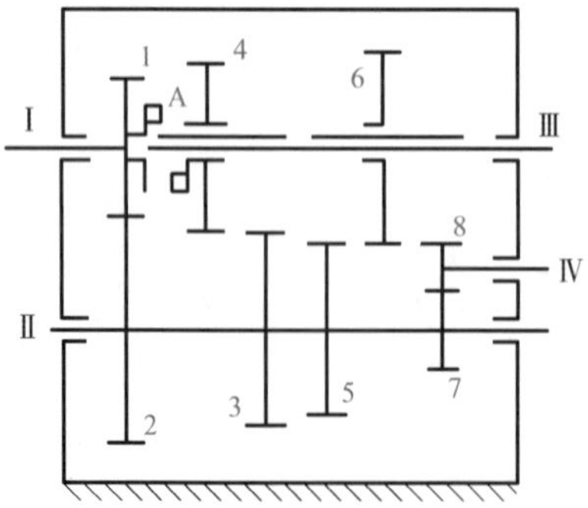	主动轴Ⅰ转速不变，通过改变齿轮4及齿轮6在轴上的位置，可使输出轴Ⅲ得到四种不同的转速	车床变速箱

续表

轮系的应用	机构简图	说　明	应用实例
实现运动的合成		可以将两个输入转动合成为一个输出转动,分别输入 n_1 和 n_H,合成为 n_3,$n_3 = 2n_H - n_1$	滚齿机差动轮系
实现运动的分解		差速器可将齿轮 4 的一个输入转速 n_4,根据转弯半径 r 的变化,自动分解为左、右两后轮不同的转速 n_1 和 n_3,$n_1 = \dfrac{r-L}{r}n_4$,$n_1 = \dfrac{r+L}{r}n_4$	汽车后桥差速器

任务实施

一、定轴轮系传动比的计算

1. 设计要求与数据

如图 3-4-2 所示定轴轮系中,已知 $z_1 = 15$,$z_2 = 25$,$z_3 = 15$,$z_4 = 30$,$z_5 = 15$,$z_6 = 30$,$z_7 = 2$(右旋),$z_8 = 60$,$z_9 = 20(m = 4 \text{ mm})$,$n_1 = 500 \text{ r/min}$。

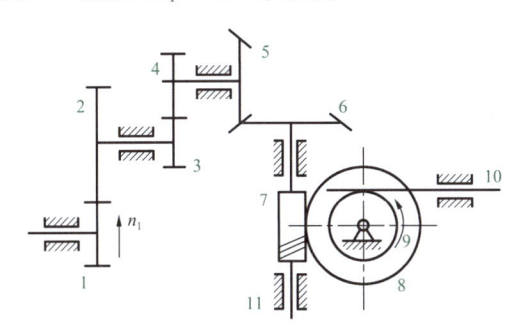

图 3-4-2　定轴轮系传动比的计算

2. 设计内容

求齿条 10 移动线速度 v 的大小和方向。

3. 设计步骤、结果及说明

列出传动比的计算公式为

$$i_{18} = \frac{n_1}{n_8} = \frac{z_2 z_4 z_6 z_8}{z_1 z_3 z_5 z_7} = \frac{25 \times 30 \times 30 \times 60}{15 \times 15 \times 15 \times 2} = 200$$

$$n_8 = n_9 = \frac{n_1}{i_{18}} = \frac{500}{200} = 2.5 \text{ r/min}$$

$$v = \frac{n_9 \pi m z_9}{60 \times 1\,000} = \frac{2.5\pi \times 4 \times 20}{60 \times 1\,000} = 0.01 \text{ m/s(方向向左)}$$

二、行星轮系传动比的计算

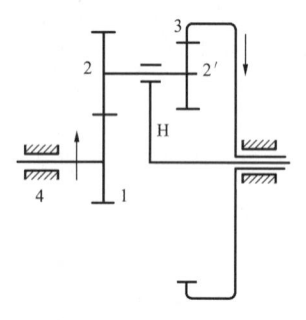

1. 设计要求与数据

如图 3-4-3 所示行星轮系中,已知 $z_1=15, z_2=25, z_{2'}=20, z_3=60, n_1=200$ r/min, $n_3=50$ r/min,转向如图所示。

2. 设计内容

求行星架 H 的转速 n_H。

图 3-4-3 行星轮系传动比的计算

3. 设计步骤、结果及说明

列出传动比的计算公式为

$$i_{13}^H = \frac{n_1 - n_H}{n_3 - n_H} = -\frac{z_2 z_3}{z_1 z_{2'}} \qquad \frac{200 - n_H}{-50 - n_H} = -\frac{25 \times 60}{15 \times 20}$$

解得 $n_H = -8.33$ r/min,n_H 为负值表示行星架 H 的转动方向与齿轮 3 相同。

三、组合轮系传动比的计算

1. 设计要求与数据

如图 3-4-4(a)所示组合轮系中,已知 $z_1=24, z_2=48, z_{2'}=30, z_3=90, z_{3'}=20, z_4=30, z_5=80, n_1=1\,450$ r/min。

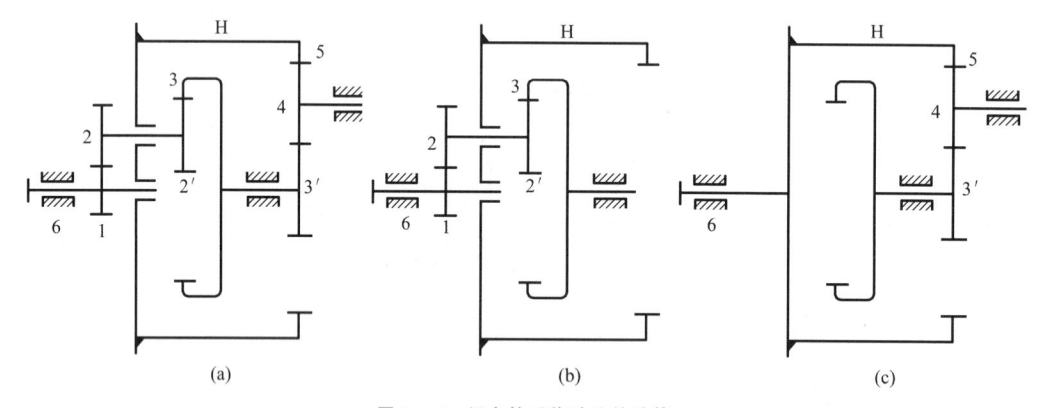

(a)   (b)   (c)

图 3-4-4 组合轮系传动比的计算

2. 设计内容

求构件 H 的转速 n_H。

3. 设计步骤、结果及说明

(1)分析轮系的组成

因为双联齿轮 2—2′ 的轴线不固定,所以这两个齿轮是双联的行星轮,支承它运动的构件 H 就是行星架,与行星轮 2—2′ 相啮合的齿轮 1、3 为中心轮,因此齿轮 1、2—2′、3 和行星架 H

一起组成了行星轮系,如图 3-4-5(b)所示。

齿轮 3′、4、5 各绕自身固定几何轴线转动,组成了定轴轮系,如图 3-4-5(c)所示。

以上二者合在一起便构成一个组合轮系。

3—3′为双联齿轮,$n_3 = n_{3'}$。

行星架 H 与齿轮 5 为同一构件,$n_5 = n_{H'}$。

(2)计算行星轮系和定轴轮系传动比

行星轮系的传动比为

$$i_{13}^H = \frac{n_1 - n_H}{n_3 - n_H} = -\frac{z_2 z_3}{z_1 z_{2'}} = -\frac{48 \times 90}{24 \times 30} = -6$$

定轴轮系的传动比为

$$i_{3'5} = \frac{n_{3'}}{n_5} = -\frac{z_4 z_5}{z_{3'} z_4} = -\frac{z_5}{z_{3'}} = -\frac{80}{20} = -4$$

$$n_3 = n_{3'}, n_5 = n_H$$

联立以上公式可解得 $n_H = 46.77$ r/min,n_H 为正值表示行星架 H 与齿轮 1 的转动方向相同。

培养技能

齿轮减速器的装配方法

(1)齿轮减速器必须按生产合同的型号、规格、安装尺寸等要求装配,并符合图样和有关技术文件的规定。

(2)装配的零部件必须是经检验部门检验后的合格件,在装配前对准备装配的零部件还应进行全面检查(着重检查主要配合尺寸),确认无误后再进行装配。

(3)在装配前,对所有零部件的外表面的毛刺、切屑、油污等脏物必须清理干净,对未加工表面的箱体、齿轮、蜗杆、蜗轮、压盖等表面残余物清理干净,并涂以防锈漆。

(4)各零部件的配合及齿轮、蜗轮和蜗杆啮合处不允许有碰伤、损伤情况,如有轻微擦伤,在不影响使用性能的情况下,经技术部门同意后,允许用油石或刮刀修理。

(5)在装配时,对齿轮及配合轴、齿轮轴等必须擦洗干净,用压机或温差法装配,在不破坏轴径及中心孔的情况下,可用锤装配。

(6)装配时,应检查齿轮啮合的接触斑点、间隙(按产品标准要求)及运转是否平稳、轴承间隙等。

(7)装配过程中试运行,需将箱盖合上,运行时绝对禁止敲击零部件。

(8)装配调试结束后,应将所有零部件重新清洗一遍,并涂润滑油脂,在箱体、箱盖及压盖接合处,涂以密封胶或水玻璃,结合后用螺栓拧紧,上好油封。各密封处、接合处均不得渗油、漏油。

(9)装配好后,加油试车运行,待正、反方向各运行 20 min 后,如无异常声音,交检验员检验油漆后入库。

能力检测

一、选择题

1. 根据轮系运转时,各齿轮的几何轴线在空间的相对位置是否固定,轮系可分为_____。
   A. 定轴轮系和空间轮系
   B. 定轴轮系和行星轮系
   C. 定轴轮系和平面轮系
   D. 空间轮系和平面轮系

2. 定轴轮系的传动比大小与轮系中惰轮的齿数_____。
   A. 有关
   B. 成正比
   C. 无关
   D. 成反比

3. 如图 3-4-5 所示标准齿轮组成的轮系中,齿轮 3 为内齿轮,齿轮 1 转向如图所示,已知 z_1 和 z_3,则齿轮 2 齿数 z_2 和齿轮 3 转向为_____。
   A. $z_2 = z_3 - z_1$,齿轮 3 顺时针方向转
   B. $z_2 = (z_3 - z_1)/2$,齿轮 3 逆时针方向转
   C. $z_2 = z_3 - z_1/2$,齿轮 3 顺时针方向转
   D. $z_2 = z_3 - z_1/2$,齿轮 3 逆时针方向转

4. 如图 3-4-6 所示轮系中,齿轮 1、2—3、4—5 及 6 中_____是行星轮。
   A. 2—3
   B. 4—5
   C. 2—3、4—5
   D. 1、2—3、4—5

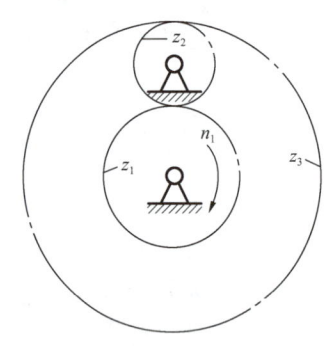

图 3-4-5 选择题 3 图

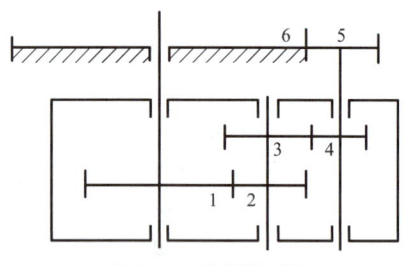

图 3-4-6 选择题 4 图

5. 转化轮系法中,公式 $i_{GK}^H = \dfrac{n_G - n_H}{n_K - n_H}$ 适用于_____。

   A. 任意场合
   B. G 轮与 K 轮的几何轴线相互平行或重合的场合
   C. G 轮、K 轮及行星架 H 的几何轴线相互平行或重合的场合
   D. 所有齿轮的几何轴线都平行的场合

6. 如图 3-4-7 所示机构中,下列判断中正确的是_____。
   A. 2 和 3 是中心轮,4 和 5 是行星轮
   B. 2 和 3 是中心轮,4、5 和 1 是行星轮
   C. 3 是中心轮,4 和 5 是行星轮
   D. 3 是中心轮,5 是行星轮

7. 如图 3-4-8 所示机构中，下列判断中正确的是_____。
A. 1—2 和 6—7 为行星轮，3、4、5 和 8 为中心轮
B. 6—7 为行星轮，3、4、5 和 8 为中心轮
C. 1—2 和 6—7 为行星轮，3、4 和 5 为中心轮
D. 6—7 为行星轮，5 和 8 为中心轮

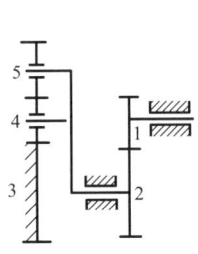

图 3-4-7　选择题 6 图　　　　图 3-4-8　选择题 7 图

8. 如图 3-4-9 所示为悬链式输送机用减速器，其中_____是中心轮。
A. 2、3 和 7　　　B. 2、3、5 和 7　　　C. 3、5 和 7　　　D. 3 和 7

9. 如图 3-4-10 所示为变速箱传动系统，动力由Ⅰ轴输入，从Ⅲ轴输出，齿轮 4、5、6 固定在轴上，齿轮 1、2、3 及 7、8、9 各为三联滑移齿轮，则Ⅲ轴可以输出_____转速。
A. 3 种　　　　B. 6 种　　　　C. 9 种　　　　D. 12 种

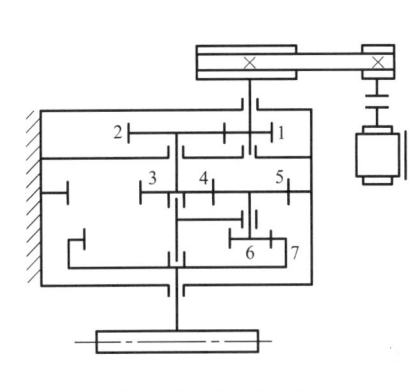

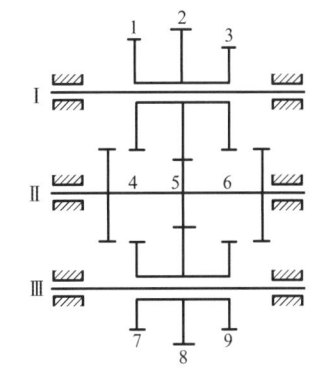

图 3-4-9　选择题 8 图　　　　图 3-4-10　选择题 9 图

10. 轮系的下列功用中，_____必须依靠行星轮系实现。
A. 变速传动　　　　　　　　B. 大的传动比
C. 分路传动　　　　　　　　D. 运动的合成和分解

二、判断题

1. 平面定轴轮系中的各圆柱齿轮的轴线互相平行。（　）
2. 至少有一个齿轮和它的几何轴线绕另一个齿轮旋转的轮系，称为定轴轮系。（　）
3. 旋转齿轮的几何轴线位置均不能固定的轮系，称为行星轮系。（　）
4. 行星轮系中的差动轮系必须有两个主动件。（　）
5. 定轴轮系和行星轮系的主要区别在于系杆是否转动。（　）

6. 行星轮系中的行星轮,既绕自身的轴线转动,又绕中心齿轮的轴线公转。（ ）

7. 定轴轮系首、末两轮转速之比,等于组成该轮系的所有从动轮齿数乘积与所有主动轮齿数乘积之比。（ ）

8. 轮系传动比的计算,不但要确定其数值,还要确定输入、输出轴之间的运动关系,表示出它们的转向关系。（ ）

9. 惰轮不但能改变轮系齿轮传动方向,而且能改变传动比。（ ）

10. 计算行星轮系的传动比时,把行星轮系转化为一假想的定轴轮系,即可用定轴轮系的方法解决行星轮系的问题。

三、设计计算题

1. 如图 3-4-11 所示轮系中,已知蜗杆 1 为双头左旋蜗杆,转向如图示,蜗轮 2 的齿数为 $z_2=50$,蜗杆 $2'$ 为单头右旋蜗杆,蜗轮 3 的齿数为 $z_3=40$,其余各齿轮齿数为 $z_{3'}=30$, $z_4=20$, $z_{4'}=26$, $z_5=18$, $z_{5'}=28$, $z_6=16$, $z_7=18$。求传动比 i_{17} 及 n_7 的方向。

2. 如图 3-4-12 所示时钟系统,若齿轮的模数为 $m_B=m_C$, $z_1=15$, $z_2=12$,那么 z_B 和 z_C 各为多少?

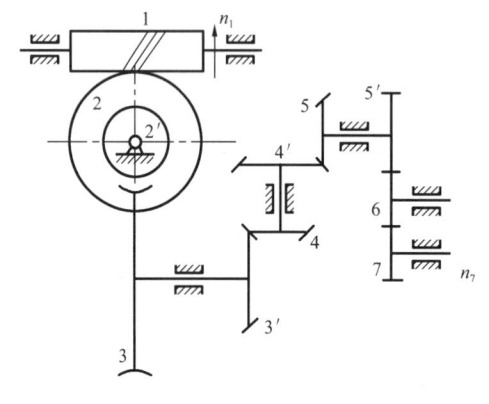

图 3-4-11　设计计算题 1 图　　　　图 3-4-12　设计计算题 2 图

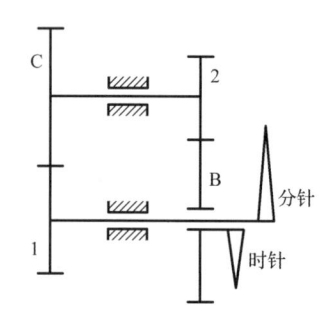

3. 如图 3-4-13 所示圆锥齿轮组成的行星轮系中,已知各齿轮的齿数为 $z_1=20$, $z_2=30$, $z_{2'}=50$, $z_3=80$, $n_1=50$ r/min,求 n_H 的大小和方向。

4. 如图 3-4-14 所示传动装置中,已知 $z_1=40$, $z_2=20$, $n_1=120$ r/min,求使行星架转速 $n_H=0$ 时齿轮 3 的转速 n_3 的大小和方向。

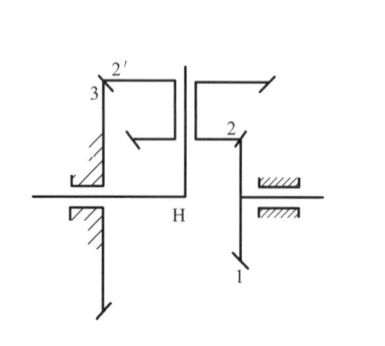

图 3-4-13　设计计算题 3 图　　　　图 3-4-14　设计计算题 4 图

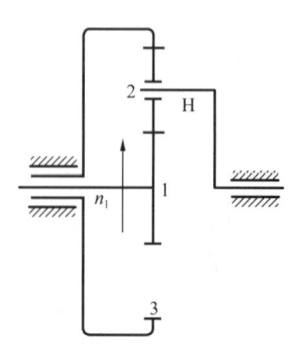

5. 如图 3-4-15 所示传动装置中,已知 $z_1=60, z_2=15, z_{2'}=30, z_3=105, z_4=35, z_5=32$,求传动比 i_{15},并说明齿轮 1 和齿轮 5 的转向是否相同。

6. 如图 3-4-16 所示轮系中,已知 $z_1=18, z_2=51, z_{2'}=17, z_4=73$,求轮系的传动比 i_{1H},并说明齿轮 1 和行星架 H 的转向关系。

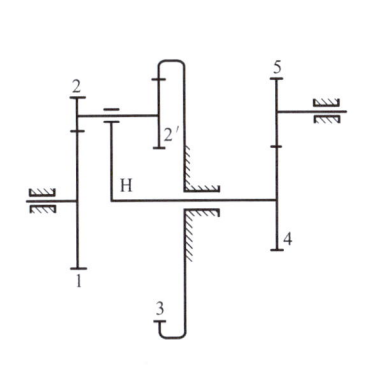

图 3-4-15　设计计算题 5 图

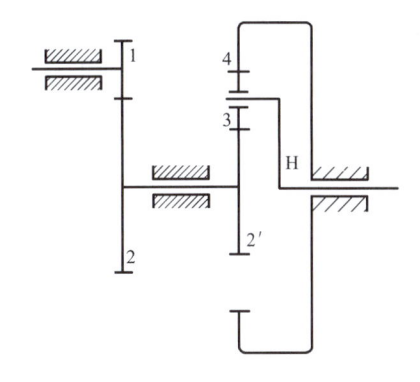

图 3-4-16　设计计算题 6 图

7. 如图 3-4-17 所示轮系中,已知 $z_1=25, z_3=85, z_{3'}=z_5$,求传动比 i_{15}。

8. 如图 3-4-18 所示轮系中,已知 $z_1=z_{2'}=28, z_2=z_3=23, z_H=90, z_4=18$,求传动比 i_{14}。

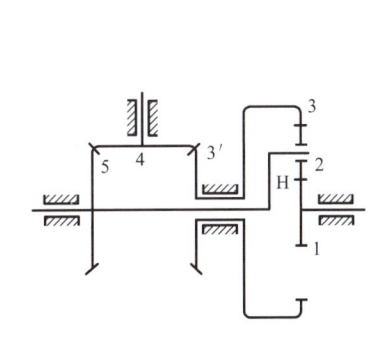

图 3-4-17　设计计算题 7 图

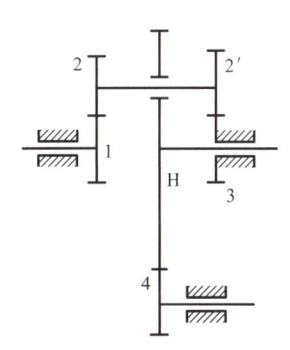

图 3-4-18　设计计算题 8 图

任务五　认识链传动和螺旋传动

知识目标

(1)掌握链传动的组成、工作原理、特点、应用以及合理润滑和布置方式等基本知识。
(2)了解滚子链的结构、规格及链轮的基本结构。
(3)掌握链传动的运动特性及其与设计参数之间的关系。
(4)了解滚子链传动的失效形式。
(5)熟悉螺旋传动的类型、基本传动形式及特点。

(6)了解滚动螺旋传动的工作原理和特点。

能力目标

(1)正确选择链传动的运动特性及其与设计参数。
(2)正确分析滚子链传动的失效形式。
(3)正确计算螺旋传动中可动螺母的位移。

任务分析

链传动通常在恶劣环境下工作,但由于链传动运动不均匀、有冲击,应布置在低速级。

螺旋传动利用螺杆和螺母组成的螺旋副来实现传动要求,主要用来将回转运动变成直线运动,也可用来调整两零件之间的相对位置。

夯实理论

一、链传动

知识导图

```
                    ┌── 主动链轮
         ┌── 组成 ──┼── 从动链轮
         │         └── 链条
         │
         ├── 特点
         │                      ┌── 结构
         ├── 类型 ──┬── 齿形链
  链传动 ─┤         └── 滚子链 ──┴── 标准
         │
         ├── 失效形式
         │
         ├── 主要参数
         │                 ┌── 实心式
         └── 链轮结构 ─────┼── 孔板式
                           └── 组合式
```

(一)链传动的组成、特点、类型及应用

1. 链传动的组成

如图3-5-1所示,链传动由主动链轮1、从动链轮2和绕在链轮上的链条3组成。工作时,通过链条的链节与链轮上的轮齿相啮合传递运动和动力。

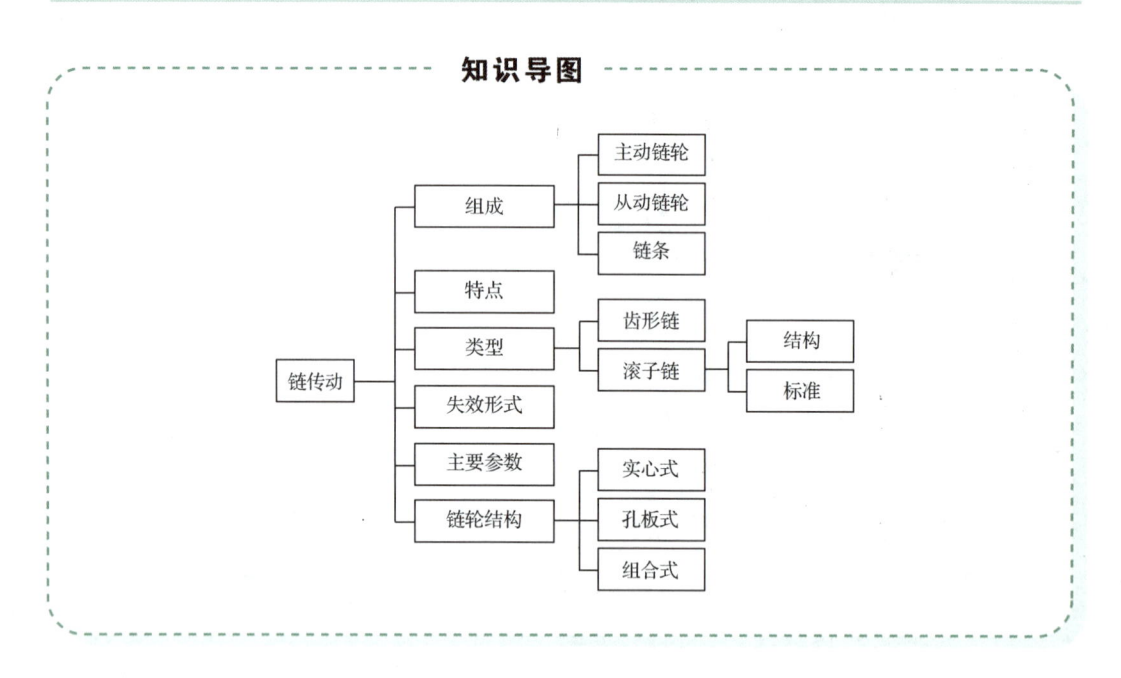

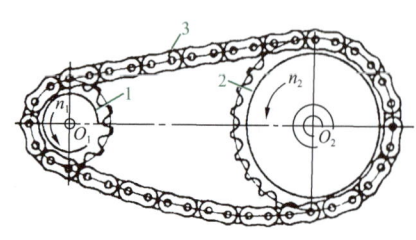

图3-5-1 链传动

2. 链传动的特点、类型及应用

链传动主要有以下特点：

(1) 链传动与带传动相比，无弹性滑动和打滑现象，故能保证准确的平均传动比，传动效率较高，结构紧凑，传递功率大，张紧力比带传动小。

(2) 链传动与齿轮传动相比，结构简单，加工成本低，安装精度要求低，适用于较大中心距的传动，能在高温、多尘、油污等恶劣的环境中工作。

(3) 如图 3-5-2 所示，链条进入链轮后形成多边形折线，从而使链速忽大忽小地周期性变化，并伴有链条的上下抖动，链传动的瞬时传动比和链速不恒定，传动平稳性较差，工作时有冲击和噪声，链条磨损后节距加大易发生跳齿和脱链，故不宜用于高速和急速反向的场合。

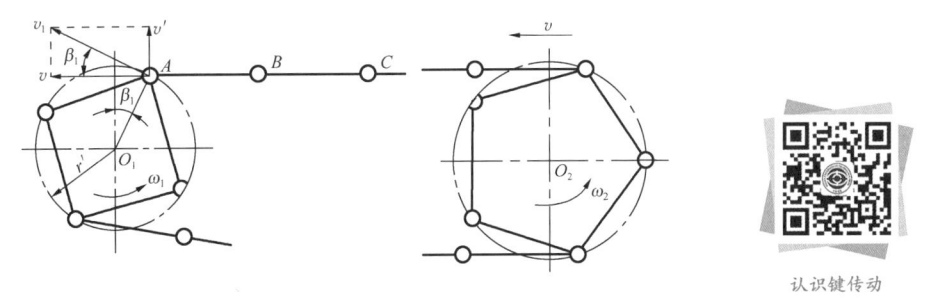

图 3-5-2 链传动速度分析

链传动的传递功率 $P \leqslant 100$ kW，链速 $v \leqslant 15$ m/s，传动比 $i \leqslant 7$，中心距 $a \leqslant 5 \sim 6$ m，效率 $\eta = 0.92 \sim 0.97$。

常用的传递动力的传动链有齿形链和滚子链，分别如图 3-5-3 和图 3-5-4 所示。

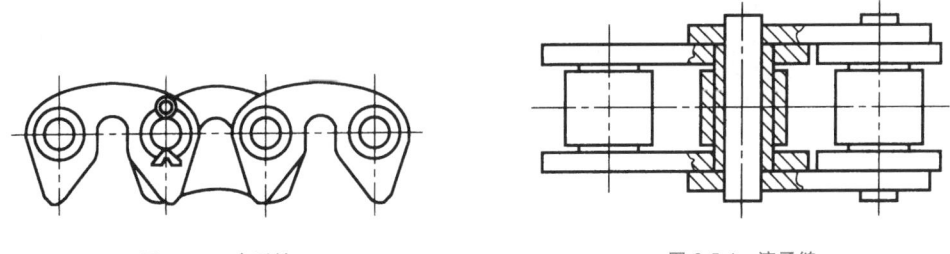

图 3-5-3 齿形链

图 3-5-4 滚子链

滚子链结构简单，磨损较轻，故应用广泛。齿形链传动平稳，噪声小，承受冲击性能好，工作可靠，但结构复杂，价格高，制造较困难，故多用于高速(链速可达 40 m/s)或运动精度要求较高的传动装置中。

(二) 滚子链的结构及标准

1. 滚子链的结构

如图 3-5-5 所示，滚子链由许多内链节和外链节相间组成。内链节由内链板、套筒和滚子组成。

内链板与套筒为过盈配合。外链节由外链板
板和销轴所组成，销轴以间隙配合穿过套筒后与外链板过盈配合。销轴与套筒可相对转动而构成铰链，并将内、外链节相间地组成挠性的链条。润滑油可通过相邻内、外链板间的缝隙渗入到销轴与套筒的接触面上,以减轻其磨损。滚子与套筒为间隙配合,铰链进入或退出链条时,滚子与轮齿间为滚动摩擦,可减轻链与轮齿的磨损。链板制成"8"字形,以减轻链的质量,减小惯性力,并保持各截面的抗拉强度接近相等。

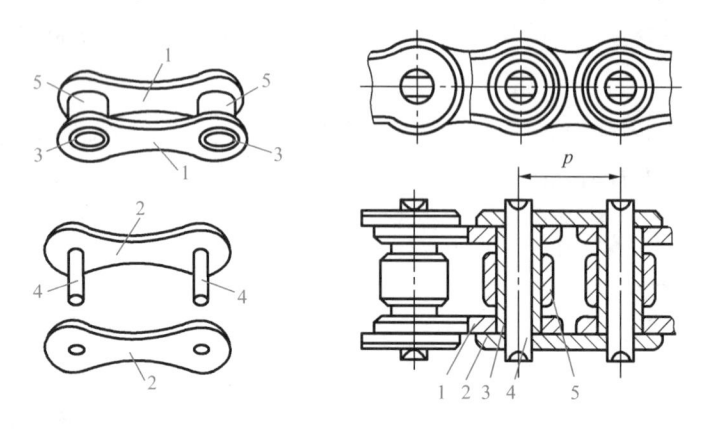

图 3-5-5 滚子链的结构

1—内链板;2—外链板;3—套筒;4—销轴;5—滚子

双排或多排滚子链适用于传递功率较大的场合,如图 3-5-6 所示。但实际运用中排数不宜过多,一般不超过 4 排,以免各排受载不均匀。

链条长度以链节数来表示。链节数通常取偶数,当链条连成环形时,正好使外链板与内链板相接,接头处可用开口销或弹簧夹锁紧,如图 3-5-7(a) 和图 3-5-7(b) 所示。

若链节数为奇数,则需采用过渡链节,如图 3-5-7(c) 所示。当链条受拉时,过渡链节还要承受附加的弯曲载荷,通常应避免采用。

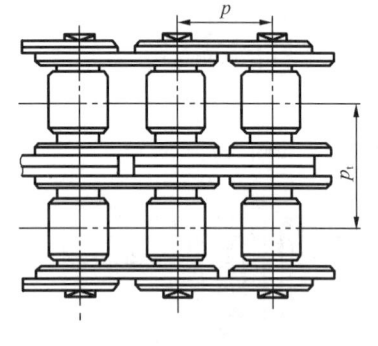

图 3-5-6 双排滚子链

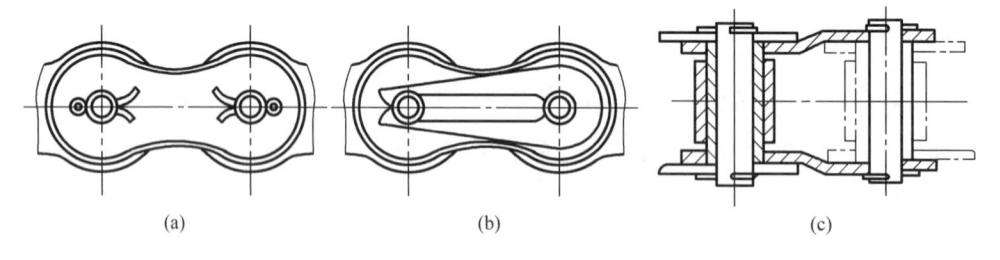

(a)　(b)　(c)

图 3-5-7 滚子链的接头形式

2. 滚子链的标准

我国目前使用的滚子链的标准分为多个系列,常用的是 A 系列,其基本参数与尺寸见表 3-5-1。两滚子轴线间的距离称为节距,用 p 表示。表 3-5-1 中链号数乘以 25.4/16 即节距。

表 3-5-1　　　　　　A 系列滚子链的基本参数与尺寸(摘自 GB/T 1243—2006)

链号	节距 p nom /mm	排距 p_t /mm	滚子直径 d_1 max /mm	内节内宽 b_1 min /mm	销轴直径 d_2 max /mm	内链板高度 h_2 max /mm	抗拉强度 F_u/kN 单排	抗拉强度 F_u/kN 双排
08A	12.70	14.38	7.92	7.85	3.98	12.07	13.9	27.8
10A	15.875	18.11	10.16	9.40	5.09	15.09	21.8	43.6
12A	19.05	22.78	11.91	12.57	5.96	18.10	31.3	62.6
16A	25.40	29.29	15.88	15.75	7.94	24.13	55.6	111.2
20A	31.75	35.76	19.05	18.90	9.54	30.17	87.0	174.0
24A	38.10	45.44	22.23	25.22	11.11	36.20	125.0	250.0
28A	44.45	48.87	25.40	25.22	12.71	42.24	170.0	340.0
32A	50.80	58.55	28.58	31.55	14.29	48.26	223.0	446.0

滚子链的标记方法为

链号-排数　标准编号

例如,08A-1,表示 A 系列滚子链,节距为 12.7 mm,单排。

(三)套筒滚子链传动的失效形式

由于链条的强度不如链轮高,一般链传动的失效主要是链条的失效。常见的失效形式如下:

1. 链板疲劳破坏

在传动中,链条所受拉力是周期性变化的,经过一定的循环次数,链板将会产生疲劳断裂。链板疲劳破坏是闭式链传动的主要失效形式。

2. 滚子和套筒的冲击疲劳破坏

链传动在反复启动、制动或反转时产生巨大的惯性冲击,会使滚子和套筒产生冲击疲劳破坏。

3. 链条铰链磨损

传动时,链条铰链的销轴和套筒之间要承受较大压力,两者之间又有相对转动,导致链条磨损,使链条的实际节距变长,最后产生跳齿和脱链。链条铰链磨损是开式链传动的主要失效形式。

4. 链条铰链胶合

在润滑不良或链轮转速过大时,链条铰链的销轴和套筒的工作表面剧烈摩擦发热,表面会产生胶合。

5. 链条过载拉断

低速($v<0.6$ m/s)重载时,若载荷超过链条静力强度,链条会被拉断。

还应说明,链轮齿廓磨损或变形也可能导致链传动的失效,但一般链轮的寿命为链条寿命的两倍以上,故链传动的设计都以链条的寿命和强度为依据进行。

(四)链传动主要参数的选择

1. 链的节距和排数

链的节距越大,则其尺寸越大,承载能力越强,但传动时的平稳性越差,动载荷和噪声也越大。链的排数越多,则其承载能力增强,传动的轴向尺寸也越大。因此,选择链条时应在满足承载能力要求的前提下,尽量选用较小节距的单排链,高速大功率时,可选用小节距的多排链。

2. 链轮齿数和传动比

为保证传动平稳、减弱冲击和减小动载荷,小链轮齿数 z_1 不宜过少(一般应大于 17),通常应根据链速 v 按表 3-5-2 选取。大链轮齿数 $z_2 = iz_1$, z_2 不宜过多,齿数过多除了增大传动的尺寸和质量外,还会出现跳齿和脱链等现象,通常 $z_2 < 120$。

表 3-5-2 小链轮齿数

$v/(\text{m}\cdot\text{s}^{-1})$	0.6~3	3~8	>8
z_1	≥17	≥21	≥35

由于链节数常取为偶数,为使链条与链轮的轮齿磨损均匀,链轮齿数一般应取与链节数互为质数的奇数。

滚子链的传动比 $i(i = z_2/z_1)$ 不宜大于 7,一般推荐 $i = 2$~3.5,只有在低速时 i 才可取大些。i 过大,链条在小链轮上的包角减小,啮合的轮齿数减少,从而加速轮齿的磨损。

3. 中心距和链节数

若中心距过小,则链条在小链轮上的包角小,啮合的齿数少,导致磨损加剧,且易产生跳齿、脱链等现象。同时链条的绕转次数增多,加剧了疲劳磨损,从而影响链条的寿命。若中心距过大,则链传动的结构大,且由于链条松边的垂度大而产生抖动。大多情况下,中心距 $a = (30$~$50)p$,最大中心距 $a_{\max} \leq 80p$。

链条的长度以链节数表示,链节数应为偶数。

(五)链轮的结构

1. 链轮齿形

滚子链链轮是链传动的主要零件。链轮齿形应保证链节能自由地进入或退出啮合,受力均匀,不易脱链,便于加工。

国家标准中没有规定具体的链轮齿形,仅规定了最小和最大齿槽形状及其极限参数,见表 3-5-3。实际齿槽形状取决于加工轮齿的刀具和加工方法,并应使其位于最小和最大齿槽形状之间。

2. 链轮的结构

链轮的结构如图 3-5-8 所示。小直径的链轮可制成实心式,如图 3-5-8(a)所示;中等直径的链轮可制成孔板式,如图 3-5-8(b)所示;大直径的链轮可制成组合式,如图 3-5-8(c)(焊接式)和图 3-5-8(d)(螺栓连接)所示。

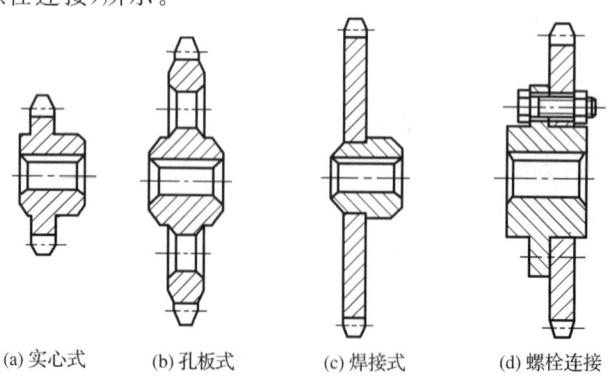

(a) 实心式　　(b) 孔板式　　(c) 焊接式　　(d) 螺栓连接

图 3-5-8 链轮的结构

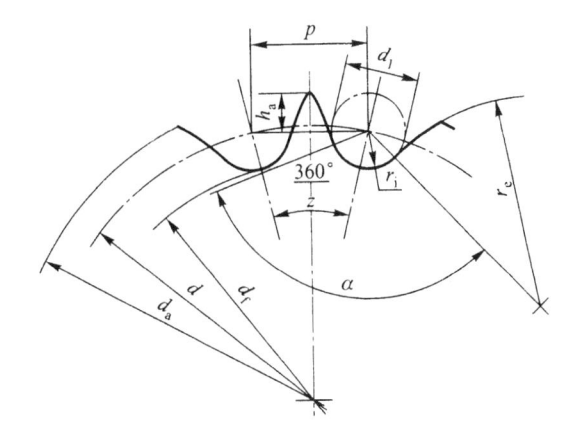

表 3-5-3　　滚子链链轮的齿槽形状（摘自 GB/T 1243—2006）

名　称	符　号	计算公式	
		最小齿槽形状	最大齿槽形状
齿槽圆弧半径	r_e	$r_{emax}=0.12d_1(z+2)$	$r_{emin}=0.008d_1(z^2+180)$
齿沟圆弧半径	r_i	$r_{imin}=0.505d_1$	$r_{imax}=0.505d_1+0.069\sqrt[3]{d_1}$
齿沟角	α	$\alpha_{max}=140°-\dfrac{90°}{z}$	$\alpha_{min}=120°-\dfrac{90°}{z}$

注：半径精确到 0.01 mm；角度精确到 1′。

链轮齿应有足够的接触强度、耐磨性，故齿面多经热处理。小链轮的啮合次数比大链轮多，所受冲击力也大，故所用材料一般优于大链轮。常用的链轮材料有碳素钢（如 Q235、Q275、45、ZG310-570 等）、灰铸铁（如 HT200）等，重要的链轮可采用合金钢。

链轮在轴上的固定方法有用紧定螺钉固定和用圆锥销连接固定两种，如图 3-5-9 所示。

在链条与链轮装配时，如果两轴中心距可调且链轮在轴端，可以预先接好，再装到链轮上去；如果结构不允许，则必须先将链条套在链轮上，再进行连接，此时必须采用专用的拉紧工具，如图 3-5-10 所示。

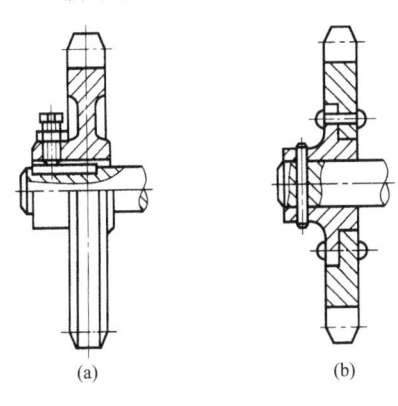

图 3-5-9　链轮的结构形式

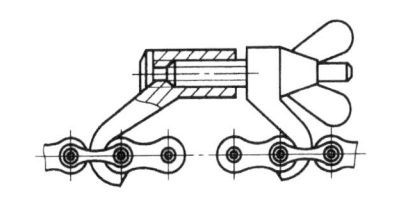

图 3-5-10　专用的拉紧工具

二、螺旋传动

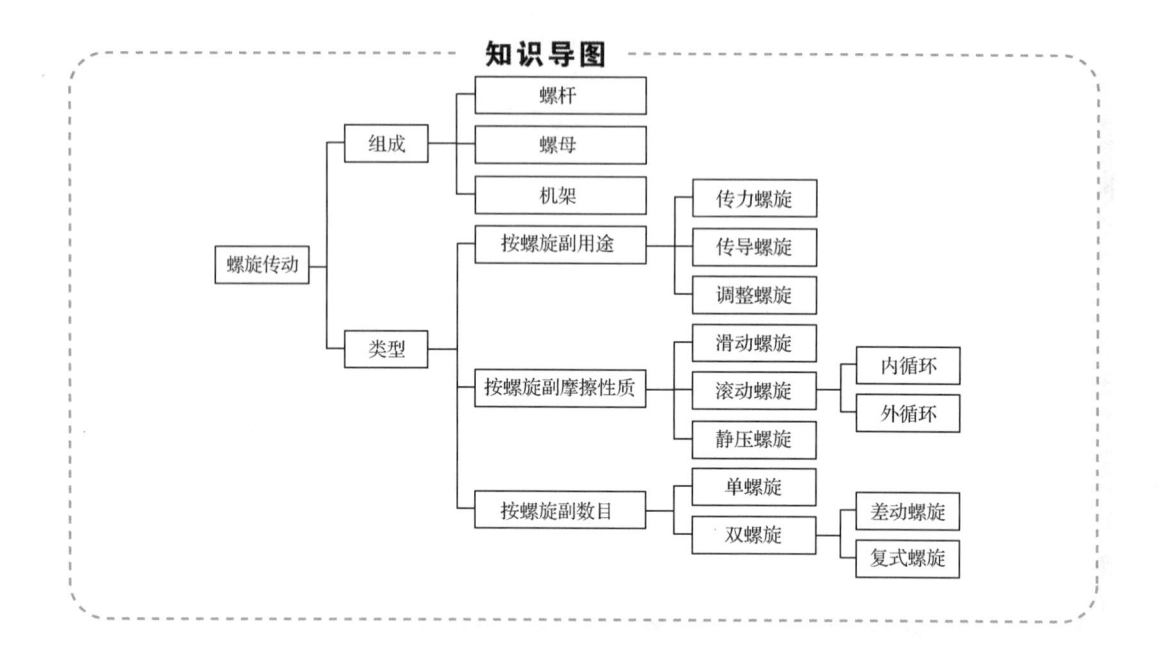

知识导图

- 螺旋传动
  - 组成
    - 螺杆
    - 螺母
    - 机架
  - 类型
    - 按螺旋副用途
      - 传力螺旋
      - 传导螺旋
      - 调整螺旋
    - 按螺旋副摩擦性质
      - 滑动螺旋
      - 滚动螺旋
        - 内循环
        - 外循环
      - 静压螺旋
    - 按螺旋副数目
      - 单螺旋
      - 双螺旋
        - 差动螺旋
        - 复式螺旋

螺旋传动由螺杆、螺母和机架组成,能够将旋转运动转换为直线运动,以实现传递动力、运动、测量以及调整等功能。螺旋传动具有结构简单、工作连续平稳、传动比大、承载能力强、传递运动准确、能实现自锁的优点。但螺旋传动摩擦损耗大,传动效率低。螺旋传动在各种机械设备和仪器仪表中得到了广泛的应用。

(一)螺旋传动的类型

1. 按螺旋副的用途分类

(1)传力螺旋

传力螺旋主要用于传递动力,它可用较小的转矩产生较大的轴向推力,用于低速回转、间歇工作、要求有较高的强度和自锁性能的场合,如图 3-5-11 所示的螺旋千斤顶。

(2)传导螺旋

传导螺旋主要用于传递运动,要求具有较高的传动精度,如图 3-5-12 所示的车床丝杠传动。

(3)调整螺旋

调整螺旋主要用于调整、固定零件之间的相对位置,如图 3-5-13 所示的镗床镗刀的微调传动。

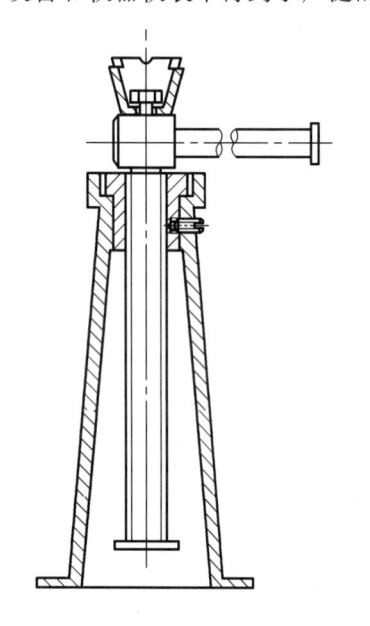

图 3-5-11 螺旋千斤顶

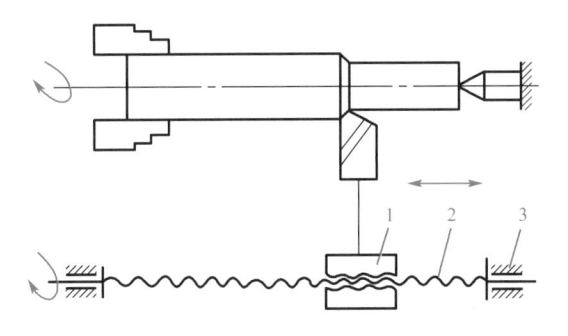

图 3-5-12　车床丝杠传动

1—刀架(螺母);2—丝杠(螺杆);3—机架

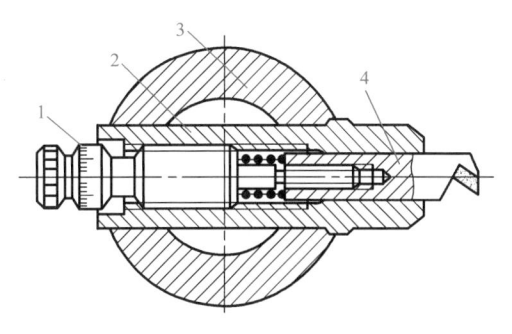

图 3-5-13　镗床镗刀的微调传动

1—螺杆;2—固定螺母;3—镗杆;4—镗刀(移动螺母)

2. 按螺旋副的摩擦性质分类

(1) 滑动螺旋

滑动螺旋结构简单,加工方便,易于自锁,但摩擦阻力大,传动效率低(通常为30%~40%),磨损快,传动精度低,在低速时有爬行现象。

(2) 滚动螺旋

滚动螺旋在螺杆和螺母之间有可滚动的钢球,将螺旋副的滑动摩擦变为滚动摩擦,如图 3-5-14 所示。滚动螺旋虽然结构复杂,制造成本高,但摩擦阻力小,传动精度高,传动效率高(通常为92%~98%),因此在机电一体化系统,特别是在数控机床、加工中心上获得了广泛应用。

(3) 静压螺旋

静压螺旋在螺旋副中注入压力油并形成压力油膜,如图 3-5-15 所示,使螺杆与螺母的螺纹牙表面完全分开。其特点是摩擦阻力极小,传动效率高(可达99%),工作寿命长,但结构复杂,需要一套压力稳定、温度恒定并能精细过滤的供油系统,故成本高。

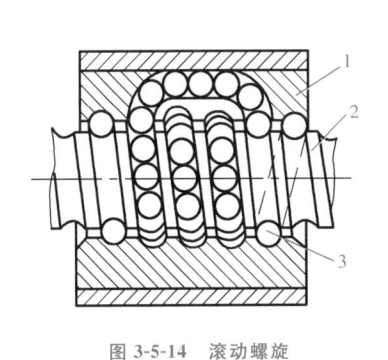

图 3-5-14　滚动螺旋

1—螺母;2—螺杆;3—滚珠

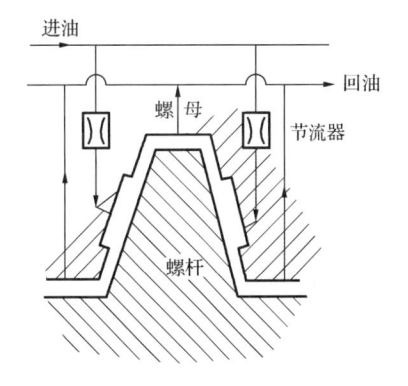

图 3-5-15　静压螺旋

3. 按螺杆上的螺旋副数目分类

(1) 单螺旋机构

由一个螺母和一个螺杆组成单一螺旋副,如图 3-5-16 所示。按照导程的定义,螺杆相对于可动螺母转动一周,则可动螺母相对于螺杆轴向移动一个导程的距离。因此,当螺杆转过 φ 角时,可动螺母的位移为

$$L = nP \frac{\varphi}{2\pi}$$

式中　L——可动螺母相对机架移动的距离,mm;
　　　n——螺旋线数;
　　　P——导程,mm;
　　　φ——螺杆相对机架的转角,rad。

(2)双螺旋机构

螺杆上有两段导程分别为 P_1 和 P_2 的螺纹,分别与两个螺母组成两个螺旋副,如图 3-5-17 所示。其中固定螺母兼作机架,当螺杆转动时,一方面相对固定螺母移动,同时又使不能转动的可动螺母相对螺杆移动。

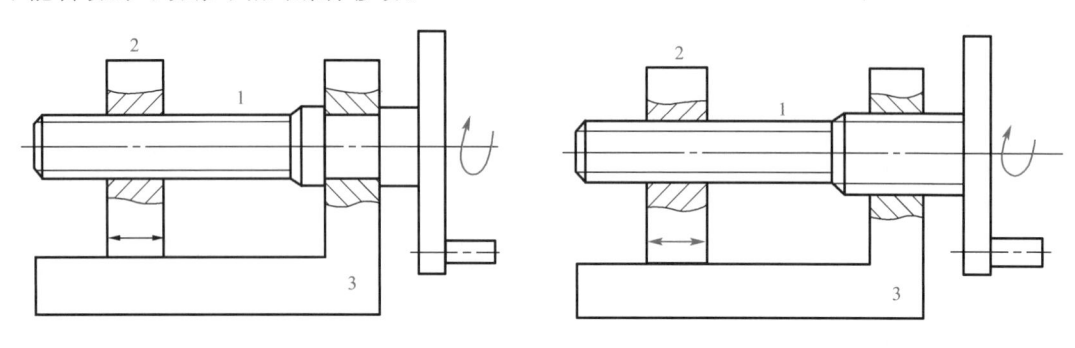

图 3-5-16　单螺旋机构
1—螺杆;2—可动螺母;3—机架

图 3-5-17　双螺旋机构
1—螺杆;2—可动螺母;3—机架(固定螺母)

按两螺旋副的旋向不同,双螺旋机构又可分为差动螺旋机构和复式螺旋机构。

①差动螺旋机构:两螺旋副中螺纹旋向相同的双螺旋机构。差动螺旋机构中的可动螺母相对机架移动的距离 L 可计算为

$$L = (P_1 - P_2) \frac{\varphi}{2\pi}$$

式中　L——可动螺母相对机架移动的距离,mm;
　　　n——螺旋线数;
　　　φ——螺杆相对机架的转角,rad;
　　　P_1——可动螺母的导程,mm;
　　　P_2——固定螺母的导程,mm。

螺旋机构的应用和类型

当 P_1、P_2 相差较小时,则 L 很小。差动螺旋机构常用于测微器、计算机、分度机以及精密切削机床、仪器和工具中。

②复式螺旋机构:两螺旋副中螺纹旋向相反的双螺旋机构。复式螺旋机构中的可动螺母相对机架移动的距离 L 可计算为

$$L = (P_1 + P_2) \frac{\varphi}{2\pi}$$

因为复式螺旋机构的 L 与两螺母导程的和成正比,所以复式螺旋机构常用于要求快速夹紧的夹具或锁紧装置中。

螺旋传动中,螺纹副的相对移动方向可以按左、右手定则判别,左旋螺纹用左手,右旋螺纹用右手,以四指弯曲方向代表螺杆的转动方向,则大拇指所示即螺杆相对于螺母的运动方向。螺母转动时也可以按同样方法判别。

(二)滚动螺旋传动

按照滚珠返回的方式不同,滚动螺旋传动分为外循环和内循环两种方式。

滚珠在返回时与螺杆脱离接触的循环称为外循环,如图 3-5-18(a)所示,螺母旋转槽的两端由回珠管连接起来,返回的滚珠不与螺杆外圆相接触,滚珠可以作周而复始的循环运动,在管道的两端还能起到挡珠的作用,避免滚珠沿滚道滑出。

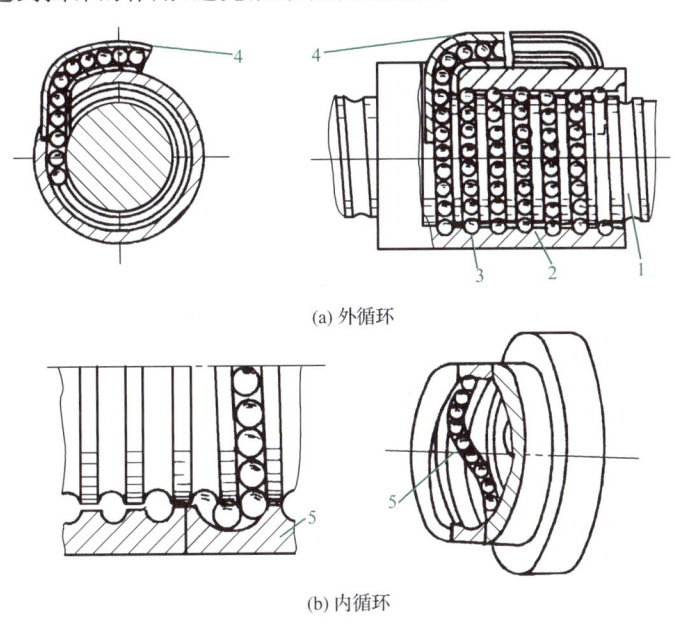

(a) 外循环

(b) 内循环

图 3-5-18 滚动螺旋传动
1—螺杆;2—螺母;3—滚珠;4—回珠管;5—反向器

滚珠在循环过程中始终与螺杆保持接触的循环称为内循环,如图 3-5-18(b)所示,在螺母的侧孔内装有接通相邻滚道的反向器,反向器迫使滚珠越过螺杆的螺纹牙顶进入相邻的滚道,而形成内循环。

任务实施

一、设计要求与数据

如图 3-5-19 所示镗床镗刀螺旋机构中,螺杆有两段螺旋 A 和 B,导程分别为 $P_A=6$ mm, $P_B=5$ mm。

二、设计内容

当手柄按图 3-5-19 所示方向(K 向看为顺时针方向)转动 $\varphi=\pi$ 时,求螺母相对机架移动

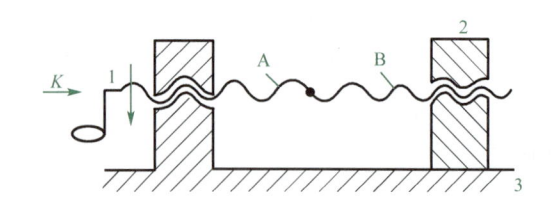

图 3-5-19 镗床镗刀螺旋机构
1—螺杆；2—螺母；3—机架

的距离及方向：

(1) 当 A、B 段螺旋均为右旋时；

(2) 当 A 段螺旋为左旋、B 段螺旋为右旋时。

三、设计步骤、结果及说明

(1) 当 A、B 段螺旋均为右旋时为差动螺旋机构。螺杆转过 φ 角后，螺母既随 A 段螺旋向右移动 $L_A = P_A \varphi / 2\pi$，又相对 B 段螺旋向左移动 $L_B = P_B \varphi / 2\pi$，则螺母相对机架的实际位移 $L_{(1)}$ 为

$$L_{(1)} = L_A - L_B = (P_A - P_B)\varphi/2\pi = (6-5)\pi/2\pi = 0.5 \text{ mm}(移动方向向右)$$

(2) 当 A 段螺旋为左旋、B 段螺旋为右旋时为复式螺旋机构。螺旋转过 φ 角后，螺母既随 A 段螺旋向左移动 $L_A = P_A \varphi / 2\pi$，又相对 B 段螺旋向左移动 $L_B = P_B \varphi / 2\pi$，则螺母相对机架的实际位移 $L_{(2)}$ 为

$$L_{(2)} = L_A + L_B = (P_A + P_B)\varphi/2\pi = (6+5)\pi/2\pi = 5.5 \text{ mm}(移动方向向左)$$

培养技能

链传动的布置、张紧、润滑和螺旋传动机构的维修

一、链传动的布置、张紧和润滑

1. 链传动的布置

链传动的布置对传动的工作状态和使用寿命有较大的影响，应注意以下几项原则：

(1) 两链轮的回转平面应在同一铅垂平面内，以免引起脱链或非正常磨损。两链轮之间轴向偏移量一般应在 1 mm 以下（当两链轮中心距大于 500 mm 时，偏移量允许在 2 mm 以下），偏移量可用直尺或拉线法检查，如图 3-5-20(a)所示。

(2) 两链轮中心与水平面的倾斜角 φ 应小于 45°，以免下链轮啮合不良，如图 3-5-20(b)所示。

(3) 尽量使紧边在上，松边在下，以免垂度过大时干扰链与轮齿的正常齿合，如图 3-5-20(c)所示。

(a)   (b)   (c)

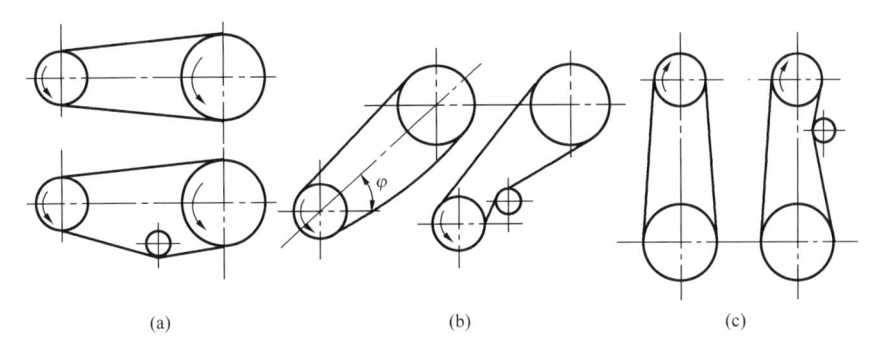

图 3-5-20　链传动的布置

2. 链传动的张紧

链条包在链轮上应松紧适度。通常用测量松边垂度 f 的办法来控制链的松紧程度,如图 3-5-21 所示。对于水平或倾斜 45°以下的链传动,松边垂度 $f \leqslant 0.02a$;对于垂直或倾斜 45°以上的链传动,松边垂度 $f \leqslant 0.002a$,其中 a 为中心距。

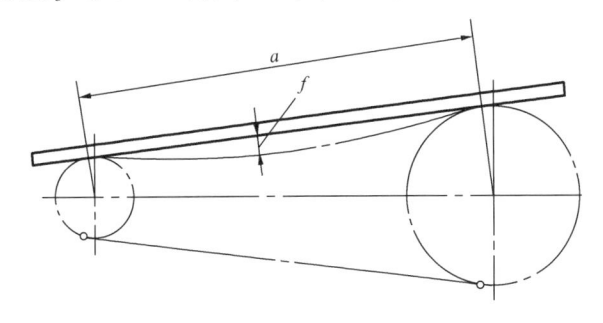

图 3-5-21　松边垂度测量

对于重载、反复启动及接近垂直的链传动,松边垂度应适当减小。

传动中,当铰链磨损使长度增大而导致松边垂度过大时,可采取如下张紧措施:

(1)调整中心距,使链张紧。

(2)拆除 1~2 个链节,缩短链长,使链张紧。

(3)加张紧轮,使链条张紧。张紧轮一般位于松边的外侧靠近主动轮,如图 3-5-22(a)所示;也可位于松边的内侧靠近大轮,如图 3-5-22(b)所示。张紧轮可以是链轮,其齿数与小链轮相近;也可以是无齿的辊轮,辊轮直径稍小,并常用夹布胶木制造。

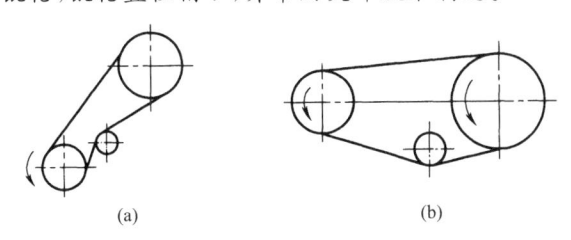

(a)   (b)

图 3-5-22　张紧轮的安装

3. 链传动的润滑

链传动有良好的润滑时,可以减轻磨损,延长使用寿命。闭式链传动的润滑方式可根据链速和节距的大小来选择,如图 3-5-23 所示。开式链传动和不易润滑的链传动,可以定期拆下链条,先用煤油清洗干净,干燥后再浸入油池中,待铰链间充满润滑油后再安装使用。链传动的润滑方式见表 3-5-4。

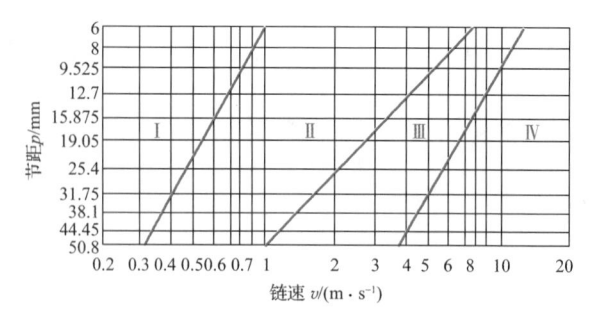

图 3-5-23　闭式链传动的润滑方式的选择
Ⅰ—人工润滑；Ⅱ—滴油润滑；Ⅲ—油浴或飞溅润滑；Ⅳ—压力喷油润滑

表 3-5-4　　　　　　　　　　　　　链传动的润滑方式

润滑方式	结构简图	技术要求
人工润滑		在链条的松边、外链板间隙中注油，每班一次
滴油润滑		一般每分滴油 5～10 滴，链速高时取大值
油浴润滑		链条浸油深度 6～12 mm
飞溅润滑		链条不得浸入油池，甩油盘浸油深度为 12～15 mm
压力喷油润滑		每个喷油口供油量根据链速及节距的大小查阅相关手册

二、螺旋传动机构的维修

1. 丝杠螺纹磨损的维修

梯形螺纹丝杠的磨损不超过齿厚的 10% 时,通常用车深螺纹的方法来消除。当螺纹车深后,外径也需相应车小,使螺纹达到标准深度。经常加工短工件的机床,由于丝杠的工作部位经常集中于某一段(如普通车床丝杠磨损靠近车头部位),这部分丝杠磨损较大。为了修复其精度,可采用丝杠调头使用的方法,将没有磨损或磨损不多的部分换到经常工作的部位。但是,丝杠两端的轴颈大都不一样,因此调头使用时还需要做一些机械加工。

对于磨损过大的精密丝杠,常采用更换的方法。矩形螺纹丝杠磨损后,一般不能修理,只能更换新的。

2. 丝杠轴颈磨损后的维修

丝杠轴颈磨损后的修理方法与其他轴颈修复的方法相同,但在车削轴颈时,应与车削螺纹同时进行,以便保持这两部分轴的同轴度。磨损的衬套应该更换,如果没有衬套,应该将支承孔镗大,压装上一个衬套,并用螺钉定位。这样,在下次修理时只换衬套即可修复。

3. 螺母磨损的维修

螺母的磨损通常比丝杠迅速,因此常需要更换。为了节约青铜,常将壳体做成铸铁的,在壳体孔内压装上铜螺母,这样的螺母在修理中易于更换。

能力检测

一、选择题

1. 滚子链传动的传动比的特点是_____。
   A. 平均传动比恒定,瞬时传动比不恒定　　B. 平均传动比不恒定
   C. 瞬时传动比恒定　　D. 平均传动比和瞬时传动比均不恒定

2. 链传动中,尽量避免采用过渡链节的主要原因是_____。
   A. 制造困难　　B. 价格高
   C. 链板受附加弯曲应力　　D. 受载荷不均匀

3. 设计链传动时,链条宜采用_____的链节数。
   A. 奇数　　B. 偶数　　C. 5 的整数倍　　D. 10 的整数倍

4. 多排链的排数不宜过多,主要原因是因为排数过多则_____。
   A. 给安装带来困难　　B. 各排链受力不均
   C. 链传动的轴向尺寸过大　　D. 链的质量过大

5. 在开式链传动中,由于润滑不良,工作一段时间后会发生脱链现象,这是_____失效形式引起的。
   A. 链板疲劳破坏　　B. 链条铰链磨损
   C. 滚子与套筒疲劳点蚀　　D. 链条铰链胶合

6. 在一定转速下,要减轻链传动的运动不均匀性和减小动载荷,应采取_____措施。
   A. 减小链条节距 p 和增多小链轮齿数 z_1
   B. 增大链条节距 p 和增多小链轮齿数 z_1

C. 减小链条节距 p 和减少小链轮齿数 z_1

D. 增大链条节距 p 和减少小链轮齿数 z_1

7. 大链轮的齿数 z_2 过多时,会产生_____后果。

A. 链条磨损加剧　　　　　　　　B. 链条磨损后易从链轮上脱落

C. 链传动的动载荷与冲击作用大　　D. 链传动的噪声大

8. 水平布置链传动时,若链条的紧边在上,松边在下,具有_____好处。

A. 链条平稳工作且噪声小　　　　B. 松边下垂后不致与链轮齿相干扰

C. 减轻链条的磨损　　　　　　　D. 使链传动达到张紧的目的

9. 在压力机中采用螺旋传动,它具有_____主要优点。

A. 结构简单且有很大的传动比

B. 用较小的转矩产生较大的轴向推力

C. 微调性能或自锁性能较好

D. 工作平稳且无噪声

10. 如图 3-5-24 所示螺旋拉紧装置,按图示箭头方向旋转螺母 3,能使两端螺杆 1 或 2 向中间移动,从而将两端零件拉紧,螺杆 1、2 上螺纹的旋向是_____。

A. 1 左旋,2 左旋　　B. 1 右旋,2 右旋　　C. 1 左旋,2 右旋　　D. 1 右旋,2 左旋

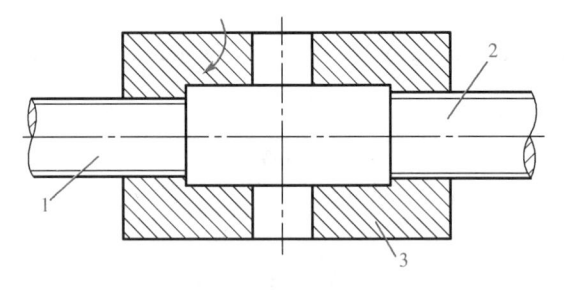

图 3-5-24　选择题 10 图

二、判断题

1. 链传动能得到准确的瞬时传动比。　　　　　　　　　　　　　　　　（　　）

2. 滚子链传动的主要参数是节距。　　　　　　　　　　　　　　　　　（　　）

3. 滚子链传动一般不宜用于两轴心连线为铅垂线的场合。　　　　　　　（　　）

4. 链传动中的排数不宜过多,若排数过多,则链的质量过大。　　　　　（　　）

5. 当链条磨损后,脱链通常发生在小链轮上。　　　　　　　　　　　　（　　）

6. 链条的磨损主要发生在销轴和套筒的接触面上。　　　　　　　　　　（　　）

7. 链传动在布置时,应使紧边在上,松边在下。　　　　　　　　　　　（　　）

8. 快动夹具的双螺旋机构中,两处螺旋副的螺纹旋向相同,以快速夹紧工件。（　　）

9. 螺旋机构中,螺杆一定是主动件。　　　　　　　　　　　　　　　　（　　）

10. 螺距为 4 mm 的 3 线螺纹旋转一周,螺纹件轴向位移 4 mm。　　　　（　　）

三、设计计算题

1. 如图 3-5-25 所示为几种链传动的布置形式,其中小链轮为主动轮。在图示的布置方式

中,指出哪些是合理的,哪些是不合理的,并说明原因(注:最小轮为张紧轮)。

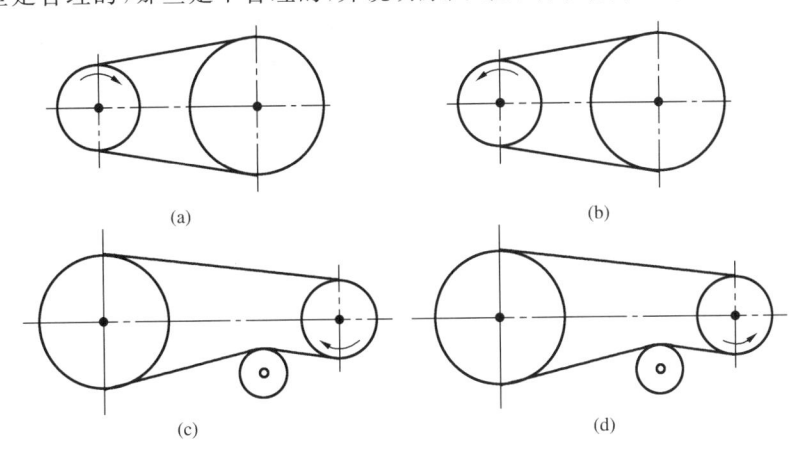

图 3-5-25 设计计算题 1 图

2. 如图 3-5-26 所示为实现微调的差动螺旋机构。A 处螺旋副为右旋,导程 $P_A = 2.8$ mm。现要求当螺杆转一周时,滑块向左移动 0.2 mm,求 B 处螺旋副的旋向和导程 P_B。

3. 如图 3-5-27 所示为机身微调支承机构,当旋转旋钮时,螺杆上下移动以调整机身。设螺旋副 A 与 B 均为左旋,导程分别为 $P_A = 3.5$ mm,$P_B = 1.5$ mm,若按图示转向旋转旋钮 1/4 圈,支承点调整多少?

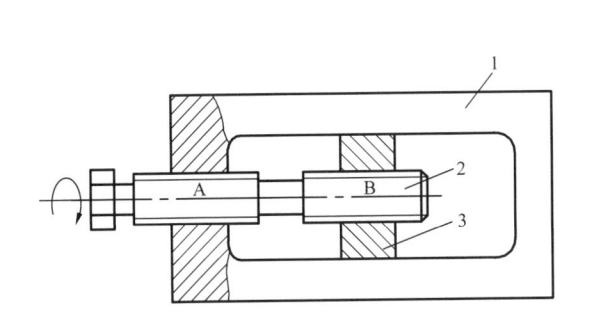

图 3-5-26 设计计算题 2 图
1—机架;2—螺杆;3—滑块

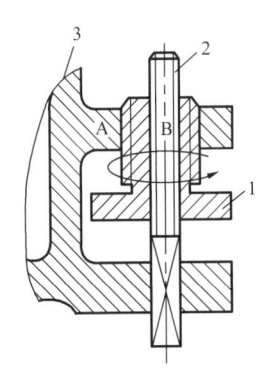

图 3-5-27 设计计算题 3 图
1—旋钮;2—螺杆;3—机身

项目四　带式输送机支承件的设计 >>>

素养提升

(1) 了解中国知名自主品牌轴承械产品案例及其影响力,提高学习热情。
(2) 增强工程意识、质量意识、经济意识和责任意识。
(3) 明白恒心和毅力对人的事业成功的重要性,坚持不懈才能成功。

任务一　轴的设计计算和校核

知识目标

(1) 了解轴的各种不同分类方法及其类型,各类轴所受载荷和应力特点。
(2) 了解对轴的材料的要求及常用材料。
(3) 掌握轴结构设计的基本要求。
(4) 熟练掌握轴的强度计算方法。

能力目标

(1) 正确分析各种不同分类方法及其类型的轴。
(2) 根据轴的重要程度和尺寸、形状要求合理地选择轴的材料。
(3) 熟练地进行轴的结构设计,绘制轴的结构图。
(4) 正确进行轴的强度校核。

任务分析

带式输送机选用的一级齿轮减速器如图 4-1-1 所示。低速轴支承大齿轮等回转零件,并且受到弯矩、扭矩的复合作用,传递运动和动力。轴的结构设计满足强度要求,达到带式输送机的工作要求。

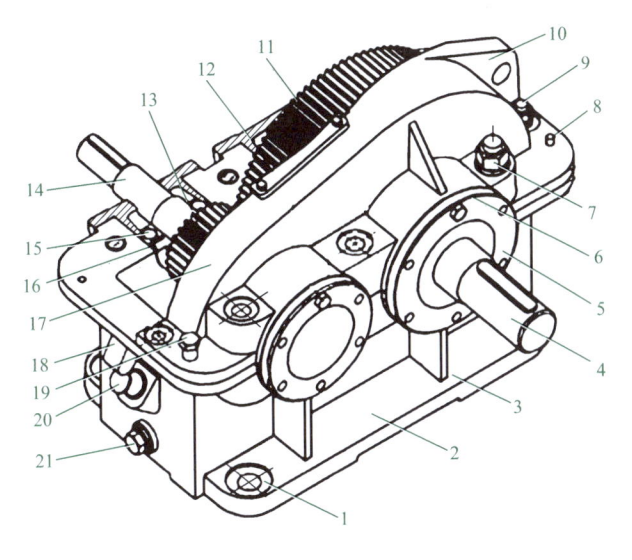

图 4-1-1　一级齿轮减速器

1—地脚螺栓孔(Md_1)；2—箱座；3—肋板；4—低速轴（Ⅱ轴）；5—轴承盖；6—调整垫片；7—轴承旁连接螺栓(Md_1)；8—定位销；9—箱盖连接螺栓(Md_2)；10—吊耳；11—大齿轮；12—检查孔盖、通气器；13—小齿轮；14—高速轴（Ⅰ轴）；15—轴承；16—挡油环；17—箱盖；18—吊钩；19—起盖螺钉；20—油标尺；21—油塞

夯实理论

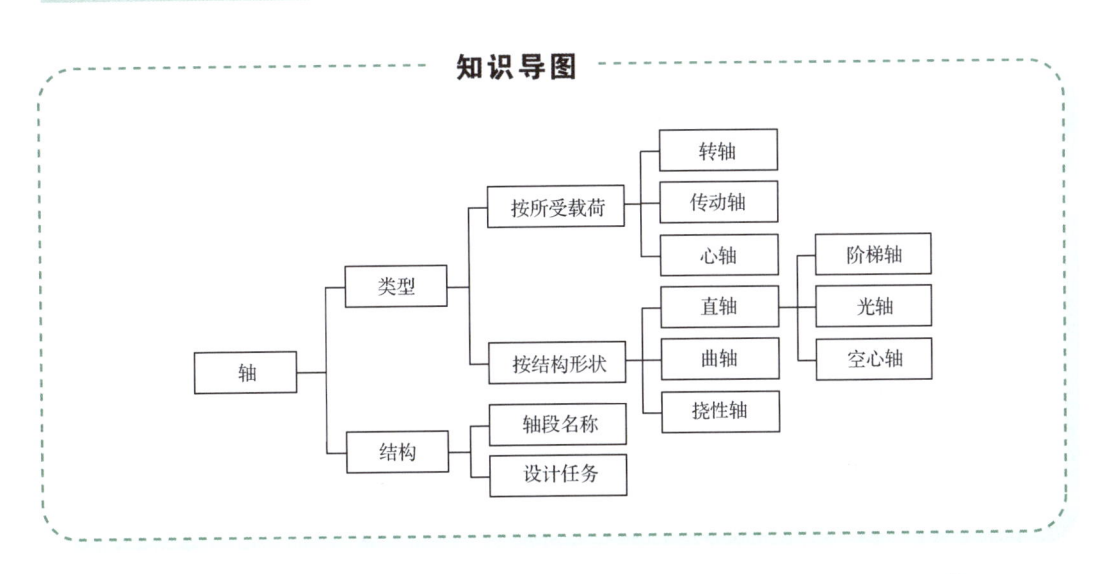

一、轴的结构设计

知识导图

- 轴
  - 类型
    - 按所受载荷
      - 转轴
      - 传动轴
      - 心轴
    - 按结构形状
      - 直轴
        - 阶梯轴
        - 光轴
        - 空心轴
      - 曲轴
      - 挠性轴
  - 结构
    - 轴段名称
    - 设计任务

（一）轴的类型

轴可根据不同的条件加以分类，见表 4-1-1。

认识轴

表 4-1-1　　　　　　　　　　　　　　　　　　　轴的类型

分类方法	名称	结构简图	受力图	特点及应用实例
按所受载荷分类	转轴			既承受弯矩，又承受转矩，如齿轮轴及安装齿轮的轴
	传动轴			只承受转矩，不承受弯矩，如汽车的传动轴
	心轴	转动心轴 固定心轴		只承受弯矩，不承受转矩，如火车车厢的车轮轴、滑轮轴

项目四 带式输送机支承件的设计 177

续表

分类方法	名称	结构简图	受力图	特点及应用实例
按结构形状分类	直轴	阶梯轴	—	各轴段截面的直径不同,强度相近,便于轴上零件的拆装和定位,在机械中应用广泛
		光轴	—	各轴段截面的直径相同,形状简单,加工方便,轴上应力集中源少,轴上零件拆装和定位不便
		空心轴	—	能减轻轴的质量,满足结构的特殊需要
	曲轴		—	各轴段轴线不同心,用于旋转运动和往复直线运动转换的专用零件,如内燃机曲轴
	挠性轴		—	用于两传动件轴线不在同一直线或工作时彼此有相对运动的空间传动

(二)轴的结构

1.轴各部分名称

阶梯轴的常见结构及各部分名称如图 4-1-2 所示。与传动零件(如联轴器和齿轮等)轮毂

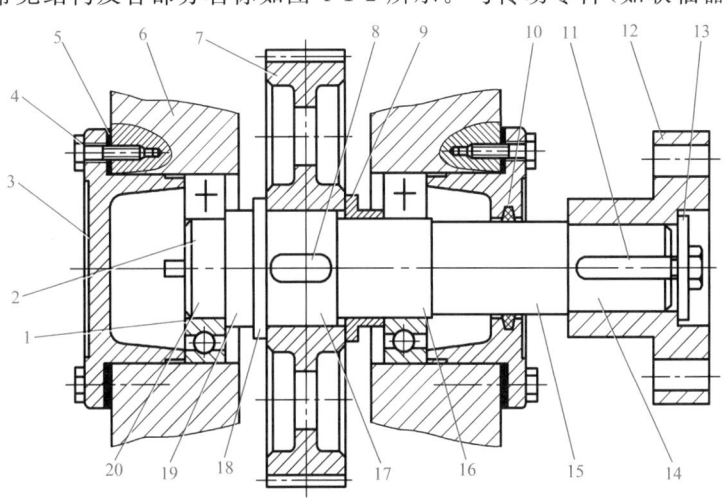

图 4-1-2 阶梯轴的常见结构及各部分名称

1—轴承;2—轴;3—轴承盖;4—安装螺钉;5—密封垫;6—变速箱体;7—齿轮;8—键;
9—轴套;10—密封圈;11—键;12—联轴器;13—轴端挡圈;14—轴头;15—轴身;
16—轴颈;17—轴头;18—轴环;19—轴肩;20—轴颈

配合的轴段称为轴头；与轴承配合的轴段称为轴颈；连接轴头和轴颈的非配合轴段称为轴身；轴向尺寸较小而径向尺寸较大的用于定位的短轴段称为轴环；直径突变的垂直于轴线的环面部分称为轴肩。此外，还有轴肩的过渡圆角、轴端的倒角、与键连接处的键槽等结构。

2. 轴结构设计的任务

（1）轴上零件的轴向定位和周向定位

轴上零件的轴向定位方法见表 4-1-2。

表 4-1-2　　　　　　　　　　　轴上零件的轴向定位方法

轴向定位方法	结构简图	结构特点
轴肩和轴环	$R<R_1$　　　$R<C_1$	结构简单，定位可靠，能承受较大的轴向载荷，但会使轴径增大，阶梯处产生应力集中现象。为了保证轴上零件靠紧定位面，轴肩处的圆角半径 R 必须小于零件内孔的圆角 R_1 或倒角 C_1
套筒	套筒	结构简单，可减少轴的阶梯数，定位可靠，轴上不需要开槽、钻孔和切制螺纹，可简化轴的结构，减少应力集中现象，适用于轴上两相距较近的零件定位，由于套筒与轴配合较松，套筒不宜过长
圆螺母	圆螺母　　止动垫圈	定位可靠，装拆方便，能够承受较大的轴向力，适用于轴上相邻零件间距较大，且允许在轴上车制螺纹，为了减小对轴的强度的削弱，减少应力集中现象，选用细牙螺纹，结构上采用双圆螺母或圆螺母加止动垫圈的方式防止松动
轴端挡圈	轴端挡圈	定位简单可靠，拆装方便，可承受较大的轴向力，适用于轴端零件的定位
弹性挡圈	弹性挡圈	结构简单、紧凑，定位工艺性好，拆装方便，但对轴强度削弱较大，适用于轴上零件受轴向力较小的情况

续表

轴向定位方法	结构简图	结构特点
紧定螺钉		定位结构简单,拆装方便,紧定螺钉还可兼作周向固定,但只能承受较小的载荷,而且不适用于高速转动的轴,适用于光轴上零件的定位

为了有足够的强度来承受轴向力,轴肩高度一般取 $h=(0.07\sim0.1)d$,轴环宽度 $b\approx 1.4h$,轴和轴上零件的圆角 R_1、倒角 C_1 和最小轴肩高度 $h_{\min}$ 的推荐值见表 4-1-3。

表 4-1-3　　　　轴和轴上零件的圆角 R_1、倒角 C_1 和最小轴肩高度 $h_{\min}$ 的推荐值　　　　mm

轴径 d	>10~18	>18~30	>30~50	>50~80	>80~100
R	0.8	1.0	1.6	2.0	2.5
C_1 或 R_1	1.6	2.0	3.0	4.0	5.0
$h_{\min}$	2.0	2.5	3.5	4.5	5.5

轴上零件的周向定位方法见表 4-1-4。

表 4-1-4　　　　　　　　轴上零件的周向定位方法

周向定位方法	结构简图	结构特点
键连接		结构简单,装拆方便,对中性好,但键槽部位多发应力集中现象,用于一般的轴毂连接
花键连接		承载能力强,应力集中现象少,轴上零件与轴的对中性好,导向性好,加工成本较高,用于定心精度要求较高和传递载荷较大的轴毂连接
销连接		用于传递转矩较小、同时作周向和轴向定位场合

续表

周向定位方法	结构简图	结构特点
过盈连接		结构简单,定心性好,轴上不开槽,对轴削弱小,承载能力高,承受变载性能好,但对配合表面加工精度要求高,装配不便
型面连接		对中性好,没有键槽引起的应力集中现象,可传递大的转矩,装拆方便,但加工复杂,应用不普遍
弹性环连接		定心性好,装拆方便,应力集中现象较少,承载能力高,具有很好的密封和安全保护作用,由于在轴和毂孔间安装弹性环,有时受到结构尺寸的限制

(2) 确定各轴段的直径和长度

轴的直径大小应该根据轴所承受的载荷来确定,在实际设计中,通常是按扭矩强度条件来初步估算轴的直径,并将这一估算值作为轴受扭段的最小直径。

轴的直径确定后,可按轴上零件的装配方案和定位等要求,逐步确定各轴段的直径,并根据轴上零件的轴向尺寸、各零件的相互位置关系以及零件装配所需的装配和调整空间,确定轴的各段长度。

①轴上与零件相配合的直径应取成标准值,非配合轴段允许为非标准值,但最好取为偶数或5的整数倍。

②与滚动轴承、联轴器、密封圈相配合的直径与长度,必须取相应的标准值及配合公差。

③滚动轴承处的轴肩外径应小于轴承内圈的外径,以利于拆卸。

④转动的零件与固定不动的零件之间应留有15~20 mm距离,以防止运转时相碰。

⑤轴上与零件相配合部分的轴段长度,应比轮毂长度略短2~3 mm,以保证零件轴向定位可靠。

(3) 轴的结构工艺性

轴的结构工艺性是指轴的结构应便于加工、装拆、测量等,提高生产率,减少刀具的种类。

①轴的形状应力求简单,阶梯数尽可能少,这样可以减少加工次数以及应力集中现象。阶梯轴各轴段直径不宜相差过大,一般取5~10 mm。

②为了便于轴上零件的装配,轴端应加工出 45°倒角,如图 4-1-3(a)所示。与零件成过盈配合时,轴的装入端常需加工出导向圆锥面,以便零件能顺利压入,如图 4-1-3(b)所示。

③轴上某一段需要车削螺纹时,须留出螺纹退刀槽,以保证螺纹牙能达到预期的高度,如图 4-1-4(a)所示。轴颈段进行磨削加工时,须预留砂轮越程槽,以便磨削时砂轮可以磨削到

(a)　　　　　　　　　　　　　(b)

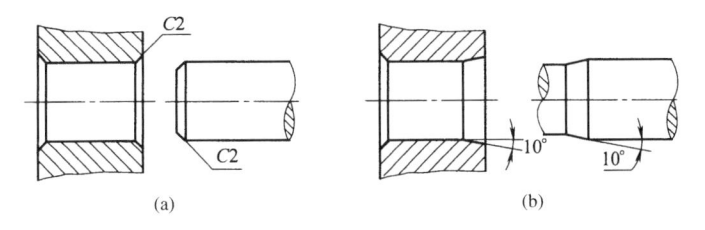

图 4-1-3　倒角和导向圆锥面

轴肩的端部,如图 4-1-4(b)所示。在轴的端部制有定位中心孔,如图 4-1-4(c)所示。

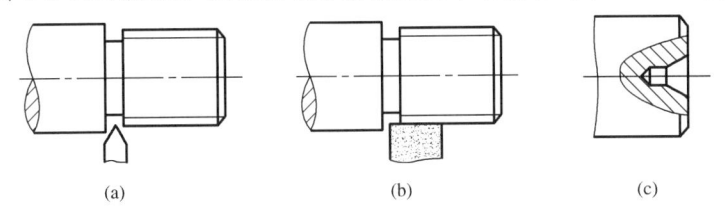

(a)　　　　　　　　(b)　　　　　　　　(c)

图 4-1-4　螺纹退刀槽、砂轮越程槽和定位中心孔

④同一轴上直径相近处的圆角、倒角、键槽等尺寸应尽量相同,以减少刀具数量和节约换刀时间。在不同轴段开设键槽时,应使各键槽沿轴的同一母线布置。若开有键槽的轴段直径相差不大,应尽可能采用相同宽度的键槽。键槽布置的合理和不合理情形如图 4-1-5 所示。

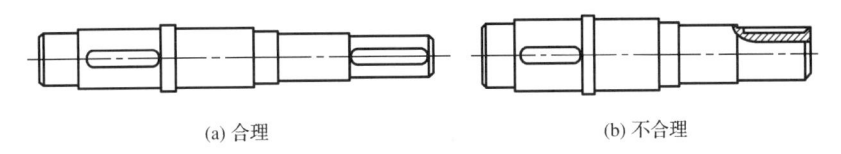

(a) 合理　　　　　　　　　　　(b) 不合理

图 4-1-5　键槽布置

⑤加大轴肩处的过渡圆角半径(图 4-1-6)和减小轴肩高度,就可以减少应力集中现象,提高轴的疲劳强度。采用碾压、喷丸、渗碳淬火、高频淬火等表面强化方法,改善轴的表面质量,合理分布载荷等也可以提高轴的疲劳强度。

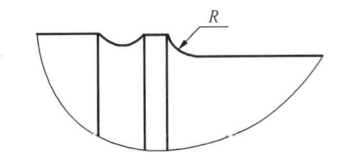

图 4-1-6　轴肩处的过渡圆角半径

二、传动轴的强度计算

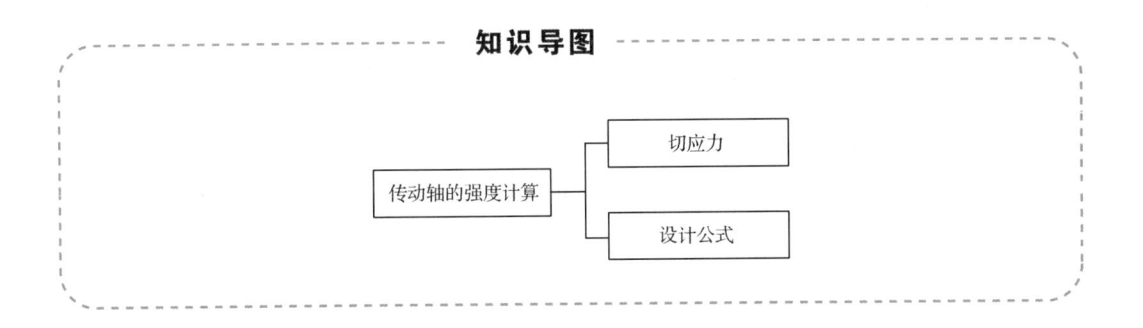

知识导图

传动轴的强度计算 —— 切应力
　　　　　　　　　—— 设计公式

（一）扭转时横截面上的应力

圆轴扭转试验如图 4-1-7 所示。在其表面上画出圆周线和纵向线，在外力偶矩 M 的作用下，圆轴产生如下变形现象：

（1）纵向线仍近似为直线，只是都倾斜了同一角度。

（2）圆周线均绕轴线转过一个角度，但圆周线的形状、大小及圆周线之间的距离均无变化。

由此可见，圆轴扭转时没有发生纵向变形，所以截面上没有正应力。因为相邻截面相对地转过一个角度，即各截面之间发生了绕轴线的相对错动，所以截面上有切应力，且与半径垂直。

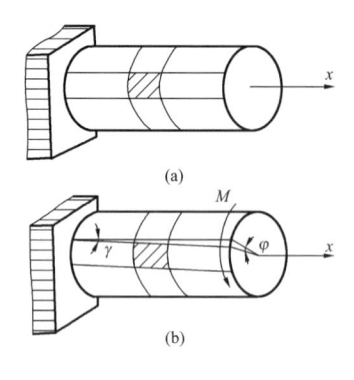

图 4-1-7 圆轴扭矩试验

圆轴扭转时截面上任意点的切应力计算公式为

$$\tau_P = \frac{T\rho}{I_P}$$

式中　τ_P——截面上任意点的切应力，MPa；

T——截面上的扭矩，N·m；

ρ——截面任意点到圆心的距离，mm；

I_P——截面的极惯性矩，与截面的形状和尺寸有关，mm^4。

截面上各点切应力的大小与该点到圆心的距离成正比，并沿半径方向呈线性分布，圆轴圆周边缘的切应力最大。切应力分布规律如图 4-1-8 所示。

$\rho = R$ 时，切应力最大，圆轴的强度校核公式为

$$\tau = \tau_{max} = \frac{TR}{I_P}$$

令

$$W_P = \frac{I_P}{R}$$

则

$$\tau_{max} = \frac{T}{W_P}$$

图 4-1-8 切应力分布规律

式中　W_P——圆轴的抗扭截面模量，mm^3。

I_P 和 W_P 与截面的形状和尺寸有关，$I_P = \frac{\pi d^4}{32} \approx 0.1 d^4$，$W_P = \frac{\pi d^3}{16} \approx 0.2 d^3$。

（二）传动轴的强度计算

轴扭转时，为了保证轴能正常工作，应限制轴上危险截面的最大切应力不超过轴材料的许用扭转切应力。

传动轴的强度条件为

$$\tau_{max} = \frac{T}{W_P} = \frac{9.55 \times 10^6 P}{0.2 d^3 n} \leqslant [\tau]$$

式中　τ_{max}——危险截面的切应力，MPa；

$[\tau]$——轴材料的许用扭转切应力，MPa；

T——轴所承受的扭矩，N·mm；

W_P——危险截面的抗扭截面模量，mm^3；

P——轴的传递功率，kW；

n——轴的转速，r/min；

d——危险截面的直径，mm。

传动轴的设计公式为

$$d \geqslant \sqrt[3]{\frac{9.55 \times 10^6 P}{0.2[\tau]n}} = A\sqrt[3]{\frac{P}{n}}$$

式中　A——由轴的材料和承载情况确定的常数。

若在计算截面处有键槽,则应将直径增大 5%(单键)或 10%(双键),以补偿键槽对轴强度削弱的影响。

三、心轴的强度计算

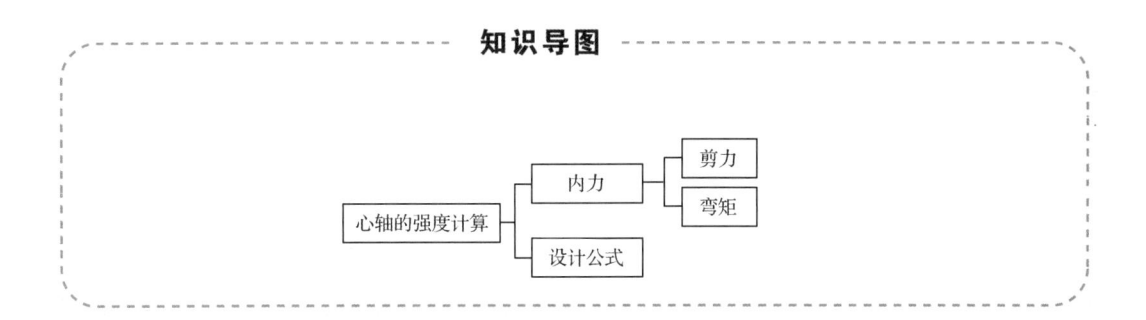

知识导图

```
                    ┌── 内力 ──┬── 剪力
心轴的强度计算 ──┤          └── 弯矩
                    └── 设计公式
```

(一)平面弯曲时轴横截面上的应力

平面弯曲时,轴横截面上的剪力 F_Q 引起弯曲切应力 τ,弯矩 M 引起弯曲正应力 σ。对于一般的轴(短轴除外),弯曲正应力 σ 是影响其弯曲强度的主要因素。轴弯曲变形时,如果忽略剪力引起的剪切弯曲,轴横截面上只有弯矩而无剪力,则称为纯弯曲。

1. 弯曲正应力的分布规律

轴的弯曲试验如图 4-1-9(a)所示。在一矩形截面构件的表面画上横向线 1—1、2—2 和纵向线 ab、cd。然后在梁的纵向对称面内施加一对大小相等、方向相反的力偶 M,使梁产生纯弯曲变形现象,如图 4-1-9(b)所示。

(1)横向线 1—1 和 2—2 仍为直线,且仍与梁轴线正交,但两线不再平行,相对倾斜角度 θ。

(2)纵向线变为弧线,轴线以上的纵向线 ab 缩短,轴线以下的纵向线 cd 伸长。

(3)在纵向线的缩短区,梁的宽度增大;在纵向线的伸长区,梁的宽度减小。

由此可见,构件平面弯曲时,其横截面保持为平面,但产生了相对转动,构件一部分纵向纤维伸长,一部分纵向纤维缩短。由伸长区到缩短区必存在一层既不伸长也不缩短的纤维,称为中性层。中性层与横截面的交线称为中性轴。如图 4-1-9(c)所示,中性层是构件上伸长区和缩短区的分界面,伸长区截面上各点受拉应力,缩短区截面上各点受压应力。

根据变形分析可知,距中性层越远的纵向纤维伸长量或缩短量越大。由虎克定律可知,横截面上拉、压应力的变化规律与纵向纤维变形的变化规律相同,因此,横截面上距中性轴距离相等的各点正应力相同,中性轴上各点($y=0$ 处)正应力为零,如图 4-1-10 所示。

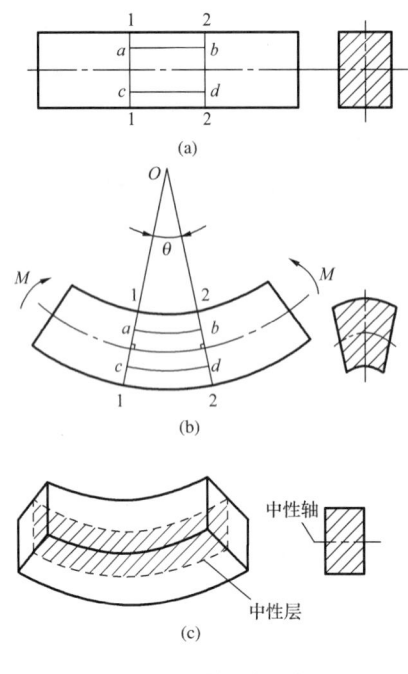

图 4-1-9　轴的弯曲试验

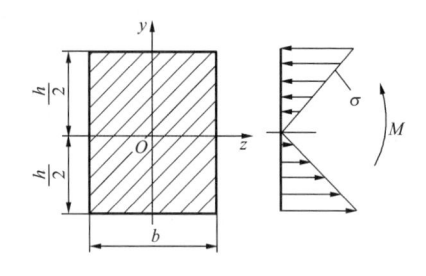

图 4-1-10　正应力分布图

2. 弯曲正应力的计算

当轴横截面上的弯矩为 M 时,截面上距中性轴 z 的距离为 y 的点的正应力 σ 计算公式为

$$\sigma = \frac{My}{I_z}$$

式中　σ——横截面上任意点处的正应力,MPa;
　　　M——横截面上的弯矩,N·m;
　　　I_z——横截面对中性轴 z 的惯性矩,mm^4;
　　　y——横截面上该点到中性轴的距离,mm。

当 $y = y_{max}$ 时,弯曲正应力达到最大值,即

$$\sigma_{max} = \frac{My_{max}}{I_z} \qquad (*)$$

式中　y_{max}——横截面上、下边缘距中性轴的最大距离。

令 $W_z = \dfrac{I_z}{y_{max}}$($W_z$ 称为抗弯截面模量,单位为 mm^3),式(*)可写成

$$\sigma_{max} = \frac{M}{W_z}$$

I_z、W_z 是只与横截面形状、尺寸有关的几何量,$I_z = I_y = \dfrac{\pi d^4}{64} \approx 0.05d^4$,$W_z = W_y = \dfrac{\pi d^3}{32} \approx 0.1d^3$。

(二)心轴的强度计算

轴弯曲变形时,产生最大应力的截面为危险截面。最大弯曲正应力不超过轴材料的许用应力。

心轴的强度条件为

$$\sigma_{\max}=\frac{M}{W_z}\leqslant\sigma$$

式中　M——危险截面上的弯矩，N·m；

　　　W_z——危险截面的抗弯截面模量，mm^3；

　　　σ——轴材料的许用应力，MPa。

四、转轴的强度计算

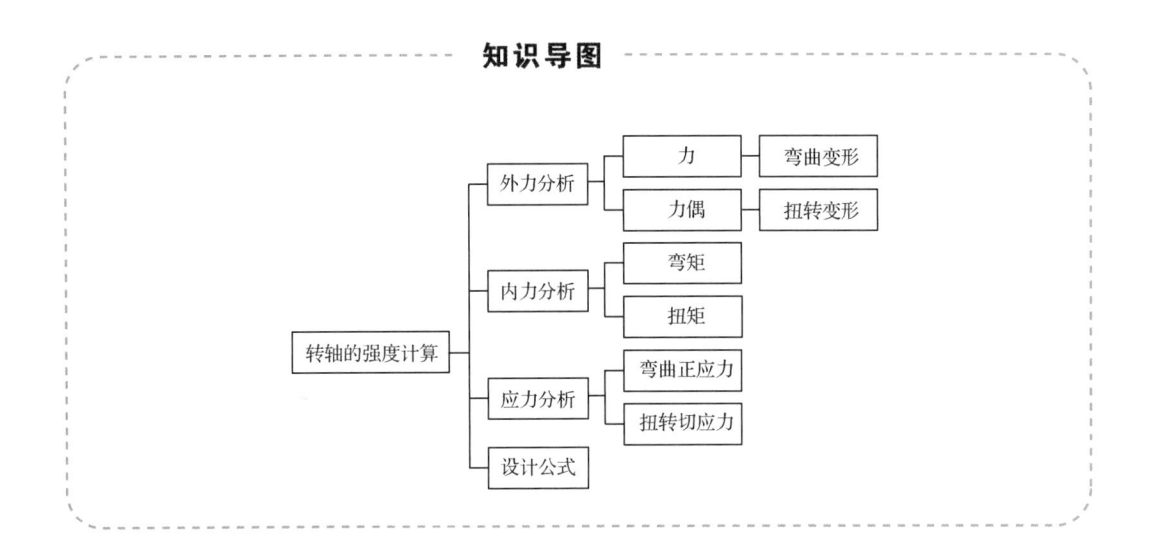

知识导图

转轴的强度计算
- 外力分析
  - 力 —— 弯曲变形
  - 力偶 —— 扭转变形
- 内力分析
  - 弯矩
  - 扭矩
- 应力分析
  - 弯曲正应力
  - 扭转切应力
- 设计公式

(一)转轴受力分析

转轴同时承受弯矩和转矩，产生弯曲和扭转组合变形，如图 4-1-11(a) 和图 4-1-11(b) 所示。

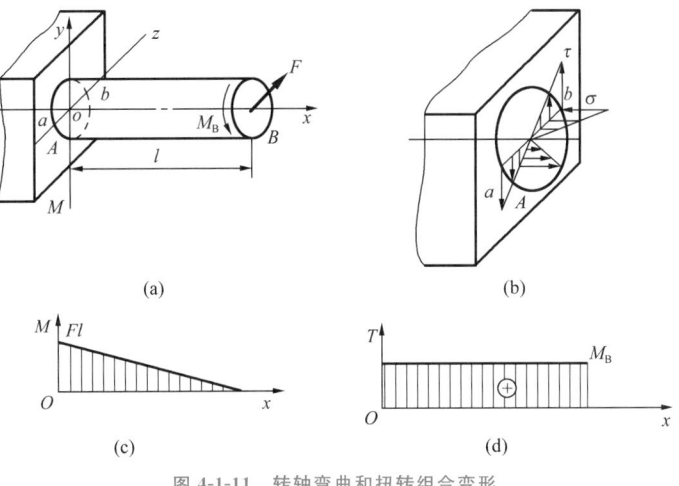

图 4-1-11　转轴弯曲和扭转组合变形

1. 外力分析

转轴左端固定,自由端受力 F 和力偶矩 M_B 的作用。力 F 的作用线与转轴的轴线垂直,使转轴产生弯曲变形;力偶矩 M_B 使转轴产生扭转变形,所以转轴 AB 将产生弯曲与扭转的组合变形。

2. 内力分析

画出转轴的弯矩图和扭矩图,分别如图 4-1-11(c)和图 4-1-11(d)所示。

由弯矩图和扭矩图可知,转轴各横截面上的扭矩都相同,固定端 A 截面的弯矩最大,为危险截面。危险截面上的弯矩和扭矩分别为

弯矩 $\qquad\qquad\qquad\qquad M = Fl$

扭矩 $\qquad\qquad\qquad\qquad T = M_B$

3. 应力分析

在危险截面处同时存在着扭矩和弯矩,扭矩产生扭转切应力,扭转切应力与危险截面相切,最大扭转切应力 τ 在截面的外轮廓线上。弯矩产生弯曲正应力,弯曲正应力与横截面垂直,最大弯曲正应力 σ 在轴直径两端(a 点、b 点)。因此,截面(a 点、b 点)为弯扭组合变形的危险点,危险截面上的弯曲正应力和扭转切应力分别为

弯曲正应力 $\qquad\qquad\qquad\qquad \sigma = \dfrac{M}{W_z}$

扭转切应力 $\qquad\qquad\qquad\qquad \tau = \dfrac{T}{W_P}$

式中　　W_z——抗弯截面模量,mm^3,实心圆轴 $W_z \approx 0.1d^3$;

$\qquad\quad W_P$——抗扭截面模量,mm^3,实心圆轴 $W_P \approx 0.2d^3$。

(二) 转轴的强度计算

转轴危险截面处的强度条件为

$$\sigma_e = \sqrt{\left(\dfrac{M}{W_z}\right)^2 + 4\left(\dfrac{\alpha T}{W_P}\right)^2} = \dfrac{\sqrt{M^2 + (\alpha T)^2}}{W_z} \leqslant [\sigma_{-1}]$$

式中　　σ_e——当量应力,MPa;

$\qquad\quad M$——危险截面上的弯矩,N·mm;

$\qquad\quad T$——危险截面上的扭矩,N·mm;

$\qquad\quad \alpha$——根据弯曲正应力和扭转切应力循环特性不同而引入的折算系数,扭矩不变时 $\alpha \approx 0.3$,扭矩脉动循环变化时 $\alpha \approx 0.6$,对正反转频繁的轴,扭矩按对称循环变化,$\alpha = 1$,对一般的转轴,通常取 $\alpha \approx 0.6$;

$\qquad\quad [\sigma_{-1}]$——对称循环状态下的许用弯曲应力,MPa。

转轴的设计公式为

$$d \geqslant \sqrt[3]{\dfrac{M^2 + (\alpha T)^2}{0.1[\sigma_{-1}]}}$$

对有键槽的危险截面,单键应将直径增大 5%,双键增大 10%。

任务实施

一、设计要求与数据

一级直齿圆柱齿轮减速器如图 4-1-12 所示。已知低速轴功率 $P_2 = 2.607$ kW，转速 $n_2 = 83.99$ r/min，转矩 $T_2 = 296\ 426$ N·mm。齿轮 2 的分度圆直径为 264 mm，宽度为 65 mm，圆周力 $F_{t2} = 2\ 348.58$ N，径向力 $F_{r2} = 854.82$ N，轴承端盖宽度为 35 mm。

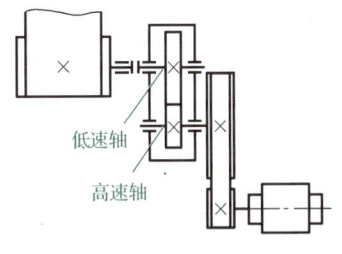

图 4-1-12　一级直齿圆柱齿轮减速器

二、设计内容

低速轴的结构设计和强度校核计算。

三、设计步骤、结果及说明

1. 选择轴材料

轴的主要失效形式是轴在交变应力作用下的疲劳破坏。因此要求轴的材料有较好的强度、韧性，与轴上零件有相对滑动的部位具有较好的耐磨性，还应考虑应力集中现象的影响。

轴的材料主要采用碳素结构钢和合金结构钢。

碳素结构钢价格低廉，对应力集中现象敏感性较弱，可以通过调质或正火处理来保证其机械性能，通过表面淬火或低温回火来保证其耐磨性。

合金结构钢常用于高温、高速、重载以及结构要求紧凑的轴，有较高的力学性能，但价格较贵，对应力集中现象敏感。

球墨铸铁耐磨、价格低，但可靠性较差，一般用于形状复杂的轴，如曲轴。

轴的常用材料及其主要机械性能见表 4-1-5。

表 4-1-5　轴的常用材料及其主要机械性能

材料及热处理	毛坯直径/mm	硬度 HBS	抗拉强度极限 σ_B/MPa	屈服强度极限 σ_s/MPa	许用弯曲应力 $[\sigma_{-1}]$/MPa	许用切应力 $[\tau]$/MPa	常数 A	应用说明
Q235	≤100		400～420	225	40	12～20	135～160	用于不重要及受载荷不大的轴
	>100～250		375～390	215				
35 正火	≤300	143～187	520	270	45	20～30	118～135	用于一般轴
45 正火	≤100	170～217	600	300	55	30～40	107～118	用于较重要的轴，应用最广泛
45 调质	≤200	217～255	650	360	60			
40Cr 调质	≤100	241～286	750	550	60	40～52	98～107	用于载荷较大而无很大冲击的重要的轴
40MnB 调质	≤200	241～286	750	500	70	40～52	98～107	性能接近于 40Cr，用于重要的轴
35CrMo 调质	≤100	207～269	750	550	70	40～52	98～107	用于重载荷的轴
35SiMn 调质	≤100	229～286	800	520	70	40～52	98～107	可代替 40Cr，用于中小型轴
42SiMn 调质	≤100	229～286	800	520	70	40～52	98～107	与 35SiMn 相同，但专供表面淬火用

注：1. 轴上所受弯矩较小或只受转矩时，A 取较小值；否则取较大值。
　　2. 用 Q235、35SiMn 时，取较大的 A 值。

因无特殊要求，选 45 钢，调质处理，查表 4-1-5 得 $[\sigma_{-1}]=60$ MPa，取 $A=112$。

2. 估算轴的最小直径

$$d \geqslant \sqrt[3]{\frac{P_2}{n_2}} = 112\sqrt[3]{\frac{2.607}{83.99}} = 35.18 \text{ mm}$$

因最小直径与联轴器配合，故有一键槽，可将轴径加大 5%，即

$$d = 35.18 \times 105\% = 36.94 \text{ mm}$$

选 GYS5 凸缘联轴器，取其标准内孔直径 $d=38$ mm，半联轴器与轴配合的毂孔长度 $B_1=84$ mm。

3. 轴的结构设计

一级直齿圆柱齿轮减速器中可以将齿轮安排在箱体中间，相对两轴承对称分布，如图 4-1-13 所示。齿轮轴向由轴环、套筒固定，两端轴承轴向采用端盖和套筒固定。

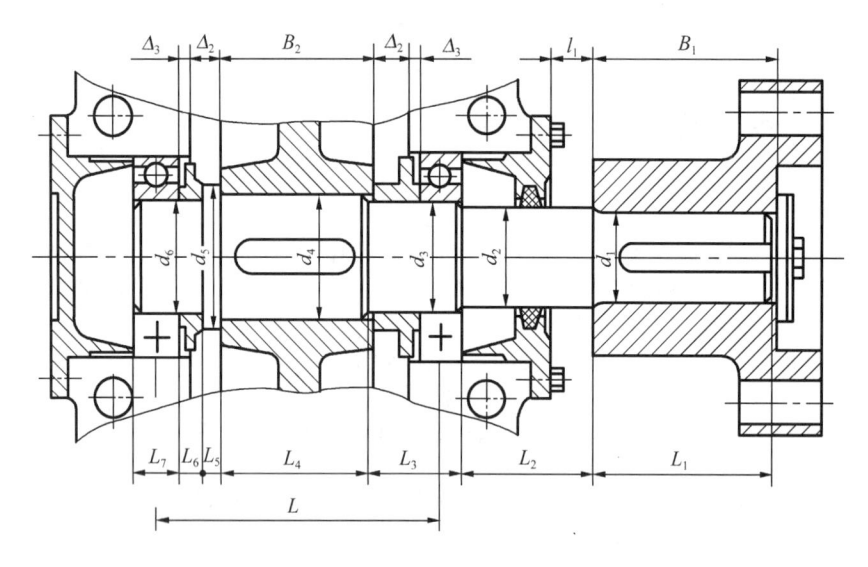

图 4-1-13 一级直齿圆柱齿轮减速器低速轴结构

(1) 轴的各段直径的确定

与联轴器相连的轴头是最小直径，取 $d_1=38$ mm，考虑联轴器的轴向固定及密封圈的尺寸，定位轴肩的高度取 $h=3.5$ mm，则 $d_2=45$ mm，轴承只受径向力作用，选 6010 深沟球轴承，则 $d_3=50$ mm，轴肩的高度取 $h=2.5$ mm，则 $d_4=55$ mm，齿轮的定位轴肩高度取 $h=5$ mm，则 $d_5=65$ mm，$d_6=50$ mm。

(2) 轴上零件的轴向尺寸及其位置

6010 深沟球轴承宽度 $b=16$ mm，联轴器宽度 $B_1=84$ mm，齿轮宽度 $B_2=65$ mm，轴承端盖宽度 30 mm。联轴器的内端面与轴承端盖外端面的距离 $l_1=15$ mm，齿轮端面与箱体内壁的距离 $\Delta_2=12$ mm，箱体内壁与轴承端面的距离 $\Delta_3=14$ mm。则与之对应轴各段长度分别为

$$L_1 = B_1 - 2 = 84 - 2 = 82 \text{ mm}$$
$$L_2 = 30 + l_1 = 30 + 15 = 45 \text{ mm}$$
$$L_3 = \Delta_2 + \Delta_3 + b + 2 = 12 + 14 + 16 + 2 = 44 \text{ mm}$$
$$L_4 = B_2 - 2 = 65 - 2 = 63 \text{ mm}$$

$$L_5 \geqslant 1.4h = 1.4 \times 5 = 7 \text{ mm}, L_5 \text{ 圆整后取为 } 10 \text{ mm}$$
$$L_6 = \Delta_2 + \Delta_3 - L_5 = 12 + 14 - 10 = 16 \text{ mm}$$
$$L_7 = b = 16 \text{ mm}$$

轴承的支承跨度为
$$L = L_3 + L_4 + L_5 + L_6 = 44 + 63 + 10 + 16 = 133 \text{ mm}$$

4. 验算轴的疲劳强度

已知齿轮 2 所受的圆周力 $F_{t2} = 2\,348.58$ N，径向力 $F_{r2} = 854.82$ N。

(1) 画低速轴的受力简图，如图 4-1-14(a) 所示。

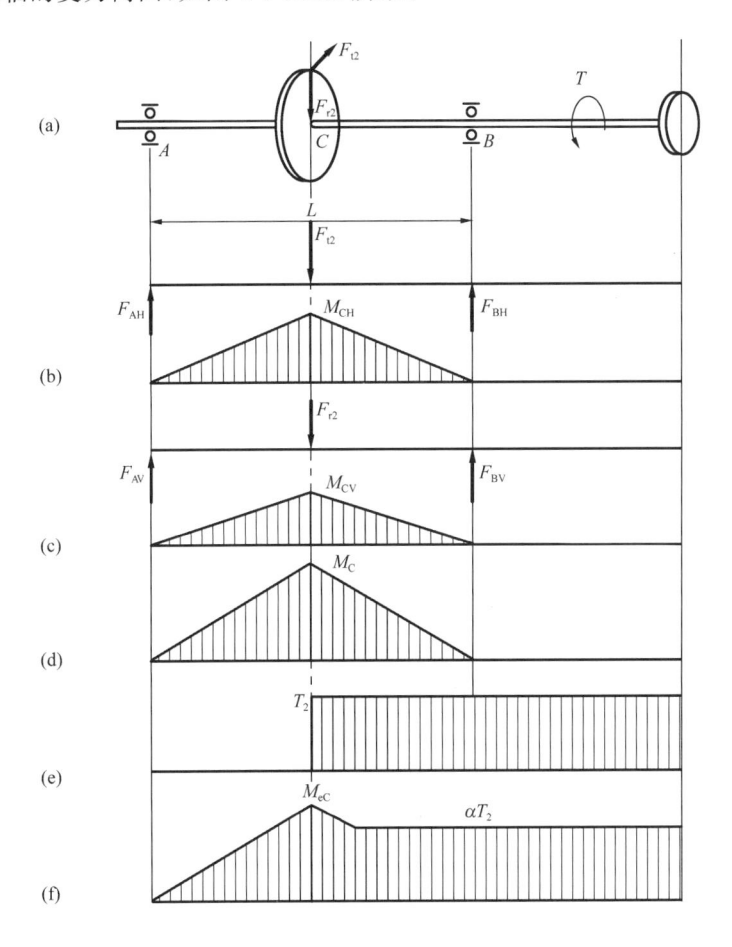

图 4-1-14 轴的强度校核

(2) 画水平平面的弯矩图，如图 4-1-14(b) 所示，通过列水平平面的受力平衡方程，可求得
$$F_{AH} = F_{BH} = \frac{F_{t2}}{2} = \frac{2\,348.58}{2} = 1\,174.29 \text{ N}$$

则
$$M_{CH} = F_{AH} \times \frac{L}{2} = 1\,174.29 \times \frac{133}{2} = 78\,090.29 \text{ N} \cdot \text{mm}$$

(3) 画竖直平面的弯矩图，如图 4-1-14(c) 所示，通过列竖直平面的受力平衡方程，可求得
$$F_{AV} = F_{BV} = \frac{F_{r2}}{2} = \frac{854.82}{2} = 427.41 \text{ N}$$

则
$$M_{CV}=F_{AV}\times\frac{L}{2}=427.41\times\frac{133}{2}=28\ 422.77\ \text{N}\cdot\text{mm}$$

(4)画合成弯矩图,如图 4-1-14(d)所示。
$$M_C=\sqrt{M_{CH}^2+M_{CV}^2}=\sqrt{78\ 090.29^2+28\ 422.77^2}=83\ 102.03\ \text{N}\cdot\text{mm}$$

(5)画转矩图,如图 4-1-14(e)所示。
$$T_2=296\ 426\ \text{N}\cdot\text{mm}$$

(6)画当量弯矩图,如图 4-1-14(f)所示,转矩按脉动循环,则取 $\alpha=0.6$,有
$$\alpha T_2=0.6\times296\ 426=177\ 855.6\ \text{N}\cdot\text{mm}$$
$$M_{eC}=\sqrt{M_C^2+(\alpha T_2)^2}=\sqrt{83\ 102.03^2+177\ 855.6^2}=196\ 312.41\ \text{N}\cdot\text{mm}$$

由当量弯矩图可知 C 截面为危险截面。

(7)验算轴的直径
$$d\geqslant\sqrt[3]{\frac{M_{eC}}{0.1[\sigma_{-1}]}}=\sqrt[3]{\frac{196\ 312.41}{0.1\times60}}=31.98\ \text{mm}$$

因为 C 截面有一键槽,所以需要将直径加大 5%,则
$$d=31.98\times105\%=33.58\ \text{mm}$$

而 C 截面的设计直径较大,为 55 mm,所以强度足够。

5. 绘制轴的零件图

略。

培养技能

轴的使用与维护

一、轴的使用

(1)安装时,要严格按照轴上零件的先后顺序进行,注意保证安装精度。对于过盈配合的轴段要采用专门工具进行装配。例如,大尺寸的轴承可用压力机在内圈上加压装配;中小尺寸的轴承可借助手锤加力进行装配;轴承的拆卸应使用专门工具,应尽量使轴避免承受过量的冲击载荷,以免破坏其表面质量。

(2)安装结束后,要严格检查轴在机器中的位置以及轴上零件的位置,并将其调整到最佳工作位置,同时轴承的游隙也要按工作要求进行调整。

(3)在工作中,必须严格按照操作规程进行,尽量使轴避免承受过量载荷和冲击载荷,并保证润滑,从而保证轴的疲劳强度。

二、轴的维护

(1)轴的维修部位主要是轴颈和轴头,对精度要求较高的轴,在磨损量较小时,可采用电镀法在其配合表面镀上一层硬质合金层,并磨削至规定尺寸精度。对尺寸较大的轴颈和轴头,还可采用热喷涂或喷焊进行修复。对轴上花键、键槽损伤,可以用气焊或堆焊修复,然后再铣出花键或键槽。

(2)认真检查轴和轴上主要传动零件工作位置的准确性、轴承的游隙变化并及时调整。

(3)轴上的传动零件(如齿轮、链轮等)和轴承必须保证良好的润滑。应当根据季节和地点,按规定选用润滑剂并定期加注。要对润滑油的数量和质量及时检查、补充和更换。

能力检测

一、选择题

1. 下列各轴中，_____是传动轴。
   A. 带轮轴 　　　　　　　　　　B. 蜗轮轴
   C. 链轮轴 　　　　　　　　　　D. 汽车变速器与后桥之间的轴

2. 轴工作时主要承受弯矩和转矩，其主要的失效形式为_____。
   A. 塑性变形　　B. 折断　　　　C. 疲劳破坏　　　D. 过度磨损

3. 将轴的结构设计成阶梯形的主要目的是_____。
   A. 便于轴的加工 　　　　　　　B. 装拆零件方便
   C. 提高轴的刚度 　　　　　　　D. 外形美观

4. 轴上零件承受较大的轴向力时，采用_____定位较好。
   A. 轴肩或轴环　B. 紧固螺钉　　C. 弹性挡圈　　　D. 套筒

5. 为了便于轴承拆卸，轴肩高度应_____滚动轴承内圈厚度。
   A. 大于　　　　B. 小于　　　　C. 等于　　　　　D. 以上都可以

6. 为使套筒、圆螺母和轴端挡圈能紧靠轮毂的端面，轴头长度 l 与轮毂长度 L 之间的关系为_____。
   A. l 比 L 稍大　B. $l=L$　　C. l 比 L 稍小　D. l 与 L 无关

7. 若轴上的零件利用轴肩轴向固定，轴肩的圆角半径 R 与轮毂孔的圆角半径 R_1 或倒角 C_1 应保持_____关系。
   A. $R<R_1$ 或 $R<C_1$　B. $R>R_1$ 或 $R>C_1$　C. $R=R_1$ 或 $R=C_1$　D. R 与 R_1 或 C_1 无关

8. 在轴的两处安装键时，合理的布置是_____。
   A. 相隔 90°　　B. 在同一母线上　C. 相隔 180°　　D. 相隔 120°

9. 增大轴在剖面过渡处的圆角半径，其优点是_____。
   A. 使零件的轴向定位比较可靠　　B. 使轴的加工方便
   C. 使零件的轴向固定比较可靠　　D. 减少应力集中现象，提高轴的疲劳强度

10. 轴肩与轴环有_____作用。
    A. 对零件轴向定位和固定　　　　B. 对零件进行周向固定
    C. 使轴外形美观　　　　　　　　D. 有利于轴的加工

11. 如图 4-1-15 所示，其中正确的扭转切应力分布图是_____图。

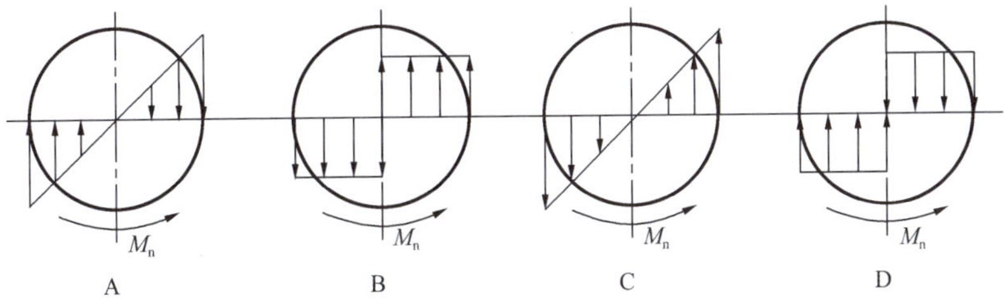

图 4-1-15　选择题 11 图

12. 如图 4-1-16 所示的矩形截面梁中，_____点的正应力最大。
    A. A　　　　　B. B　　　　　C. C　　　　　D. D

13. 转轴工作时,横断面上主要产生_____。
   A. 拉、压正应力 B. 弯曲正应力
   C. 扭转剪应力 D. 弯曲正应力和扭转剪应力

14. 如图 4-1-17 所示为斜齿圆柱齿轮减速器,功率经联轴器Ⅰ输入,经齿轮传动由联轴器Ⅱ输出,则两根轴_____段受弯扭组合作用。
   A. OC 和 DG B. OB 和 EG C. AC 和 DF D. AB 和 EF

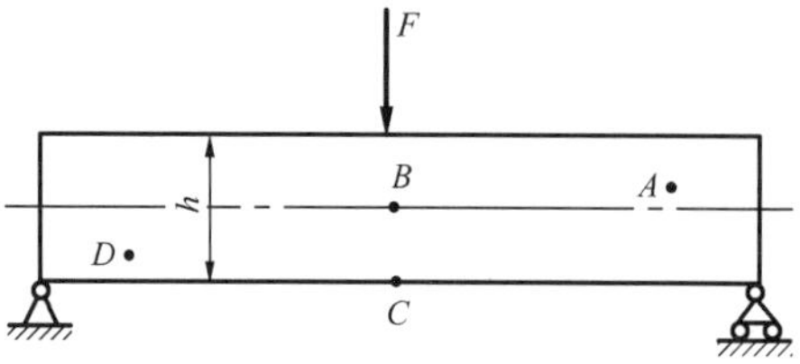

图 4-1-16 选择题 12 图

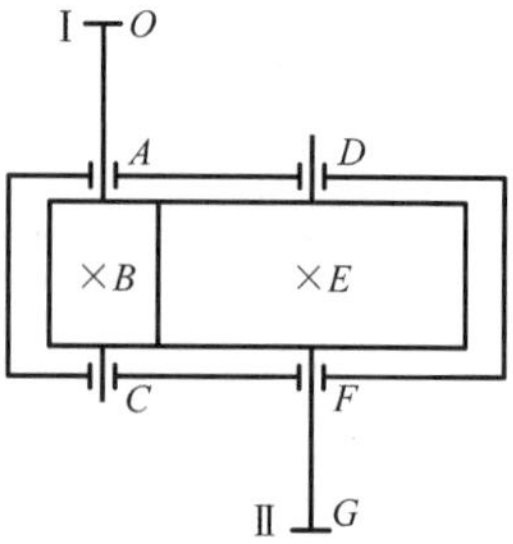

图 4-1-17 选择题 14 图

15. 转轴上载荷和支点位置都已确定后,轴的直径可以根据_____来进行计算或校核。
   A. 抗弯强度 B. 抗扭强度 C. 扭转刚度 D. 复合强度

二、判断题

1. 直轴根据其形状不同,可分为转轴、心轴和传动轴。 (　)
2. 转轴在工作中是转动的,而传动轴是不转动的。 (　)
3. 阶梯轴便于安装和拆卸轴上零件。 (　)
4. 轴上零件轴向定位的目的是防止轴上零件在轴向力的作用下沿轴向窜动。 (　)
5. 计算得到的轴颈尺寸必须按标准系列圆整。 (　)
6. 轴上零件在轴上的安装必须作轴向固定和周向固定。 (　)
7. 为了保证轮毂在阶梯轴上的轴向固定可靠,轴头的长度必须大于轮毂的长度。 (　)
8. 轴头一定在轴的端部。 (　)
9. 轴上各部位开设倒角是为了减少应力集中现象。 (　)
10. 提高轴的表面质量有利于提高轴的疲劳强度。 (　)
11. 阶梯轴的截面尺寸变化处采用圆角过渡的目的是便于加工。 (　)
12. 等直径圆轴扭转时,横截面上的切应力是线性分布的。 (　)
13. 传递一定功率的传动轴的转速越高,其横截面上所受的扭矩也就越大。 (　)
14. 若梁的横截面上作用有负弯矩,则其中性轴上侧各点作用的是拉应力,下侧各点作用的是压应力。 (　)
15. 等截面梁弯曲时的最大拉应力和最大压应力在数值上一定相等。 (　)

三、设计计算题

1. 分别指出图 4-1-18 中Ⅰ、Ⅱ、Ⅲ、Ⅳ轴是心轴、转轴,还是传动轴。
2. 指出图 4-1-19 中轴的结构错误,说明原因并予以改正(齿轮采用油润滑,轴承采用脂润滑)。

图 4-1-18　设计计算题 1 图

图 4-1-19　设计计算题 2 图

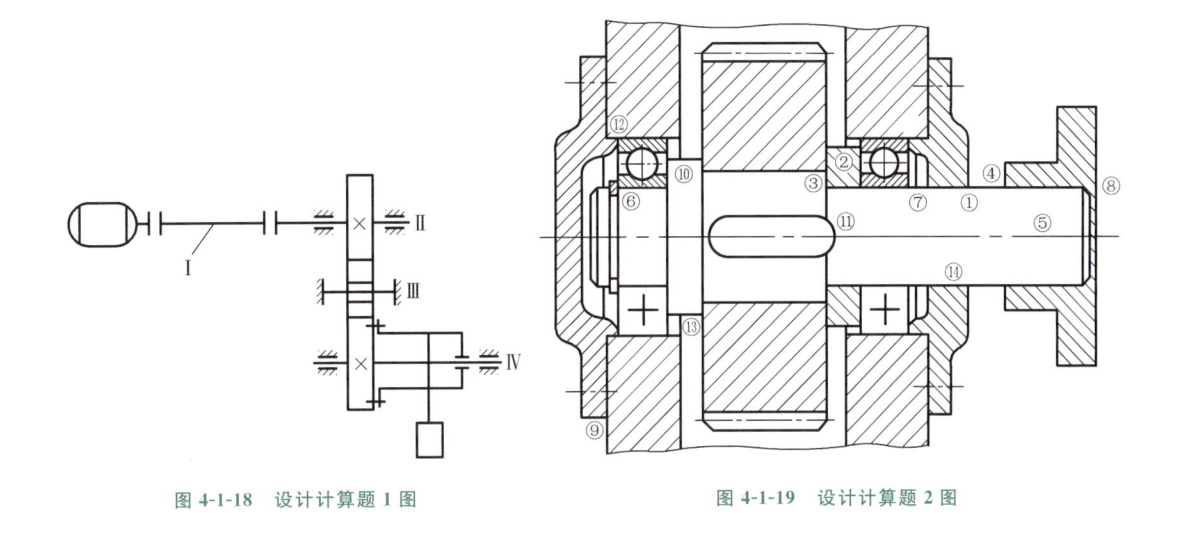

3. 指出图 4-1-20 中轴的结构错误,说明原因并予以改正(不考虑轴承的润滑方式)。

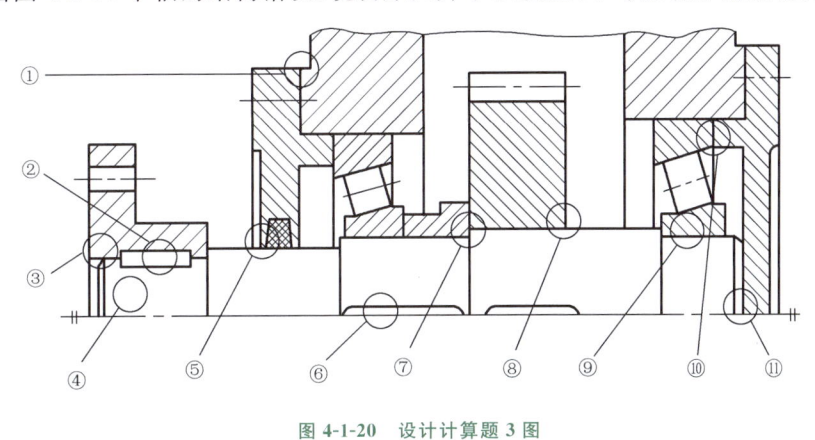

图 4-1-20　设计计算题 3 图

任务二　轴承的选择和计算

知识目标

(1) 了解各类型滚动轴承的特点及使用条件。
(2) 掌握滚动轴承的主要类型、性能与特点。
(3) 掌握滚动轴承代号的构成和基本代号的含义。
(4) 掌握滚动轴承寿命计算的理论和计算方法。
(5) 能合理地设计出轴承组合。
(6) 了解滑动轴承的类型、结构特点及轴瓦材料。

能力目标

(1) 正确分析滚动轴承代号的构成和基本代号的含义。
(2) 正确计算滚动轴承寿命。

任务分析

带式输送机的轴承是用来支承轴或轴上齿轮、联轴器等回转零件的部件,可以保证轴的旋转精度,减少轴与支承面间的摩擦和磨损。选择合适的轴承型号,满足带式输送机的工作要求。

夯实理论

根据工作时摩擦性质不同,轴承可分为滑动轴承和滚动轴承。滚动轴承由于其类型、尺寸、公差等已有国家标准,并实行了专业化生产,价格便宜,在很多场合逐渐取代了滑动轴承而得到了广泛应用。

一、滚动轴承的结构、类型和选择

知识导图

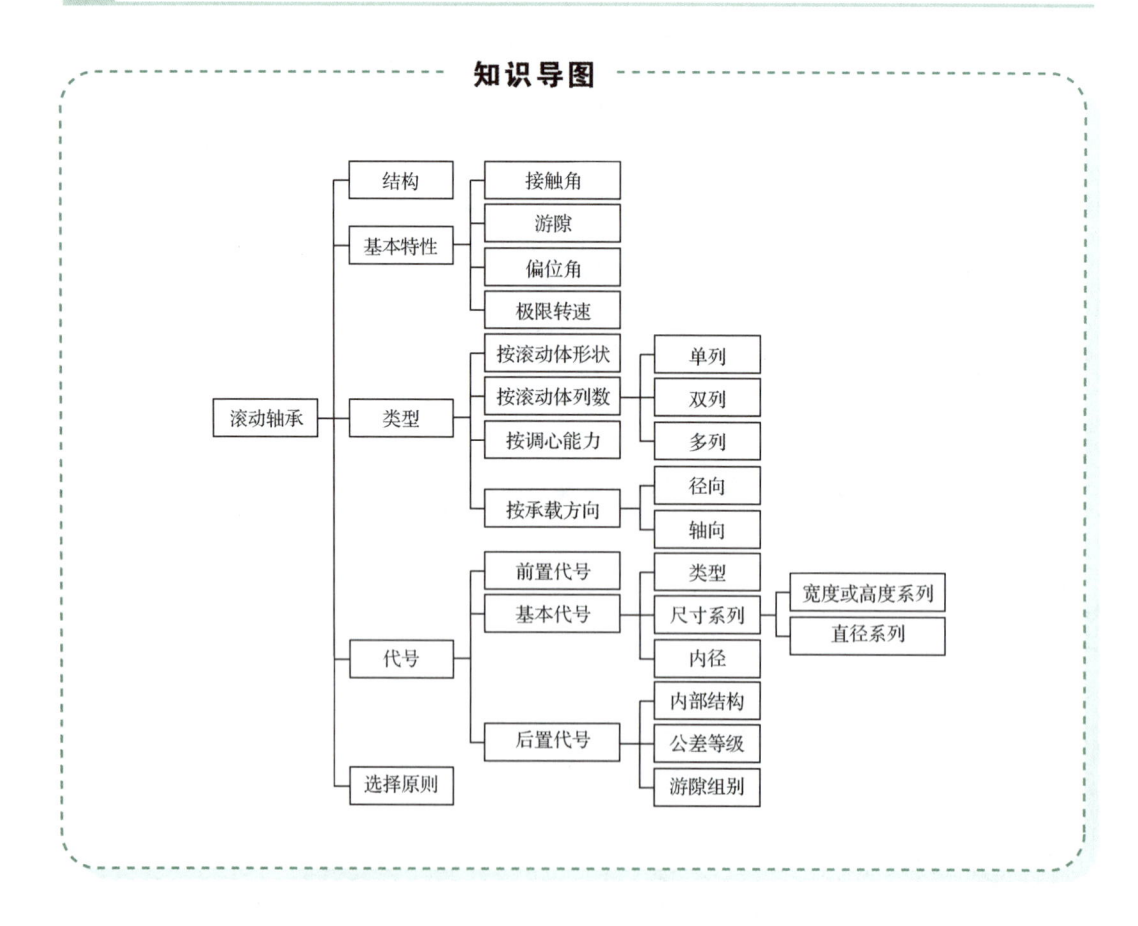

滚动轴承
- 结构
- 基本特性
  - 接触角
  - 游隙
  - 偏位角
  - 极限转速
- 类型
  - 按滚动体形状
  - 按滚动体列数
    - 单列
    - 双列
    - 多列
  - 按调心能力
  - 按承载方向
    - 径向
    - 轴向
- 代号
  - 前置代号
  - 基本代号
    - 类型
    - 尺寸系列
      - 宽度或高度系列
      - 直径系列
    - 内径
  - 后置代号
    - 内部结构
    - 公差等级
    - 游隙组别
- 选择原则

(一) 滚动轴承的结构

滚动轴承一般由内圈、外圈、滚动体和保持架等部分组成，如图 4-2-1 所示。

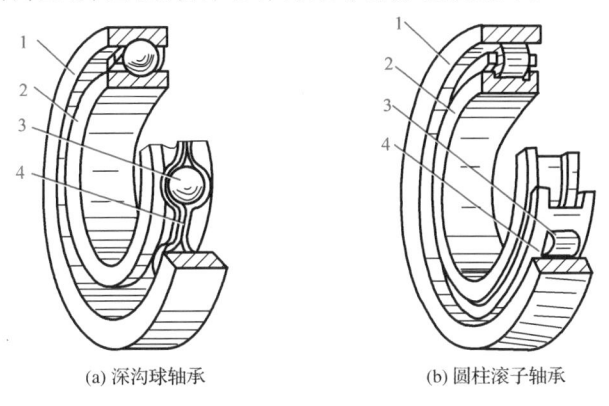

(a) 深沟球轴承　　(b) 圆柱滚子轴承

图 4-2-1　滚动轴承的结构
1—内圈；2—外圈；3—滚动体；4—保持架

通常内圈与轴颈相配合随轴一起转动，外圈装在机架的轴承座孔内固定不动。当内、外圈相对旋转时，滚动体沿内、外圈之间滚道滚动。保持架将滚动体均匀隔开，防止滚动体相互摩擦而磨损。

滚动轴承的内、外圈和滚动体均采用强度高、耐磨性好的铬轴承钢制造（如 GCr15、GCr15SiMn 等），热处理后硬度可达 60HRC 以上。保持架多用低碳钢冲压而成，也可用黄铜或塑料制成。

(二) 滚动轴承的基本特性和类型

1. 滚动轴承的基本特性

滚动轴承的基本特性见表 4-2-1。

表 4-2-1　　　　　　　　　　　滚动轴承的基本特性

基本特性	概　念	结构简图	对滚动轴承产生的影响
接触角	滚动轴承中滚动体与外圈接触处的法线和垂直于轴承轴心线的平面的夹角，用 α 表示		接触角的大小影响轴承承受轴向载荷的能力，接触角越大，承受轴向载荷越大
游隙	滚动体与内、外圈滚道之间的最大间隙，有径向游隙和轴向游隙，用 c 表示		游隙的大小影响轴承的运转精度、寿命、噪声、温升等

续表

基本特性	概　念	结构简图	对滚动轴承产生的影响
偏位角	安装误差或轴的变形使轴承内、外圈轴线相对倾斜时所夹锐角，用 θ 表示		偏位角的大小影响轴承的调心性能，偏位角越大，调心性能越好
极限转速	滚动轴承在一定的载荷和润滑的条件下允许的最高转速，用 n_{lim} 表示	—	滚动轴承极限转速会使摩擦面间产生高温，使润滑失效，导致滚动体退火或胶合而产生破坏。极限转速具体数值见有关手册

2. 滚动轴承的类型

滚动轴承的类型见表 4-2-2。

表 4-2-2　　　　　　　　　　　滚动轴承的类型

分类方法	结构简图	特　性
按滚动体的形状分类	球轴承　　圆柱滚子轴承 圆锥滚子轴承　鼓形滚子轴承　滚针轴承	滚子轴承比球轴承承载能力和承受冲击能力大，但极限转速低
按滚动体的列数分类	单列轴承　双列轴承　多列轴承	列数多，调心性能好
按工作时能否调心分类	调心轴承　非调心轴承	当两轴孔轴线不重合时采用调心轴承，以适应轴的倾斜

续表

分类方法	结构简图	特性
按承受载荷方向分类	径向接触轴承 $\alpha=0°$　　角接触向心轴承 $0°<\alpha\leqslant 45°$	主要承受径向载荷
	角接触推力轴承 $45°<\alpha<90°$　　轴向接触轴承 $\alpha=90°$	主要承受轴向载荷

滚动轴承的主要类型及其特性见表 4-2-3。

表 4-2-3　　滚动轴承的主要类型及其特性

轴承名称及简图符号	结构简图	示意简图及承载方向	类型代号	基本额定动载荷比①	极限转速比②	偏位角	结构性能特点
调心球轴承			10000	0.6～0.9	中	2°～3°	主要承受径向载荷,也能承受少量的轴向载荷。因为外圈滚道表面是以轴线中点为球心的球面,故能自动调心
调心滚子轴承			20000	1.8～4	低	1°～2.5°	主要承受径向载荷,也可承受一些不大的轴向载荷,承载能力大,能自动调心
圆锥滚子轴承			30000	1.1～2.5	中	2′	能承受以径向载荷为主的径向、轴向联合载荷,当接触角 α 大时,亦可承受纯单向轴向联合载荷。因是线接触,承载能力大于7类轴承。内、外圈可以分离,装拆方便,一般成对使用

续表

轴承名称及简图符号	结构简图	示意简图及承载方向	类型代号	基本额定动载荷比[1]	极限转速比[2]	偏位角	结构性能特点
推力球轴承			51000	1	低	不允许	接触角 $\alpha=90°$，只能承受单向轴向载荷，而且载荷作用线必须与轴线重合，高速时钢球离心力大，磨损、发热严重，极限转速低。所以只用于轴向载荷大、转速不高的场合
双向推力球轴承			52000	1	低	不允许	能承受双向轴向载荷，其余与推力轴承相同
深沟球轴承			60000	1	高	$8'\sim16'$	主要承受径向载荷，同时也能承受少量的轴向载荷。当转速很高而轴向载荷不太大时，可代替推力球轴承承受纯轴向载荷。生产量大，价格低
角接触球轴承			70000	1～1.4	较高	$2'\sim10'$	能同时承受径向和轴向联合载荷，接触角 α 越大，承受轴向载荷的能力也越大。接触角 α 有 2.5°、15° 和 40°三种，一般成对使用，可以分装于两个支点或同装于一个支点上
圆柱滚子轴承			N0000	1.5～3	较高	$2'\sim4'$	外圈或内圈可以分离，故不能承受轴向载荷，由于是线接触，能承受较大的径向载荷
圆柱滚子轴承			NU0000				

注：[1]基本额定动载荷比指同一尺寸系列（直径及宽度）各种类型和结构形式的轴承的基本预定动载荷与 6 类深沟球轴承的（推力轴承则与单向推力球轴承）基本额定动载荷之比。

[2]极限转速比指同一尺寸系列 0 级公差的各类轴承脂润滑时的极限转速与 6 类深沟球轴承脂润滑时的极限转速之比。高、中、低的含义：高为 6 类深沟球轴承极限转速的 90%～100%；中为 6 类深沟球轴承极限转速的 60%～90%；低为 6 类深沟球轴承极限转速的 60% 以下。

(三)滚动轴承的代号

滚动轴承的代号用字母和数字来表示,国家标准 GB/T 272—2017 规定了滚动轴承的代号表示方法,代号一般印或刻在轴承套圈的端面上。

滚动轴承的代号由前置代号、基本代号和后置代号组成。滚动轴承代号的构成见表 4-2-4。

表 4-2-4　　滚动轴承代号的构成

轴承代号				
前置代号	基本代号			后置代号
^	类型代号	轴承系列	内径代号	^
^	^	尺寸系列代号	^	^
^	^	宽度或高度系列代号 / 直径系列代号	^	^

1. 基本代号(滚针轴承除外)

基本代号表示轴承的基本类型、结构和尺寸,是滚动轴承代号的基础。基本代号由类型代号、尺寸系列代号和内径代号构成。

(1)类型代号

类型代号用数字或字母表示,见表 4-2-5。

表 4-2-5　　类型代号

类型代号	轴承类型	类型代号	轴承类型
0	双列角接触球轴承	7	角接触球轴承
1	调心球轴承	8	推力圆柱滚子轴承
2	调心滚子轴承和推力调心滚子轴承	N	圆柱滚子轴承(双列或多列用字母 NN 表示)
3	圆锥滚子轴承	U	外球面球轴承
4	双列深沟球轴承	QJ	四点接触球轴承
5	推力球轴承	C	长弧面滚子轴承(圆环轴承)
6	深沟球轴承		

(2)尺寸系列代号

尺寸系列代号由宽(推力轴承指高)度系列代号和直径系列代号组成,各用一位数字表示,见表 4-2-6。

宽度系列代号指内、外径相同的轴承,对向心轴承配有不同的宽度。宽度系列代号有 8、0、1、2、3、4、5、6,宽度尺寸依次递增,如图 4-2-2 所示。对推力轴承配有不同的高度。高度系列代号有 7、9、1、2,高度尺寸依次递增。

直径系列代号指内径相同的轴承配有不同的外径和宽度。直径系列代号有 7、8、9、0、1、2、3、4、5,外径尺寸依次递增。深沟球轴承的不同直径系列代号对比如图 4-2-3 所示。

表 4-2-6　　　　　　　　　　　　　　　尺寸系列代号

直径系列代号	向心轴承							推力轴承			
	宽度系列代号							高度系列代号			
	8	0	1	2	3	4	5	6	7	9	1	2
	尺寸系列代号										
7	—	—	17	—	37	—	—	—	—	—	—	—
8	—	08	18	28	38	48	58	68	—	—	—	—
9	—	09	19	29	39	49	59	69	—	—	—	—
0	—	00	10	20	30	40	50	60	70	90	10	—
1	—	01	11	21	31	41	51	61	71	91	11	—
2	82	02	12	22	32	42	52	62	72	92	12	22
3	83	03	13	23	33	—	—	—	73	93	13	23
4	—	—	—	04	—	24	—	—	74	94	14	24
5	—	—	—	—	—	—	—	—	—	95	—	—

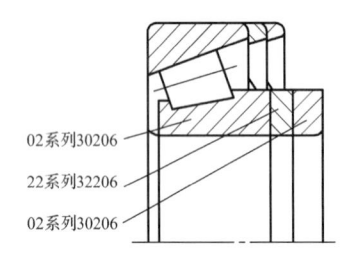

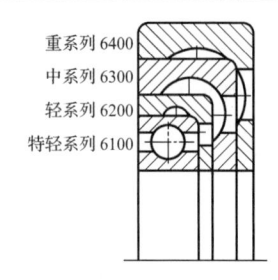

图 4-2-2　宽度系列代号对比　　　　　图 4-2-3　深沟球轴承的不同直径系列代号对比

(3) 内径代号

内径代号用数字表示，见表 4-2-7。

表 4-2-7　　　　　　　　　　　　　　　内径代号

轴承公称内径/mm	内径代号	示　例
0.6～1.0（非整数）	用公称内径毫米数直接表示，在其与尺寸系列代号之间用"/"分开	深沟球轴承　617/0.6　$d=0.6$ mm 深沟球轴承　618/2.5　$d=2.5$ mm
1～9	用公称内径毫米数直接表示，对深沟及角接触球轴承直径系列 7、8、9，内径与尺寸系列代号之间用"/"分开	深沟球轴承　625　$d=5$ mm 深沟球轴承　618/5　$d=5$ mm 角接触球轴承　707　$d=7$ mm 角接触球轴承　719/7　$d=7$ mm
10～17	10 → 00 12 → 01 15 → 02 17 → 03	深沟球轴承　6200　$d=10$ mm 调心球轴承　1201　$d=12$ mm 圆柱滚子轴承　NU 202　$d=15$ mm 推力球轴承　51103　$d=17$ mm
20～480（22,28,32 除外）	公称内径除以 5 的商数，商数为个位数，需在商数左边加"0"，如 08	调心滚子轴承　22308　$d=40$ mm 圆柱滚子轴承　NU 1096　$d=480$ mm
≥500 以及 22,28,32	用公称内径毫米数直接表示，但在与尺寸系列之间用"/"分开	调心滚子轴承　230/500　$d=500$ mm 深沟球轴承　62/22　$d=22$ mm

2. 前置代号

前置代号用字母表示,是用来说明成套轴承分部件特点的补充代号。例如,L 表示可分离轴承的可分离内圈或外圈;K 表示滚子和保持架组件;R 表示不带可分离内圈或外圈的组件。

3. 后置代号

后置代号用字母或字母加数字表示,用来说明轴承在结构、公差和材料等方面的特殊要求。几种常用的后置代号如下:

(1)内部结构代号用字母表示,紧跟在基本代号后面。例如,接触角 $\alpha=15°$、$25°$ 和 $40°$ 的角接触球轴承分别用 C、AC 和 B 表示内部结构的不同。

(2)滚动轴承的公差等级分为 6 个级别,精度依次降低。其代号分别为/P2、/P4、/P5、/P6X、/P6 和/PN。公差等级中,6X 级仅适用于圆锥滚子轴承;N 级为普通级,在滚动轴承代号中省略不表示。

(3)滚动轴承的游隙分为 6 个组别,游隙依次增大。常用的组别是 N 组,在滚动轴承代号中省略不表示,其余的组别在滚动轴承代号中分别用/C2、/C3、/C4、/C5、/C9 表示。

代号举例:

30210,表示圆锥滚子轴承,宽度系列代号为 0,直径系列代号为 2,内径为 50 mm,公差等级为 N 级,游隙为 N 组。

7312C/P4/C4,表示角接触球轴承,宽度系列代号为 0,直径系列代号为 3,内径为 60 mm,接触角 $\alpha=15°$,公差等级为 4 级,游隙为 4 组。

(四)滚动轴承类型的选择

选用滚动轴承时,应考虑以下几个选型原则。

1. 载荷条件

滚动轴承承受载荷的方向、大小和性质是选择滚动轴承类型的主要依据。

(1)载荷方向

滚动轴承承受纯径向载荷,可选用径向接触球轴承或圆柱滚子轴承;滚动轴承承受纯轴向载荷,可选用推力轴承;滚动轴承同时承受径向载荷和轴向载荷时,可选用角接触球轴承或圆锥滚子轴承。

(2)载荷大小

滚动轴承承受载荷小而平稳时,可选用球轴承;滚动轴承承受较大载荷时,可选用滚子轴承。

(3)载荷性质

载荷大且有冲击振动时,优先选用滚子轴承。

2. 转速条件

球轴承的极限转速比滚子轴承高,当转速较高且旋转精度要求较高时,应选用球轴承。高速轻载时,选用超轻、特轻或轻系列轴承;低速重载时,选用重或特重系列轴承。

3. 轴承的调心性能

轴的支点跨距大、弯曲变形大时,选用调心轴承。

4. 轴承的安装、调整性能

为便于安装、拆卸轴承和调整轴承间隙,选用内、外圈可分离轴承,如圆锥滚子轴承和圆柱滚子轴承。

5. 经济性

一般情况下球轴承的价格低于滚子轴承。同型号轴承的精度等级越高,其价格也越高。

二、滚动轴承的工作情况分析及计算

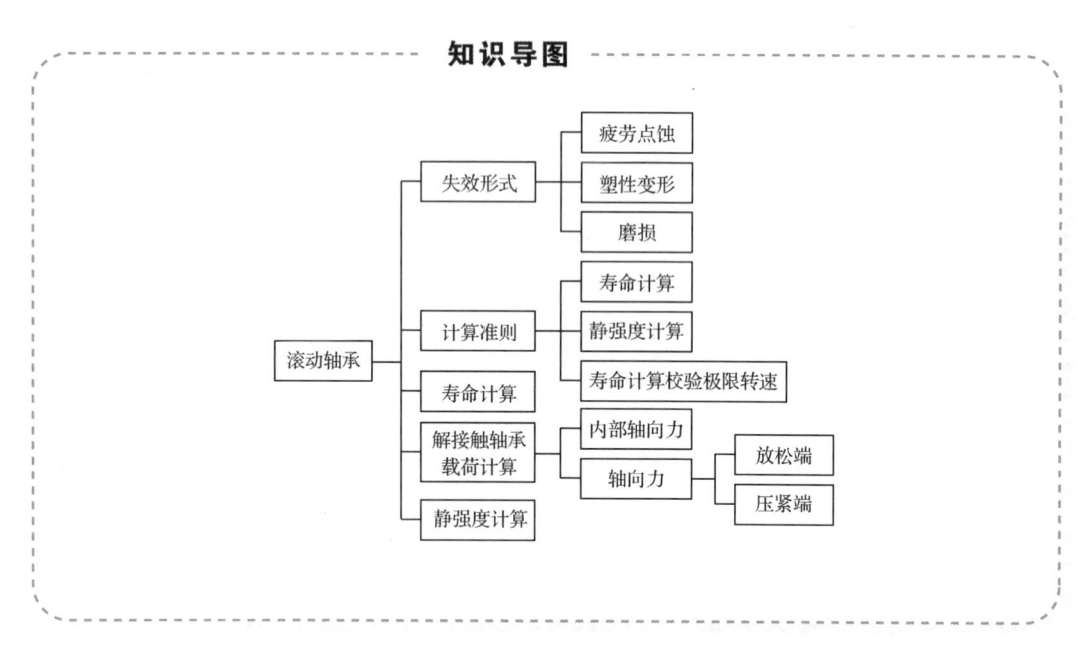

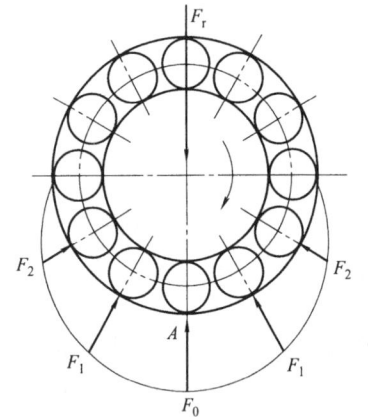

知识导图

```
                          ┌── 疲劳点蚀
                ┌─ 失效形式 ├── 塑性变形
                │         └── 磨损
                │
                │         ┌── 寿命计算
                ├─ 计算准则 ├── 静强度计算
                │         └── 寿命计算校验极限转速
  滚动轴承 ─────┤
                ├─ 寿命计算
                │
                │              ┌── 内部轴向力   ┌── 放松端
                ├─ 解接触轴承 ──┤            
                │  载荷计算     └── 轴向力      └── 压紧端
                │
                └─ 静强度计算
```

图 4-2-4 滚动轴承内部径向载荷的分布

(一) 滚动轴承的受载情况分析

以深沟球轴承为例进行分析,如图 4-2-4 所示,当轴承受纯径向载荷 F_r 时,处于 F_r 作用线上的滚动体承载最大。轴承工作时,内、外圈相对转动,滚动体既有自转又随着转动圈绕轴承轴线公转,这样轴承元件(内、外圈滚道和滚动体)受周期性变化的脉动循环接触应力作用。

(二) 滚动轴承的失效形式和计算准则

1. 失效形式

滚动轴承的失效形式见表 4-2-7。

表 4-2-7 滚动轴承的失效形式

失效形式	产生原因	失效发生位置	失效产生后果
疲劳点蚀	脉动循环的接触应力作用下,应力值或应力循环次数超过一定数值	滚动体和套圈滚道接触表面出现疲劳点蚀	轴承在运转中产生振动和噪声,回转精度降低且工作温度升高,使轴承失去正常的工作能力
塑性变形	过大的静载荷或冲击载荷的作用	套圈滚道出现凹坑或滚动体被压扁	运转精度降低,产生振动和噪声,导致轴承不能正常工作
磨损	润滑不良、密封不可靠及多尘工作环境	滚动体或套圈滚道易产生磨粒磨损,高速时会出现热胶合磨损	轴承过热,导致滚动体回火

2. 计算准则

滚动轴承的计算准则见表 4-2-8。

表 4-2-8　　　　　　　　　　　　滚动轴承的计算准则

工作条件	失效形式	计算准则
一般转速（10 r/min<n<n_{lim}）	疲劳点蚀	寿命计算
低速（n≤10 r/min）重载或大冲击	塑性变形	静强度计算
高速	疲劳点蚀、胶合磨损	寿命计算校验极限转速

（三）滚动轴承的寿命计算

1. 基本额定寿命和基本额定动载荷

（1）轴承寿命

在一定载荷作用下，滚动轴承运转到任一滚动体或套圈滚道上出现疲劳点蚀前，两套圈相对运转的总转数，或滚动轴承在恒定转速下总工作小时数，称为轴承寿命。

（2）基本额定寿命

同一型号的一批滚动轴承，在同样的受力、转数等常规条件下运转，其中有 10% 的滚动轴承发生疲劳点蚀破坏，90% 的滚动轴承未出现疲劳点蚀破坏前运动的总转数，或滚动轴承在恒定转速下总工作小时数，用 L_{10}（单位为 10^6 r）或 L_h（单位为 h）表示。

（3）基本额定动载荷

基本额定动载荷指基本额定寿命为 $L_{10}=1\times10^6$ r 时，滚动轴承所能承受的最大载荷，用 C 表示。基本额定动载荷越大，其承载能力也越大。基本额定动载荷对径向接触轴承是径向载荷，对向心角接触轴承是载荷的径向分量，对轴向接触轴承是中心轴向载荷。具体的基本额定动载荷值可查轴承样本或设计手册等资料。

2. 当量动载荷

滚动轴承的基本额定动载荷 C 是在一定的运转条件下确定的，向心轴承仅承受纯径向载荷 F_r，推力轴承仅承受纯轴向载荷 F_a。当滚动轴承受到径向载荷 F_r 和轴向载荷 F_a 的复合作用时，为了计算轴承寿命时能与基本额定动载荷作等价比较，需将作用在滚动轴承上的实际载荷转化等效的当量动载荷，用 P 表示。

在进行轴承寿命计算时，换算后的当量动载荷是一个假想的载荷，在该载荷的作用下，轴承寿命与实际载荷作用下轴承寿命相同。计算公式为

$$P=f_P(XF_r+YF_a)$$

式中　f_P——载荷系数，考虑工作中的冲击和振动会使轴承寿命降低而引入的系数，见表 4-2-9；

　　　F_r——滚动轴承所受的径向载荷，N；

　　　F_a——滚动轴承所受的轴向载荷，N；

　　　X、Y——分别为径向载荷系数和轴向载荷系数，见表 4-2-10。

表 4-2-9　　　　　　　　　　　　载荷系数 f_P

载荷性质	无冲击或轻微冲击	中等冲击	强烈冲击
f_P	1.0~1.2	1.2~1.8	1.8~3.0

表 4-2-10　　　　　　　　　径向载荷系数 X 和轴向载荷系数 Y

轴承类型		相对轴向载荷 F_a/C_0	判别系数 e	$F_a/F_r > e$		$F_a/F_r \leqslant e$	
				X	Y	X	Y
深沟球轴承		0.014 0.028 0.056 0.084	0.19 0.22 0.26 0.28	0.56	2.3 1.99 1.71 1.55	1	0
角接触球轴承	$\alpha=15°$	0.015 0.029 0.058 0.087 0.12 0.17 0.29 0.44 0.58	0.38 0.4 0.43 0.46 0.47 0.5 0.55 0.56 0.56	0.44	1.47 1.4 1.3 1.23 1.19 1.12 1.02 1 1	1	0
	$\alpha=25°$	—	0.68	0.41	0.87	1	0
	$\alpha=40°$	—	1.14	0.35	0.57	1	0
圆锥滚子轴承		—	$1.5\tan\alpha$	0.4	$0.4\cot\alpha$	1	0

注：1. 表中均为单列轴承的系数值，双列轴承查《滚动轴承产品样本》。
2. C_0 为轴承的基本额定静载荷，α 为接触角。
3. e 是判断轴向载荷 F_a 对当量动载荷 P 影响程度的参数。查表时，可按 F_a/C_0 查得 e 值，再根据 $F_a/F_r>e$ 或 $F_a/F_r\leqslant e$ 来确定 X、Y 值。

对于只承受径向载荷的向心轴承有
$$P = f_P F_r$$

对于只承受轴向载荷的推力轴承有
$$P = f_P F_a$$

3. 滚动轴承的寿命计算公式

滚动轴承的基本额定寿命与承受的载荷有关，滚动轴承基本额定寿命 L_{10} 与载荷 P 的关系曲线如图 4-2-5 所示，也称为轴承的疲劳曲线。其他型号的轴承也存在类似的关系曲线。此曲线的方程为

$$L_{10} P^\varepsilon = 常数 \quad (*)$$

式中　ε——滚动轴承寿命指数，对于球轴承 $\varepsilon=3$，对于滚子轴承 $\varepsilon=10/3$。

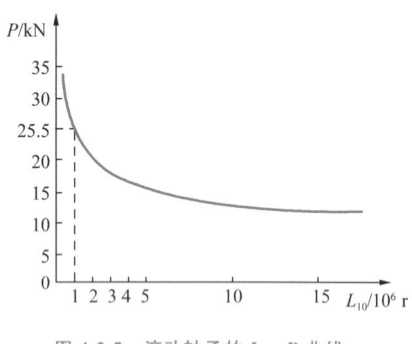

图 4-2-5　滚动轴承的 L_{10}-P 曲线

根据基本额定动载荷的定义，当滚动轴承基本额定寿命 $L_{10}=1\times10^6$ r 时，它所受的载荷 $P=C$，将其代入式 (*) 得

$$L_{10} P^\varepsilon = 1 \times C^\varepsilon = 常数$$

或

$$L_{10} = \left(\frac{C}{P}\right)^\varepsilon \times 10^6 \text{ r}$$

实际计算中常用小时数 L_h 表示滚动轴承寿命，考虑到工作温度的影响，引入温度系数 f_T，则滚动轴承基本额定寿命的计算公式为

$$L_h = \frac{10^6}{60n} \left(\frac{f_T C}{P}\right)^\varepsilon \geqslant [L_h]$$

若以基本额定动载荷 C 表示,则

$$C \geqslant C' = \frac{P}{f_T}\left(\frac{60n[L_h]}{10^6}\right)^{\frac{1}{\varepsilon}}$$

式中 L_h——滚动轴承的基本额定寿命,h;
n——滚动轴承转速,r/min;
ε——滚动轴承寿命指数;
C——基本额定动载荷,N;
C'——所需的基本额定动载荷,N;
P——当量动载荷,N;
f_T——温度系数,考虑工作温度对 C 的影响而引入的修正系数,见表 4-2-11;
$[L_h]$——滚动轴承预期使用寿命,h,见表 4-2-12。

表 4-2-11　　　　　　　　　　温度系数 f_T

轴承工作温度/℃	≤100	125	150	200	250	300
温度系数 f_T	1.00	0.95	0.90	0.80	0.70	0.60

表 4-2-12　　　　　　　　滚动轴承预期使用寿命的推荐用值

机器类型	$[L_h]$/h
不经常使用的仪器和设备,如闸门开闭装置等	300～3 000
短期或间断使用的机械,中断使用不致引起严重后果,如手动机械等	3 000～8 000
间断使用的机械,中断使用后果严重,如发动机辅助设备、流水作业线自动传动装置、升降机、车间吊车、不经常使用的机床等	8 000～12 000
每日 8 h 工作的机械(利用率不高),如一般的齿轮传动、某些固定电动机等	12 000～20 000
每日 8 h 工作的机械(利用率较高),如金属切削机床、连续使用的起重机、木材加工机械等	20 000～30 000
24 h 连续工作的机械,如矿山升降机、泵、电动机等	40 000～60 000
24 h 连续工作的机械,中断使用后果严重,如纤维生产或造纸设备、发电站主电机、矿井水泵、船舶螺旋桨等	100 000～200 000

4. 角接触轴承的载荷计算

(1)角接触轴承的内部轴向力

角接触轴承的结构特点是在滚动体和滚道接触处存在接触角 α,使得载荷作用线偏离轴承宽度的中点,而与轴心线交于 O 点,如图 4-2-6 所示。当轴承受到径向载荷 F_r 作用时,作用在承载区内的滚动体上的法向力 F_0 可分解为径向分力 F_{r0} 和轴向分力 F_{S0},各滚动体上所受的轴向分力之和即轴承的内部轴向力 F_S,其大小与轴承的类型、接触角的大小、径向载荷的大小有关,方向沿轴线由轴承外圈的宽边指向窄边。计算内部轴向力的方法见表 4-2-13。

表 4-2-13　　　　　　　　　　角接触轴承的内部轴向力

圆锥滚子轴承	角接触球轴承		
	70000C($\alpha=15°$)	70000AC($\alpha=25°$)	70000B($\alpha=40°$)
$F_S=F_r/(2Y)$	$F_S=eF_r$	$F_S=0.68F_r$	$F_S=1.14F_r$

注:表中 e 值查表 4-2-10 确定。

(2)角接触轴承轴向力 F_a 的计算

为了使角接触轴承能正常工作,采用两个轴承成对使用,并将两个轴承对称安装。常见有正装和反装两种安装,正装时两外圈窄边相对,如图 4-2-7(a)所示;反装时两外圈宽边相对,如

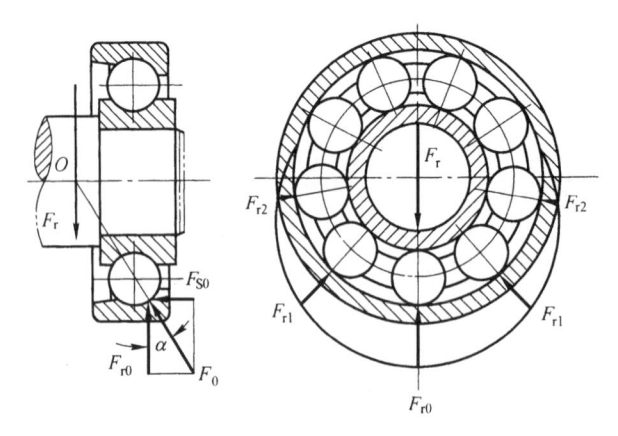

图 4-2-6 角接触轴承的内部轴向力

图 4-2-7(b)所示。简化计算时可近似认为支点在轴承宽度的中心处。角接触轴承的受力简图如图 4-2-8 所示。

图 4-2-7 角接触轴承的安装

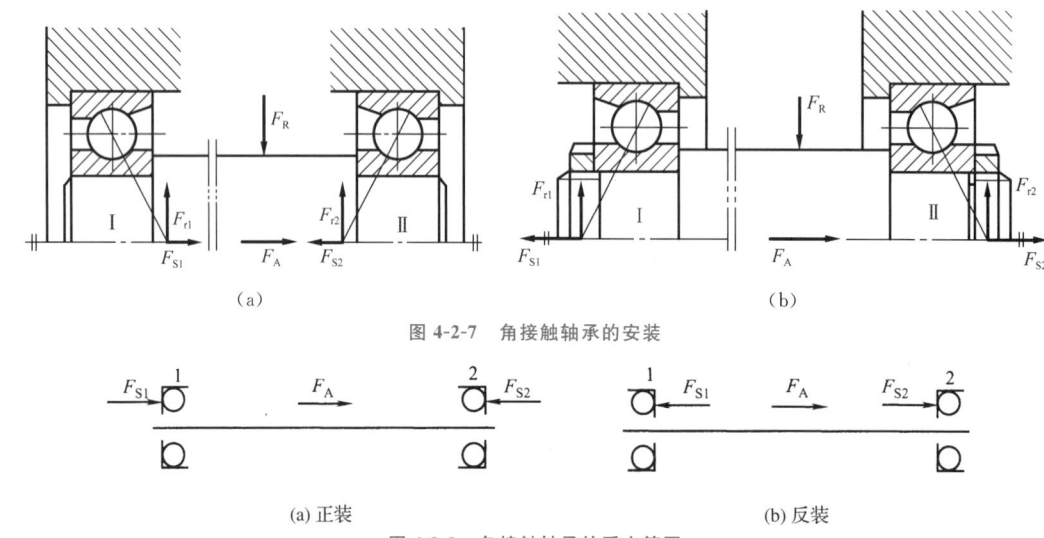

图 4-2-8 角接触轴承的受力简图

在计算各轴承的当量动载荷 P 时,其中的径向载荷 F_r 是由外界作用到轴上的径向力 F_R 在各轴承上产生的径向载荷;但轴向载荷 F_a 并不完全由外界的轴向作用力 F_A 产生,而是根据整个轴上的轴向载荷(包括因径向载荷 F_r 产生的内部轴向力 F_S)之间的平衡条件得出。

F_{a1} 及 F_{a2} 为两个角接触轴承所受的轴向载荷,作用在轴承外圈宽边的端面上,方向沿轴线由宽边指向窄边。F_A 称为轴向外载荷,是轴上除 F_a 之外的轴向外力的合力。在轴线方向,轴系在 F_A、F_{a1} 及 F_{a2} 作用下处于平衡状态。

求解角接触轴承轴向力 F_a 的方法如下:

①根据轴承安装方式,画出内部轴向力 F_{S1} 和 F_{S2} 的方向。

②设内部轴向力 F_{S1} 与外载荷 F_A 同向,F_{S2} 与 F_A 反向。通过比较 $F_{S1}+F_A$ 与 F_{S2} 的大小判断轴的移动趋势及轴承的压紧端和放松端。

③压紧端的轴向载荷 F_a 等于除去压紧端本身的内部轴向力后,所有轴向力的代数和。

④放松端的轴向载荷 F_a 等于放松端本身的内部轴向力 F_S。

(四)滚动轴承的静强度计算

对于缓慢摆动或低转速($n \leqslant 10$ r/min)的滚动轴承,其主要失效形式为塑性变形,应按静强度进行计算确定轴承尺寸。对在重载荷或冲击载荷作用下转速较高的滚动轴承,除按寿命计算外，为安全起见也要进行静强度验算。

1. 基本额定静载荷 C_0

轴承两套圈间相对转速为零，使承受最大载荷滚动体与滚道接触中心处引起的接触应力达到一定值时的静载荷，称为滚动轴承的基本额定静载荷 C_0。基本额定静载荷对于向心轴承为径向基本额定静载荷 C_{0r}，对于推力轴承为轴向基本额定静载荷 C_{0a}。各类滚动轴承的 C_0 值可由轴承标准中查得。

2. 当量静载荷 P_0

当量静载荷 P_0 指承受最大载荷滚动体与滚道接触中心处引起与实际载荷条件下相当的接触应力时的假想静载荷。其计算公式为

$$P_0 = X_0 F_r + Y_0 F_a$$

式中　X_0——当量静载荷的径向系数，见表 4-2-14；
　　　Y_0——当量静载荷的轴向系数，见表 4-2-14。

表 4-2-14　当量静载荷的径向系数 X_0 和轴向系数 Y_0

轴承类型		X_0	Y_0
深沟球轴承		0.6	0.5
角接触球轴承	$\alpha=15°$	0.5	0.46
	$\alpha=25°$		0.38
	$\alpha=40°$		0.26
圆锥滚子轴承		0.5	$0.22\cot\alpha$
推力球轴承		0	1

3. 静强度计算

滚动轴承的静强度计算公式为

$$C_0 \geqslant S_0 P_0$$

式中　S_0——静强度安全系数，见表 4-2-15。

表 4-2-15　静强度安全系数 S_0

旋转条件	载荷条件	S_0	使用条件	S_0
连续旋转轴承	普通载荷	1.0~2.0	高精度旋转场合	1.5~2.5
	冲击载荷	2.0~3.0	振动冲击场合	1.2~2.5
不常旋转及作摆动运动的轴承	普通载荷	0.5	普通旋转精度场合	1.0~1.2
	冲击及不均匀载荷	1.0~1.5	允许有变形量	0.3~1.0

三、滚动轴承的组合设计

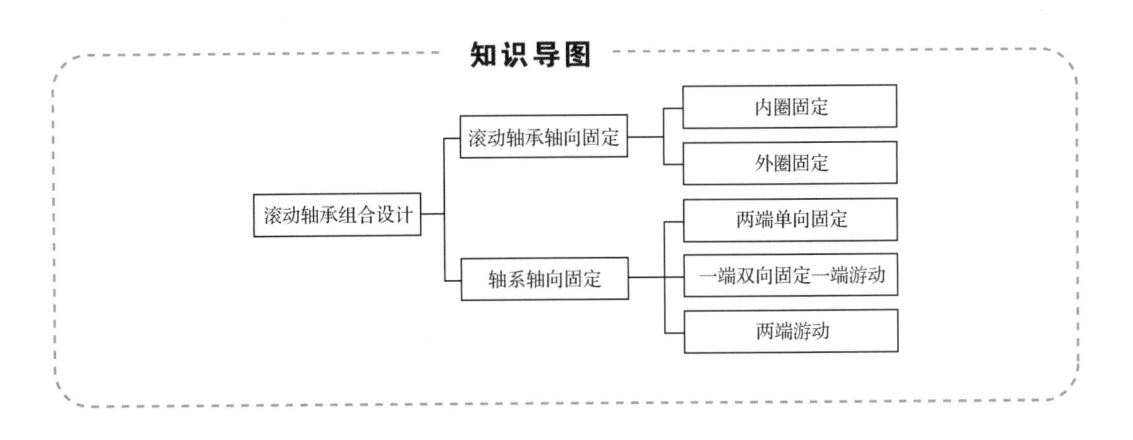

知识导图

- 滚动轴承组合设计
  - 滚动轴承轴向固定
    - 内圈固定
    - 外圈固定
  - 轴系轴向固定
    - 两端单向固定
    - 一端双向固定一端游动
    - 两端游动

为了保证滚动轴承正常工作，除了合理地选择轴承类型、尺寸外，还必须正确地进行轴承组合的结构设计。在设计轴承组合结构时，要考虑轴承的安装、调整、配合、拆卸、紧固、润滑和密封等多方面的内容。

(一)滚动轴承的轴向固定方法

滚动轴承常用的轴向固定方法见表 4-2-16。

表 4-2-16　　　　　　　　　滚动轴承常用的轴向固定方法

内圈轴向固定			外圈轴向固定		
固定方法	结构简图	结构特点	固定方法	结构简图	结构特点
轴肩单向固定		结构简单，装拆方便，占空间位置小，用于轴承内圈单向固定，可承受较大的轴向力	弹性挡圈固定		结构简单，装拆方便，占空间位置小，适用于轴向载荷较小或向心轴承外圈固定的场合
弹簧挡圈固定		结构简单，装拆方便，占空间位置小，用于向心轴承的轴向固定，仅能承受较小的轴向力	止动卡环固定		用止动卡环嵌入轴承外圈的止动槽内固定，适用于外壳不便设凸肩且外壳为剖分结构的场合
轴端挡圈固定		用于直径较大的轴端，轴承间隙不能调整，但不在轴颈上车螺纹，可承受较大的轴向力	轴承端盖固定		结构简单，固定可靠，调整轴承的游隙方便，适用于轴向载荷较大、转速较高的场合
锁紧螺母固定		可调整轴承的位置和径向间隙，装拆方便，适用于不便加工轴肩的多支点轴	螺纹环固定		结构复杂，在轴承座孔内切制螺纹，工艺复杂，多用于角接触轴承及调整轴承游隙方便的场合

(二)轴系的轴向固定方法

轴系常用的轴向固定方法见表 4-2-17。

表 4-2-17　　轴系常用的轴向固定方法

固定方法	说　明	结构简图	结构特点
两端单向固定	用轴肩顶住轴承内圈,轴承端盖顶住轴承的外圈,使每个支点都能限制轴的单方向轴向移动,两个支点合起来就限制了轴的双向移动	（垫片）	结构简单,便于安装,适用于工作温度变化不大的短轴。考虑轴因受热而伸长,安装轴承时,在深沟球轴承的外圈和端盖之间,应留有 $c=0.2\sim0.4$ mm 的热补偿轴向间隙
一端双向固定一端游动	左端轴承内为双向固定,用以承受双向的轴向载荷,右端为游动端。选用深沟球轴承时内圈作双向固定,外圈的两侧自由	固定支点　　游动支点	在轴承外圈与端盖之间留有适当的间隙,轴承可随轴颈沿轴向游动,适应轴伸长和缩短的需要
两端游动式	人字齿轮传动中的主动轴两端都采用圆柱滚子轴承支承,轴与轴承内圈可沿轴向少量移动,与其相啮合的从动轮轴系则必须用双向固式或固游式结构		人字齿轮加工误差使轴转动时产生左右窜动,为了使轮齿啮合时受力均匀,若主动轴的轴向位置固定,可能会发生干涉甚至卡死现象

四、滑动轴承

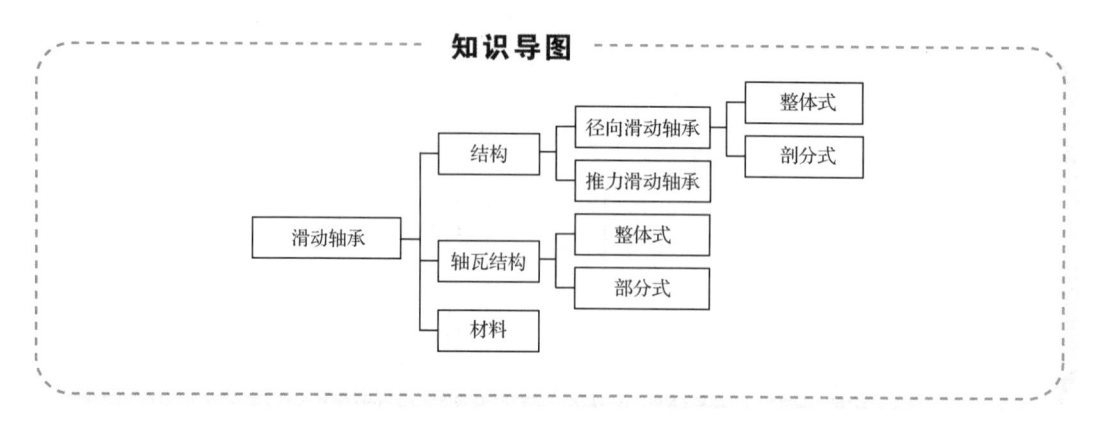

知识导图

滑动轴承 — 结构 — 径向滑动轴承 — 整体式
                                    剖分式
              推力滑动轴承
       — 轴瓦结构 — 整体式
                   部分式
       — 材料

工作时轴承和轴颈的支承面间形成直接或间接滑动摩擦的轴承,称为滑动轴承。滑动轴承的工作面间一般有润滑油膜且为面接触。滑动轴承具有承载能力大、噪声低、抗冲击、回转精度高和高速性能好的优点。

(一) 滑动轴承的结构

滑动轴承一般由轴承座、轴瓦、润滑装置和密封装置等部分组成。

1. 径向滑动轴承

(1) 整体式径向滑动轴承

整体式径向滑动轴承由轴承座和由减摩材料制成的整体轴套等组成,如图 4-2-9 所示。轴承座用螺栓与机座连接,顶部装有润滑油杯,内孔中压入带有油沟的轴套。

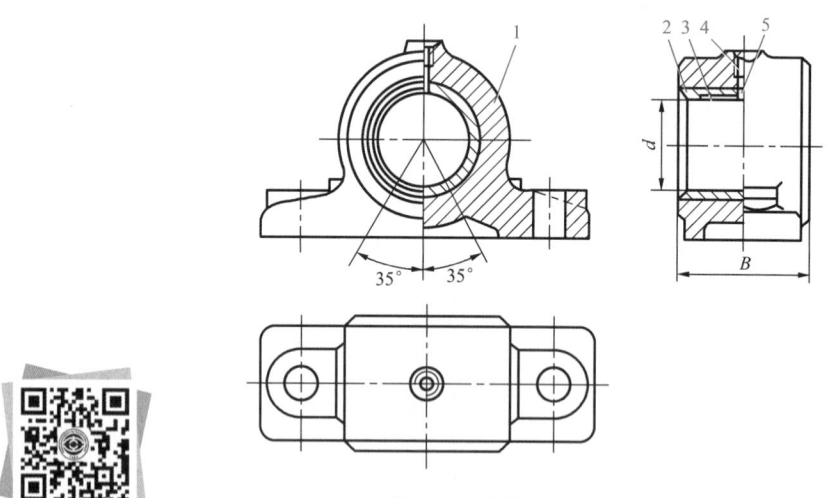

滑动轴承的结构

图 4-2-9 整体式径向滑动轴承
1—轴承座;2—轴套;3—油沟;4—油杯螺纹孔;5—油孔

整体式径向滑动轴承结构简单且成本低,但装拆这种轴承时轴或轴承必须作轴向移动,而且轴承磨损后径向间隙无法调整。因此这种轴承多用在间歇工作、低速轻载的简单机械中,其结构尺寸已标准化。

（2）剖分式径向滑动轴承

剖分式径向滑动轴承由轴承座、轴承盖、轴瓦和双头螺柱等组成，如图 4-2-10 所示。轴瓦和轴承座均为剖分式结构，在轴承盖与轴承座的剖分面上制有阶梯形定位止口，便于安装时对中和防止横向错动。轴瓦由上、下两半组成，下轴瓦承受载荷，上轴瓦不承受载荷，轴承盖应适度压紧轴瓦，以使轴瓦不能在轴承孔中转动。轴承盖上制有螺纹孔，以便安装油杯或油管，润滑油通过油孔和油槽流进轴承间隙。

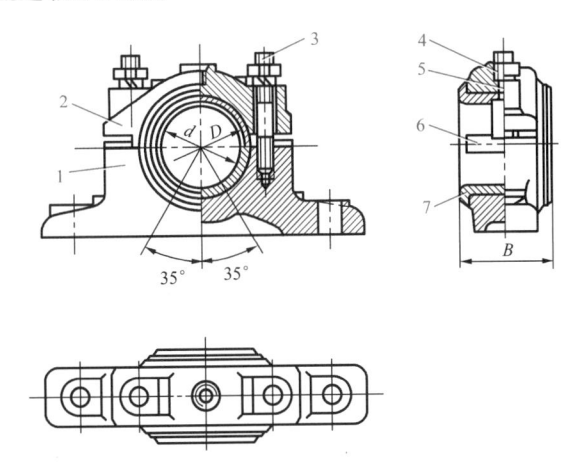

图 4-2-10　剖分式径向滑动轴承
1—轴承座；2—轴承盖；3—双头螺柱；4—螺纹孔；5—油孔；6—油槽；7—轴瓦

剖分式径向滑动轴承克服了整体式径向滑动轴承装拆不便的缺点，而且当轴瓦工作面磨损后，适当减薄剖分面间的垫片并进行刮瓦，就可调整轴颈与轴瓦间的间隙。因此这种轴承得到了广泛应用并且已经标准化。

2. 推力滑动轴承

推力滑动轴承用于承受轴向载荷，如图 4-2-11 所示。

常见的推力滑动轴承的轴颈结构如图 4-2-12 所示。实心端面轴颈工作时轴心与边缘磨损不均匀，以致轴心部分压强极高，润滑油容易被挤出，所以极少采用。在一般机器上大多采用空心端面轴颈和环状轴颈。载荷较大时采用多环轴颈，多环轴颈还能承受双向轴向载荷。轴颈的结构尺寸可查有关手册。

图 4-2-11　推力滑动轴承
1—轴承座；2—衬套；3—轴瓦；
4—推力轴瓦；5—销钉

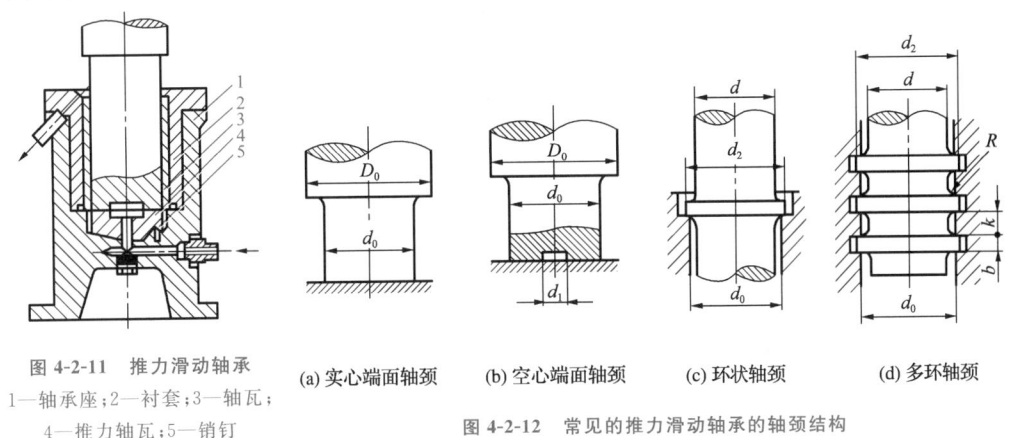

(a) 实心端面轴颈　　(b) 空心端面轴颈　　(c) 环状轴颈　　(d) 多环轴颈

图 4-2-12　常见的推力滑动轴承的轴颈结构

（二）轴瓦的结构

常用的轴瓦有整体式和剖分式两种结构。整体式径向滑动轴承采用整体式轴瓦，整体式轴瓦又称为轴套，如图 4-2-13(a) 所示。剖分式径向滑动轴承采用剖分式轴瓦，如图 4-2-13(b) 所示。

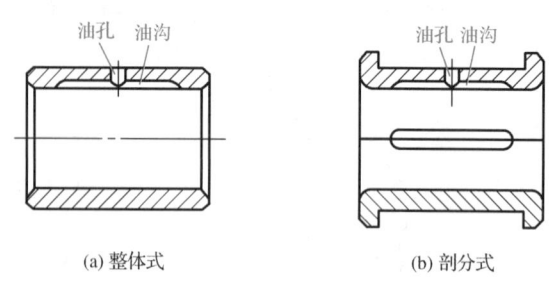

(a) 整体式　　(b) 剖分式

图 4-2-13　轴瓦的结构

轴瓦可以由一种材料制成，也可以在高强度材料的轴瓦基体上浇注一层或两层轴承合金作为轴承衬，称为双金属轴瓦或三金属轴瓦。为了使轴承衬与轴瓦基体结合牢固，可在轴瓦基体内表面或侧面制出沟槽，如图 4-2-14 所示。

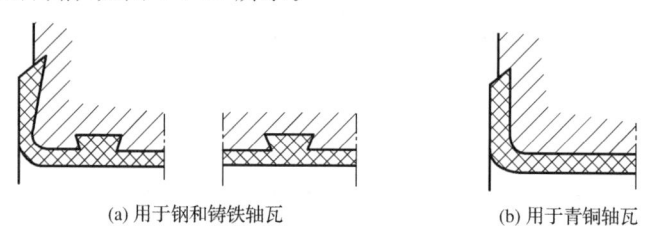

(a) 用于钢和铸铁轴瓦　　(b) 用于青铜轴瓦

图 4-2-14　轴瓦上的沟槽

为了润滑轴承的工作表面，一般在轴瓦上要开出油孔和油沟。油孔用来供油，油沟用来输送和分布润滑油。油孔和油沟应开在非承载区，以保证承载区油膜的连续性。常见的油沟形式如图 4-2-15 所示。

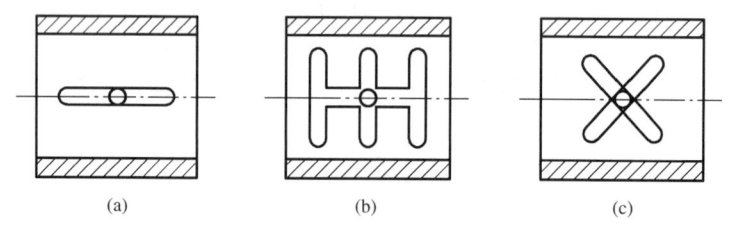

(a)　　(b)　　(c)

图 4-2-15　常见的油沟形式

（三）滑动轴承的材料

滑动轴承的材料是指与轴颈直接接触的轴瓦或轴承衬的材料。对滑动轴承的材料的主要要求如下：

(1) 具有足够的抗压、抗疲劳和抗冲击能力。
(2) 具有良好的减摩性、耐磨性和磨合性，抗黏着磨损和磨粒磨损性能较好。
(3) 具有良好的顺应性和嵌藏性，具有补偿对中误差和其他几何误差及容纳硬屑粒的能力。
(4) 具有良好的工艺性、导热性及抗腐蚀性能等。

但是，任何一种材料不可能同时具备上述性能，因而设计时应根据具体工作条件，按主要性能来选择轴承材料。常用的轴瓦或轴承衬的材料及其性能见表 4-2-18。

表 4-2-18　常用的轴瓦或轴承衬的材料及其性能

轴瓦材料		最大许用值			最高工作温度/℃	最小轴颈硬度HBW	性能比较				备 注
		$[p]$/MPa	$[v_s]$/(m·s^{-1})	$[pv]$/(MPa·m·s^{-1})			抗胶合性	顺应性、嵌藏性	抗腐蚀性	疲劳强度	
锡基轴承合金	ZSnSb11Cu6 ZSnSb8Cu4	平稳载荷			150	150	1	1	1	5	用于高速重载下工作的重要轴承,变载荷下易疲劳,价高
		25	80	20							
		冲击载荷									
		20	60	15							
铅基轴承合金	ZPbSb16Sn16Cu2	15	12	10	150	150	1	1	3	5	用于中速中载的轴承,不宜受显著的冲击载荷,可作为锡锑轴承合金的代用品
	ZPbSb15Sn5Cu3	5	8	5							
锡青铜	ZCuSn10P1	15	10	15	280	200	3	5	1	1	用于中速重载及受变载荷的轴承
	ZCuSn5Pb5Zn5	8	3	15							用于中速中载的轴承
铝青铜	ZCuAl10Fe3	15	4	12	280	200	5	5	5	2	用于润滑充分的低速重载轴承

除了上述几种金属材料外,还可采用其他金属材料及非金属材料,如黄铜、铸铁、塑料、橡胶及粉末冶金等作为轴瓦材料。

任务实施

一、设计要求与数据

如图 4-2-16 所示一级齿轮减速器低速轴,拟用一对深沟球轴承支承,初选轴承型号为 6010,低速轴转速 $n=83.99$ r/min,两轴承所受的径向载荷 $F_{r1}=F_{r2}=1\,250$ N,轴承在常温下连续单向运转,载荷平稳,两班制工作,每年工作 300 天,减速器设计寿命为 10 年。

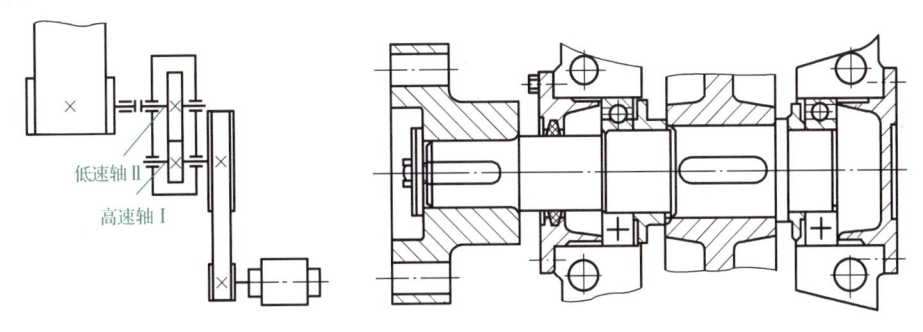

图 4-2-16　一级齿轮减速器低速轴

二、设计内容

计算轴承的当量动载荷 P 和轴承寿命 L_h。

三、设计步骤、结果及说明

图 4-2-17 轴承受力分析

1. 计算当量动载荷 P

由《机械设计手册》查得 6010 轴承基本额定动载荷 $C_r=22$ kN，查表 4-2-9 得载荷系数 $f_P=1.2$。轴承只受径向力作用，如图 4-2-17 所示，则轴承的当量动载荷为

$P_1=f_P F_{r1}=1.2\times1\ 250=1\ 500$ N

$P_2=f_P F_{r2}=1.2\times1\ 250=1\ 500$ N

2. 计算轴承寿命 L_h

因 $P_1=P_2$，且两个轴承的型号相同，所以只需要计算一端轴承的寿命，取 $P=1\ 500$ N。球轴承寿命指数 $\varepsilon=3$，预期寿命为

$$[L_h]=10\times300\times8\times2=48\ 000\ \text{h}$$

则轴承寿命

$$L_h=\frac{10^6}{60n}\left(\frac{f_T C}{P}\right)^\varepsilon=\frac{10^6}{60\times83.99}\left(\frac{1\times22\ 000}{1\ 500}\right)^3=626\ 059\ \text{h}>[L_h]$$

由此可见轴承的寿命大于预期寿命，所以该对轴承合适。

培养技能

轴承的装配、调整、润滑和密封

一、滚动轴承的装配

1. 滚动轴承的装配要求

（1）滚动轴承安装前，一定要洗得非常干净，避免杂物浸入轴承。

（2）轴承清洗时，应检查：内、外圈有无磨损；滚动体有无麻点、变色；保持架有无扭曲、开裂。

（3）装轴承时，用铜棒、木棒敲击时必须有垫料，绝不允许直接敲击轴承，以免损伤。

（4）轴承的内圈和外圈应相互平行地装入轴承座内，在施加压力时，压力应平均分布在外圈上，不允许单方向施加压力，以免被轴承座挤压、卡死而使配合表面受到损伤。

（5）轴承在运转时，应注意轴承回转要轻快，必要时可用螺钉旋具或铁棒监听轴承的声音，若发现有杂音，应停车检查。

2. 滚动轴承的装配、拆卸方法

滚动轴承的装配方法应根据轴承的结构、尺寸大小和轴承部件的配合性质（过盈量）来确定。滚动轴承的装配、拆卸方法见表 4-2-19。

表 4-2-19　　　　　　　　　　　滚动轴承的装配、拆卸方法

方　法		结构简图	说　明
轴承装配	锤击法		当配合过盈量较小时,用手锤通过冲子(最好是纯铜棒)或套管,对称、均匀地将轴承敲入,直至内圈与轴肩紧靠
	冷压法		当配合过盈量较大时,装配时先加专用压套,再用压力机压入
	热装法		当配合过盈量过大时,将轴承放入机油池或加热炉中加热至 80~100 ℃,然后套装在轴上
拆卸	锤击法	用冲子　　　用套筒	用手锤通过冲子(最好是纯铜棒)或套管,将轴承从轴上拆卸
	专用工具拆卸法	拆内圈　　　拆外圈	使用专门的拆卸工具的钩头钩住轴承的内圈,丝杆对准轴中心孔旋转拆卸轴承

方　法		结构简图	说　明
拆卸	压力法		用压力机压出轴颈

3. 滚动轴承的配合

滚动轴承的配合是指内圈与轴颈、外圈与座孔的配合。因为滚动轴承已经标准化，内圈与轴颈的配合采用基孔制，外圈与座孔的配合采用基轴制。一般说来，转动圈（通常是内圈与轴一起转动）的转速越高，载荷越大，工作温度越高，则内圈与轴颈应采用较紧的配合；而外圈与座孔间（特别是需要作轴向游动或经常装拆的场合）常采用较松的配合。轴颈公差带代号常取 n6、m6、k6、js6 等，座孔的公差带代号常取 J7、J6、H7 和 G7 等，具体选择可参考有关的机械设计手册。

二、滚动轴承的调整

1. 滚动轴承的游隙调整

控制和调整游隙，可以先使滚动轴承实现预紧，游隙为零，然后采用使轴承的内圈和外圈作适当的轴向位移的方法来保证游隙。

滚动轴承游隙的调整方法见表 4-2-20。

表 4-2-20　　　　　　　　　　滚动轴承游隙的调整方法

结构简图			
调整方法	调整端盖与箱体结合面间垫片的厚度	利用端盖上的调节螺钉改变压盖的轴向位置来实现调整，调整后用螺母锁紧防松	调整轴承端面与端盖间的调整环厚度

2. 滚动轴承的预紧

滚动轴承的预紧是在安装轴承时使其受到一定的轴向力，以消除轴承的游隙，并使滚动体和内、外圈接触处产生弹性预变形，从而提高轴承的刚度和旋转精度。滚动轴承的预紧方法见表 4-2-21。

表 4-2-21　　　　　　　　　　　　　滚动轴承的预紧方法

预紧装置	结构简图	预紧方法
磨套圈预紧	磨窄外套圈（正装）　　磨窄内套圈（反装）	磨窄套圈并加预紧力
加垫片预紧	内圈加垫片（正装）　　外圈加垫片（反装）	套圈间加垫片并加预紧力
加套筒预紧		轴承间加入不等厚的套筒控制预紧力
轴向预紧		圆锥滚子轴承的轴向预紧

三、轴承的润滑和密封

1. 滚动轴承的润滑

滚动轴承润滑的主要目的是减少摩擦与磨损，同时也有吸振、冷却、防锈和密封等作用。滚动轴承常用的润滑剂有润滑油和润滑脂两种，一般高速时用润滑油，低速时用润滑脂，某些特殊情况下用固体润滑剂。

润滑方式可根据轴承的 dn 值来确定。这里 d 为轴承内径（mm），n 是轴承的转速（r/min），dn 值间接表示了轴颈的圆周速度。适用于脂润滑和油润滑的 dn 值界限列于表 4-2-22 中，可作为选择润滑方式时的参考。

表 4-2-22　　适用于脂润滑和油润滑的 dn 值界限($\times 10^4$)　　mm·r/min

轴承类型	脂润滑	油润滑			
		油浴润滑	滴油润滑	循环油(喷油)润滑	油雾润滑
深沟球轴承	16	25	40	60	>60
调心球轴承	16	25	40	—	—
角接触球轴承	16	25	40	60	>60
圆柱滚子轴承	12	25	40	60	>60
圆锥滚子轴承	10	16	23	30	—
调心滚子轴承	8	12	—	25	—
推力球轴承	4	6	12	15	—

脂润滑能承受较大的载荷,且润滑脂不易流失,结构简单,便于密封和维护,一次加脂可以维持相当长的一段时间。装填润滑脂时一般不超过轴承内空隙的 1/3~1/2,以免润滑脂过多引起轴承发热,影响轴承的正常工作。

油润滑适用于高速、高温条件下工作的轴承,油润滑摩擦因数小,润滑可靠,且具有冷却散热和清洗的作用,但对密封和供油的要求较高。

常用滚动轴承的油润滑方式:

(1)油浴润滑:轴承局部浸入润滑油中,油面不应高于最下方滚动体的中心,否则搅油能量损失较大,易使轴承过热。适用于中、低速轴承的润滑。

(2)滴油润滑:成滴落下的油落入轴承一侧的转动表面上,破碎成雾状,进入轴承。用油杯控制并调节油量,滴油量应适当控制,过多的油量将引起轴承温度的增高。适用于中、低速轴承的润滑。

(3)飞溅润滑:闭式齿轮传动装置中,利用转动的齿轮把润滑油甩到箱体的四周内壁面上,然后通过沟槽把油引到轴承中。通常用于滚动轴承和其他零件可用同一种油的场合,溅油零件转速不能过小。

(4)喷油润滑:利用油泵将润滑油增压,通过油管或油孔,经喷嘴将润滑油对准轴承内圈与滚动体间的位置喷射,从而润滑轴承。适用于转速高、载荷大、要求润滑可靠的轴承。

(5)油雾润滑:润滑油通过油雾发生器变成油雾,有利于对轴承的冷却,但部分油雾随空气散逸,污染环境。适用于高速、高温轴承部件的润滑。

2. 滚动轴承的密封

滚动轴承密封的作用是防止外界灰尘、水分等进入轴承,并阻止轴承内润滑剂流失。

常用滚动轴承的密封装置见表 4-2-23。

表 4-2-23　　　　　　　　　　　常用滚动轴承的密封装置

密封形式		结构简图	密封特点	应用范围
接触式	毛毡密封 单毡圈		用毛毡填充槽中，使毡圈与轴表面摩擦以实现密封	适用于干净、干燥环境的脂润滑密封，一般接触处的圆周速度不大于 4～5 m/s，抛光轴可达 7～8 m/s
	毛毡密封 双毡圈		双毡圈可间歇调紧，密封效果更好，而且拆换毛毡方便	
	唇形密封圈密封 密封唇向里密封		密封唇朝向轴承，防止油泄出	适用于油润滑密封，滑动速度不大于 7 m/s，工作温度不大于 100 ℃
	唇形密封圈密封 密封唇向外密封		密封唇背向轴承，防止外界灰尘、杂物侵入，也可防止油外泄	
	唇形密封圈密封 双唇式密封		既可防油外泄，又可防灰尘、杂物侵入	

续表

密封形式		结构简图	密封特点	应用范围
非接触式	缝隙式		一般间隙为0.1～0.3 mm，间隙越小，间隙宽度越长，密封效果越好	适用于环境比较干净的脂润滑密封
	油沟式		在端盖配合面上开3个以上宽3～4 mm、深4～5 mm的沟槽，并在其中填充润滑脂	适用于脂润滑密封，速度不限
	W形间隙式		在轴承或轴套上开有W形槽，用来甩回渗漏的油，并在端盖上开回油沟	适用于油润滑密封，速度不限
	挡油盘		挡油盘随轴一起转动，转速越高密封效果越好	适用于防止轴承中的油泄漏，又可防止外部油冲击或杂质侵入
	挡油环		挡油环随轴一起转动，转速越高密封效果越好	适用于脂润滑密封，也可防止油侵入

续表

密封形式		结构简图	密封特点	应用范围
非接触式	迷宫式 轴向迷宫式		曲路由轴套和端盖的轴向间隙组成,端盖剖分,曲路沿轴向展开,径向尺寸紧凑	适用于比较脏的工作环境
	径向迷宫式		曲路由轴套和端盖的径向间隙组成,曲路沿径向展开,装拆方便	与轴向迷宫式作用相同,但较轴向迷宫式用得更广
	组合迷宫式		曲路由三组Γ形组合垫圈组成,占用空间小,成本低,组数越多,密封效果越好	适用于成批生产的条件,可用于油或脂润滑密封

3. 滑动轴承的润滑

润滑对减少滑动轴承的摩擦和磨损以及保证轴承正常工作具有重要意义。因此,设计和使用滑动轴承时,必须合理地采取措施,对轴承进行润滑。

(1) 润滑剂

润滑剂包括润滑油和润滑脂。

润滑油是使用最广的润滑剂,其中以矿物油应用最广。润滑油的主要性能指标是黏度,通常它随温度的升高而减小。我国润滑油牌号是按运动黏度(单位为 mm^2/s)的中间值划分的。滑动轴承常用的润滑油的选用可参考表 4-2-24。

表 4-2-24　　　　　　　　滑动轴承常用的润滑油的选用

轴颈圆周速度 $v_s/(m \cdot s^{-1})$	轻载压强 $p<3$ MPa 工作温度 10~60 ℃		中载压强 $p=3$~7.5 MPa 工作温度 10~60 ℃		重载压强 $p>7.5$~30 MPa 工作温度 20~80 ℃	
	运动黏度 $\nu_{40℃}/(mm^2 \cdot s^{-1})$	适用牌号	运动黏度 $\nu_{40℃}/(mm^2 \cdot s^{-1})$	适用牌号	运动黏度 $\nu_{40℃}/(mm^2 \cdot s^{-1})$	适用牌号
0.3~1	45~75	L-AN46,L-AN68	100~125	L-AN100	90~350	L-AN100、L-AN150、L-AN200、L-AN320
1~2.5	40~75	L-AN32,L-AN46、L-AN68	65~90	L-AN68、L-AN100		
2.5~5	40~55	L-AN32,L-AN46				
5~9	15~45	L-AN15,L-AN22、L-AN32,L-AN46				
>9	5~23	L-AN7,L-AN10、L-AN15,L-AN22				

润滑脂是由润滑油添加各种稠化剂和稳定剂稠化而成的膏状润滑剂。润滑脂主要应用在速度较低(轴颈圆周速度小于 1~2 m/s)、载荷较大、不经常加润滑剂、使用要求不高的场合,具体选用可参考表 4-2-25。

表 4-2-25　　　　　　　　　　　滑动轴承常用的润滑脂的选用

压强 p/MPa	轴颈圆周速度 v_s/(m·s^{-1})	最高工作温度 t_s/℃	适用牌号
<1	≤1	75	3 号钙基脂
1～6.5	0.5～5	55	2 号钙基脂
1～6.5	≤1	−50～100	2 号锂基脂
≤6.5	0.5～5	120	2 号钠基脂
>6.5	≤0.5	75	3 号钙基脂
		110	1 号钙钠基脂

(2) 润滑方式

在选用润滑剂之后，还要选用合适的润滑方式。滑动轴承的润滑方式可按 k 值选用：

$$k = \sqrt{pv^3}$$

式中　p——轴颈平均压强，MPa；
　　　v——轴颈圆周速度，m/s。

滑动轴承的润滑方式见表 4-2-26。

表 4-2-26　　　　　　　　　　　滑动轴承的润滑方式

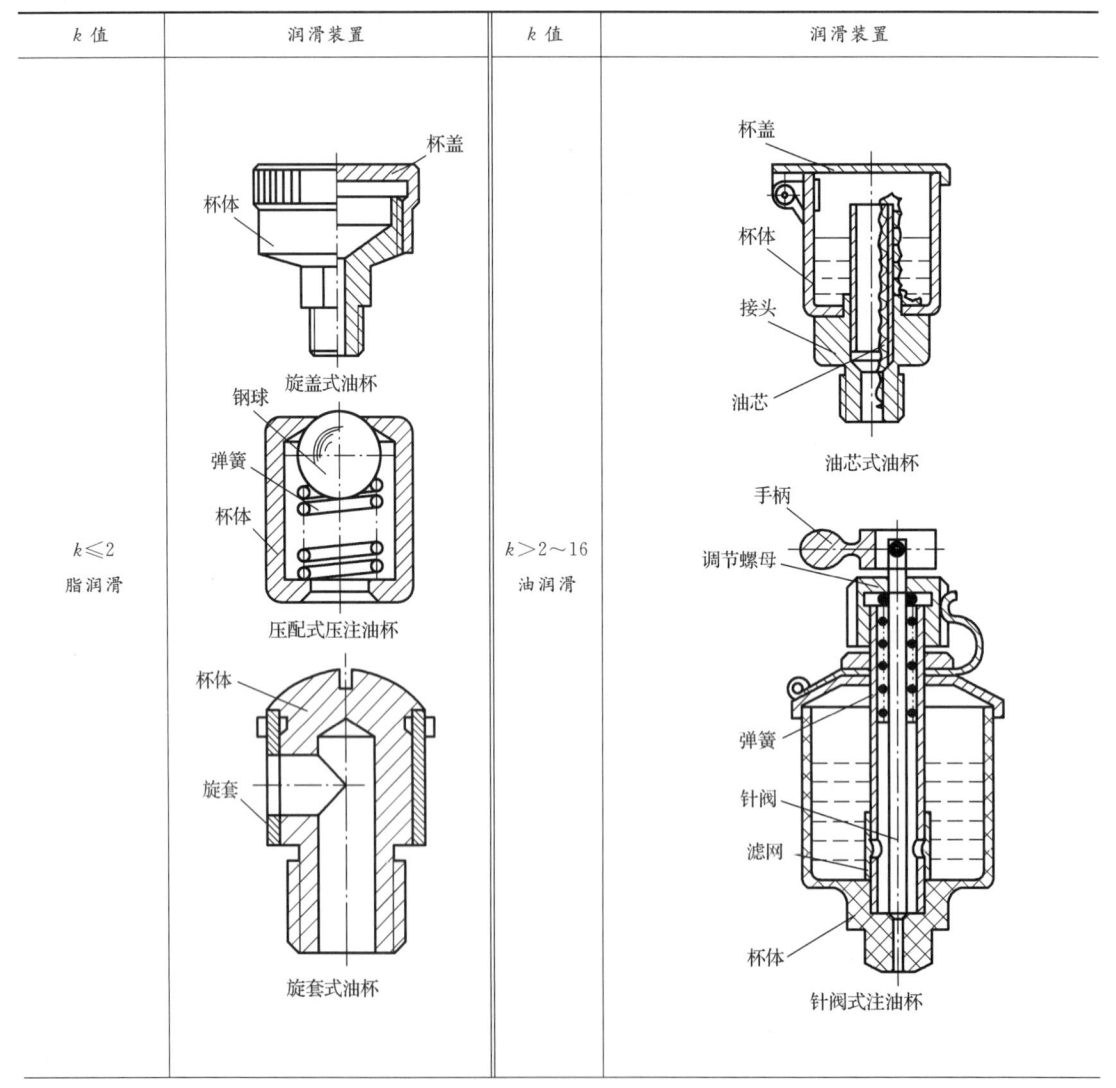

k 值	润滑装置	k 值	润滑装置
$k \leq 2$ 脂润滑	旋盖式油杯 压配式压注油杯 旋套式油杯	$k > 2 \sim 16$ 油润滑	油芯式油杯 针阀式注油杯

k 值	润滑装置	k 值	润滑装置
$k>16\sim32$ 油润滑	油环润滑	$k>32$ 油润滑	压力喷油润滑

（3）轴承中润滑脂合适的填充量

① 水平轴承填充内腔空间的 2/3～3/4。

② 一般轴承内不应装满润滑脂,装到内腔空间的 1/2～3/4 即可。

③ 在容易污染的环境中,对于低速或中速的轴承,要把全部内腔空间填满。

④ 高速轴承在装润滑脂前应先将轴承放在优质润滑油中,一般在所装润滑脂的基础油中浸泡一下,以免在启动时因摩擦面润滑脂不足而引起轴承损坏。

⑤ 垂直安装的轴承填充内腔空间的 1/2（上侧）,3/4（下侧）。

⑥ 润滑脂填充量通常可估算为 $V=0.01dB$,其中 d 为内径,B 为宽。

能力检测

一、选择题

1. 角接触轴承承受轴向载荷的能力主要取决于_____。
A. 轴承宽度　　　B. 滚动体数目　　　C. 轴承精度　　　D. 接触角大小

2. 滚动轴承的基本代号从左向右分别表示_____。
A. 尺寸系列、轴承类型和轴承内径　　　B. 轴承类型、尺寸系列和轴承内径
C. 轴承内径、尺寸系列和轴承类型　　　D. 轴承类型、轴承内径和尺寸系列

3. 为适应不同承载能力的需要,规定了滚动轴承的宽（高）度系列。不同宽（高）度系列的轴承,区别在于_____。
A. 内径和外径相同,轴承宽（高）度不同　　　B. 内径相同,轴承宽（高）度不同
C. 外径相同,轴承宽（高）度不同　　　D. 内径和外径都不相同,轴承宽（高）度不同

4. 一根转轴采用一对滚动轴承支承,其承受载荷为径向力和较大的轴向力,并且冲击、振动较大。因此宜选择_____。
A. 深沟球轴承　　　B. 角接触球轴承　　　C. 圆锥滚子轴承　　　D. 圆柱滚子轴承

5. 某斜齿圆柱齿轮减速器,工作转速较高,载荷平稳,应选用_____。
A. 深沟球轴承　　　B. 角接触球轴承　　　C. 圆锥滚子轴承　　　D. 调心球轴承

6. 对于一般运转的滚动轴承,其主要失效形式是_____,设计时要进行轴承的寿命计算。
A. 滚动体与滚道的工作表面出现疲劳点蚀　　　B. 滚道磨损
C. 沿轴向可作相对滑动并具有导向作用　　　D. 滚动体碎裂

7. 滚动轴承基本额定寿命指的是_____。

A. 每个轴承的实际寿命

B. 一批轴承的平均寿命

C. 10%破坏率或90%可靠性的轴承寿命

D. 一批轴承中某个轴承的最低寿命

8. 滚动轴承的基本额定动载荷指的是_____。

A. 滚动轴承能承受的最大载荷

B. 滚动轴承能承受的最小载荷

C. 滚动轴承在基本额定寿命 $L_{10}=1\times10^6$ r 时所能承受的载荷

D. 一批滚动轴承能受的平均载荷

9. 对于跨距较大和工作温度较高的轴,轴的支承方式宜采用_____。

A. 一支点固定、另一支点游动　　　B. 双支点游动

C. 轴和轴承内圈采用间隙配合　　　D. 双支点单向固定

10. 滚动轴承的内圈与轴颈、外圈与座孔之间的配合_____。

A. 均为基轴制　　　　　　　　　　B. 前者为基轴制,后者为基孔制

C. 均为基孔制　　　　　　　　　　D. 前者为基孔制,后者为基轴制

11. 若轴上承受冲击、振动及较大的单向轴向载荷,轴承内圈的固定应采用图 4-2-18 中的_____方法。

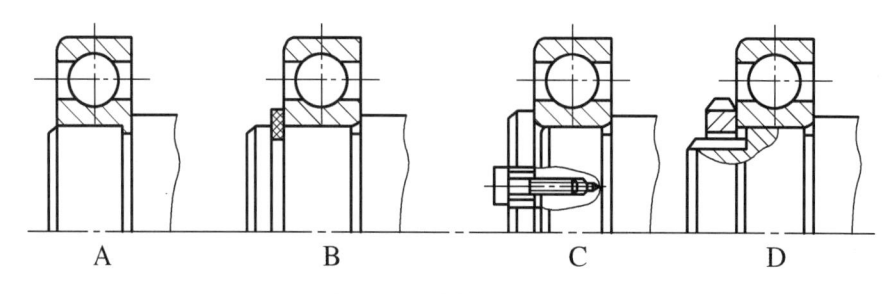

图 4-2-18　选择题 11 图

12. 图 4-2-19 所示轴承的组合结构中,_____图结构容易拆卸轴承。

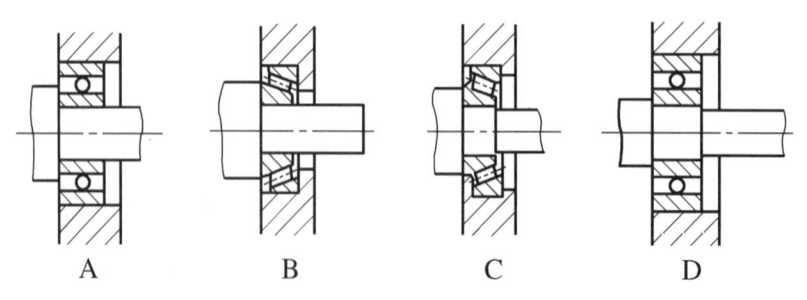

图 4-2-19　选择题 12 图

13. 滚动轴承的润滑方式通常可根据轴承的_____来选择。

A. 转速 n　　　　　　　　　　　　B. 当量动载荷 P

C. 内径与转速的乘积 dn　　　　　　D. 内径 d

14.唇形密封圈的密封唇朝向轴承的主要目的是_____。
A.防漏油 B.防灰尘渗入
C.防漏油又防尘 D.减少轴与轴承盖的磨损

15.剖分式滑动轴承的性能特点是_____。
A.能自动调心 B.装拆方便,轴瓦磨损后间隙可调整
C.结构简单,制造方便,价格低廉 D.装拆不方便,装拆时必须作轴向移动

二、判断题

1.接触角越大,轴承承受轴向载荷的能力越大。( )
2.轴承代号7220中,20代表轴承内径为20 mm。( )
3.滚动轴承6203的轴承内径为 $d=3\times5=15$ mm。( )
4.载荷大而受冲击时,宜采用滚子轴承。( )
5.推力滚动轴承能够同时承受径向载荷和轴向载荷。( )
6.向心滚动轴承中,任一瞬时各滚动体所受的载荷是相同的。( )
7.在相同条件下运转的同一型号的一组轴承中的各个轴承的寿命相同。( )
8.圆锥滚子轴承端盖与箱壁之间一般装有垫片,其作用是防止端部漏油。( )
9.轴系的两端固定支承使结构简单,便于安装,易于调整,故适用于工作温度变化不大的短轴。( )
10.一端固定、一端游动支承结构比较复杂,但工作稳定性好,适用于工作温度变化较大的长轴。( )
11.滚动轴承通过预紧可以延长轴承寿命。( )
12.滚动轴承的内圈与轴径、外圈与座孔之间均采用基孔制配合。( )
13.安装滚动轴承时,对外圈只需要作轴向固定,而对内圈只需要作周向固定。( )
14.滑动轴承必须润滑,滚动轴承摩擦阻力小不需要润滑。( )
15.滑动轴承的润滑方式可自由选择。( )

三、设计计算题

1.某深沟球轴承的预期寿命为8 000 h,在下列三种情况下其寿命各为多少?
(1)当它承受的当量载荷增大一倍时;
(2)当它的转速增大一倍时;
(3)当它的基本额定动载荷增大一倍时。

2.某齿轮轴上装有滚动轴承6212,其承受的径向载荷为 $F_r=6\ 000$ N,载荷平稳,轴的转速 $n=400$ r/min,工作温度为125 ℃,已工作了5 000 h,求该轴承还能用多长时间(轴承的基本额定动载荷 $C=36.8$ kN,温度系数 $f_T=0.95$,载荷系数 $f_P=1.1$)。

3.如图4-2-20所示,一对外圈窄边相对安装的70000AC轴承,已知轴承1径向载荷 $F_{r1}=2\ 100$ N,轴承2径向载荷 $F_{r2}=1\ 000$ N,轴所受的轴向外载 $F_A=900$ N,轴承的内部轴向力 $F_S=0.68F_r$。试画出两轴承内部轴向力 F_S 的方向,并计算两轴承的轴向载荷 F_{a1}、F_{a2}。

4. 某轴系部件用一对角接触球轴承支承,如图 4-2-21 所示。已知斜齿轮上的轴向力 $F_A = 1\ 200\ \text{N}$,轴承内部轴向力 $F_{S1} = 2\ 800\ \text{N}$,$F_{S2} = 2\ 400\ \text{N}$。

(1) 试画出 F_{S1}、F_{S2} 的方向,并确定轴承 1 的轴向载荷 F_{a1};

(2) 若轴向力 F_A 方向向左,确定轴承 1 的轴向载荷 F_{a1}。

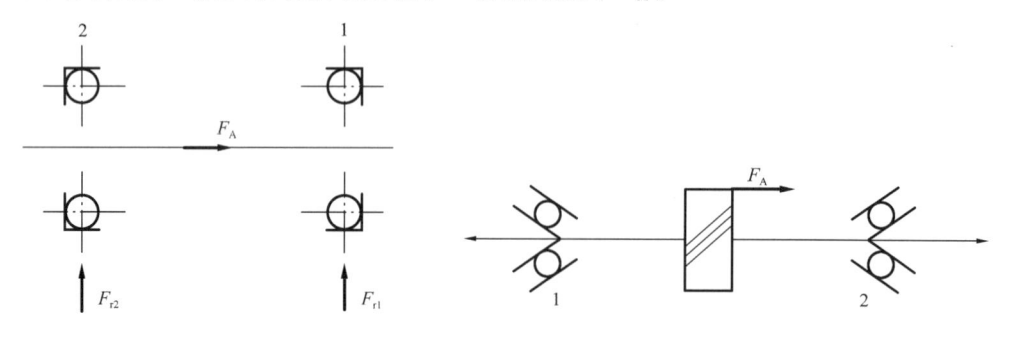

图 4-2-20　设计计算题 3 图

图 4-2-21　设计计算题 4 图

5. 如图 4-2-22 所示,轴用一对 7208AC 轴承支承,外圈宽边相对安装。已知两轴承的径向载荷 $F_{r1} = 6\ 000\ \text{N}$,$F_{r2} = 4\ 000\ \text{N}$,轴向外载荷 $F_A = 1\ 800\ \text{N}$,方向如图所示。判别系数 $e = 0.68$,当 $F_a/F_r \leqslant e$ 时,$X = 1$,$Y = 0$;当 $F_a/F_r > e$ 时,$X = 0.41$,$Y = 0.87$。内部轴向力 $F_S = 0.68 F_r$。试画出两轴承内部轴向力 F_S 的方向,并计算轴承的当量动载荷。

6. 已知减速器一根轴用两个 30212 滚动轴承支承,如图 4-2-23 所示,轴承的径向载荷 $F_{r1} = 2\ 000\ \text{N}$,$F_{r2} = 8\ 000\ \text{N}$,齿轮上的轴向力 $F_{A1} = 2\ 000\ \text{N}$,$F_{A2} = 1\ 000$。试分别计算出两轴承所受的轴向载荷 F_{a1}、F_{a2}(派生轴向力 $F_S = 0.3 F_r$)。

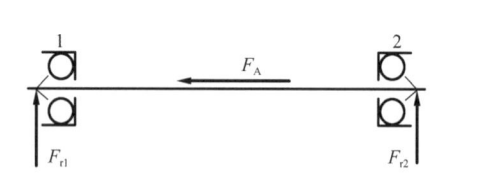

图 4-2-22　设计计算题 5 图

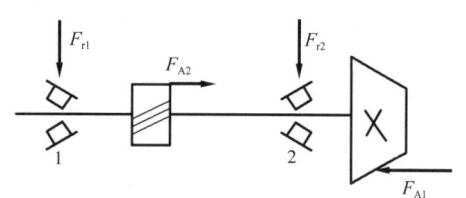

图 4-2-23　设计计算题 6 图

7. 某圆锥齿轮减速器主动轴选用一对外圈窄边相对安装的 30206 轴承支承,如图 4-2-24 所示。已知轴上的轴向外载荷 $F_A = 292\ \text{N}$,转速 $n = 640\ \text{r/min}$,每个轴承受径向载荷 $F_{r1} = 1\ 168\ \text{N}$,$F_{r2} = 3\ 552\ \text{N}$,内部轴向力 $F_{S1} = 365\ \text{N}$,$F_{S2} = 1\ 110\ \text{N}$,基本额定动载荷 $C = 43\ 200\ \text{N}$,载荷系数 $f_P = 1.5$,判别系数 $e = 0.37$。当 $F_a/F_r \leqslant e$ 时,$X = 1$,$Y = 0$;当 $F_a/F_r > e$ 时,$X = 0.4$,$Y = 1.6$。试计算轴承寿命。

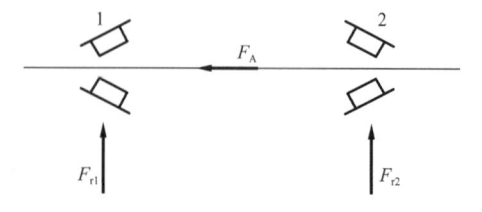

图 4-2-24　设计计算题 7 图

项目五　带式输送机连接件的设计 》》》

素养提升

（1）了解"永不松动的螺母"案例，认识到任何成绩的取得都不是一蹴而就的，激发社会责任感，树立精益求精的探索精神。

（2）严谨的工作态度不是一朝一夕养成的，认真细致的工作作风和事业心是每个工程人员的基本素质，也是大国工匠精神的基本要求。

任务一　螺纹连接的选择和校核

知识目标

（1）掌握螺纹的形成、种类、特性、应用及主要参数等基本知识。

（2）掌握螺纹连接的四种基本形式、特点及应用，了解常用螺纹紧固件的结构，掌握螺纹连接的预紧、防松原理和方法。

（3）掌握螺栓连接强度计算。

（4）掌握螺栓组连接的结构设计方法。

能力目标

（1）正确分析螺纹联接的预紧、防松原理和选择防松方法。

（2）完成螺栓联接强度计算。

任务分析

带式输送机选用的一级齿轮减速器如图 5-1-1 所示。轴承盖与箱体之间的螺钉连接、箱座与基座的地脚螺栓连接、箱座与箱盖之间的螺栓连接、联轴器之间的螺栓连接等都是采用螺纹连接，根据所受载荷大小进行强度计算，选择螺栓的公称直径和长度。

螺纹连接是可拆连接，其结构简单，装拆方便，连接可靠，且多数螺纹零件已标准化，互换性好，广泛用于各类机械设备中。

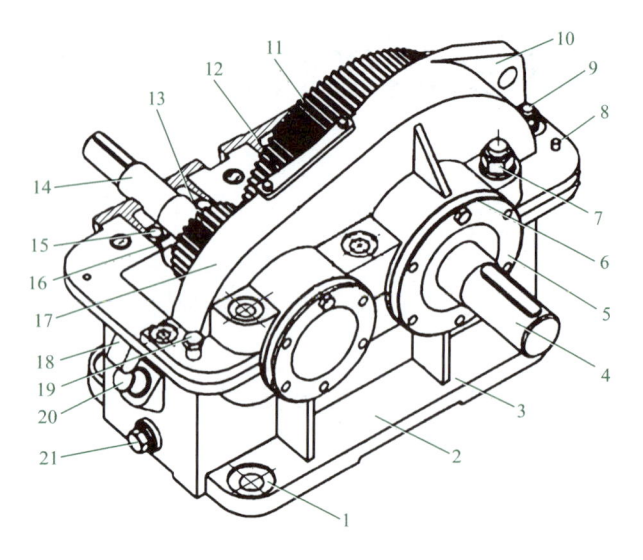

图 5-1-1　一级齿轮减速器

1—地脚螺栓孔(Md_1)；2—箱座；3—肋板；4—低速轴(Ⅱ轴)；5—轴承盖；6—调整垫片；7—轴承旁连接螺栓(Md_1)；8—定位销；9—箱盖连接螺栓(Md_2)；10—吊耳；11—大齿轮；12—检查孔盖、通气器；13—小齿轮；14—高速轴(Ⅰ轴)；15—轴承；16—挡油环；17—箱盖；18—吊钩；19—起盖螺钉；20—油标尺；21—油塞

夯实理论

一、螺纹连接的基本知识

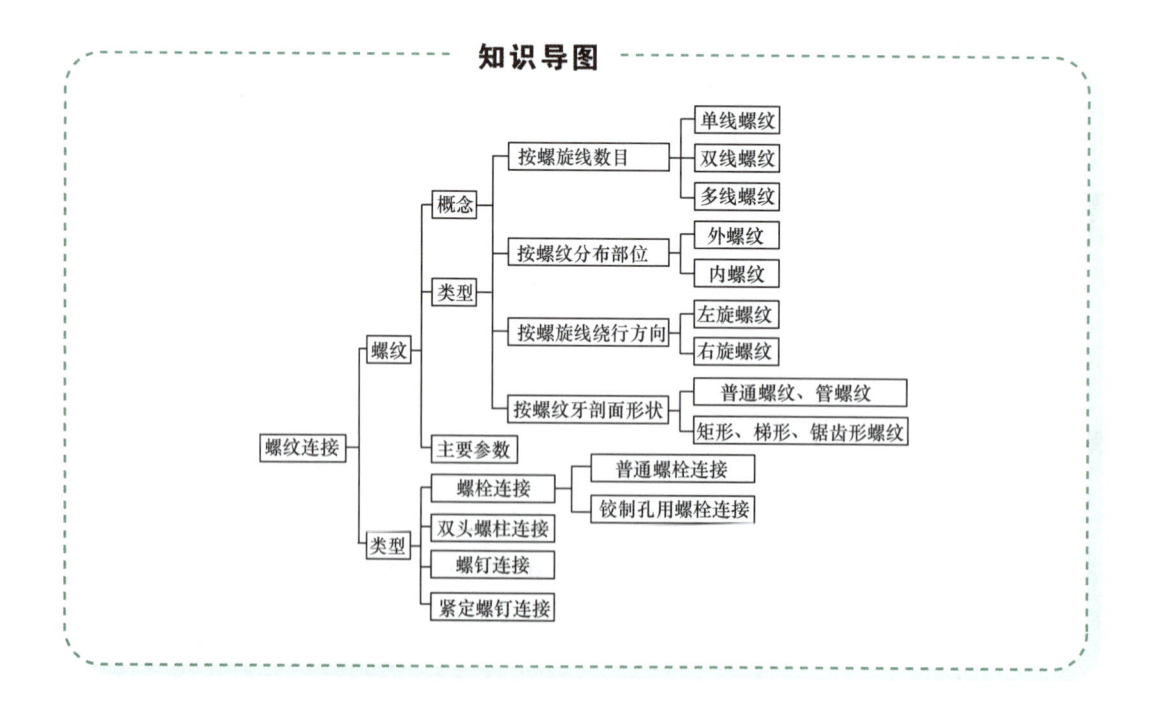

知识导图

- 螺纹连接
  - 螺纹
    - 概念
    - 类型
      - 按螺旋线数目：单线螺纹／双线螺纹／多线螺纹
      - 按螺纹分布部位：外螺纹／内螺纹
      - 按螺旋线绕行方向：左旋螺纹／右旋螺纹
      - 按螺纹牙剖面形状：普通螺纹、管螺纹；矩形、梯形、锯齿形螺纹
    - 主要参数
  - 类型
    - 螺栓连接：普通螺栓连接／铰制孔用螺栓连接
    - 双头螺柱连接
    - 螺钉连接
    - 紧定螺钉连接

(一) 螺纹的类型

螺纹是指在圆柱或圆锥表面上,沿着螺旋线所形成的具有相同剖面的连续凸起,一般将其称为牙,如图 5-1-2 所示。螺纹的分类方法见表 5-1-1。

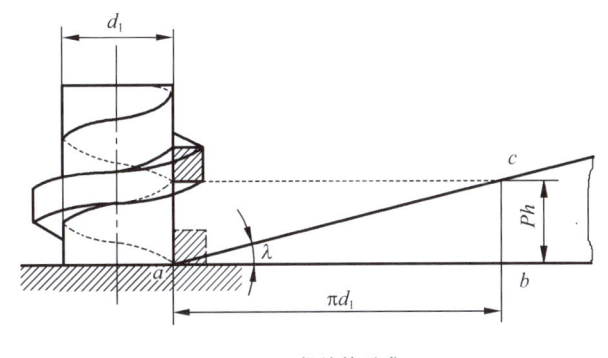

图 5-1-2　螺纹的形成

螺纹连接的应用

表 5-1-1　　　　　　　　　　　　　螺纹的分类方法

分类方法	结构简图
按螺旋线数目分类	单线螺纹　　双线螺纹　　多线螺纹
按螺纹分布部位分类	外螺纹　　内螺纹
按螺旋线绕行方向分类	左旋螺纹　　右旋螺纹

续表

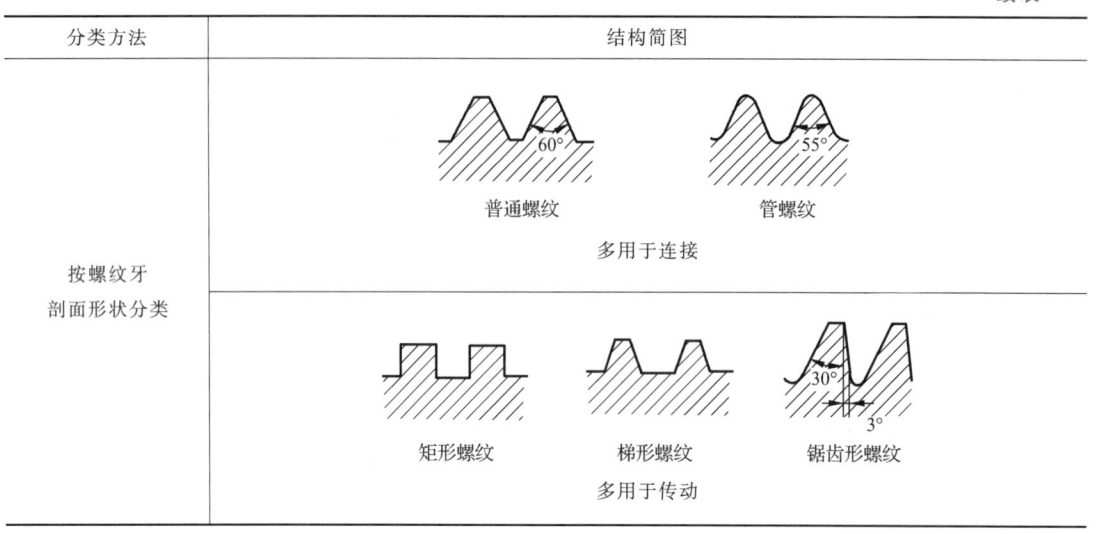

分类方法	结构简图
按螺纹牙剖面形状分类	普通螺纹(60°)　管螺纹(55°) 多用于连接 矩形螺纹　梯形螺纹　锯齿形螺纹(30°, 3°) 多用于传动

(二) 螺纹的主要参数

圆柱普通螺纹的主要几何参数如图 5-1-3 所示。

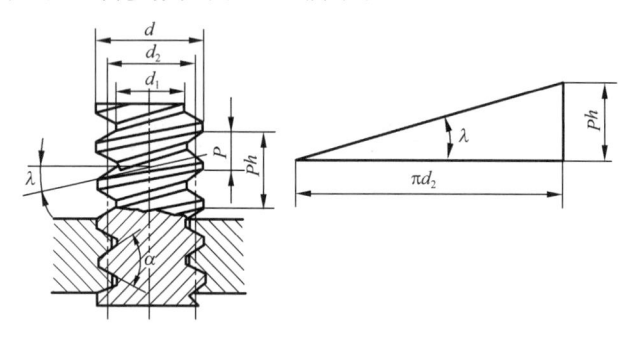

图 5-1-3　圆柱普通螺纹的主要几何参数

(1) 大径 d：与外螺纹牙顶或内螺纹牙底相重合的假想圆柱体的直径，是螺纹的最大直径。在有关螺纹的标准中称为公称直径。

(2) 小径 d_1：与外螺纹牙底或内螺纹牙顶相重合的假想圆柱体的直径，是螺纹的最小直径，常作为强度计算直径。

(3) 中径 d_2：在螺纹的轴向剖面内，牙厚和牙槽宽相等处的假想圆柱体的直径。

(4) 螺距 P：螺纹相邻两牙在中径线上对应两点间的轴向距离。

(5) 导程 Ph：同一条螺旋线上相邻两牙在中径线上对应两点间的轴向距离。设螺纹线数为 n，则对于单线螺纹有 $Ph=P$；对于多线螺纹则有 $Ph=nP$。

(6) 升角 λ：在中径 d_2 的圆柱面上，螺旋线的切线与垂直于螺纹轴线的平面间的夹角。

$$\lambda = \arctan \frac{Ph}{\pi d_2} = \arctan \frac{nP}{\pi d_2}$$

(7) 牙型角 α：在螺纹的轴向剖面内，螺纹牙型相邻两侧边的夹角。

(三) 螺纹连接的类型及应用

螺纹连接的类型、结构尺寸及应用场合见表 5-1-2。

表 5-1-2　　　　　　　　　　　　螺纹连接的类型、结构尺寸及应用场合

类型	结构简图	主要尺寸关系	应用场合
螺栓连接	普通螺栓连接	螺纹余留长度 l_1： 静载荷 $l_1 \geqslant (0.3 \sim 0.5)d$ 变载荷 $l_1 \geqslant 0.75d$ 冲击、弯曲载荷 $l_1 \geqslant d$ 螺栓轴线到被连接件边缘的距离 $e = d + (3 \sim 6)$ mm 通孔直径 $d_0 \approx 1.1d$	被连接件都不切制螺纹,使用不受被连接件材料的限制,构造简单,拆装方便,成本低,应用最广 用于通孔,能从被连接件两边进行装配的场合
螺栓连接	铰制孔用螺栓连接	铰制孔用螺栓连接 $l_1 \approx d$ 螺纹伸出长度 $l_2 \approx (0.2 \sim 0.3)d$	铰制孔用螺栓连接,螺栓杆与孔之间紧密配合,有良好的承受横向载荷的能力和定位作用
双头螺柱连接		螺纹旋入深度 b_m： 当螺纹孔零件为 钢或青铜, $b_m \approx d$ 铸铁, $b_m \approx (1.25 \sim 1.5)d$ 合金, $b_m \approx (1.5 \sim 2.5)d$ 螺纹孔深度 $l_3 \approx b_m + (2.5 \sim 3.5)d$ 钻孔深度 $l_4 \approx l_3 + (0.5 \sim 1)d$ l_1、l_2、e 同上	双头螺柱的两端都有螺纹,其一端紧固地旋入被连接件之一的螺纹孔内,另一端与螺母旋合而将两被连接件连接 用于不能用螺栓连接且又需经常拆卸的场合
螺钉连接		b_m、l_1、l_3、l_4、e 同上	不用螺母,而且能有光整的外露表面,应用与双头螺柱连接相似,但不宜用于经常拆卸的连接,以免损坏被连接件的螺纹
紧定螺钉连接		$d \approx (0.2 \sim 0.3)d_g$ 转矩大时取大值	旋入被连接件之一的螺纹孔中,其末端顶住另一被连接件的表面或顶入相应的坑中,以固定两个零件的相互位置,并可传递不大的转矩

二、螺纹连接的预紧和防松

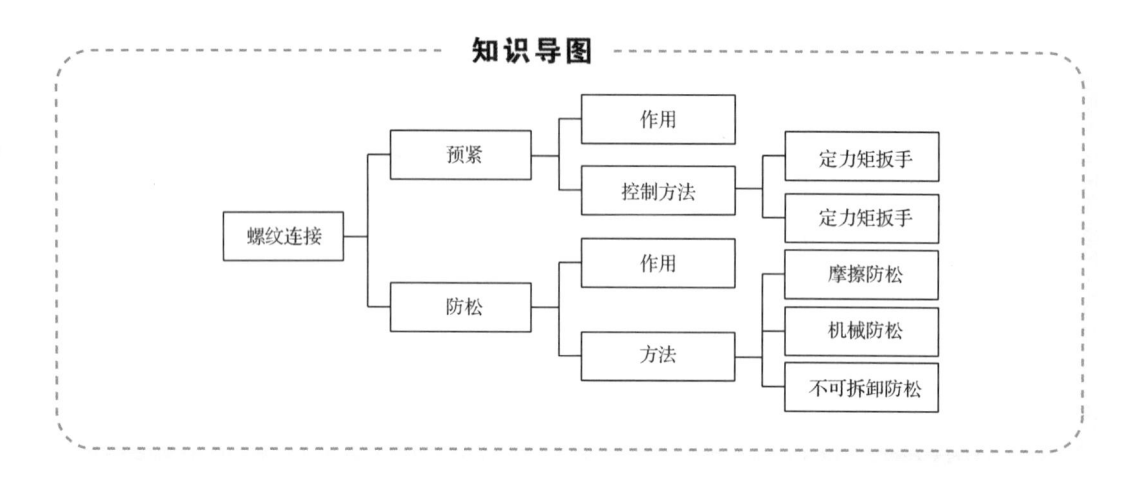

知识导图

```
螺纹连接 ─┬─ 预紧 ─┬─ 作用
         │       └─ 控制方法 ─┬─ 定力矩扳手
         │                   └─ 定力矩扳手
         └─ 防松 ─┬─ 作用
                 └─ 方法 ─┬─ 摩擦防松
                         ├─ 机械防松
                         └─ 不可拆卸防松
```

(一) 螺纹连接的预紧

实际使用中,绝大多数螺栓连接时需要拧紧,以增强连接刚度、紧密性和防松能力。此时螺栓所受的轴向力称为预紧力,用 F' 表示。如果预紧力过小,会造成连接不可靠;如果预紧力过大,会导致连接过载或被拉断。预紧力大小的控制,一般螺栓连接可凭经验控制,重要螺栓连接通常要采用测力矩扳手或定力矩扳手来控制,如图 5-1-4 所示。

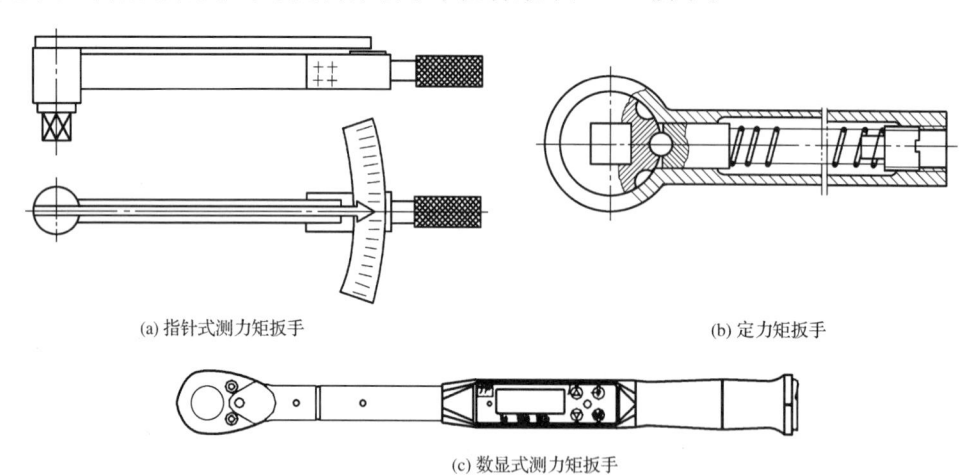

(a) 指针式测力矩扳手　　(b) 定力矩扳手

(c) 数显式测力矩扳手

图 5-1-4　力矩扳手

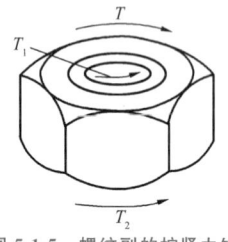

拧紧螺母时,需要克服螺纹副的螺纹阻力矩 T_1 和螺母支承面的摩擦力矩 T_2,如图 5-1-5 所示。对于常用的钢制 M10～M68 的粗牙普通螺纹,拧紧力矩 T 的经验公式为

$$T = T_1 + T_2 \approx 0.2 F' d$$

式中　T——拧紧力矩,N·mm;
　　　F'——预紧力,N;
　　　d——螺纹的公称直径,mm。

图 5-1-5　螺纹副的拧紧力矩

直径小的螺栓在拧紧时容易过载或被拉断,因此对于重要的螺栓连接不宜选用小于 M12 的螺栓。

(二)螺纹连接的防松

螺纹连接温度变化较大、承受振动或冲击载荷等都会使连接螺母逐渐松脱。设计螺纹防松装置是为防止螺纹副产生相对运动。按工作原理分,有三种防松方法,见表5-1-3。

表 5-1-3　　　　　　　　　　　　防松方法

防松方法		结构简图	特点及应用
摩擦防松	对顶螺母	(副螺母、主螺母)	两螺母对顶拧紧后,使旋合螺纹间始终受到附加的压力和摩擦力的作用。结构简单,适用于平稳、低速重载的固定装置上的连接
	弹簧垫圈		拧紧螺母,弹簧垫圈反弹力使螺纹副在轴向上张紧,垫圈斜口方向也对螺母起防松作用。结构简单,使用方便,但垫圈弹力不均,因而防松不十分可靠,一般多用于不太重要的连接
	尼龙圈锁紧螺母		在螺母中嵌有尼龙圈,拧紧后尼龙圈内孔被胀大锁紧螺母。安全可靠,应用较广泛
机械防松	开槽螺母与开口销		将螺母拧紧后,把开口销插入螺母槽与螺栓尾部孔内,并将开口销尾部扳开,阻止螺母与螺栓的相对转动。安全可靠,一般用于受冲击或载荷变化较大的连接
	圆螺母用止动垫圈		将内舌插入轴上的槽中,待螺母拧紧后,外舌之一弯起到圆螺母的缺口中,使螺栓、螺母相互约束起到防松作用,用于轴上螺纹的防松。结构简单,使用方便,安全可靠,应用较广
	单耳止动垫片		旋紧螺母后,将止动垫片折边,以固定螺母和被连接件的相对位置。用于要求有固定垫片的结构

续表

防松方法		结构简图	特点及应用
不可拆卸防松	焊接		破坏螺纹副的运动关系,使其转化为非运动副。一般用于无须拆卸的连接
	冲点		破坏螺纹副,使螺纹连接不可拆卸。一般用于无须拆卸的连接
	黏合	涂胶黏剂	方法简单,经济有效,其防松效果与胶黏剂直接相关。一般用于无须拆卸的连接

三、杆件的强度计算

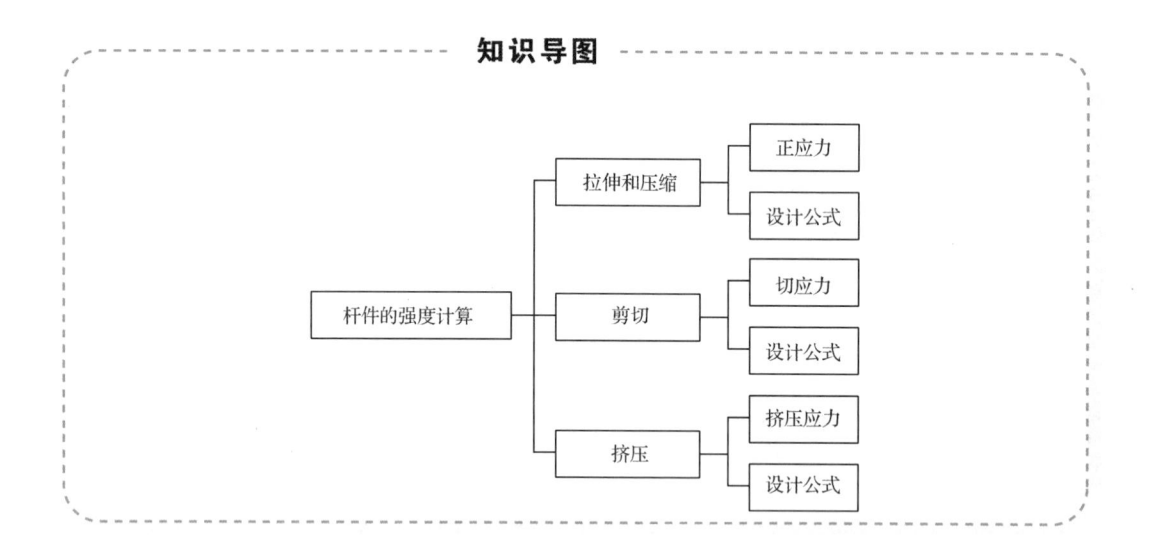

知识导图

```
                    ┌── 拉伸和压缩 ──┬── 正应力
                    │                └── 设计公式
                    │
    杆件的强度计算 ──┼── 剪切 ────────┬── 切应力
                    │                └── 设计公式
                    │
                    └── 挤压 ────────┬── 挤压应力
                                     └── 设计公式
```

(一)杆件的拉伸和压缩

1. 拉伸和压缩时横截面上的应力

如图 5-1-6 所示,取一等直杆,试验前在杆的表面画两条垂直于轴线的横向线 ab、cd,横向线之间上下各画一条平行于轴线的纵向线 ef、gh。然后在杆的两端施加拉力 F,根据表面的变形现象得出的结论如下:

(1)两条横向线远离,但仍垂直于轴线的直线,说明变形前为平面的横截面,变形后仍为垂直于杆轴线的平面。

(2)纵向线伸长长度相同,说明两端受轴向拉力相等。

（3）横截面间没有错动，说明横截面只受正应力，未受剪应力，横截面上每点所受正应力相同，沿横截面均匀分布。

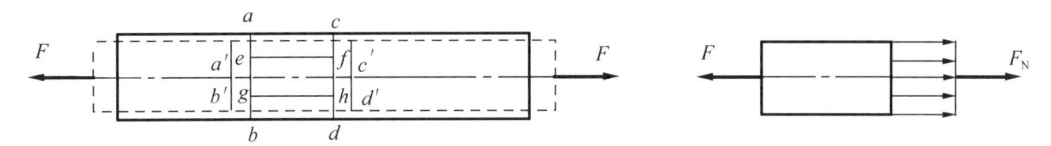

图 5-1-6 拉伸试验

因此，拉压构件横截面上的内力用平均应力计算，其计算公式为

$$\sigma = \frac{F_N}{A}$$

式中　σ——横截面上的正应力，MPa；
　　　F_N——横截面上的内力（轴力），N；
　　　A——横截面的面积，mm²。

正应力的符号规定与轴力相同。拉伸时正应力为正，压缩时正应力为负。

2. 拉伸和压缩的强度计算

为了保证构件能够正常工作，具有足够的强度，就必须要求构件的实际工作应力的最大值不能超过材料的许用应力。

拉伸和压缩构件的强度条件为

$$\sigma_{max} = \frac{F_N}{A} \leqslant [\sigma]$$

式中　σ_{max}——危险截面上的最大工作应力，MPa；
　　　F_N——危险截面上的内力（轴力），N；
　　　A——危险截面的面积，mm²；
　　　$[\sigma]$——构件正常工作材料允许的最大应力，MPa。

塑性材料 $$[\sigma] = \frac{\sigma_S}{S}$$

脆性材料 $$[\sigma] = \frac{\sigma_b}{S}$$

式中　σ_S——材料的屈服极限，MPa；
　　　σ_b——材料的强度极限，MPa；
　　　S——安全因数。

（二）杆件的剪切和挤压

1. 剪切和挤压横截面上的应力

如图 5-1-7 所示，连接两钢板的铰制孔用螺栓，在外力 F 的作用下，将沿着 $m-n$ 截面发生相对错动的现象称为剪切。

在承受剪切作用的同时，在传力的接触面上，由于局部承受较大压力而出现塑性变形，钢板的圆孔可能挤压成长圆孔，或者螺栓的侧表面被压溃，如图 5-1-8 所示。在接触表面互相压紧而产生局部变形的现象称为挤压。

图 5-1-7　剪切　　　　　　　　　　　　　图 5-1-8　挤压

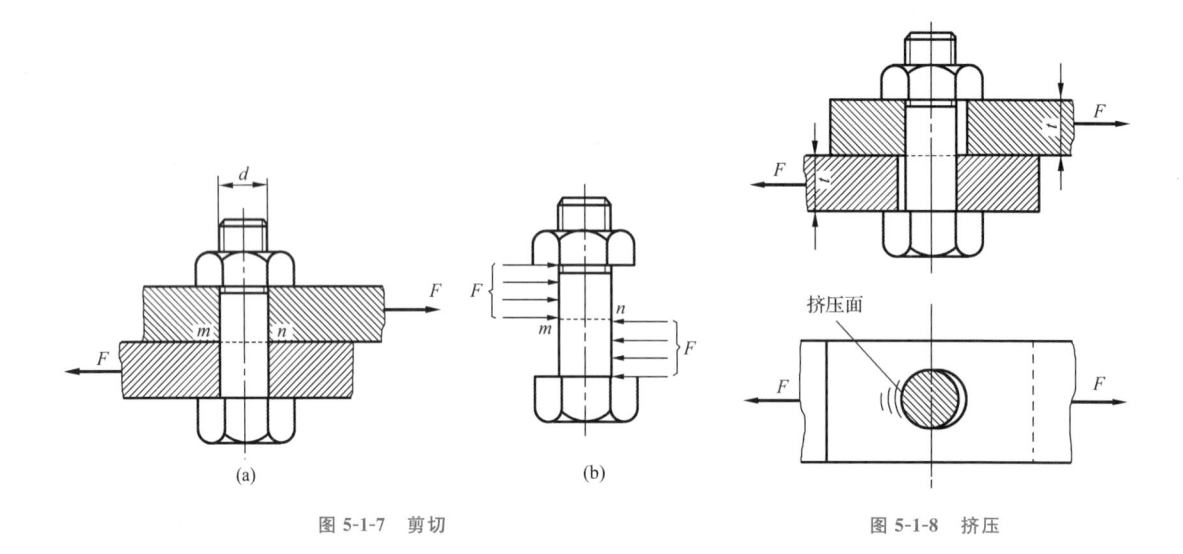

运用截面法对连接螺栓进行剪切强度计算,如图 5-1-9 所示,假想地将螺栓沿剪切面 $m-n$ 分成上、下两部分,任取其中一部分为研究对象。根据平衡条件 $\sum F_{ix}=0$ 可知,剪切面上内力的合力 F_Q 必然与外力平衡,力 F_Q 切于剪切面 $m-n$,称为剪力。

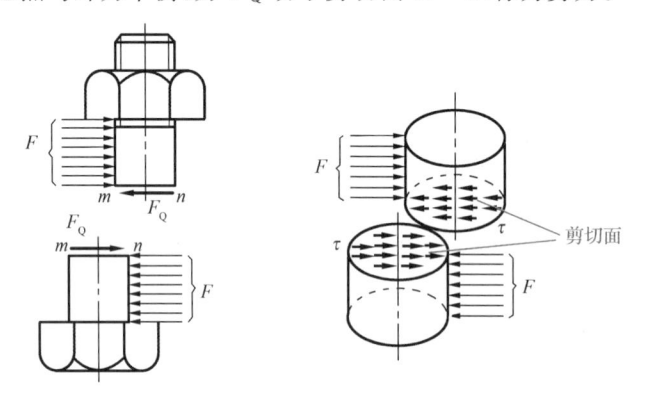

图 5-1-9　剪切强度计算

剪切面上有切应力 τ,在工程中通常采用以试验、经验为基础的实用计算法来计算。实用计算法是以构件剪切面上的平均应力来建立强度条件。构件剪切面上的平均应力 τ 的计算公式为

$$\tau=\frac{F_Q}{A}$$

式中　τ——剪切面上的切应力,MPa;
　　　F_Q——剪切面上的剪力,N;
　　　A——剪切面积,mm^2。

作用于接触面上的压力称为挤压力,用 F_P 表示。挤压面上的压强称为挤压应力,用 σ_P 表示。挤压应力也采用实用计算法来建立挤压强度条件,即

$$\sigma_P=\frac{F_P}{A_P}$$

式中　σ_P——挤压面上的挤压应力，MPa；
　　　F_P——挤压面上的挤压力，N；
　　　A_P——挤压面积，mm²。

挤压面积 A_P 计算方法：如图 5-1-10(a)所示为连接齿轴的键，其接触面为平面，则接触面的面积就是其挤压面积，$A_P=hl/2$；螺栓、销钉等一类圆柱形连接件，其接触面近似为半圆柱面，挤压面积计算公式为 $A_P=dt$（d 为螺栓直径，t 为钢板厚度），如图 5-1-10(b)所示。

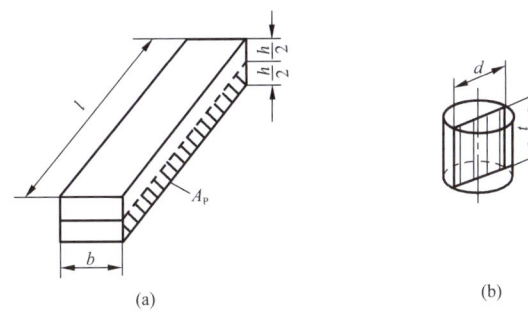

图 5-1-10　挤压面积计算

2. 剪切和挤压的强度计算

剪切强度条件为

$$\tau=\frac{F_Q}{A}\leqslant[\tau]$$

式中　τ、F_Q、A——含义同前；
　　　$[\tau]$——材料的许用切应力，MPa。

塑性材料　　　　　　　　　$[\tau]=(0.6\sim 0.8)[\sigma]$
脆性材料　　　　　　　　　$[\tau]=(0.6\sim 1.0)[\sigma]$

挤压强度条件为

$$\sigma_P=\frac{F_P}{A_P}\leqslant[\sigma_P]$$

式中　σ_P、F_P、A_P——含义同前；
　　　$[\sigma_P]$——材料的许用挤压应力，MPa。

塑性材料　　　　　　　　　$[\sigma_P]=(1.5\sim 2.5)[\sigma]$
脆性材料　　　　　　　　　$[\sigma_P]=(0.9\sim 1.5)[\sigma]$

四、螺栓连接的强度计算

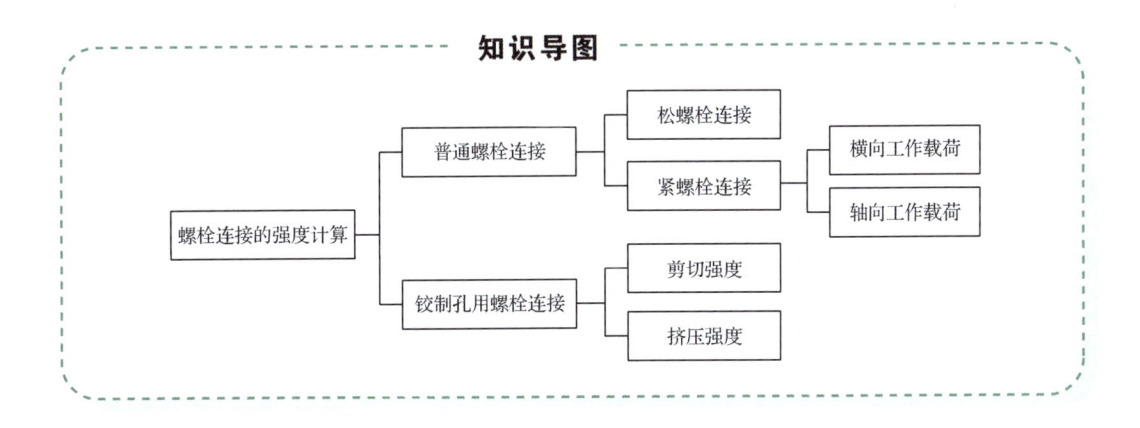

知识导图

螺栓连接的强度计算
- 普通螺栓连接
  - 松螺栓连接
  - 紧螺栓连接
    - 横向工作载荷
    - 轴向工作载荷
- 铰制孔用螺栓连接
  - 剪切强度
  - 挤压强度

螺栓连接的强度计算，主要是确定螺纹的小径 d_1，再按标准选定螺纹的公称直径 d，其他尺寸及螺纹连接件是按照等强度理论设计确定的，不需要进行强度计算。

（一）普通螺栓连接的强度计算

在轴向静载荷的作用下，普通螺栓连接的失效形式一般为螺栓杆螺纹部分的塑性变形或断裂，因此对普通螺栓连接要进行拉伸强度计算。

1. 松螺栓连接的强度计算

起重机吊钩头部螺栓连接为松螺栓连接，如图 5-1-11 所示，松螺栓连接在工作时不受预紧力，只承受轴向工作载荷 F，其强度条件为

$$\sigma = \frac{F}{\pi d_1^2/4} \leqslant [\sigma]$$

螺栓的设计公式为

$$d_1 \geqslant \sqrt{\frac{4F}{\pi[\sigma]}}$$

式中　F——轴向工作载荷，N；

　　　d_1——螺栓小径，mm；

　　　$[\sigma]$——螺栓材料的许用拉应力，MPa，有

$$\sigma = \frac{\sigma_S}{S}$$

其中　σ_S——螺栓材料的屈服极限，MPa；

　　　S——安全因数。

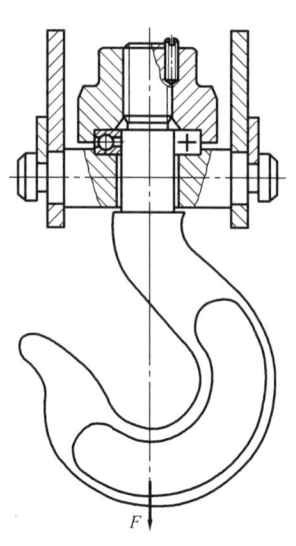

图 5-1-11　起重机吊钩头部

2. 紧螺栓连接的强度计算

紧螺栓连接受预紧力 F' 作用，按所受工作载荷的方向分为以下两种情况。

（1）受横向工作载荷的紧螺栓连接

如图 5-1-12 所示，在横向工作载荷 F_S 的作用下，被连接件接合面间有相对滑移趋势，为防止滑移，由预紧力 F' 所产生的摩擦力应大于或等于横向载荷 F_S，即 $F'fm \geqslant F_S$。引入可靠性系数 C，整理得

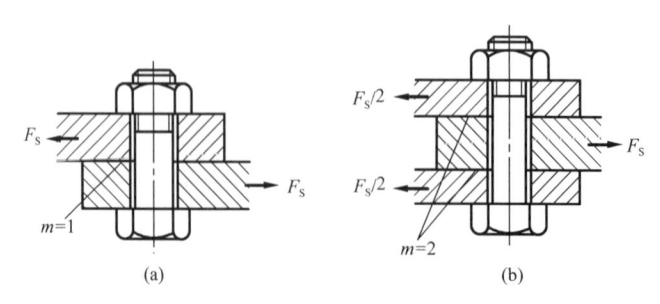

图 5-1-12　受横向工作载荷的普通螺栓连接

$$F' = \frac{CF_s}{fm}$$

式中　F'——螺栓所受轴向预紧力，N；

　　　C——可靠性系数，取 $C=1.1\sim1.3$；

　　　F_s——螺栓连接所受横向工作载荷，N；

　　　f——接合面间的摩擦因数，对于干燥的钢铁件表面，取 $f=0.1\sim0.16$；

　　　m——接合面的数目。

螺栓除受预紧力 F' 引起的拉应力 σ 外，还受螺旋副中摩擦力矩 T 引起的切应力 τ 作用。对于 M10～M68 的普通钢制螺栓，$\tau \approx 0.5\sigma$，由第四强度理论可知，当量应力 $\sigma_e \approx \sqrt{\sigma^2+3\tau^2} = \sqrt{\sigma^2+3(0.5\sigma)^2} = 1.3\sigma$。所以，螺栓的强度条件为

$$\sigma_e = \frac{1.3F'}{\pi d_1^2/4} \leqslant [\sigma]$$

螺栓的设计公式为

$$d_1 \geqslant \sqrt{\frac{5.2F'}{\pi[\sigma]}}$$

式中，各符号的含义同前。

(2) 受轴向工作载荷的紧螺栓连接

这种紧螺栓连接常见于对紧密性要求较高的压力容器中，如图 5-1-13 所示为气缸端盖螺栓连接，每个螺栓承受的平均轴向工作载荷为 F。如图 5-1-14(a) 所示为螺栓未被拧紧，螺栓与被连接件均不受力时的情况。如图 5-1-14(b) 所示为螺栓被拧紧后，螺栓受预紧力 F'，被连接件受预紧压力 F' 的作用而产生压缩变形 δ_1 的情况。如图 5-1-14(c) 所示为螺栓受到轴向外载荷(由气缸内压力而引起的) F 作用的情况，螺栓被拉伸，变形增量为 δ_2，δ_2 即等于被连接件压缩变形的减小量。此时被连接件受到的压缩力将减小为 F''，称为残余预紧力。为了保证被连接件间密封可靠，应使 $F''>0$，即 $\delta_1 > \delta_2$。此时螺栓所受的轴向总拉力 F_Q 应为其所受的工作载荷 F 与残余预紧力 F'' 之和，即

$$F_Q = F + F''$$

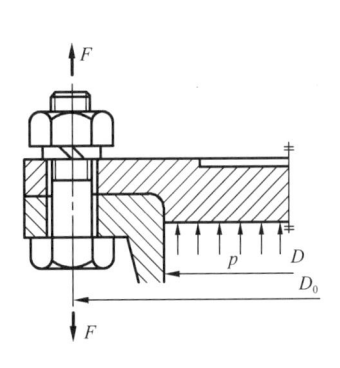

图 5-1-13　气缸端盖螺栓连接

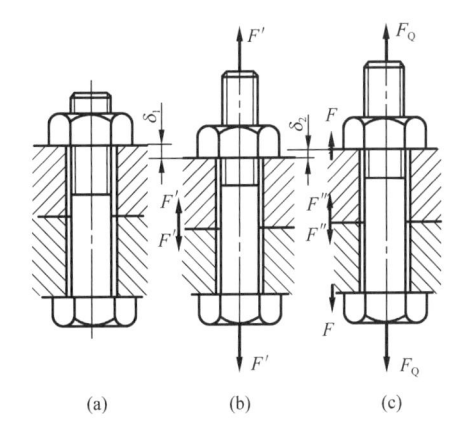

图 5-1-14　螺栓的受力与变形

残余预紧力 F'' 的推荐值见表 5-1-4。

表 5-1-4　　　　　　　　　　　残余预紧力 F'' 的推荐值

连接性质		残余预紧力 F'' 的推荐值
紧固连接	F 无变化	$(0.2\sim 0.6)F$
	F 有变化	$(0.6\sim 1.0)F$
紧密连接		$(1.5\sim 1.8)F$
地脚螺栓连接		$\geqslant F$

螺栓的强度条件为

$$\sigma_e = \frac{1.3F_Q}{\pi d_1^2/4} \leqslant [\sigma]$$

螺栓的设计公式为

$$d_1 \geqslant \sqrt{\frac{5.2F_Q}{\pi [\sigma]}}$$

压力容器中的螺栓连接,除满足强度要求外,还要有适当的螺栓间距 t_0,见表 5-1-5。

表 5-1-5　　　　　　　　　　有紧密性要求的螺栓间距 t_0

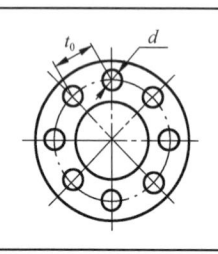 工作压力/MPa					
$\leqslant 1.6$	$1.6\sim 4$	$4\sim 10$	$10\sim 16$	$16\sim 20$	$20\sim 30$
t_0/mm					
$7d$	$4.5d$	$4.5d$	$4d$	$3.5d$	$3d$

注:d 为螺栓公称直径。

(二)铰制孔用螺栓连接的强度计算

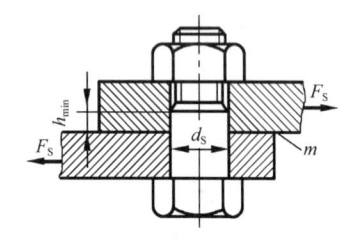

铰制孔用螺栓连接主要承受横向载荷,如图 5-1-15 所示。铰制孔用螺栓连接的失效形式一般为螺栓杆被剪断,螺栓杆或孔壁被压溃。因此,铰制孔用螺栓连接须进行剪切强度和挤压强度计算。

螺栓杆的剪切强度条件为

$$\tau = \frac{4F_S}{\pi d_S^2} \leqslant [\tau]$$

图 5-1-15　铰制孔用螺栓连接

螺栓杆与孔壁的挤压强度条件为

$$\sigma_P = \frac{F_S}{d_S h_{\min}} \leqslant [\sigma_P]$$

式中　F_S——单个铰制孔用螺栓所受的横向载荷,单位为 N;
　　　d_S——铰制孔用螺栓剪切面直径,mm;
　　　$h_{\min}$——螺栓杆与孔壁挤压面的最小高度,mm;
　　　$[\tau]$——螺栓许用切应力,MPa,见表 5-1-6;
　　　$[\sigma_P]$——螺栓或被连接件的许用挤压应力,MPa,见表 5-1-6。

表 5-1-6　　　　　　　　　　　　　铰制孔用螺栓连接的许用应力

载荷类型	被连接件材料	剪　切		挤　压	
		许用应力	S_S	许用应力	S_P
静载荷	钢	$[\tau]=\sigma_S/S_S$	2.5	$[\sigma_P]=\sigma_S/S_P$	1.25
	铸铁			$[\sigma_P]=\sigma_b/S_P$	2～2.5
动载荷	钢、铸铁	$[\tau]=\sigma_S/S_S$	3.5～5	$[\sigma_P]$按静载荷取值的 70%～80%计算	—

任务实施

一、设计要求与数据

如图 5-1-16 所示为一级齿轮减速器低速轴选用的钢制凸缘联轴器,用均布在直径为 $D_0=95$ mm 圆周上的 8 个螺栓将两半凸缘联轴器紧固在一起,凸缘厚度均为 $b=18$ mm。联轴器需要传递的转矩 $T=296\ 426$ N·mm,接合面间摩擦因数 $f=0.15$,可靠性系数 $C=1.2$。

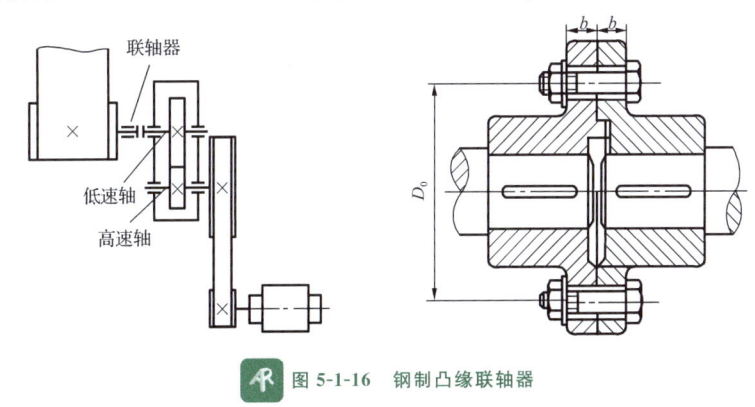

图 5-1-16　钢制凸缘联轴器

二、设计内容

选择螺栓的材料和强度级别,确定螺栓的直径。

三、设计步骤、结果及说明

1. 选择螺栓的材料和强度级别

该连接属受横向工作载荷的紧螺栓连接,根据表 5-1-7 选择螺栓材料 Q235,性能等级为 4.6 级,$\sigma_b=400$ MPa,$\sigma_S=240$ MPa。

当不控制预紧力时,对碳素钢取安全系数 $S=4$,见表 5-1-8,则许用应力为

$$[\sigma]=\frac{\sigma_S}{S}=\frac{240}{4}=60\text{ MPa}$$

表 5-1-7　　　　　　　　　　　螺纹连接件的性能等级及推荐材料

螺栓、双头螺柱、螺钉	性能等级	3.6	4.6	4.8	5.6	5.8	6.8	8.8	9.8	9.9	12.9
	推荐材料	Q215 10	Q235 15	Q235 15	25 35	Q235 35	45	45	35 45	40Cr 15MnVB	30CrMnSi 15MnVB
相配螺母	性能等级	4(d>M16) 5(d≤M16)		5	5	6	8 或 9 M16<d≤M39	9 (d≤M16)	10	12 (d≤M39)
	推荐材料	Q215 10	Q215 10	Q215 10	Q215 10	Q215 10	Q235 10	35	35	40Cr 15MnVB	30CrMnSi 15MnVB

注：1. 螺栓、双头螺柱、螺钉的性能等级代号中，点前数字为 $\sigma_{blim}/100$，点前、后数相乘的 10 倍为 σ_{Slim}。如"5.8"表示 $\sigma_{blim}=500$ MPa。螺母性能等级代号为 $\sigma_{blim}/100$。

2. 同一材料通过工艺措施可制成不同等级的连接件。

3. 大于 8.8 级的连接件材料要经淬火并回火。

表 5-1-8　　　　　　　　　　　受拉紧螺栓连接的安全因数 S

控制预紧力	1.2～1.7					
不控制预紧力	材　料	静　载　荷			动　载　荷	
		M6～M16	M16～M30	M30～M60	M6～M16	M16～M30
	碳钢	5～4	4～2.5	2.5～2	12.5～6.5	8.5
	合金钢	5.7～5	5～3.4	3.4～3	10～6.8	3.8

2. 求螺栓所受预紧力

每个螺栓所受横向载荷为

$$F_S = \frac{2T}{D_0 z} = \frac{2 \times 296\,426}{95 \times 8} = 780.07 \text{ N}$$

每个螺栓所受预紧力为

$$F' = \frac{CF_S}{fm} = \frac{1.2 \times 780.07}{0.15 \times 1} = 6\,240.56 \text{ N}$$

3. 计算螺栓直径

螺栓的设计公式为

$$d_1 \geqslant \sqrt{\frac{5.2F'}{\pi\sigma}} = \sqrt{\frac{5.2 \times 6\,240.56}{3.14 \times 60}} = 13.12 \text{ mm}$$

查普通螺纹基本尺寸，取 M16 螺栓，$d_1 = 13.835$ mm。

培养技能

螺栓组连接的结构设计和螺纹连接件的拆卸方法

一、螺栓组连接的结构设计

螺纹连接一般是由几个螺栓或螺钉、螺柱组成螺栓组使用的。在设计螺栓组结构时，应力求使各螺栓受力均匀且较小，避免螺栓受各种附加载荷，应有利于加工和装配等。为此，设计时应综合考虑以下几方面的问题。

(1) 接合面的几何形状通常都设计成轴对称的简单几何形状，如图 5-1-17 所示，如圆形、环形、矩形、三角形等。这样不但便于加工制造，而且便于对称布置螺栓，使螺栓组的对称中心和接合面的形心重合，从而保证接合面受力比较均匀。

（2）分布在同一圆周上的螺栓数目应取 4、6、8 等偶数，以便在圆周上钻孔时分度和画线。

（3）螺栓的布置应使各螺栓的受力合理。对于铰制孔用螺栓连接，沿受力方向布置的螺栓不宜超过 8 个，以免各螺栓受力严重不均。

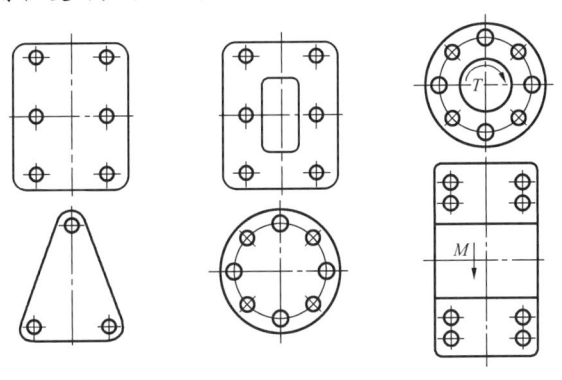

图 5-1-17　接合面的几何形状

（4）同一螺栓组紧固件的形状、尺寸、材料等均应相同，以便于加工和装配。

（5）螺栓排列应有合理的间距、边距，以便在装配时能安放和转动扳手，这一必要尺寸称为扳手空间，如图 5-1-18 所示。扳手空间的尺寸可查阅有关标准。

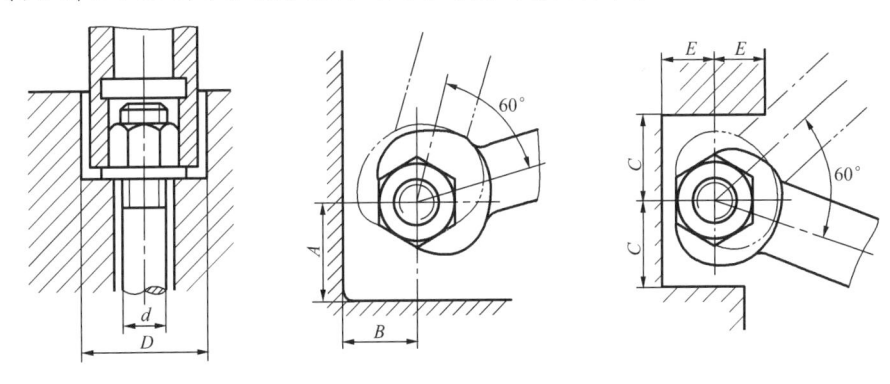

图 5-1-18　扳手空间

（6）当螺栓连接承受弯矩和转矩时，应尽可能地把螺栓布置在靠近结合面边缘，以减小螺栓中的载荷。如果普通螺栓连接受到较大的横向载荷，则可用销、套筒、键等零件来分担横向载荷，如图 5-1-19 所示，以减小螺栓的预紧力和结构尺寸。

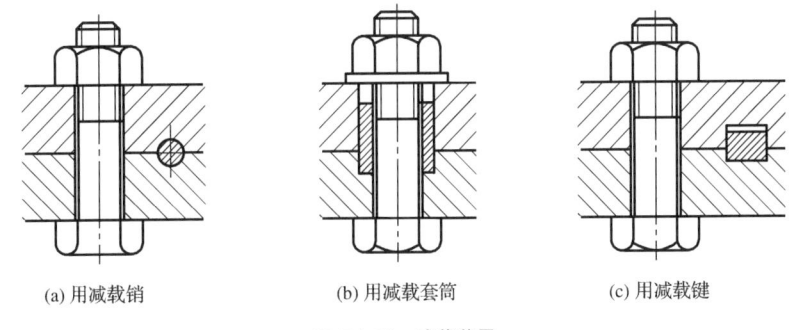

(a) 用减载销　　(b) 用减载套筒　　(c) 用减载键

图 5-1-19　减载装置

（7）双头螺柱的装配必须保证双头螺柱与机体螺纹的配合有足够的紧固性。双头螺柱紧固端的紧固方法如图 5-1-20 所示。双头螺柱的轴心线必须与机体表面垂直，装配时可用 90°

角尺进行检验。如发现较小的倾斜,可用丝锥校正螺孔后再装配。偏斜较大时,不得强行校正,以免影响连接的可靠性。

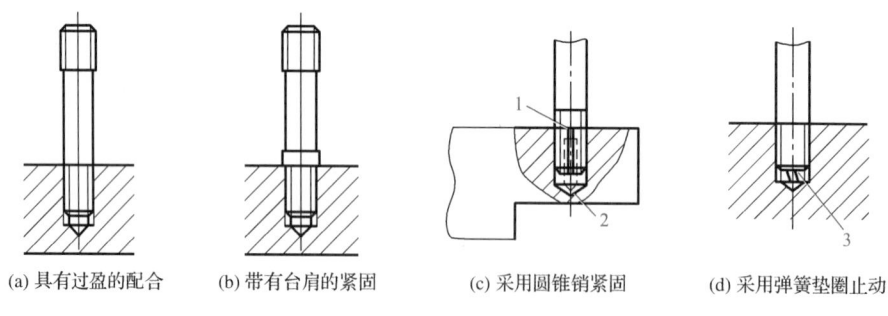

(a) 具有过盈的配合　　(b) 带有台肩的紧固　　(c) 采用圆锥销紧固　　(d) 采用弹簧垫圈止动

图 5-1-20　双头螺柱紧固端的紧固方法

1—锯管;2—圆锥销;3—弹簧垫圈

二、螺纹连接的技术要求

(1)螺钉、螺栓和螺母紧固时严禁打击或使用不合适的旋具与扳手。紧固后螺钉槽、螺母和螺钉、螺栓头部不得损伤。

(2)有规定拧紧力矩要求的紧固件应采用力矩扳手紧固。

(3)同一零件用多个螺钉或螺栓紧固时,各螺钉或螺栓需按一定顺序逐步拧紧,如有定位销,应从靠近定位销的螺钉或螺栓开始。

(4)用双螺母时,应先装薄螺母,后装厚螺母。两个螺母对顶拧紧,使螺栓在旋合段内受拉而螺母受压,构成螺纹连接副纵向压紧。正确的安装方法:先用规定的拧紧力矩的80%拧紧里面的螺母,再用100%规定的拧紧力矩拧紧外面的螺母。

(5)螺钉、螺栓和螺母拧紧后,一般螺栓应露出螺母1～2个螺距。

(6)螺钉、螺栓和螺母拧紧后,其支承面应与被紧固零件贴合。

(7)沉头螺钉拧紧后,钉头不得高出沉孔端面。

三、螺纹连接件的拆卸方法

1.一般拆卸方法

首先要认清螺纹旋向,然后选用合适的工具,尽量使用扳手或螺钉旋具、双头螺栓专用扳手等。拆卸时用力要均匀,只有受力大的特殊螺纹才允许用加长杆。

2.特殊情况的拆卸方法

(1)断头螺钉的拆卸:机械设备中的螺钉头有时会被折断,断头螺钉在机体表面以下时,可在断头端的中心钻孔,攻反向螺纹,拧入反向螺钉旋出,如图 5-1-21(a)所示;可在螺钉上钻孔,打入多角淬火钢钎,再把螺钉旋出,如图 5-1-21(b)所示。断头螺钉在机体表面以上时,可在头上锯出沟槽,用一字形螺钉旋具将螺钉旋出;可用工具在断头上加工出扁头或方头,用扳手将螺钉旋出;可在断头上加焊弯杆将螺钉旋出;也可在断头上加焊螺母将螺钉旋出,如图 5-1-21(c)所示;当螺钉较粗时,可用扁錾沿圆周剔出。

(2)打滑内六角螺钉的拆卸:当内六角磨圆后出现打滑现象时,可用一个孔径比螺钉头外径稍小一点的六方螺母,放在内六角螺钉头上,将螺母和螺钉焊接成一体,用扳手拧螺母即可将螺钉旋出,如图 5-1-22 所示。

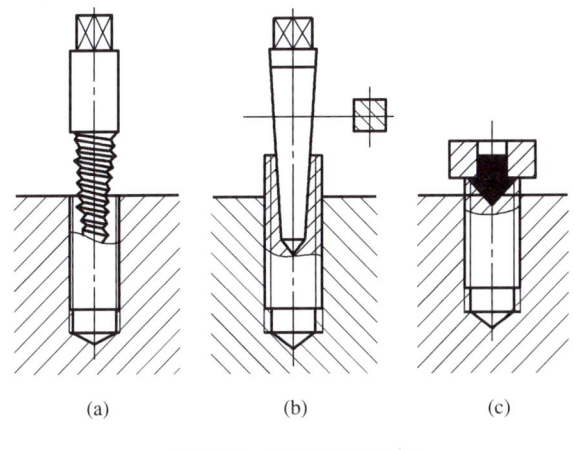

(a)   (b)   (c)

图 5-1-21　断头螺钉的拆卸

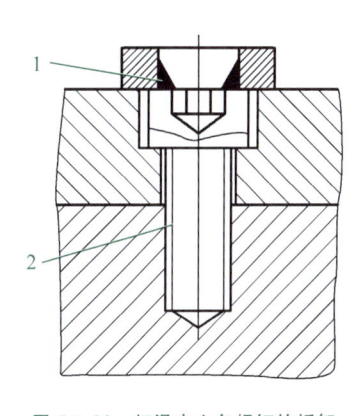

图 5-1-22　打滑内六角螺钉的拆卸
1—螺母；2—螺钉

（3）锈蚀螺纹的拆卸：螺纹锈蚀后，可将螺钉向拧紧方向拧动一下，再旋松，如此反复，逐步将螺钉旋出；可用锤子敲击螺钉头、螺母及四周，振松锈层后即可将螺钉旋出；可在螺纹边缘处浇注煤油或柴油，浸泡 20 min 左右，待锈层软化后逐步将螺钉旋出。若上述方法均不可行，而零件又允许，可快速加热包容件，使其膨胀，软化锈层也能将螺钉旋出；还可采用錾、锯、钻等方法破坏螺纹件。

（4）成组螺纹连接件的拆卸：成组螺纹的拆卸顺序一般为先四周后中间，对角线方向轮换。先将其拧松少许或半周，然后再按顺序拧下，以免应力集中到最后的螺钉或螺栓上，损坏零件或使结合件变形，造成难以拆卸的困难。注意先拆难以拆卸部位的螺纹件。悬臂部件及容易倒、扭、掉、落的连接部件的连接螺钉、螺栓组，应采取垫稳或起重措施，按先易后难的顺序，留下最上部一个或两个螺纹件最后吊离时拆下，以免造成事故或损伤零部件。在外部不易观察到的螺纹件、被泥子和油漆覆盖的螺纹件容易被疏忽，应仔细检查，否则容易损坏零件。

能力检测

一、选择题

1. 螺纹连接防松的根本问题在于_____。
 A. 增大螺纹连接的轴向力　　　　B. 增大螺纹连接的横向力
 C. 防止螺纹副的相对转动　　　　D. 提高螺纹连接的刚度

2. 如图 5-1-23 所示螺纹连接的防松装置中，_____是靠摩擦力防松的。

3. 受轴向载荷的松螺栓所受的载荷是_____。
 A. 工作载荷　　　　　　　　　　B. 预紧力
 C. 工作载荷加预紧力　　　　　　D. 残余预紧力

4. 紧连接螺栓按拉伸强度计算时，考虑到拉伸和扭转的联合作用，应将拉伸载荷调整至_____。
 A. 30%　　　　B. 1.3 倍　　　　C. 1.5 倍　　　　D. 1.7 倍

5. 采用普通螺栓连接凸缘联轴器，在传递转矩时_____。
 A. 螺栓的横截面受剪切　　　　　B. 螺栓与螺栓孔配合面受挤压
 C. 螺栓同时受剪切与挤压　　　　D. 螺栓受拉伸与扭转

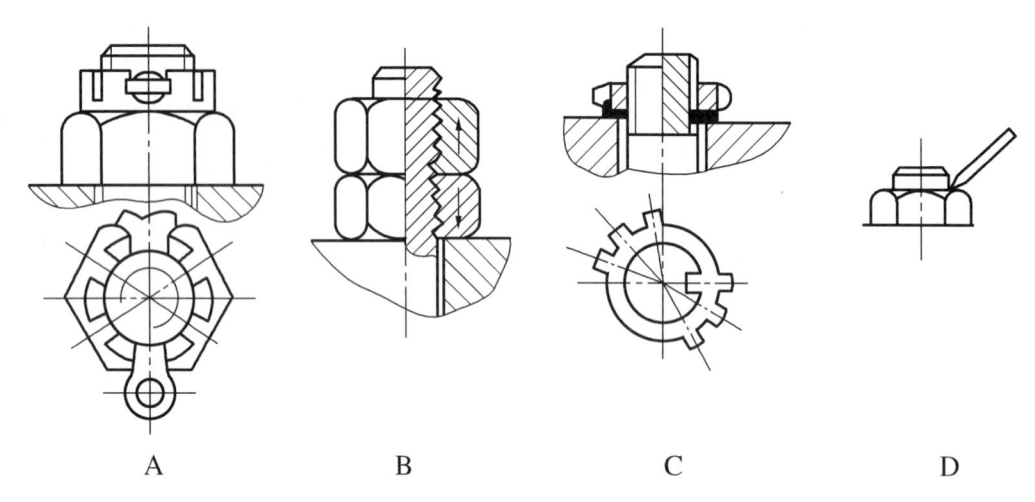

图 5-1-23 选择题 2 图

6. 预紧力为 F' 单个紧螺栓连接，受到轴向工作载荷 F 作用后，该螺栓杆受到的总拉力 F_Q _____ $F'+F$。

A. $>$　　　　　B. $=$　　　　　C. $<$　　　　　D. $\geqslant$

7. 受到轴向工作载荷的紧螺栓连接，如果_____，则可保证被连接件间不出现缝隙。

A. 残余预紧力 $F''\leqslant 0$　　　　　B. 预紧力 $F'\leqslant 0$
C. 残余预紧力 $F''\geqslant 0$　　　　　D. 预紧力 $F'\geqslant 0$

8. 当采用铰制孔用螺栓连接承受横向载荷时，该螺栓杆受到_____。

A. 弯曲和挤压　　B. 拉伸和剪切　　C. 剪切和挤压　　D. 扭转和弯曲

9. 在螺栓连接的结构中，被连接件与螺母和螺栓头接触表面处需要加工的目的是_____。

A. 不致损伤螺栓头和螺母　　　　B. 增大接触面积不易松脱
C. 防止产生附加偏心载荷　　　　D. 便于装配

10. 如图 5-1-24 所示四种螺栓连接结构中，_____图是正确的。

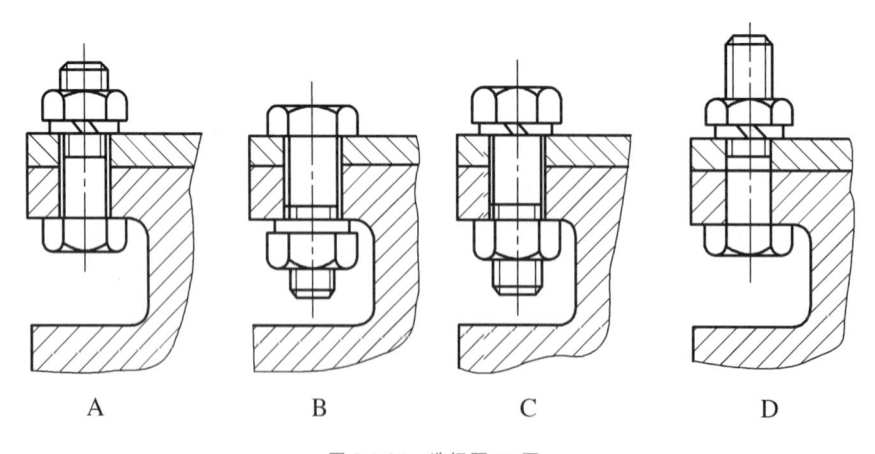

图 5-1-24 选择题 10 图

二、判断题

1. 双头螺柱连接的使用特点是用于较薄的连接件。　　　　　　　　　　（　　）

2. 螺栓光杆部分与被连接件孔壁有紧密配合的连接是铰制孔螺栓连接。（　）
3. 螺栓公称直径就是螺栓的最大直径。（　）
4. 三角形螺纹主要用于传动。（　）
5. 在螺纹连接中,为了增强连接处的刚性和自锁性能,需要拧紧螺母。（　）
6. 连接螺纹大多数是多线的梯形螺纹。（　）
7. 弹簧垫圈和对顶螺母都属于机械防松。（　）
8. 剪切和拉伸一样,剪应力在横截面上实际是均布的。（　）
9. 当计算螺纹强度时,总是先按螺纹的内径计算其拉伸应力,然后与其材料的许用应力进行比较。（　）
10. 维持一定的残余预紧力可保证螺栓连接的紧密性。（　）

三、设计计算题

1. 如图5-1-25所示为一铸铁吊架,它用两只普通螺栓固定在梁上,吊架承受的载荷 $G=1\,000$ N,螺栓材料为Q235,5.8级,屈服极限 $\sigma_S=400$ MPa,安装时不控制预紧力,安全因数 $S=4$,取剩余预紧力为工作拉力的40%。试确定螺栓所需最小直径。

2. 如图5-1-26所示螺栓连接中,采用M20的螺栓2个(35钢,5.6级),被连接件接合面间的摩擦因数 $f=0.2$,可靠性系数 $C=1.2$,安全因数 $S=4$,采用定力矩扳手装配。试计算该连接允许传递的静载荷 F_S。

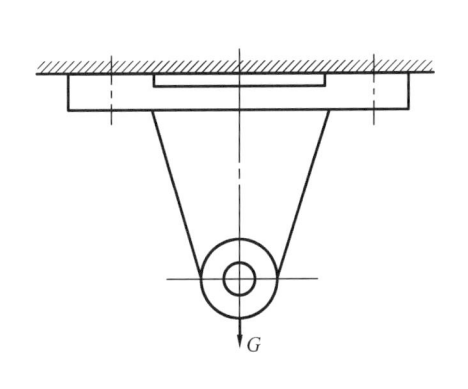

图5-1-25　设计计算题1图

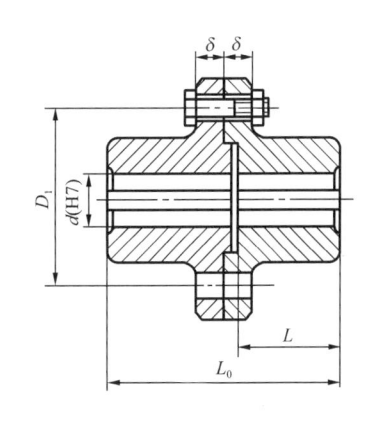

图5-1-26　设计计算题2图

3. 如图5-1-27所示为一安全连接器,已知钢板间的摩擦因数 $f=0.15$,可靠性系数 $C=1.2$,螺栓材料为Q235,屈服极限 $\sigma_S=240$ MPa,安全因数 $S=1.5$。试求拧紧两个M12($d_1=10.106$ mm)的普通螺栓后所能承受的最大牵引力 F。

4. 如题图5-1-28所示,气缸直径 $D=500$ mm,蒸汽压强 $p=1.2$ MPa,螺栓分布圆直径 $D_0=640$ mm,采用测力矩扳手装配,螺栓材料为35钢(5.8级),安全因数 $S=2$。试求螺栓的公称直径和数量。若凸缘厚度 $b=25$ mm,试选配螺母和垫圈,确定螺栓规格。

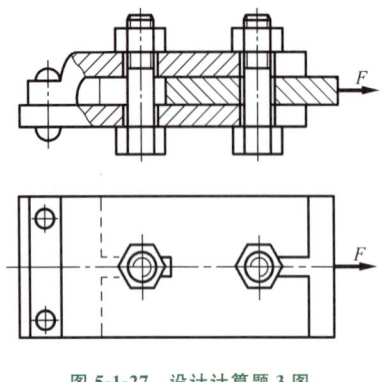

图 5-1-27　设计计算题 3 图　　　　　图 5-1-28　设计计算题 4 图

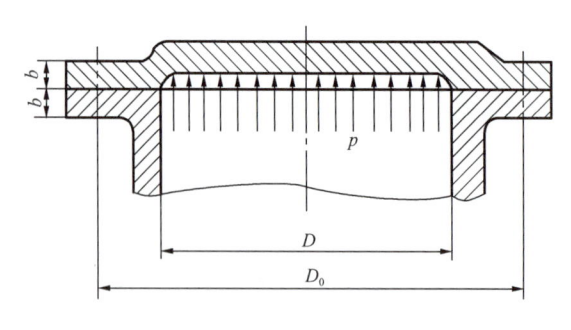

任务(二)　轴间连接的选择

知识目标

（1）了解常用联轴器、离合器和制动器的类型、结构、特点及应用场合。
（2）掌握常用联轴器、离合器和制动器的类型、选择及计算。

能力目标

正确选择常用联轴器、离合器的类型。

任务分析

带式输送机选用的一级齿轮减速器低速轴如图 5-2-1 所示。低速轴与滚筒轴之间的轴间连接是联轴器连接，共同回转并传递动力。

联轴器类型很多，其中有些已标准化。在选择时根据工作要求，确定联轴器的类型；按被连接轴的直径、转矩和转速，选择联轴器的型号。

夯实理论

在机械连接中，联轴器和离合器都是用来连接两轴的，但联轴器只能在机器停止运转后才能将两轴接合或分离，而离合器却可在机器运转过程中随时完成两轴的接合和分离，以便操纵机械传动系统运转、停车、变速或换向等。

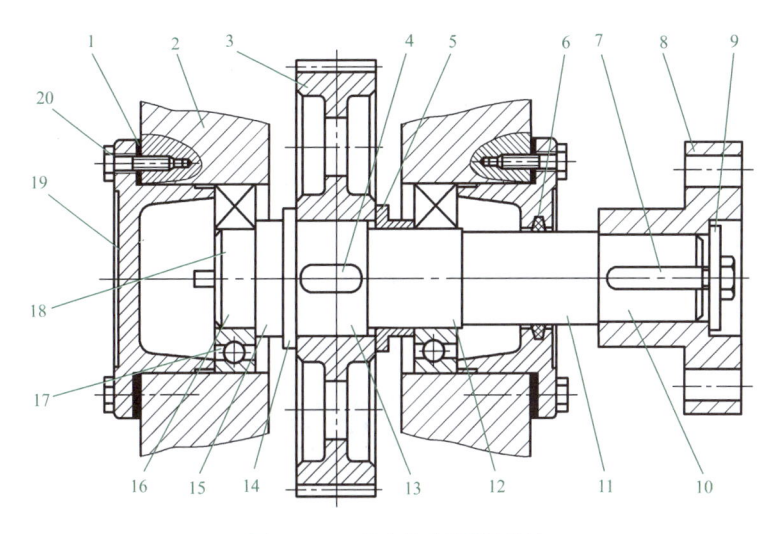

图 5-2-1　一级齿轮减速器低速轴

1—密封垫;2—变速箱体;3—齿轮;4—(齿轮)键;5—轴套;6—密封圈;7—(联轴器)键;8—联轴器;
9—轴端挡圈;10—(联轴器)轴头;11—轴身;12—右轴颈;13—(齿轮)轴头;14—轴环;
15—轴肩;16—左轴颈;17—轴承;18—轴;19—轴承盖;20—安装螺钉

一、联轴器

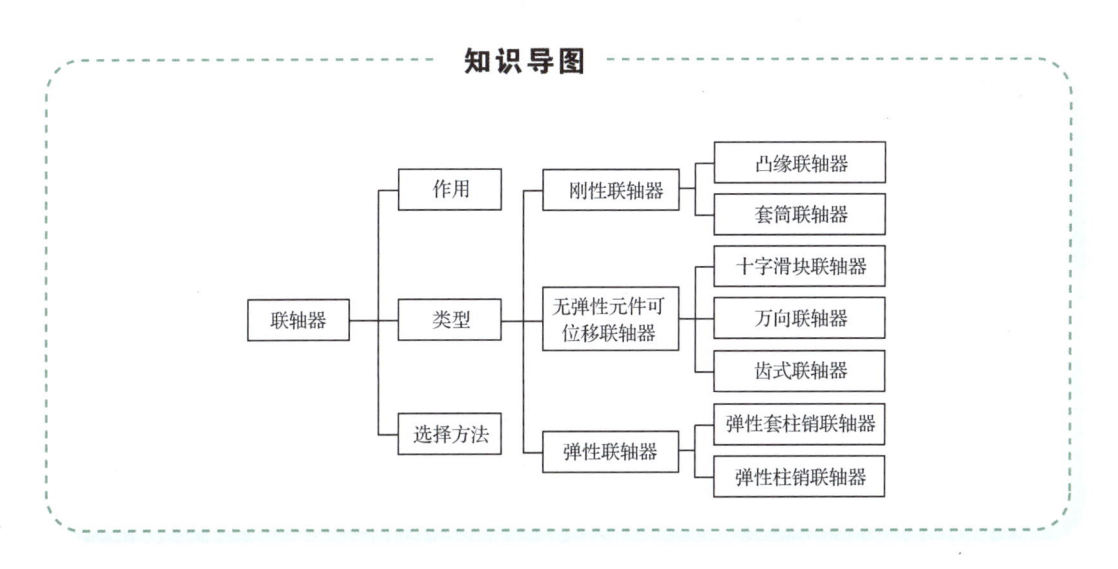

知识导图

联轴器
- 作用
- 类型
  - 刚性联轴器
    - 凸缘联轴器
    - 套筒联轴器
  - 无弹性元件可位移联轴器
    - 十字滑块联轴器
    - 万向联轴器
    - 齿式联轴器
  - 弹性联轴器
    - 弹性套柱销联轴器
    - 弹性柱销联轴器
- 选择方法

联轴器所连接的两轴,由于制造和安装误差、受载变形、温度变化和机座下沉等原因,可能产生轴线的轴向、径向、角或综合位移,如图 5-2-2 所示。因此,要求联轴器在传递运动和转矩的同时,还应具有一定范围的补偿轴线位移、缓冲吸振的能力。

(一)联轴器的类型

联轴器按是否有弹性元件进行分类,见表 5-2-1。

联轴器离合器制动器的结构及应用

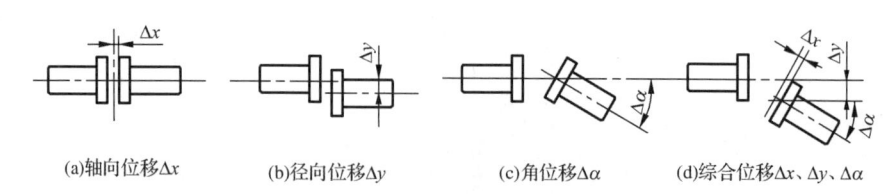

图 5-2-2 联轴器所连接两轴的位移形式

(a)轴向位移Δx　(b)径向位移Δy　(c)角位移Δα　(d)综合位移Δx、Δy、Δα

表 5-2-1　　联轴器的类型

类型		组成及工作原理	结构简图	结构特点
刚性联轴器	凸缘联轴器	通过分别具有凸槽和凹槽的两个半联轴器1、3的相互嵌合来对中,用普通平键4与轴连接,再采用普通螺栓2连接,靠两个半联轴器接合面的摩擦来传递转矩		结构简单,成本低,传递的转矩较大,但要求两轴的同轴度要好。适用于刚性大、振动冲击小和低速大转矩的连接场合
		两个半联轴器1、3用普通平键4与轴连接,通过铰制孔用螺栓2与孔的紧配合对中,靠螺栓杆承受载荷来传递转矩		
	套筒联轴器	利用套筒2和两键1将两轴连接起来,螺钉3用作轴向固定		结构简单,径向尺寸小,容易制造。适用于载荷不大、工作平稳、两轴严格对中、频繁启动、轴上转动惯量要求小的场合
		利用套筒1和圆锥销2将两轴连接起来。当轴超载时,圆锥销2会被剪断,可起到保护作用		

续表

类 型		组成及工作原理	结构简图	结构特点
无弹性元件的可位移联轴器	十字滑块联轴器	由两个在端面上开有凹槽的半联轴器1、3和一个两端面均带有凸牙的中间盘2组成，凸牙可在凹槽中滑动，补偿安装及运转时两轴间的相对位移		径向尺寸小，承载能力大，对两轴的径向位移补偿量大，主要用于转矩大、无冲击、低转速、难以对中的传动系统中
	万向联轴器	由分别装在两轴端的叉形接头1、3以及与叉形接头相连的十字轴2组成，允许两轴间有较大的夹角，主动轴角速度为常数，从动轴角速度在一定范围内变化，引起附加载荷		结构紧凑，耐磨性好，可适应两轴间较大的综合位移，且维护方便，因而在汽车、多头钻床中得到广泛应用，一般是将两个单万向联轴器成对使用
	齿式联轴器	由两个内齿圈2、3和两个外齿轮轴套1、4组成，安装时两内齿圈用螺栓连接，并通过内、外齿轮的啮合传递转矩		结构紧凑，承载能力大，适用速度范围广，具有良好的补偿两轴综合位移的能力，但制造困难，适用于高速重载的水平轴连接
弹性联轴器	弹性套柱销联轴器	用套有弹性套3的柱销2将两个半联轴器1、4连接起来，利用弹性变形来补偿两轴间的相对位移		质量轻，结构简单，但弹性套易磨损，寿命较短，用于冲击载荷小、启动频繁的中小功率传动中
	弹性柱销联轴器	弹性柱销2(通常用尼龙制成)将两个半联轴器1、3连接起来，并用挡板4固定		传递转矩的能力更大，结构更简单，耐用性好，用于轴向窜动较大、正反转或启动频繁的场合

（二）联轴器的选择方法

（1）根据工作条件和使用要求确定联轴器的类型。

（2）根据联轴器所传递的转矩、转速和被连接轴的直径选择联轴器的型号，必要时应校核其薄弱件的承载能力。

考虑工作机启动、制动、变速时的惯性力和冲击载荷等因素，应按计算扭矩 T_C 选择联轴器。联轴器的计算转矩 T_C 可计算为

$$T_C = KT$$

式中　T_C——计算转矩，N·m；
　　　K——工作情况系数；
　　　T——名义转矩，N·m。

所选择型号联轴器应同时满足下列两式：

$$\begin{cases} T_C \leqslant T_m \\ n \leqslant [n] \end{cases}$$

式中　T_m——联轴器的额定转矩，N·m；
　　　$[n]$——联轴器的许用转矩，r/min。

T_m、$[n]$在相关手册中可查出。

二、离合器

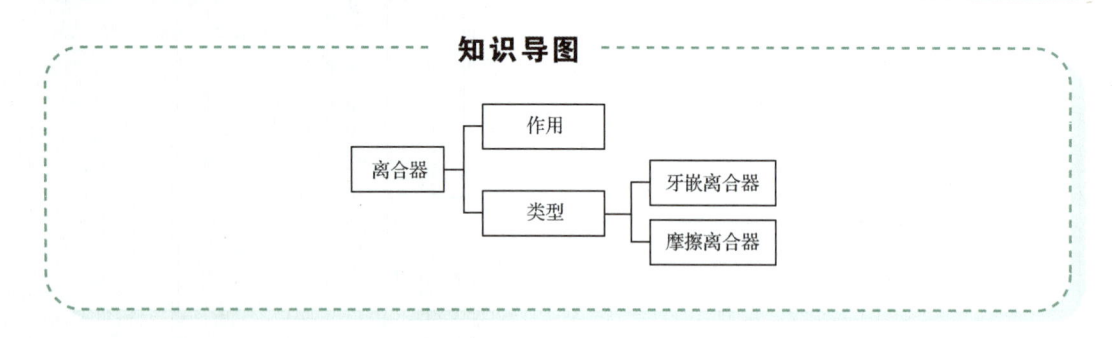

知识导图

离合器 — 作用
　　　　— 类型 — 牙嵌离合器
　　　　　　　　— 摩擦离合器

离合器按其工作原理可分为牙嵌离合器和摩擦离合器两类，它们分别用牙（齿）的啮合和工作表面的摩擦力来传递转矩，见表5-2-2。离合器还可按控制离合的方法不同，分为操纵离合器和自动离合器两类。

表 5-2-2　　　　　　　　　　　　离合器的类型

类型	组成及工作原理	结构简图	结构特点
牙嵌离合器	由两个端面带牙的半离合器1、2组成。从动半离合器2用导向平键或花键与轴连接，另一半离合器1用平键与轴连接，对中环3用来使两轴对中，滑环4可操纵离合器的分离或接合		结构简单，外形尺寸小，可传递较大的转矩，运转中接合时有冲击和噪声，适用于两轴转速差很小或停车时接合的场合

续表

类型	组成及工作原理	结构简图	结构特点
摩擦离合器	两组间隔排列的内、外摩擦片，外摩擦片1与外壳一起转动，内摩擦片2随从动轴一起转动。滑环3使杠杆4压紧、放松摩擦片，实现离合器的接合和分离		接合和分离的过程较平稳，冲击与振动较小，有过载保护作用。但在离合过程中，主、从动轴不能同步回转，外形尺寸大。适用于在高速下接合而主、从动轴同步要求低的场合

任务实施

一、设计要求与数据

如图 5-1-18 所示，一级齿轮减速器低速轴传递的转矩 $T = 296\ 426$ N·mm，转速 $n = 83.99$ r/min，直径 $d = 38$ mm，载荷有轻微冲击。

二、设计内容

选择低速轴联轴器的类型和型号。

三、设计步骤、结果及说明

1. 选择联轴器

因为该轴转速较低，传递转矩较大，且轴的对中性要求较高，所以选择凸缘联轴器。

2. 确定联轴器的型号

传递的转矩 $T = 296\ 426$ N·mm，查表 5-2-3 得工作情况系数 $K_A = 1.25$。

表 5-2-3　　联轴器和离合器的工作情况系数 K_A

原动机	工作机	K_A
电动机	皮带运输机、鼓风机、连续运转的金属切削机床	1.25~1.5
	链式运输机、刮板运输机、螺旋运输机、离心泵、木工机床	1.5~2
	往复运动的金属切削机床	1.5~2.5
	往复式泵、往复式压缩机、球磨机、破碎机、冲剪机	2~3
	锤、起重机、升降机、轧钢机	3~4
汽轮机	发电机、离心泵、鼓风机	1.2~1.5
往复式发动机	发电机	1.5~2.0
	离心泵	3~4
	往复式工作机(如压缩机、泵)	4~5

注：1. 刚性联轴器选用较大的 K_A 值，弹性联轴器选用较小的 K_A 值。
2. 牙嵌离合器 $K_A = 2~3$，摩擦离合器 $K_A = 1.2~1.5$。
3. 从动件的转动惯量小、载荷平稳时，K_A 取较小值。

该轴传递的计算转矩为

$$T_C = K_A T = 1.25 \times 296\ 426 = 3.7 \times 10^5 \text{ N·mm}$$

根据转速 $n=83.99$ r/min,低速轴轴径 $d=38$ mm 及计算转矩 $T_c=3.7×10^5$ N·mm,选用 GYS5 凸缘联轴器,其额定转矩为 $T_n=4×10^5$ N·mm,许用转速为 $[n]=8\ 000$ r/min,满足 $T_c≤T_n,n≤[n]$ 要求。

主要尺寸:主动轴端 $d_1=38$ mm,J_1 型轴孔,$L_1=84$ mm,A 型键槽;从动轴端 $d_2=38$ mm,J_1 型轴孔,$L_1=84$ mm,A 型键槽。其标记为

$$\text{GYS5 联轴器} \frac{J_1 A38×84}{J_1 A38×84} \text{ GB/T 5843-2003}$$

培养技能

联轴器轮毂与轴装配及联轴器的安装和拆卸

一、轮毂在轴上的装配方法

(1)静力压入法:采用夹钳、千斤顶、手动或机动的压力机进行,在压入过程中会切去轮毂与轴之间配合面上不平的微小的凸峰,使配合面受到损坏。因此,这种方法一般应用不多。

(2)动力压入法:采用手锤敲打的方法,在轮毂的端面上垫放木块、铅块或其他软材料作缓冲件,依靠手锤的冲击力,把轮毂敲入。同样会损伤配合表面,故经常用于低速和小型联轴器的装配。

(3)温差装配法:装配现场多采用油浴加热和焊枪烘烤,不需要施加很大的力,就能方便地把轮毂套装到轴上。对于用脆性材料制造的轮毂,采用温差装配法是十分合适的。

(4)装配后的检查:联轴器的轮毂在轴上装配完后,一般在轮毂的端面和外圆设置两块百分表,盘车使轴转动时,观察轮毂全跳动(包括端面跳动和径向跳动)值,检查轮毂与轴的垂直度和同轴度。轮毂全跳动值不符合要求主要由于修正轮毂内孔表面时处理不妥,轮毂与轴的同心度发生偏差。另外,键的装配不当会导致轮毂与轴不同轴。

二、联轴器的安装

(1)联轴器安装前清洗干净,擦干后可在零部件表面涂些透平油或机油,防止生锈。

(2)对于应用在高速旋转机械上的联轴器,在装配时必须按制造厂给定的标记组装,防止联轴器的动平衡不好引起机组振动。

(3)各联轴器之间的螺栓不能任意互换,连接螺栓时应对称、逐步拧紧,使每一连接螺栓上的锁紧力基本一致,防止各螺栓受力不均而使联轴器在装配后产生歪斜现象。

(4)联轴器在装配后,均应盘车检测转动情况。

三、联轴器的拆卸

(1)在联轴器拆卸前,要对联轴器各零部件之间互相配合的位置作一些记号,以作为复装时的参考。用于高转速机器的联轴器,其连接螺栓经过称重,标记必须清楚,不能搞错。

(2)拆卸联轴器连接螺栓,常用溶剂(如松锈剂)喷涂螺栓与螺母的连接处,让溶剂渗入螺纹中去以便于拆卸。

(3)对于过盈比较小的轮毂,一般用三脚拉马或四脚拉马进行拆卸;对于过盈比较大的轮毂,经常采用加热法,或者同时配合液压千斤顶进行拆卸。

能力检测

一、选择题

1.联轴器与离合器的主要作用是_____。

A.缓和冲击和振动　　　　　　　B.连接两轴,传递运动和转矩

C.防止机器发生过载　　　　　　D.补偿两轴的不同心或热膨胀

2. 在图 5-2-3 所示凸缘联轴器结构中，_____图结构是正确的。

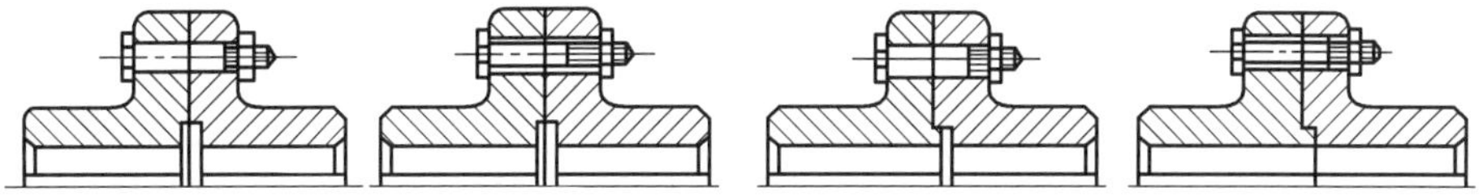

图 5-2-3　选择题 2 图

3. 在载荷平稳、转速稳定、要求两轴严格对中的情况下,宜采用_____。
   A. 凸缘联轴器　　　B. 十字滑块联轴器　　C. 万向联轴器　　D. 弹性柱销联轴器
4. 汽车变速箱、传动轴、后桥轴之间宜设置_____联轴器。
   A. 十字滑块　　　　B. 齿式　　　　　　　C. 万向　　　　　D. 弹性套柱销
5. 下列工作情况中,_____适合选用有弹性元件的挠性联轴器。
   A. 工作平稳,两轴严格对中　　　　　　B. 工作平稳,两轴对中差
   C. 经常反转,频繁启动,两轴不严格对中　D. 转速稳定,两轴严格对中
6. 齿式联轴器的特点是_____。
   A. 可补偿两轴的综合位移　　　　　　　B. 可补偿两轴的径向位移
   C. 可补偿两轴的角位移　　　　　　　　D. 可补偿两轴的轴向位移
7. 凸缘联轴器和弹性套柱销联轴器的型号是按_____确定的。
   A. 计算转矩、转速和两轴直径　　　　　B. 计算转矩和转速
   C. 计算转矩和两轴直径　　　　　　　　D. 转速和两轴直径
8. 选择或校核联轴器时,应按计算转矩 T_C 选择,是因为考虑到_____。
   A. 旋转时产生的离心载荷　　　　　　　B. 启动和制动时惯性力和工作中的过载
   C. 联轴器的制造误差　　　　　　　　　D. 联轴器的材料机械性能有偏差
9. 牙嵌离合器在一般用在_____场合。
   A. 传递转矩很大,转速差很小　　　　　B. 传递转矩很小,转速差很小
   C. 传递转矩很大,转速差很大　　　　　D. 传递转矩很小,转速差很大
10. 在不增大径向尺寸的情况下,提高摩擦离合器的承载能力,其最有效的措施是_____。
    A. 换用摩擦片的材料　　　　　　　　　B. 增大压紧力
    C. 增加摩擦片的数目　　　　　　　　　D. 使离合器在油中工作

二、判断题
1. 联轴器可在机器运转过程中实现接合和分离。　　　　　　　　　　　　(　)
2. 凸缘联轴器可以补偿两轴的综合位移。　　　　　　　　　　　　　　　(　)
3. 万向联轴器常成对使用,以保证等速转动。　　　　　　　　　　　　　(　)
4. 弹性柱销联轴器允许两轴有较大的角位移。　　　　　　　　　　　　　(　)
5. 十字滑块联轴器会对轴与轴承产生附加载荷。　　　　　　　　　　　　(　)
6. 齿式联轴器对连接的两轴对中性有严格要求。　　　　　　　　　　　　(　)
7. 齿式联轴器可补偿两轴的综合位移,其速度也较平稳。　　　　　　　　(　)
8. 联轴器连接的两轴直径必须相等,否则无法工作。　　　　　　　　　　(　)
9. 牙嵌离合器要求两轴在任何情况下都能接合或分离。　　　　　　　　　(　)
10. 摩擦离合器在两轴之间的接合或分离都是在停止转动的条件下进行的。　(　)

三、设计计算题

电动机经减速器驱动水泥搅拌机工作。已知电动机的功率 $P=14$ kW，转速 $n=970$ r/min，电动机轴的直径和减速器输入轴的直径均为 42 mm，工作情况系数 $K_A=1.5$。试选择电动机与减速器之间的联轴器。

任务三 轴毂连接的选择和校核

知识目标

（1）了解常用键连接的结构、特点和应用。
（2）掌握平键连接的选用和强度校核方法。
（3）了解销连接的基本原理、特点和应用。

能力目标

正确选择平键连接的类型并完成强度校核。

任务分析

带式输送机选用的一级齿轮减速器低速轴如图 5-2-1 所示。齿轮、带轮、联轴器等传动零件轮毂与轴的周向固定都采用键连接，用来传递运动和转矩，有些还可以实现轴上零件的轴向固定或轴向移动（导向）。键连接结构简单，连接可靠，装拆方便，成本低，广泛用于各类机械设备中。

夯实理论

一、键连接

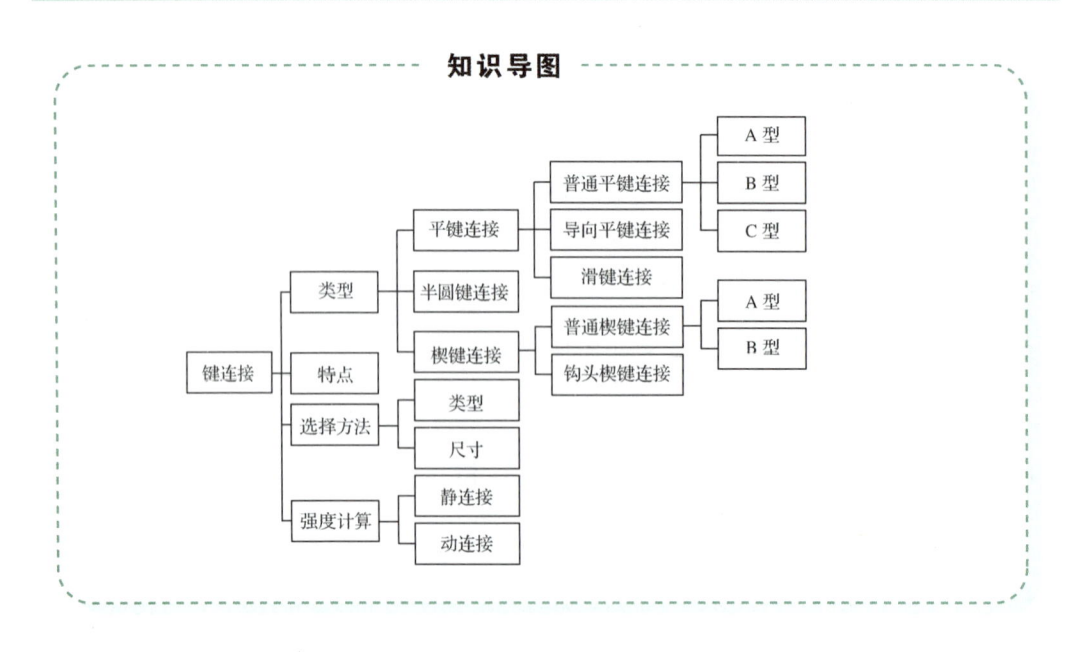

知识导图

键连接
- 类型
  - 平键连接
    - 普通平键连接
      - A 型
      - B 型
      - C 型
    - 导向平键连接
    - 滑键连接
  - 半圆键连接
  - 楔键连接
    - 普通楔键连接
      - A 型
      - B 型
    - 钩头楔键连接
- 特点
- 选择方法
  - 类型
  - 尺寸
- 强度计算
  - 静连接
  - 动连接

（一）键连接的类型

按照结构特点和工作原理分类，键连接的类型见表 5-3-1。

表 5-3-1　　　　　　　　　　　　　　　　键连接的类型

类型		结构简图	工作原理	特　点
平键连接	普通平键连接	圆头(A型)　　平头(B型)　　单圆头(C型)	键的两侧面为工作面。靠侧面传递转矩，对中性良好，不能实现轴上零件的轴向固定	A型普通平键在槽中轴向定位好，但键槽部位应力较集中 B型普通平键引起应力集中现象较少，键在键槽中固定不好 C型普通平键用于轴端连接 A、C型普通平键的键槽用指状铣刀加工，B型普通平键的键槽用盘形铣刀加工，轮毂上键槽用插刀加工
平键连接	导向平键连接　滑键连接	起键螺孔　固定螺孔　　　导向平键　　　滑键	键的两侧面为工作面。靠侧面传递转矩，被连接的毂类零件可在轴上作轴向移动	导向平键用螺钉固定在轴上，用于轴上零件沿轴向移动不大的场合 滑键固定在轮毂上，与轮毂同时在轴上的键槽中作轴向滑移，用于零件滑移的距离较大场合
半圆键连接			键的两侧面为工作面。靠侧面传递转矩，半圆键在槽中能绕其几何中心摆动以适应轮毂中键槽的斜度	半圆键加工工艺好，装配方便，适用于锥形轴端与轮毂的连接，但键槽较深对轴强度削弱较大 半圆键槽用盘形铣刀加工
楔键连接		A型楔键　　B型楔键　　钩头楔键	楔键的上表面和轮毂槽底面均具有 1∶100 的斜度。装配后，键的上、下表面为工作面。工作时，靠楔紧产生的摩擦力来传递转矩和承受单向的轴向力。楔键连接的对中性差	A型楔键要先将键放入键槽，然后打紧轮毂 B型楔键和钩头楔键先将轮毂装到适当位置，再将键打紧 楔键适用于不要求准确定心、低速运转的场合

(二)键连接的选择和强度计算

1. 键连接的选择

(1)键连接的类型选择

选择键连接的类型时要考虑以下因素:对中性的要求;传递转矩的大小;轮毂是否需要沿轴向滑移及滑移的距离大小;键在轴上的位置等。

(2)键连接尺寸选择

普通平键连接尺寸见表 5-3-2。根据轴的直径可查出键的截面尺寸 $b×h$,根据轮毂的宽度 L_1 确定键的长度 L,静连接取 $L=L_1-(5\sim10)$ mm,对于动连接还应考虑移动的距离。键长 L 应符合标准长度系列。

认识键传动

表 5-3-2　　　　　　　　　普通平键连接尺寸　　　　　　　　　mm

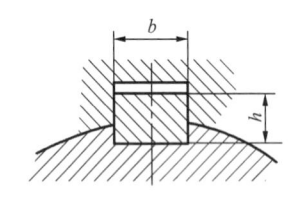

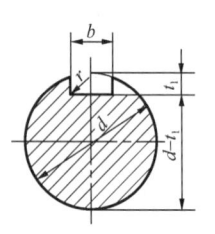

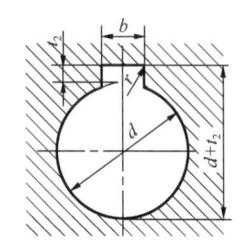

轴的公称直径 d	键 b	键 h	键槽 t_1	键槽 t_2	半径 r
6～8	2	2	1.2	1	0.08～0.16
>8～10	3	3	1.8	1.4	0.08～0.16
>10～12	4	4	2.5	1.8	0.08～0.16
>12～17	5	5	3	2.3	0.16～0.25
>17～22	6	6	3.5	2.8	0.16～0.25
>22～30	8	7	4	3.3	0.16～0.25
>30～38	10	8	5	3.3	0.25～0.4
>38～44	12	8	5	3.3	0.25～0.4
>44～50	14	9	5.5	3.8	0.25～0.4
>50～58	16	10	6	4.3	0.25～0.4
>58～65	18	11	7	4.4	0.25～0.4
>65～75	20	12	7.5	4.9	0.4～0.6
>75～85	22	14	9	5.4	0.4～0.6
键长度系列	6,8,10,12,14,16,18,20,22,25,28,32,36,40,45,50,63,70,80,90,100,110,125,140,160,180,200,220,250,280,320,360					

2. 平键连接的强度计算

用于静连接的普通平键连接,其主要失效形式是键、轴、轮毂三者中最弱的工作面的被压溃。用于动连接的导向平键连接和滑键连接,其主要失效形式是工作面的过度磨损。除非有严重过载，一般不会出现键的剪断。

平键连接的受力情况如图 5-3-1 所示。假设载荷沿键的长度方向是均布的，普通平键的强度条件为

$$\sigma_P = \frac{4T}{dhl} \leqslant [\sigma_P]$$

导向平键连接和滑键连接的强度条件为

$$p = \frac{4T}{dhl} \leqslant [p]$$

式中　T——传递的转矩，N·mm；

d——轴的直径，mm；

h——键的高度，mm；

l——键的工作长度，mm，如图 5-3-2 所示；

$[\sigma_P]$——键连接的许用挤压应力，MPa，见表 5-3-3，计算时应取连接中较弱材料的值。

$[p]$——键连接的许用压强，MPa，见表 5-3-3，计算时应取连接中较弱材料的值。

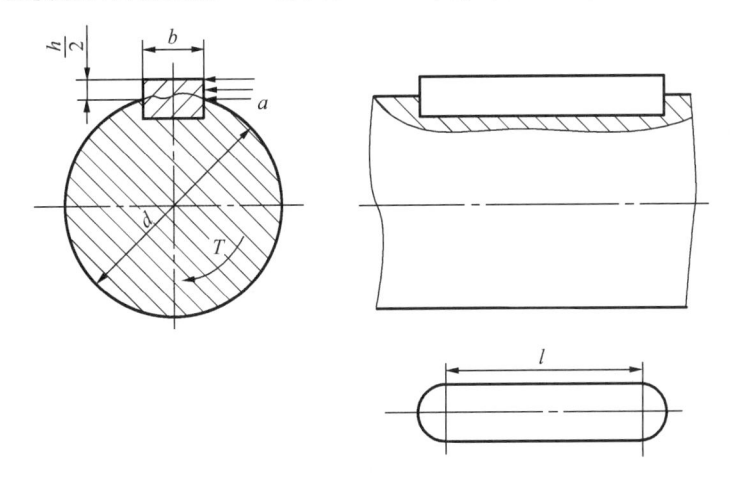

图 5-3-1　平键连接的受力情况

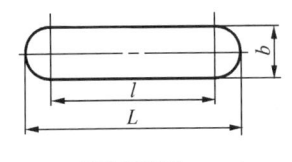

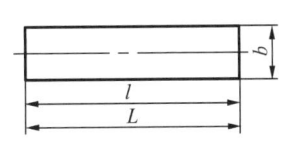

(a) A型普通平键 $l=L-b$　　(b) B型普通平键 $l=L$　　(c) C型普通平键 $l=L-b/2$

图 5-3-2　键的工作长度 l

表 5-3-3　　键连接材料的许用挤压应力和压强　　MPa

项　目	连接性质	键或轴、毂材料	载荷性质		
			静载荷	轻微冲击	冲击
$[\sigma_P]$	静连接	钢	120~150	100~120	60~90
		铸铁	70~80	50~60	30~45
$[p]$	动连接	钢	50	40	30

如果强度不足可以采取下列措施：

(1)在结构允许时可以适当增大轮毂的长度和键长，但键的长度不应超过 2.5d，否则，挤压应力沿键的长度方向分布不均匀。

(2)间隔 180°布置两个键。考虑载荷分布的不均匀性，双键连接按 1.5 个键进行强度校核。

二、花键连接

知识导图

```
                    ┌─ 类型 ─┬─ 矩形花键
        花键连接 ──┤        └─ 渐开线花键
                    └─ 特点
```

花键连接由轴上加工出的外花键和轮毂孔内加工出的内花键组成，如图 5-3-3 所示。工作时靠键齿的侧面互相挤压传递转矩。

花键连接具有以下优点：键齿数多，承载能力强；键槽较浅，应力集中现象少，对轴和毂的强度削弱小；键齿均布，受力均匀；轴上零件与轴的对内中性好；导向性好。但花键连接加工成本较高。因此，花键连接用于定心精度要求较高和传递载荷较大的场合。

花键连接已标准化。按齿形的不同，花键分矩形花键和渐开线花键，见表 5-3-4。

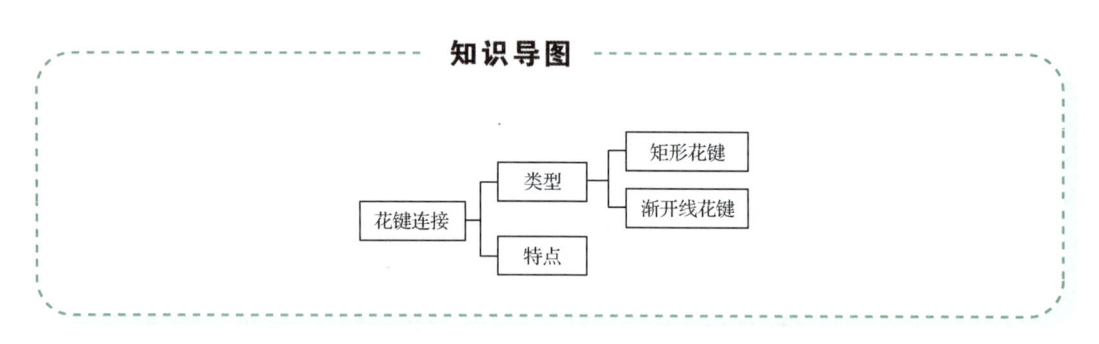

图 5-3-3 花键连接

表 5-3-4　　　　　　　　　　花键的类型

类 型	齿廓形状	定心方式	结构简图	特 点
矩形花键	直线	小径定心		采用热处理后磨内花键孔的工艺，提高定心精度，并在单件生产或花键孔直径较大时避免使用拉刀，以降低制造成本
渐开线花键	渐开线	齿侧自动定心		工作时各齿均匀承载，强度高。可以用齿轮加工设备制造，工艺性好，加工精度高，互换性好。常用于传递载荷较大、轴径较大、大批量生产的重要场合

三、销连接

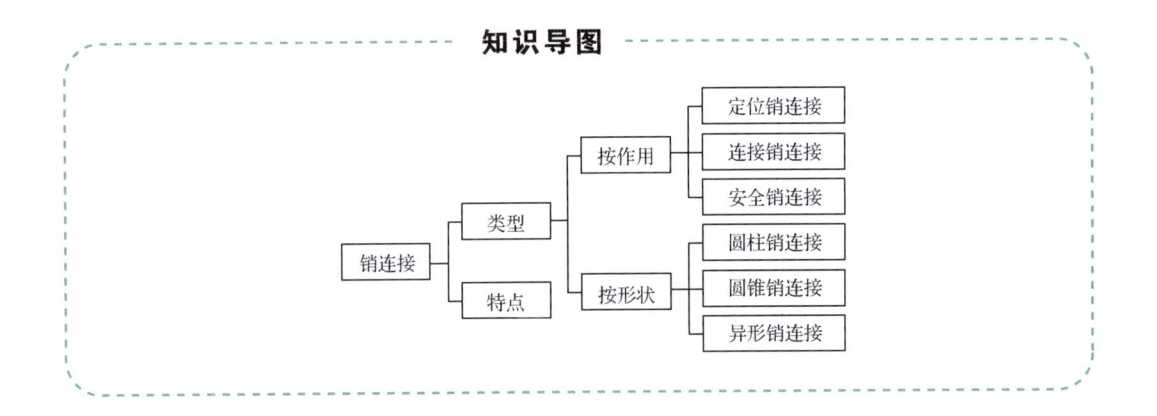

知识导图

```
销连接 ─┬─ 类型 ─┬─ 按作用 ─┬─ 定位销连接
        │        │          ├─ 连接销连接
        │        │          └─ 安全销连接
        │        └─ 按形状 ─┬─ 圆柱销连接
        │                   ├─ 圆锥销连接
        │                   └─ 异形销连接
        └─ 特点
```

销连接的类型见表 5-3-5。

表 5-3-5　　　　　　　　　　销连接的类型

类型		用途	结构简图	特点
按作用分类	定位销连接	固定零部件之间的相对位置		一般不受载荷或只受很小的载荷，其直径按结构确定，数目不少于 2 个
	连接销连接	轴毂间或其他零件间的连接		能传递较小的载荷，其直径亦按结构及经验确定，必要时校核其挤压和剪切强度
	安全销连接	充当过载剪断元件	（安全销、铜套）	直径应按销的剪切强度 τ_b 计算，当过载 20%～30% 时即应被剪断

续表

类型	用途	结构简图	特点
按形状分类 圆柱销连接	连接和定位		为保证定位精度和连接的坚固性，不宜经常装拆
圆锥销连接	连接和定位		小端直径为标准值，有 1∶50 的锥度，自锁性能好，定位精度高，可多次装拆
异形销连接	锁定螺纹连接件		装配后将尾部分开，以防松脱。工作可靠，拆卸方便，常与槽形螺母合用

任务实施

一、设计要求与数据

如图 5-1-18 所示，一级齿轮减速器低速轴与钢制凸缘联轴器选用普通平键连接，传递的转矩 $T=296\ 426$ N·mm，半联轴器的孔径 $d=38$ mm，长度 $L_1=84$ mm，载荷有轻微冲击。

二、设计内容

选择键的类型和尺寸，校核键的强度。

三、设计步骤、结果及说明

1. 选择键的类型和确定键的尺寸

联轴器与低速轴的周向固定采用普通圆头平键连接。

当 $d=38$ mm 时，查表 5-3-2 得键的尺寸为 $b\times h=10$ mm$\times 8$ mm，键的长度 $L=L_1-(5\sim10)=84-(5\sim10)=74\sim79$ mm，选择键的标准长度为 80 mm，标记为

$$\text{GB/T 1096 键 } 10\times8\times80$$

2. 校核键的强度

选择键连接载荷性质为轻微冲击，由表 5-3-3 查得 $[\sigma_P]=100\sim120$ MPa，则

$$\sigma_P=\frac{4T}{dhl}=\frac{4\times296\ 426}{38\times8\times(80-10)}=55.72\text{ MPa}<[\sigma_P]$$

所选用的键满足强度要求。

培养技能

键连接的装配和维修

一、键连接的装配

1. 普通平键、导向平键、半圆键及滑键连接的装配

(1) 清理键及键槽上的毛刺,保证键与键槽能精密贴合。

(2) 对重要的键连接,装配前要检查键的直线度和键槽对轴线的对称度及平行度等。

(3) 对普通平键、导向平键,用键的头部与轴上键槽试配,应能使键较紧地与轴上键槽配合。

(4) 修配键长时,在键长方向键与轴槽间留 0.1 mm 的间隙,顶面与轮毂槽间有 0.3~0.5 mm 的间隙。

(5) 在配合面上加润滑油,用铜棒或加软钳口的台虎钳将键压入轴槽中,使之与槽底良好接触。

(6) 试配并安装回转套件时,键与键槽的非配合面间应留有间隙,保证轴与回转套件的同轴度,套件在轴上不得有轴向摆动,以免在机器工作时引起冲击和振动。

2. 锲键连接的装配

(1) 要清理键及键槽上的毛刺。

(2) 装配时要用涂色法检查锲键上、下表面与轴上键槽、轮毂键槽的接触状况,一般要求接触率大于 65%,若接触不良,可用锉刀或刮刀修整键槽。

(3) 接触合格后,用软锤将锲键轻敲入键槽,直至套件的周向、轴向都可靠紧固。

二、键连接的维修

1. 键槽损坏的维修

(1) 以原键槽中心平面为基准,用铣削的方法将原键槽铣宽。

(2) 根据修复(铣宽)的键槽尺寸,重新锉配新键。

(3) 将键和键连接的各表面清洗干净,涂上润滑油,将键压入键槽后再把套件装上即可。

(4) 键连接中当只有一个键槽损坏时,只要将损坏的键槽修复(用铣削方法铣宽),然后根据修复后键槽尺寸和与其配合的键槽尺寸,重新配制成阶梯键即可。

2. 键磨损或损坏的维修

(1) 将套件从轴上拆卸下来。

(2) 用錾子或一字旋具将磨损或损坏的键从键槽中取出来。

能力检测

一、选择题

1. 轴与盘状零件(如齿轮、带轮等)的轮毂之间用键连接,其主要用途是_____。

A. 实现轴向固定并传递轴向力　　　　　B. 具有确定的相对运动
C. 实现周向固定并传递转矩　　　　　　D. 实现轴向的相对滑动

2. 某齿轮通过 B 型普通平键与轴连接,并作单向运转来传递转矩,则此平键的工作面是_____。

A. 两侧面　　　　B. 一侧面　　　　C. 两端面　　　　D. 上、下两面

3. 如图 5-3-4 所示,在工作图样上表达普通平键连接时,_____图是正确的。

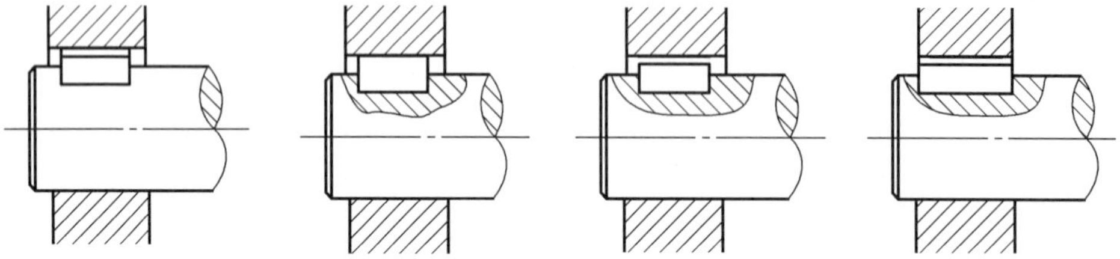

图 5-3-4　选择题 3 图

4. 当轮毂轴向移动距离较小时,可以采用_____连接。

A. 普通平键　　　B. 半圆键　　　C. 导向平键　　　D. 滑键

5. 楔键连接的主要缺点是_____。

A. 键的斜面加工困难　　　　　　　B. 键安装时容易损坏
C. 传递转矩较小　　　　　　　　　D. 轴和轴上零件的对中性差

6. 通常根据_____选择平键的截面尺寸。

A. 传递转矩的大小　B. 传递功率的大小　C. 轴的直径　D. 轮毂的长度

7. 键的长度主要根据_____来选择。

A. 轮毂的长度　　B. 传递功率的大小　C. 轴的直径　D. 传递转矩的大小

8. 普通平键连接的承载能力取决于_____。

A. 键、轮毂和轴中较弱者的挤压强度　　B. 轮毂和轴中较弱者的挤压强度
C. 键和轴中较弱者的挤压强度　　　　　D. 键和轮毂中较弱者的挤压强度

9. 一个平键不能满足强度要求时,可在轴上安装一对平键,它们沿周向相隔_____。

A. 90°　　　　　B. 120°　　　　C. 135°　　　　D. 180°

10. 花键连接主要用于_____场合。

A. 定心精度要求高,载荷较大　　　　B. 定心精度要求一般,载荷较大
C. 定心精度要求低,载荷较小　　　　D. 定心精度要求低,载荷较大

二、判断题

1. 键连接主要用于对轴上零件实现周向固定而传递运动或传递转矩。　　　　(　)
2. 普通平键连接分为 A、B、C 型,A、C 型可承受轴向力,B 型不能承受轴向力。(　)
3. B 型普通平键常用于轴端与传动件的连接。　　　　　　　　　　　　　　(　)
4. 对中性差的楔键连接只适用于低速传动。　　　　　　　　　　　　　　　(　)
5. 楔键连接对轴上零件不能作轴向固定。　　　　　　　　　　　　　　　　(　)
6. 键的长度可根据键的类型和轮毂宽度确定。　　　　　　　　　　　　　　(　)

7. 平键的三个尺寸都是按轴的直径在标准中选定的。　　　　　　　　　　　　（　）
8. 平键连接的主要失效形式是互相楔紧的工作面受剪切而破坏。　　　　　　（　）
9. 若平键连接挤压强度不够,可适当增大键高和轮毂槽深来补偿。　　　　　（　）
10. 若平键连接挤压强度不够,可采用双键,则进行强度校核时按双键进行计算。（　）

三、设计计算题

1. 将图 5-3-5 所示连接结构中的错误直接改正于图上。

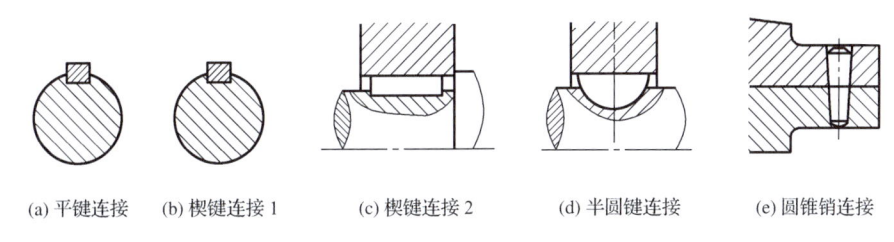

(a) 平键连接　　(b) 楔键连接1　　(c) 楔键连接2　　(d) 半圆键连接　　(e) 圆锥销连接

图 5-3-5　设计计算题 1 图

2. 如图 5-3-6 所示,铸铁齿轮与钢轴用 A 型普通平键连接。已知轴径 $d=48$ mm,带轮轮毂长 80 mm,传递转矩 $T=450$ N·m。试选择键连接(键的尺寸、代号标注、强度校核)。

3. 如图 5-3-7 所示,直径 $d=80$ mm 的轴端安装一钢制直齿圆柱齿轮,许用挤压应力 $[\sigma_P]=260$ MPa,轮毂长 $L=1.5d$,工作时有轻微冲击。试确定平键连接尺寸,并计算其传递的最大扭矩。

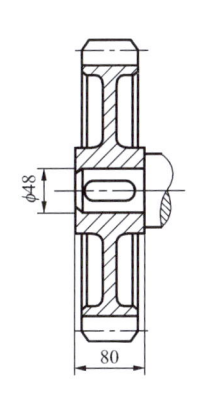

图 5-3-6　设计计算题 2 图

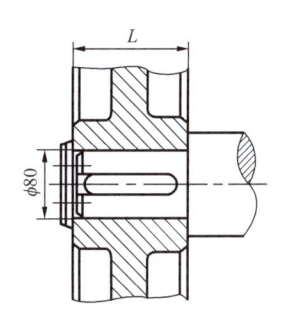

图 5-3-7　设计计算题 3 图

参 考 文 献

[1] 陈立德,姜小菁.机械设计基础[M].2版.北京:高等教育出版社,2017.
[2] 濮良贵,陈国定,吴立言.机械设计[M].10版.北京:高等教育出版社,2019.
[3] 孙桓,葛文杰.机械原理[M].9版.北京:高等教育出版社,2021.
[4] 王云,潘玉安.机械设计基础案例教程(上)[M].北京:北京航空航天大学出版社,2006.
[5] 霍振生.机械技术应用基础[M].2版.北京:机械工业出版社,2019.
[6] 谭放鸣.机械设计[M].北京:化学工业出版社,2011.
[7] 张淑敏.新编机械设计基础(机构分析与应用)[M].北京:机械工业出版社,2012.
[8] 陈立德.机械设计基础学习指南与典型题解[M].北京:高等教育出版社,2011.
[9] 张建中.机械设计基础学习与训练指南[M].北京:高等教育出版社,2004.
[10] 刁彦飞,杨恩霞.机械设计基础知识要点及习题解析[M].哈尔滨:哈尔滨工程大学出版社,2006.
[11] 陈秀宁.机械设计基础学习指导和考试指导[M].杭州:浙江大学出版社,2003.